计算机“十二五”精品图书

中文版 AutoCAD 2008 机械制图

案例教程

主　编　陈天祥

副主编　孙红霞　王路权　于淑英

航空工业出版社

北　京

内容提要

AutoCAD 是当前最流行的计算机辅助绘图软件，本书采用项目教学方式，通过大量案例全面介绍了 AutoCAD 2008 的功能和应用技巧。全书共分 8 个项目，内容涵盖 AutoCAD 2008 的基本操作，绘制与编辑图形，标注尺寸，添加文字注释与应用表格，创建与应用块，绘制与编辑三维图形，图形输出等。

本书可作为高等院校，中等和高等职业技术院校，以及各类计算机教育培训机构的专用教材，也可供广大初、中级电脑爱好者自学使用。

图书在版编目（CIP）数据

中文版 AutoCAD 2008 机械制图案例教程 / 陈天祥主编. -- 北京 : 航空工业出版社，2012.7
ISBN 978-7-5165-0010-1

Ⅰ. ①中… Ⅱ. ①陈… Ⅲ. ①机械制图－计算机制图－AutoCAD 软件－教材 Ⅳ. ①TH126

中国版本图书馆 CIP 数据核字(2012)第 132204 号

中文版 AutoCAD 2008 机械制图案例教程
Zhongwenban AutoCAD 2008 Jixie Zhitu Anli Jiaocheng

航空工业出版社出版发行
（北京市安定门外小关东里 14 号　100029）
发行部电话：010-64815615　010-64978486

北京忠信印刷有限责任公司印刷　全国各地新华书店经售

2012 年 7 月第 1 版　2012 年 7 月第 1 次印刷

开本：787×1092　1/16　印张：14.25　字数：347 千字

印数：1－5000　定价：29.80 元

随着社会的发展，传统的教学模式已难以满足就业的需要。一方面，大量的毕业生无法找到满意的工作，另一方面，用人单位却在感叹无法招到符合职位要求的人才。因此，从传统的偏重知识的传授转向注重学生就业能力的培养，并让学生有兴趣学习，轻松学习，已成为大多数高等院校及中、高等职业技术院校的共识。

教育改革首先是教材的改革，为此，我们走访了众多高等院校及中、高等职业技术院校，与许多教师探讨当前教育面临的问题和机遇，然后聘请具有丰富教学经验的一线教师编写了这套以任务为驱动的“案例教程”丛书。

本套丛书的特色

（1）**满足教学需要**。使用最新的以任务为驱动的项目教学方式，将每个项目分解为多个任务，每个任务均包含“预备知识”和“任务实施”两个部分：

- **预备知识**：讲解软件的基本知识与核心功能，并根据功能的难易程度采用不同的讲解方式。例如，对于一些较难理解或掌握的功能，用小例子的方式进行讲解，从而方便教师上课时演示；对于一些简单的功能，则只简单讲解。
- **任务实施**：通过一个或多个案例，让学生练习并能在实践中应用软件的相关功能。学生可根据书中讲解，自己动手完成相关案例。

（2）**满足就业需要**。在每个任务中都精心挑选与实际应用紧密相关的知识点和案例，从而让学生在完成某个任务后，能马上在实践中应用从该任务中学到的技能。

（3）**增强学生的学习兴趣，让学生能轻松学习**。严格控制各任务的难易程度和篇幅，尽量让教师在 20 分钟之内将任务中的“预备知识”讲完，然后让学生自己动手完成相关案例，从而提高学生的学习兴趣，让学生轻松掌握相关技能。

（4）**提供素材、课件和视频**。各书都配有精美的教学课件、视频和素材，读者可从网上（http://www.bjjqe.com）直接下载（无需注册）。

（5）**体例丰富**。各项目都安排有知识目标、能力目标、项目总结、课后作业等内容，从而让读者在学习项目前做到心中有数，学完项目后还能对所学知识和技能进行总结和考核。

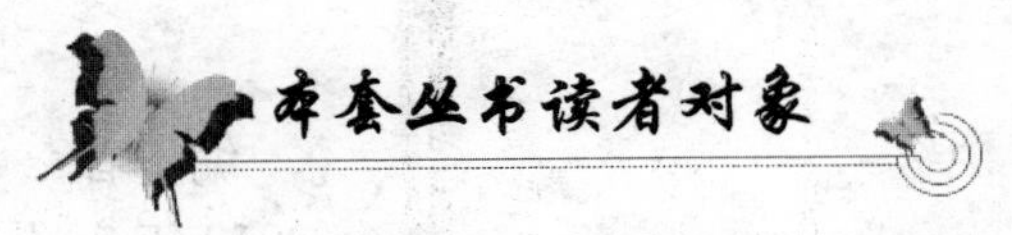

本套丛书读者对象

本套丛书可作为高等院校，中等和高等职业技术院校，以及各类计算机教育培训机构的专用教材，也可供广大初、中级电脑爱好者自学使用。

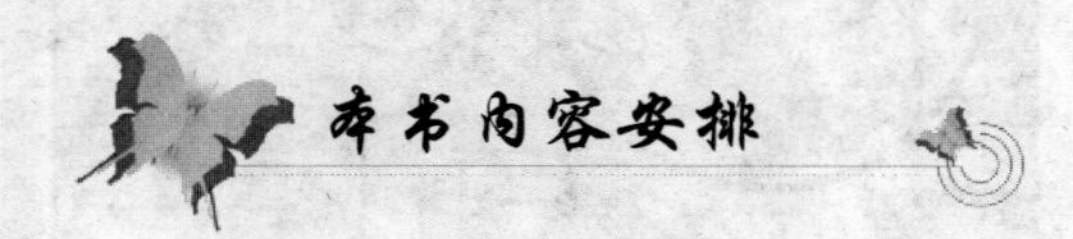

- **项目一**：学习 AutoCAD 2008 的入门知识。例如，熟悉 AutoCAD 2008 的工作界面；掌握视图和对象基本操作；掌握用于精确绘图和管理图形元素的各种辅助功能，如坐标、捕捉、极轴追踪、对象捕捉、对象捕捉追踪和图层等。
- **项目二**：学习使用 AutoCAD 绘制直线、圆、圆弧、椭圆、矩形、正多边形、多段线和样条曲线等基本图形元素的方法。
- **项目三**：学习移动、旋转、复制、偏移、镜像、阵列、拉伸、拉长、延伸、缩放、修剪、圆角、倒角等编辑图形的方法。
- **项目四**：学习为图形添加文字注释，以及创建与编辑表格的方法。
- **项目五**：学习标注图形尺寸的方法，包括创建和修改标注样式，使用标注命令标注图形的长度、弧长、半径、直径和角度……，以及使用多重引线注释图形，为图形标注形位公差和尺寸公差等。
- **项目六**：学习普通块和带属性的块的创建与使用方法。
- **项目七**：学习创建和编辑三维图形的方法。
- **项目八**：学习在图纸空间设置图纸尺寸、打印比例、插入图幅和标题栏，以及选择所需打印机进行图纸输出的方法。

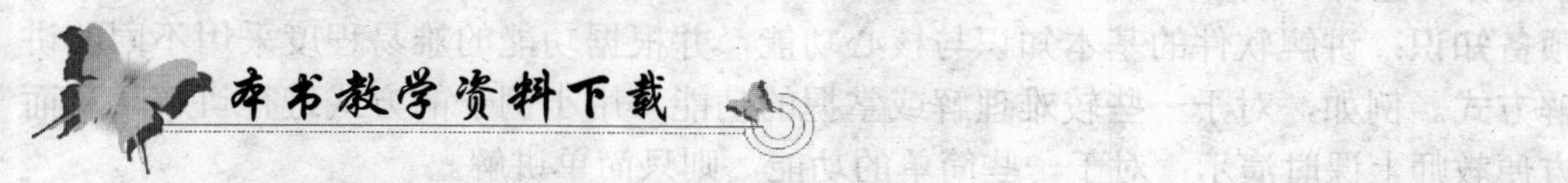

本书配有精美的教学课件和视频，并且书中用到的全部素材都已整理和打包，读者可以登录我们的网站（http://www.bjjqe.com）直接下载（无需注册）。

本书由北京金企鹅文化发展中心策划，由陈天祥任主编，孙红霞、王路权和于淑英任副主编。其中孙红霞编写了项目四和项目五，王路权编写了项目一，于淑英编写了项目二和项目八。尽管我们在写作本书时已竭尽全力，但书中仍会存在这样或那样的问题，欢迎读者批评指正。另外，如果读者在学习中有什么疑问，可登录我们的网站（http://www.bjjqe.com）去寻求帮助，我们将会及时解答。

编　者

2012 年 7 月

项目一 AutoCAD 2008 入门

俗话说，识人先识面，学习软件也同样如此。下面我们首先了解 AutoCAD 2008 的学习要点和“面孔”，然后学习 AutoCAD 的一些入门知识和基本操作，以及精确绘图和管理图形元素的一些技巧。通过本项目的学习，将使你对 AutoCAD 绘图不再陌生……

项目二　绘制基本图形

在 AutoCAD 中，再复杂的图形都是由直线、圆、椭圆、多边形和样条曲线等基本图形元素组成的。可见，掌握基本图形元素的绘制方法是使用 AutoCAD 画图的重要一环。下面我们就来学习 AutoCAD 提供的各种绘图命令的使用方法和技巧……

项目三　编辑图形

使用基本的绘图命令只能绘制一些简单图形。为了获得所需图形，我们通常需要对图形进行编辑加工。AutoCAD 的一大特色便是它简单而高效的编辑功能。下面，我们就来学习如何使用 AutoCAD 的移动、旋转、复制、偏移、镜像、阵列、拉长、延伸、修剪、缩放、圆角及倒角等命令编辑图形，从而快速绘制出各种复杂的图形……

项目四 文字注释与表格

零件图在实际生产中起着十分重要的指导作用。一张完整的零件图除了包括必要的图形和尺寸标注等基本信息外，还应包括一些重要的非图形类信息，如技术要求、标题栏、明细栏等。表达这些信息的主要手段就是文字注释和表格……

项目五　尺寸标注

尺寸是零件图的重要图形信息之一，它不仅可以为我们描述零件的真实大小以及零件间的相对位置关系，还是实际生产中的重要加工依据。AutoCAD 为我们提供了非常完整的尺寸标注体系，从而使我们可以轻松地完成图样的标注任务……

项目六　创建与应用块

绘制机械图时，有许多图形是需要经常使用的，如各种规格的螺栓、螺母、轴承等。为了减少重复工作，在 AutoCAD 中，我们可以将这类图形定义为块并重复使用……

项目七 创建三维模型

在 AutoCAD 中可以直接创建长方体、圆柱体等基本的三维实体；也可以通过拉伸、旋转等方式，将二维图形转换为三维模型；还可以通过网格建模功能创建任意形状的模型……

项目八　图形的输出

在 AutoCAD 中，我们一般在模型空间中绘制基本图形，绘制结束后转至图纸空间，以设置图纸尺寸、为图纸添加图框及标题栏等，最后将图纸打印出来……

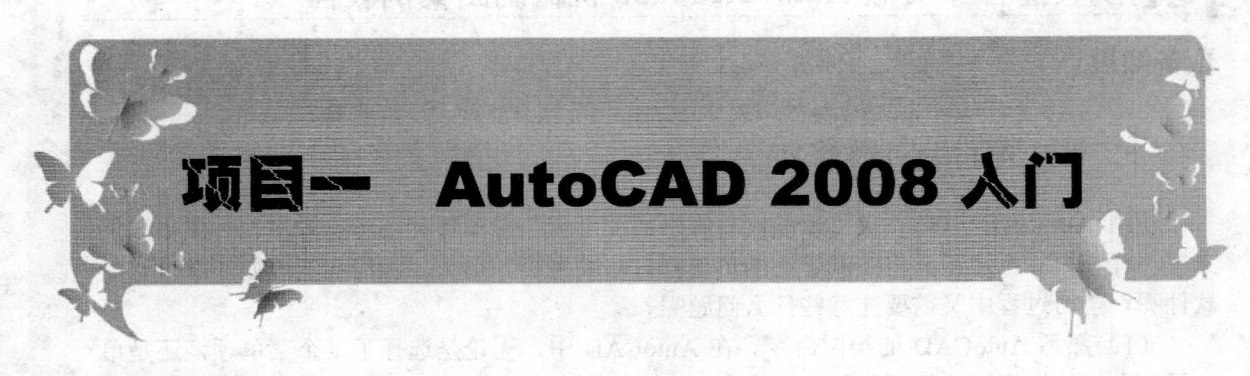

项目一 AutoCAD 2008 入门

项目导读

AutoCAD 是当前最流行的计算机辅助绘图软件，它不仅功能强大，而且操作简便快捷。在具体学习使用 AutoCAD 绘图之前，我们有必要了解一下 AutoCAD 的学习要点、操作界面及使用 AutoCAD 绘图的一般流程等。此外，还需要掌握新建图形文件、调整视图和选择图形对象，以及设置工作环境、使用辅助绘图工具和图层的方法等，从而为全面掌握 AutoCAD 打下坚实的基础。

知识目标

- 了解 AutoCAD 的学习要点，并熟悉 AutoCAD 2008 的操作界面。
- 了解设置工作环境和定制工具栏的基本操作，掌握图形元素的选择、删除及视图的基本操作方法。
- 熟悉绘图命令的执行、取消和恢复等方法，掌握用于精确绘图的各辅助工具的功能。
- 了解图层的功能，掌握图层的基本操作方法和绘制 AutoCAD 平面图形的一般流程。

能力目标

- 能够新建、保存、打开和关闭 AutoCAD 文件，并设置便于自己操作的工作界面。
- 能够缩放、平移、选择和删除图形对象，以及使用夹点对图形进行简单编辑。
- 能够灵活运用各种辅助绘图功能精确绘图。
- 能够根据绘图需要创建合理的图层，并对所创建的图层进行修改和删除等操作。

任务一 初识 AutoCAD

任务说明

在本任务中，我们将了解学习 AutoCAD 的要点，熟悉 AutoCAD 2008 的操作界面，以及掌握新建图形文件及设置工作环境等操作。

预备知识

一、学习 AutoCAD 的要点

使用 AutoCAD 软件不仅可以绘制二维平面图形和三维图形，还可以方便地为图形添加文字注释和尺寸标注，并将绘制好的图形进行打印输出等。那么，我们究竟该如何学习这款软件呢？学习过程中又需要注意些什么问题呢？

（1）熟悉 AutoCAD 的绘图命令。在 AutoCAD 中，无论是选择了某个菜单项，还是单击了某个工具按钮，其作用都相当于执行了一个命令。因此，用户必须对每个命令的功能和用途了如指掌，这样在实际绘图时才能具体问题具体分析，从而选择最恰当的绘图命令和绘图方法。

（2）学会观察命令行中的提示。在 AutoCAD 中，不管以哪种方式执行命令，命令行中都会提示我们下一步该怎样操作，用户只要按照命令行中的提示，即可逐步完成操作。

（3）掌握常用命令的英文全称或缩写。AutoCAD 的大多数绘图命令都可以通过在命令行中输入命令的英文名称来执行，因此，为了提高绘图效率，建议大家在学习的过程中掌握一些常用命令的英文全称或缩写。例如，“直线”命令的英文全称为“line”，缩写为“L”，表示输入字母“L”或“line”（大小写均有效）都可以执行“直线”命令。

（4）尽量使用快捷键。例如，要保存文件，按【Ctrl＋S】快捷键会比选择“文件”＞“保存”菜单快捷得多。因此，大家在学习过程中，应逐步了解一些常用功能的快捷键。

（5）学会使用 AutoCAD 的帮助功能。AutoCAD 为我们提供了强大的帮助功能，它就好比是一本教材，不管用户当前执行了什么命令，按【F1】键后，AutoCAD 都会显示该命令的具体概念和操作方法等内容。

（6）多进行上机操作，从而在实践中快速掌握各种命令的功能和用法，并逐步熟悉使用 AutoCAD 绘图的特点和规律。

二、熟悉 AutoCAD 2008 的操作界面

安装好 AutoCAD 后，双击桌面上的“AutoCAD 2008-Simplified Chinese”快捷图标，或选择“开始”>“所有程序”>“Autodesk”>“AutoCAD 2008-Simplified Chinese”>“AutoCAD 2008”菜单，即可启动 AutoCAD 2008 程序。

默认情况下，该软件的操作界面如图 1-1 所示。由该图可以看出，AutoCAD 2008 的操作界面主要由标题栏、菜单栏、工具栏、面板、绘图区、命令行及状态栏等部分组成。

1. 工具栏

对于初学者来说，工具栏是调用 AutoCAD 命令最直观的方式。在 AutoCAD 2008 中，系统共提供了 30 多个工具栏，使用它们可以完成绝大部分绘图工作。

默认情况下，“标准注释”和“工作空间”工具栏处于打开状态。如果还要显示其他工具栏，可在任一打开的工具栏上单击鼠标右键，这时将打开一个工具栏快捷菜单，如图 1-2 所示。在该快捷菜单中可以选择所需菜单项，即可打开所需工具栏。

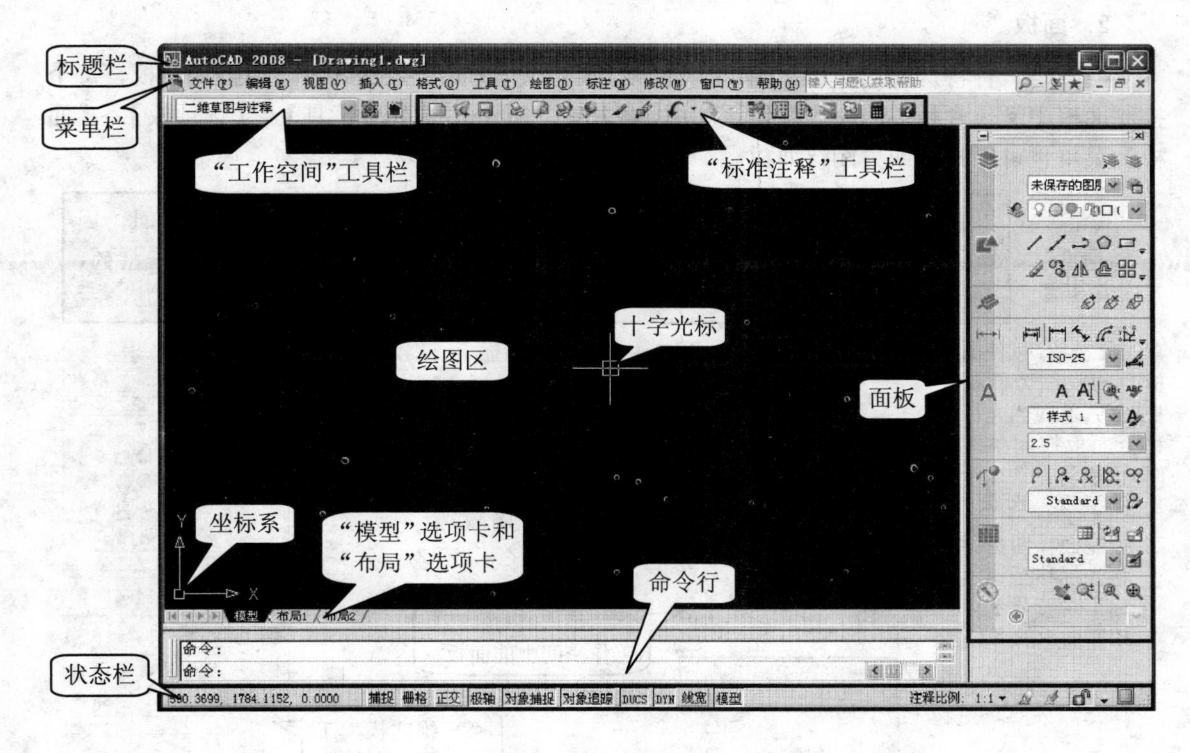

图 1-1 AutoCAD 2008 操作界面

工具栏有两种状态，即固定状态和浮动状态。当工具栏处于固定状态时，其位于绘图区的边缘（左侧、右侧、上方或下方）；当工具栏处于浮动状态时，我们不仅可以将其移至任意位置，还可以采用单击其边界并拖动的方式改变其形状，如图 1-3 所示。

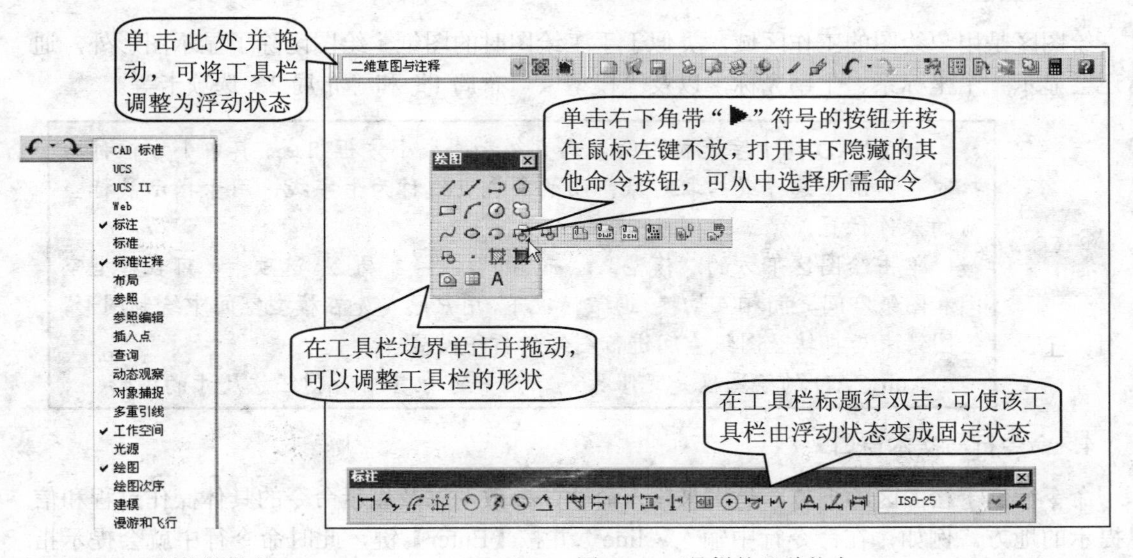

图 1-2 工具栏快捷菜单　　图 1-3 工具栏的几种状态

2．面板

面板是一种特殊的选项板，用于显示与当前工作空间相关联的各种常用控制面板，每个控制面板中又包含相关的命令按钮，如图 1-4 所示。此外，选择【工具】>【选项板】>【面板】菜单也可以打开或关闭该面板。

面板中的内容（即包含哪些控制面板）取决于当前使用的工作空间，因此，“二维草图与注释”和“三维建模”工作空间中的面板内容是不一样的，如图 1-4 所示。

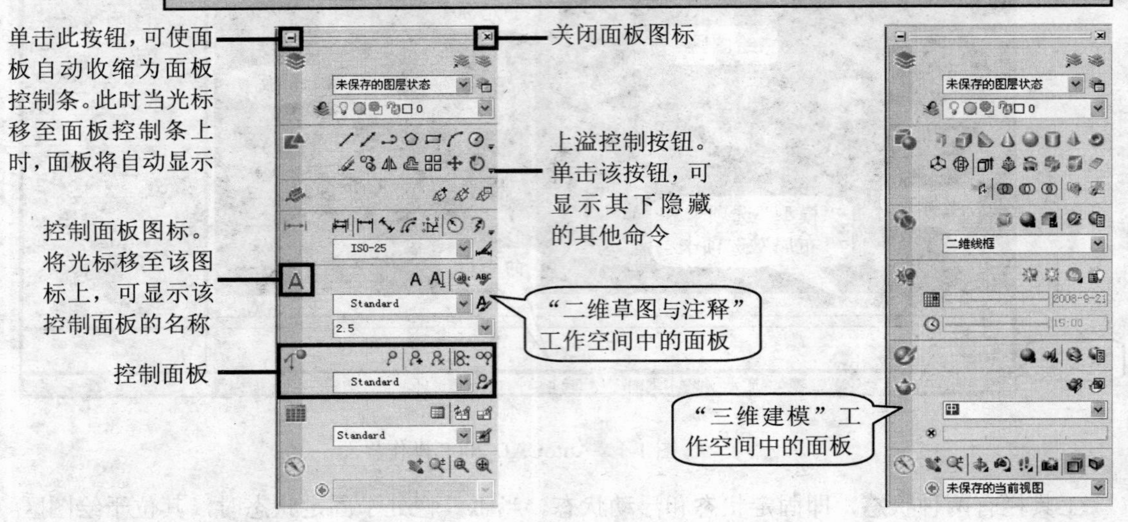

图 1-4　不同工作空间中的面板

3．绘图区

绘图区是用户绘图的工作区域，类似于手工绘图时的图纸。绘图区除了显示图形外，通常还会显示一个坐标系、十字光标，以及“模型”、“布局 1”和“布局 2”选项卡等。

AutoCAD 的十字光标由两条垂直线和一个小方框组成。其中小方框称为拾取框，用于选择或拾取对象，而两条垂直线称为十字线，用于指示鼠标当前的操作位置。

单击绘图区下方的“模型”、“布局 1”或“布局 2”选项卡，可在模型空间和图纸空间之间相互切换。通常情况下，用户总是先在模型空间中绘制图形，绘图结束后再转至图纸空间进行图纸的打印设置。

AutoCAD 的绘图区是无限大的，用户可在其中绘制任意尺寸的图形。

4．命令行与文本窗口

命令行位于绘图区的下方，是用来输入命令、参数，以及显示命令的具体操作过程和信息提示的地方。例如，在命令行中输入“line”并按【Enter】键，此时命令行中就会提示指定直线的第一点，如图 1-5 所示。此外，通过按快捷键【Ctrl+9】可以控制是否显示命令行。

文本窗口是记录 AutoCAD 所执行过的命令的窗口，实际上是一个放大的命令行窗口，如图 1-6 所示。用户可通过按【F2】键，或选择“视图”>“显示”>“文本窗口”菜单来打开。

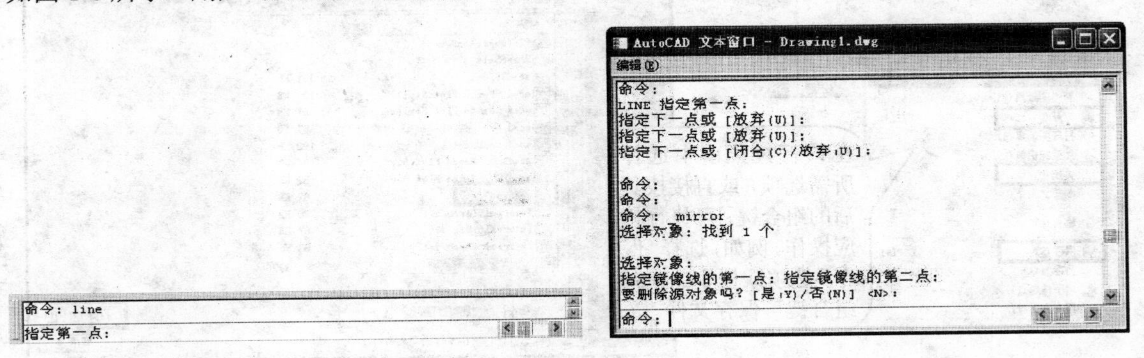

图 1-5　命令行

图 1-6　文本窗口

5．状态栏

状态栏位于命令行的下方，主要用于显示当前十字光标的坐标值，以及控制用于精确绘图的捕捉、栅格、正交、极轴、对象捕捉、对象追踪等功能的打开与关闭；此外，利用状态栏还可以控制图形的线宽是否显示，是否锁定工具栏的位置等操作，如图 1-7 所示。

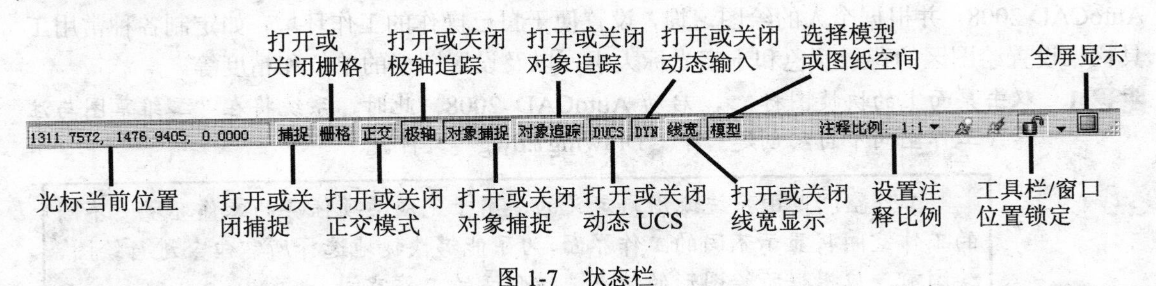

图 1-7　状态栏

三、新建图形文件

要绘制图形，首先必须新建一个图形文件。启动 AutoCAD 2008 后，系统会自动创建一个名称为“Drawing1.dwg”的图形文件。我们可以直接使用该文件，也可以使用其他图形样板新建一个文件。图形样板（.dwt）中主要定义了图形的输出布局、图纸边框和标题栏，以及单位、图层、尺寸标注样式和线型设置等。

要以某个样板为基础新建一个图形文件，可单击“标准注释”工具栏中的“新建”按钮、选择“文件”>“新建”菜单，或者按【Ctrl+N】快捷键，打开图 1-8 右图所示的“选择样板”对话框。在该对话框中选择所需样板文件，然后单击 打开(O) 按钮即可。

acadiso.dwt 是 AutoCAD 默认的标准样板文件，该样板文件只定义了一个 0 图层，未定义图纸规格、边框和标题栏，并且图形单位被设置为公制（acad.dwt 与 acadiso.dwt 的区别是后者的图形单位为英制）。在绘制机械图形时，如果用户事先没有创建符合需要的样板文件，我们一般选用 acadiso.dwt 样板文件。

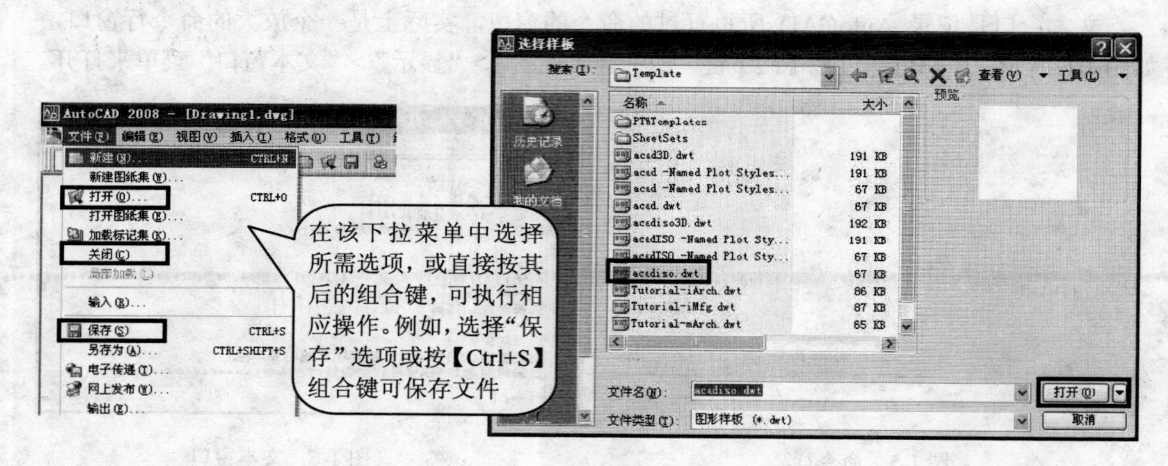

图 1-8　新建图形文件并选择图形样板

任务实施——启动 AutoCAD 并设置工作环境

了解了 AutoCAD 2008 的操作界面及图形文件的基本操作后，下面我们便来启动 AutoCAD 2008，并根据个人的绘图习惯，设置便于自己操作的工作环境，如定制各种常用工具栏、设置绘图区的背景颜色和十字光标大小，以及设置图形的单位和精度等。

步骤 1　双击桌面上的快捷图标，启动 AutoCAD 2008。此时，系统将在“二维草图与注释”工作空间中自动创建一个“Drawing1.dwg”文件。

工作空间是由系统或用户定义的，用于完成某项任务的工作环境。不同的工作空间将显示不同的工作界面，为了能够快捷地选择所需命令进行绘图，绘图前，应根据所绘图形的特点选择合适的工作空间。

在 AutoCAD 2008 中，系统默认定义了 3 个工作空间，分别是二维草图与注释（用于绘制二维图形）、三维建模（用于创建三维实体和曲面建模）和 AutoCAD 经典（AutoCAD 传统的工作环境）。要切换、保存或设置工作空间，可单击“工作空间”工具栏中的“列表框（参见图 1-9），然后从打开的下拉列表中选择所需选项。

步骤 2　为了使绘图区的显示范围更大，我们可单击“面板”选项板右上方的按钮，以关闭该选项板。为了便于绘图时选择所需命令，我们可在任一工具栏上单击鼠标右键，然后在弹出的下拉列表中选择常用的选项（如绘图、修改、图层和标注等），以调出与其对应的工具栏。

步骤 3　将光标移至上步调出来的任一工具栏上，如“绘图”工具栏，然后在该工具栏上单击鼠标左键（不要单击工具栏中的按钮）以选中该工具栏，接着根据自己的绘图习惯按住鼠标左键并拖动，将其移至合适位置。采用同样的方法，并结合自己的绘图习惯将其他工具栏移至合适位置，结果如图 1-10 所示。

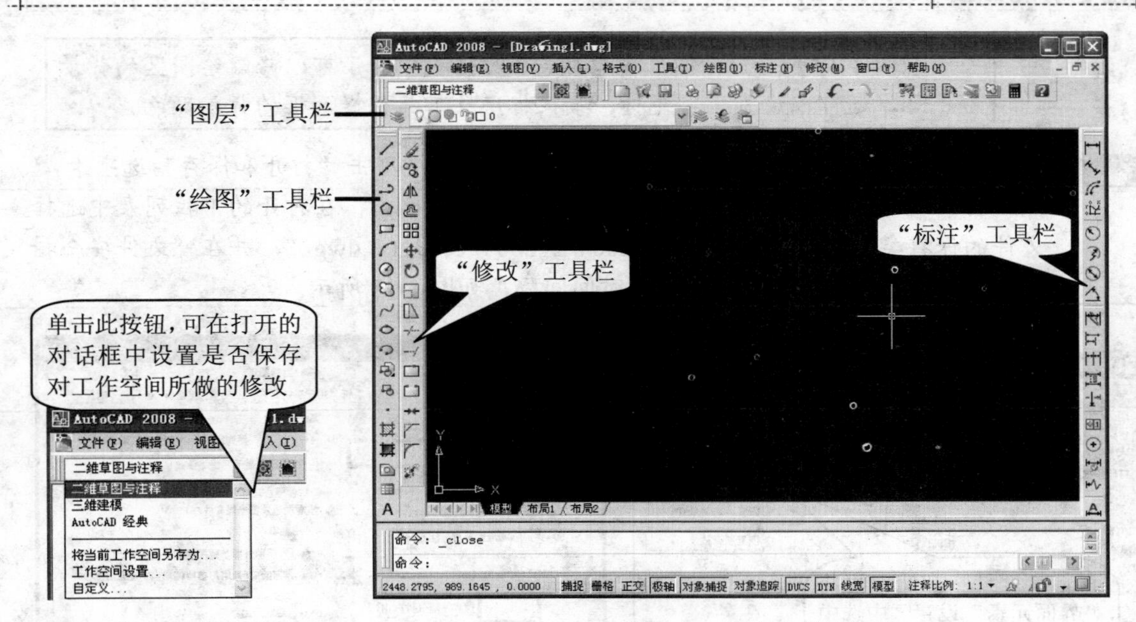

图 1-9 切换工作空间　　图 1-10 定制常用工具栏

步骤 4 选择"工具" > "选项"命令，或在命令行或绘图区中右击，从弹出的快捷菜单中选择"选项"菜单项，在打开的"选项"对话框中可设置 AutoCAD 的工作环境，如图 1-11 所示。

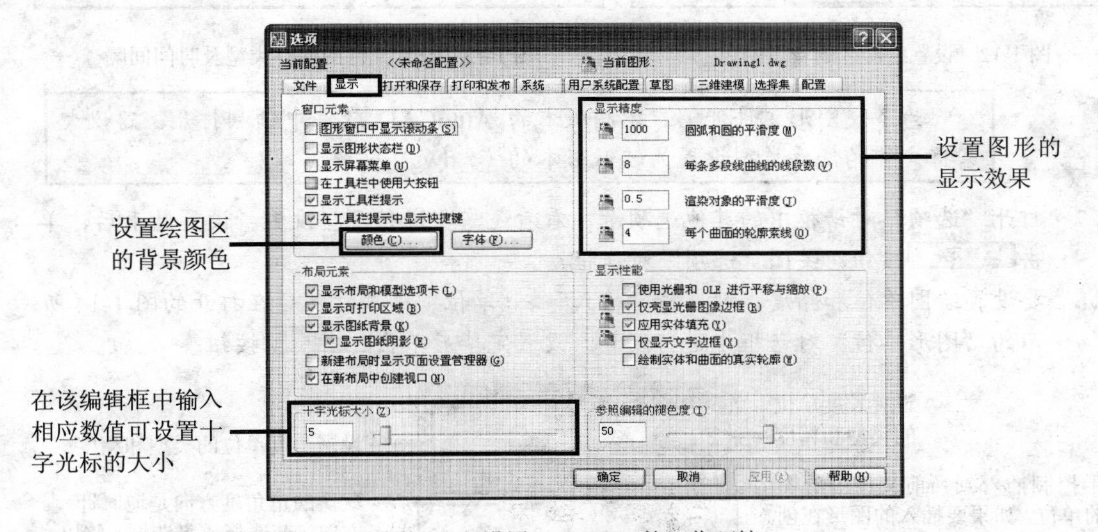

图 1-11 设置 AutoCAD 的工作环境

步骤 5 要设置绘图区的背景颜色，可单击"显示"选项卡中的 颜色(C)... 按钮，打开"图形窗口颜色"对话框。在该对话框的"背景"列表框中先选择要修改的对象所在的空间，如"二维模型空间"，然后在"界面元素"列表框中选择要修改的对象，如"统一背景"，接着在"颜色"下拉列表框中选择所需选项，如"白"，最后单击 应用并关闭(A) 按钮即可，如图 1-12 所示。

在图 1-12 所示的“图形窗口颜色”对话框中除了可以修改绘图区的背景颜色外，还可以设置十字光标、捕捉标记及工具栏提示框的背景颜色。

步骤 6 要设置文件自动保存的时间间隔和默认保存类型，可单击“打开和保存”选项卡，然后在“文件保存”设置区的“另存为”列表框中单击，在打开的下拉列表中选择文件的保存类型，如“AutoCAD 2004/LT2004 图形（*.dwg）”，并在“文件安全措施”设置区中设置文件自动保存的时间间隔，如图 1-13 所示。

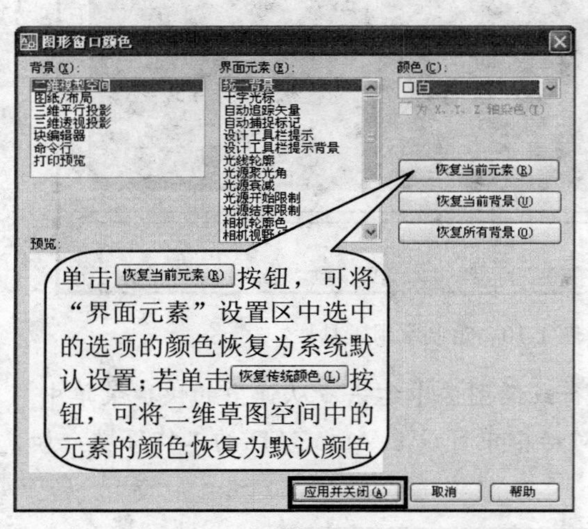

图 1-12 设置绘图区的背景颜色

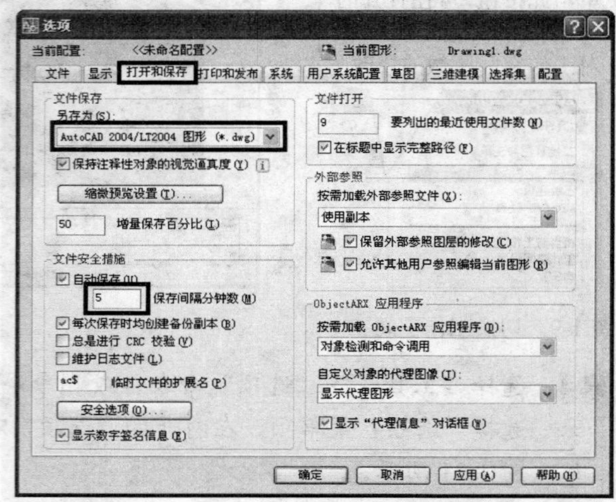

图 1-13 设置文件的保存类型及时间间隔

为了使图形文件能够在不同版本的 AutoCAD 软件中顺利打开，建议大家将文件的保存类型设置为较低版本的（*.dwg）文件。

步骤 7 打开“选项”对话框中的其他选项卡，看看还需要进行哪些设置。设置结束后，单击[确定]按钮，关闭“选项”对话框。

步骤 8 要设置绘图单位和精度，可选择“格式”>“单位”菜单，然后在打开的图 1-14 所示的“图形单位”对话框中进行设置。设置完毕后单击[确定]按钮。

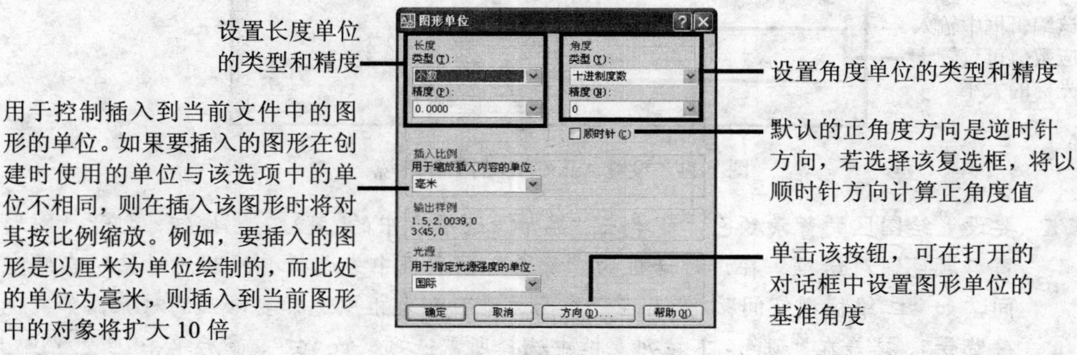

图 1-14 “图形单位”对话框

使用 AutoCAD 绘图时采用的单位被称为图形单位。图形单位并无特定的长度指标，我们可以将其认为是毫米、厘米或米等。例如，在绘制机械图时，1 个图形单位默认代表 1 毫米；而在绘制规划图时，1 个图形单位通常代表 1 米。

图形单位的设置仅对当前文件有效，而重新设置绘图区的背景颜色、文件保存的时间间隔和类型后，则对该空间中的所有图形文件均有效。

任务二　AutoCAD 绘图入门

任务说明

一般情况下，一幅复杂的视图中往往包含多种基本图形元素，在编辑图形时，经常需要选择单个或多个图形元素。此外，为了能够更好地观察和编辑图形，经常需要对视图进行放大、缩小和平移操作。下面我们就来学习什么是图形元素，以及选择、删除和使用夹点调整图形元素的方法。

预备知识

一、什么是基本图形元素

在 AutoCAD 中，我们所绘制的各种图形都是由基本图形元素组成的，每种图形元素都拥有颜色、线型、线宽等特性。例如，图 1-15 所示的图形就包含了圆弧、直线和尺寸标注等。其中，圆弧、直线属于最基本的图形元素，尺寸标注属于组合图形元素。如果将尺寸标注分解的话，可以分解成直线、文本和箭头。

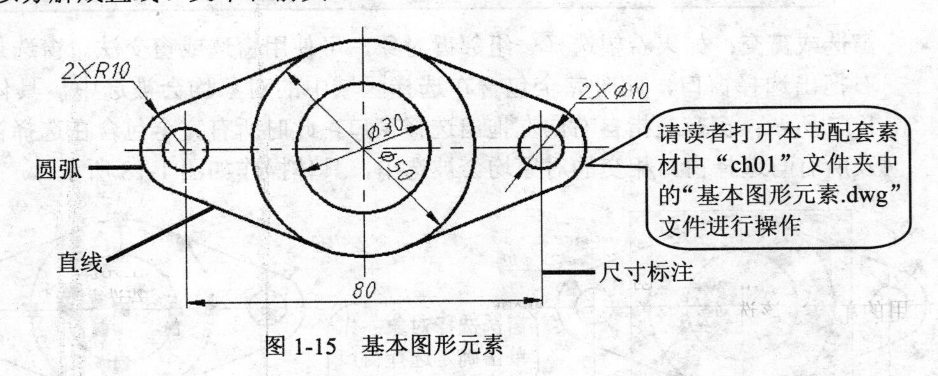

图 1-15　基本图形元素

二、挖掘鼠标的潜力

在 AutoCAD 中，绘图和编辑图形一般都需要通过鼠标来操作，因此充分掌握鼠标的用法是非常有必要的。目前大家使用的大都是“双键+滚轮”鼠标，它在 AutoCAD 中的用法如下：

- **鼠标左键**：一般作为拾取键，主要用来选择菜单、工具按钮、目标对象，以及在绘图过程中指定某些特殊点的位置等。
- **鼠标右键**：在 AutoCAD 窗口的大部分区域中单击鼠标右键，都会弹出快捷菜单。但是在对图形对象进行编辑修改时，如果命令行提示选择对象，此时单击鼠标左键可选择对象，单击鼠标右键可结束对象选择。
- **鼠标滚轮**：直接滚动鼠标滚轮，可放大或缩小图形的显示范围；如果按住滚轮并移动鼠标，则可平移图形。

三、图形元素的选择与删除

编辑图形时，第一项任务是选择图形对象。在 AutoCAD 中，我们既可以通过单击选择图形对象，也可以通过窗选或窗交的方法选择对象，各种方法的具体操作过程如下。

- **单击选择**：直接单击可选择单个对象，依次连续单击不同的对象可选择多个对象，如图 1-16 所示。

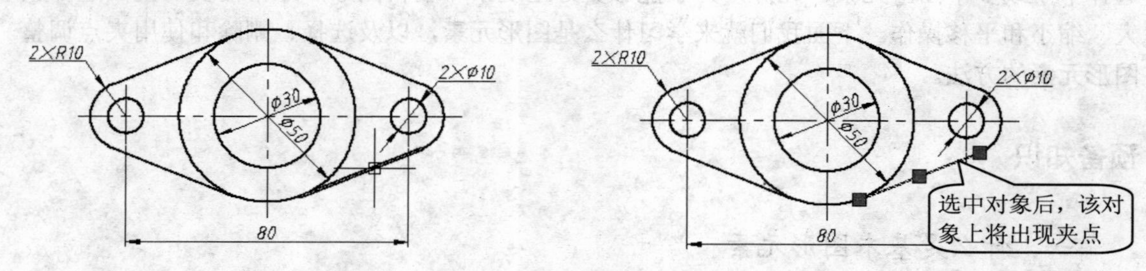

图 1-16　通过单击选择对象

在 AutoCAD 中，所有被选中的对象将形成一个选择集。要从该选择集中取消某个对象，可在按住【Shift】键的同时单击需要取消的对象；要取消所选择的全部对象，可直接按【Esc】键。

- **窗选或窗交**：如果希望选择一组邻近对象，可使用窗选或窗交法。窗选是指自左向右拖出选择窗口，此时完全包含在选择区域中的对象均会被选中，具体操作如图 1-17 所示；窗交是指自右向左拖出选择窗口，此时所有完全包含在选择窗口中，以及所有与选择窗口相交的对象均会被选中，具体操作如图 1-18 所示。

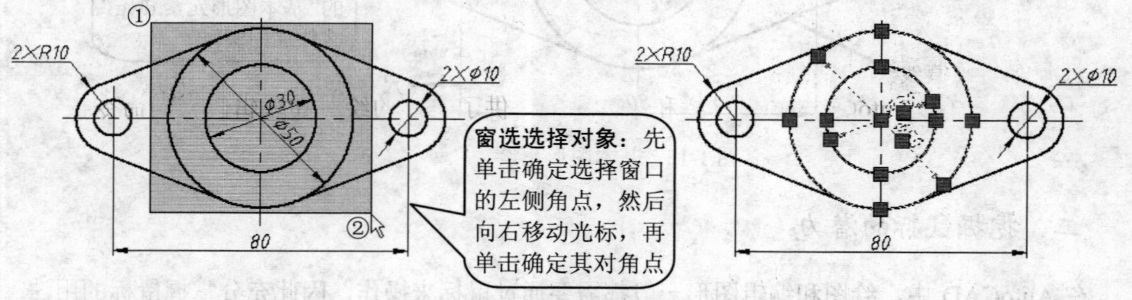

图 1-17　利用窗选方法选择对象

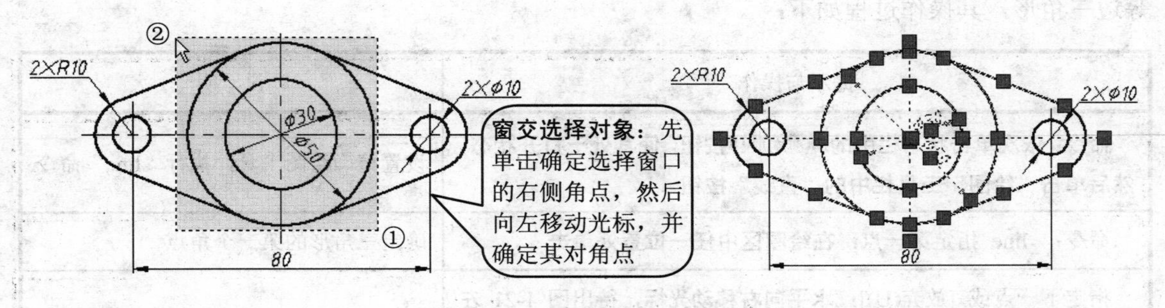

图 1-18　利用窗交方法选择对象

➢ **删除图形对象**：选中图形对象后，按键盘上的【Delete】键，或单击“修改”工具栏中的“删除”按钮，或者直接在命令行中键入“e”（“erase”命令的缩写）并按【Enter】键，都可以删除所选对象。

四、图形元素的夹点

在 AutoCAD 中选中某个图形元素后，该元素上将会出现用于控制该元素形状的夹点。例如，直线包含了两个端点和一个中点夹点，圆包含了圆心和 4 个象限夹点，矩形包含了 4 个角夹点，如图 1-19 所示。

这些夹点除了可以控制图形的形状外，还可以用来编辑图形。例如，单击圆的象限夹点并拖动鼠标可调整圆的大小，单击圆的圆心夹点并拖动鼠标可移动圆的位置，如图 1-20 所示。除此之外，利用夹点还可以复制、旋转或镜像图形等。

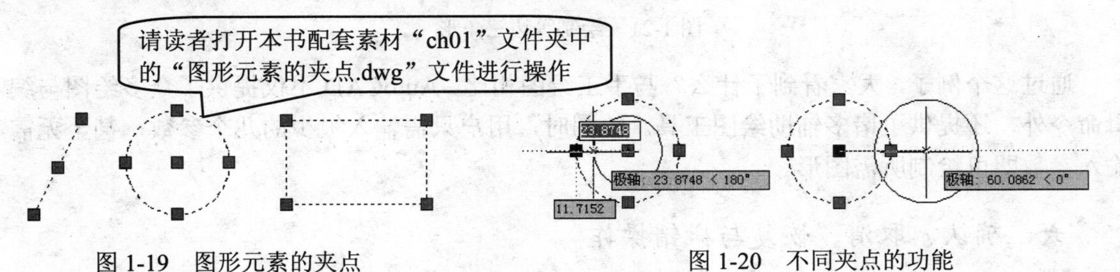

图 1-19　图形元素的夹点　　　　图 1-20　不同夹点的功能

五、执行绘图命令的几种方法

保存文件，可执行“save”命令；要画直线，可执行“line”命令。但由于这些命令太多且难于记忆，为此，AutoCAD 的工具栏和菜单栏中提供了丰富的绘制和编辑图形的命令按钮。

下面是执行 AutoCAD 命令的几种方式，用户可根据需要进行选择。

➢ 在命令行中直接输入命令的英文全名或其缩写。

➢ 选择工具栏、菜单栏或快捷菜单中的命令按钮或菜单项。

➢ 在“面板”选项板中选择所需命令按钮。

无论使用哪种方式来执行命令，用户都应密切关注命令行中的提示信息，从而确定下面该执行什么操作。对于初学者而言，更应如此。例如，要在 AutoCAD 中绘制边长为 100 的等边三角形，其操作过程如下：

提示与操作	说　明
命令：**依次单击状态栏中的 极轴 和 DYN 按钮，使其处于打开状态，然后单击“绘图”工具栏中的“直线”按钮**	设置精确绘图工具，执行“line”命令
命令：_line 指定第一点：**在绘图区中任一位置处单击**	确定三角形的第一个角点
指定下一点或 [放弃(U)]：**水平向右移动光标，待出图 1-21 左图所示的水平追踪线时输入长度值“400”并按【Enter】键**	绘制第一条边线
指定下一点或 [放弃(U)]：**向上移动光标，输入边长值“400”并按【Enter】键，按【Tab】键后输入直线的倾斜角度“120”，按【Enter】键以确定第二条直线的端点**	绘制第二条边线，如图 1-21 中图所示
指定下一点或 [闭合(C)/放弃(U)]：**输入“c”并按【Enter】键**	闭合三角形，即可绘制第三条边线并结束命令，结果如图 1-21 右图所示

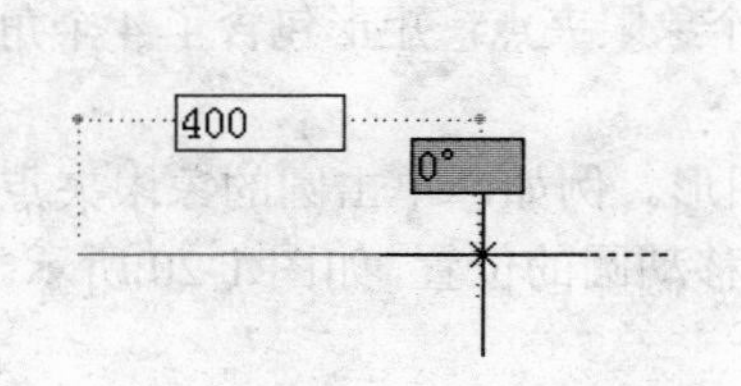

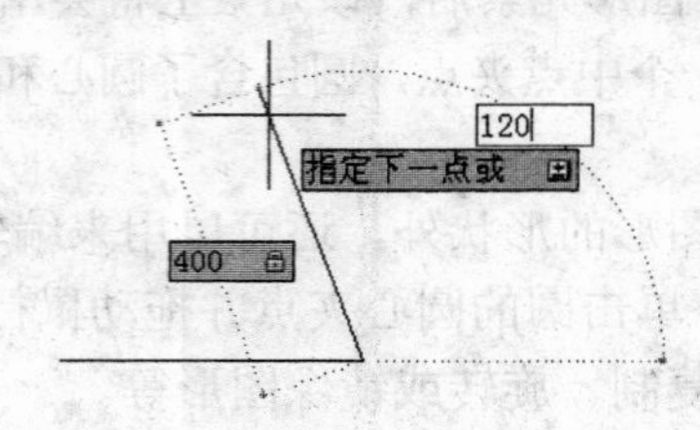

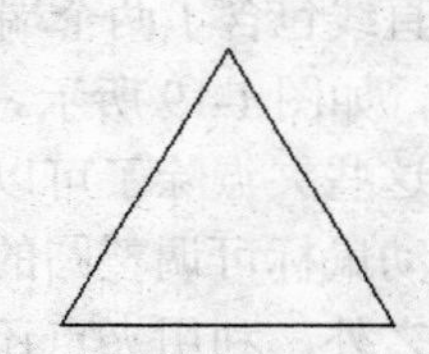

图 1-21　绘制等边三角形

通过这个例子，大家看到了什么？与手工绘图相比，AutoCAD 不仅提供了众多绘图与编辑命令外，还提供了诸多辅助绘图工具。绘图时，用户只需输入很少的几个参数，甚至无需输入参数即可绘制所需图形。

六、确认、取消、恢复与撤销操作

在使用 AutoCAD 绘图时，如果要输入命令、参数、终止当前命令、撤销已执行的命令，或者重复执行刚执行的命令，可按下列方法进行操作。

- **输入命令或参数**：在 AutoCAD 中，无论是输入命令的名称、参数或相关选项后，都必须按【Enter】键进行确认，否则，所输入的命令或参数将无效。但是，如果是通过单击工具按钮或选择菜单来执行命令，则无需再按【Enter】键。
- **终止执行命令**：在 AutoCAD 中执行某命令后，可随时按【Esc】键退出该命令。此外，也可以单击鼠标右键，从弹出的快捷菜单中选择“取消”菜单项来终止命令。
- **重复执行命令和结束命令**：在 AutoCAD 中，直接按空格键或【Enter】键，表示重复执行上一次执行的命令，但在执行某命令的过程中，按空格键或【Enter】键表示确认或结束命令（输入参数和命令选项除外）。

➢ **撤销已执行的命令**：单击“标准注释”工具栏中的“放弃”按钮，或按【Ctrl+Z】快捷键，均可撤销上步所执行的操作，连续执行此命令可撤销最近执行的多步操作。

如果希望一次撤销多步操作，可单击“放弃”按钮右侧的按钮，然后在弹出的列表框中向下移动光标选择多步操作；如果要恢复已撤销的操作，可单击“标准注释”工具栏中的“重做”按钮。但是，此操作应在执行撤销操作后立即进行。否则，一旦中间执行了其他操作，就无法恢复已撤销的操作了。

任务实施

一、调整蜗轮箱体视图

为了更好地观察和编辑模型，在绘制图形过程中，经常需要对视图进行放大、缩小和平移等操作。下面，我们将通过调整蜗轮箱体视图，来学习有关视图的基本操作。

步骤 1 启动 AutoCAD 2008，单击“标准注释”工具栏中的“打开”按钮，或按【Ctrl+O】组合键，在打开的“选择文件”对话框中选择本书配套素材“素材与实例”>“ch01”文件夹>“蜗轮箱体.dwg”文件，如图 1-22 所示，单击打开(O)按钮即可打开该文件。

步骤 2 要将整个图形最大化显示在绘图区中，可快速单击两次鼠标滚轮，或选择“视图”>“缩放”>“范围”菜单，如图 1-23 所示。

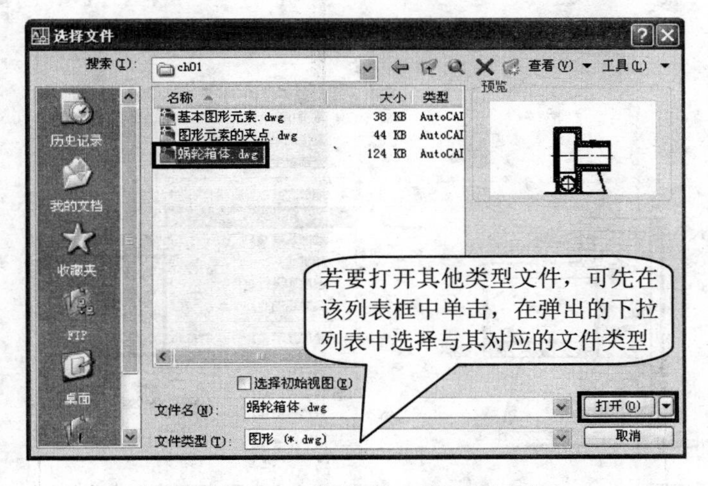

图 1-22 选择要打开的图形文件

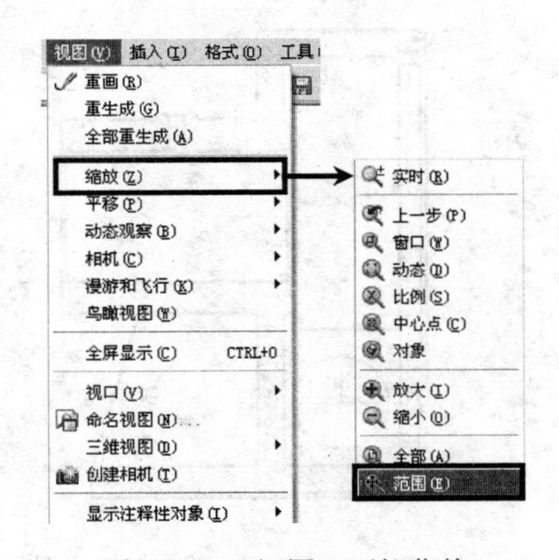

图 1-23 “视图”下拉菜单

步骤 3 若在图 1-23 所示的下拉菜单中选择“窗口”选项，然后在要放大显示的位置拖出一个选择框（依次单击选择两个对角点），则选择框内的图形将被放大到充满整个绘图区，如图 1-24 所示。编辑图形对象时，经常使用该命令来观察图形的细节。

步骤 4 若在图 1-23 所示的下拉菜单中选择“放大”或“缩小”选项，可将视图按当前显示的整数倍进行放大或缩小。此外，在绘图区任一空白处单击，然后前后滚动鼠标滚轮，也可以动态地放大或缩小视图。

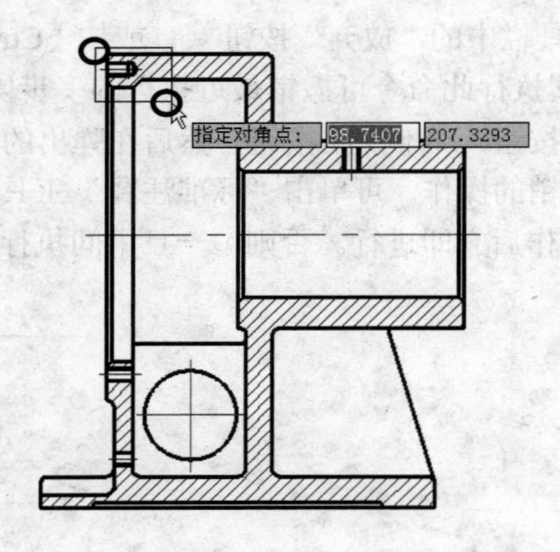

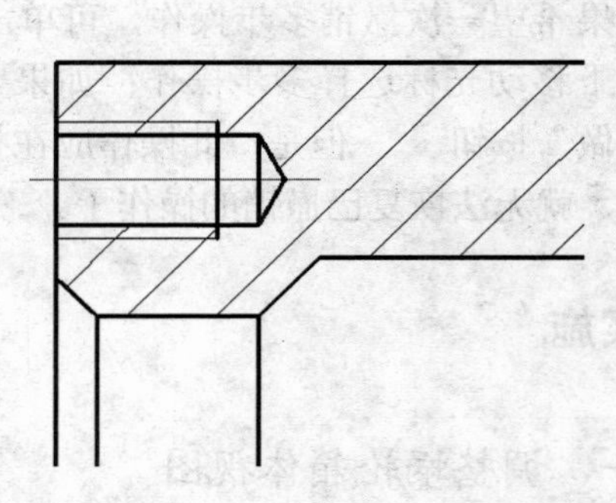

图 1-24　最大化显示选区内的图形

步骤 5　若在图 1-23 所示的下拉菜单中选择“实时”选项，或在绘图区右击，从弹出的快捷菜单中选择“实时”选项，光标将变成图 1-25 左图所示的形状。此时，按住鼠标左键并向上拖动光标可放大视图，沿相反方向拖动光标则缩小视图，如图 1-25 右图所示。按【Esc】或【Enter】键，可退出实时缩放状态。

步骤 6　要平移图形，可选择“视图”>“平移”>“实时”菜单，如图 1-26 所示，此时光标变成形状，按住鼠标左键并拖动光标可以平移视图；若选择“定点”选项，则可按指定的位移平移图形。

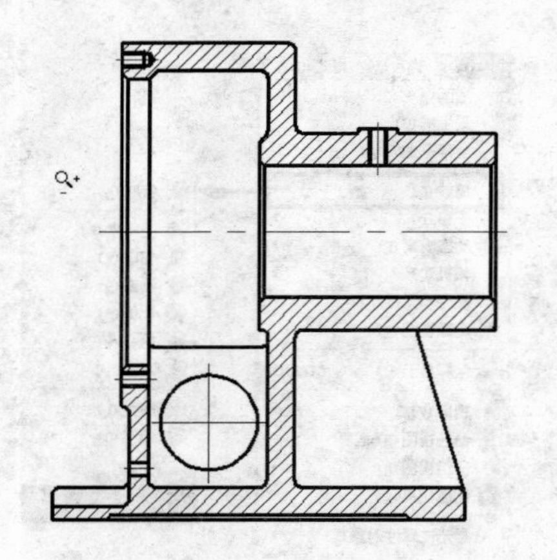

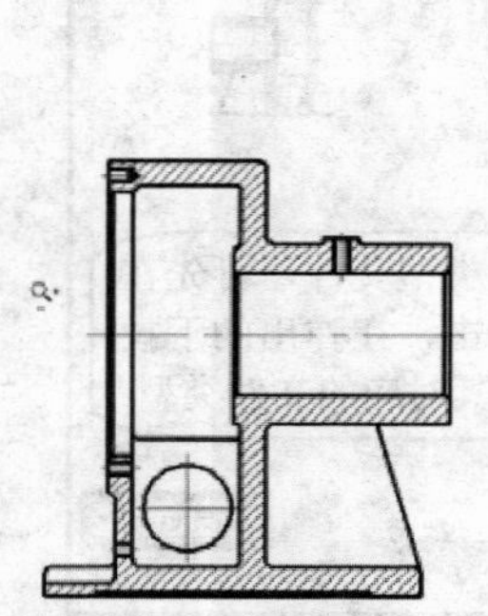

图 1-25　实时缩放视图

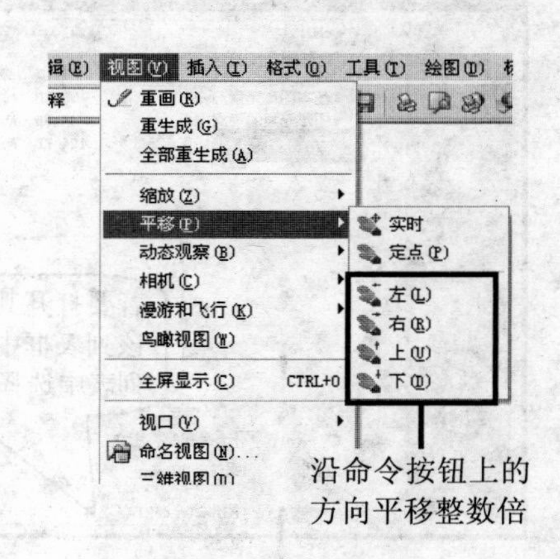

图 1-26　选择“平移”命令

步骤 7　单击“标准注释”工具栏中的“保存”按钮，或直接按【Ctrl+S】快捷键保存文件，最后单击绘图区右上角的按钮关闭文件。

二、绘制简单图形

下面，我们以绘制图 1-27 所示的图形（不标注尺寸）为例，来初步体验绘图命令的执行、取消、重复和撤销等操作。

制作思路

首先使用“圆”命令绘制左右两侧圆（圆弧先按圆绘制），然后再使用“直线”命令绘制直线，最后对所绘制的图形进行修剪，即可完成操作。

制作步骤

步骤 1 启动 AutoCAD 2008，采用系统默认的“Drawing1.dwg”图形文件进行绘图，并确认状态栏中的极轴、对象捕捉和对象追踪按钮均处于打开（凹下）状态。

步骤 2 在命令行中输入“c”并按【Enter】键，或单击“绘图”工具栏中的“圆”按钮，以执行画圆命令，然后在绘图区的任意位置处单击以指定圆心，接着根据命令行提示输入半径值“9”并按【Enter】键，结果图 1-28 所示。

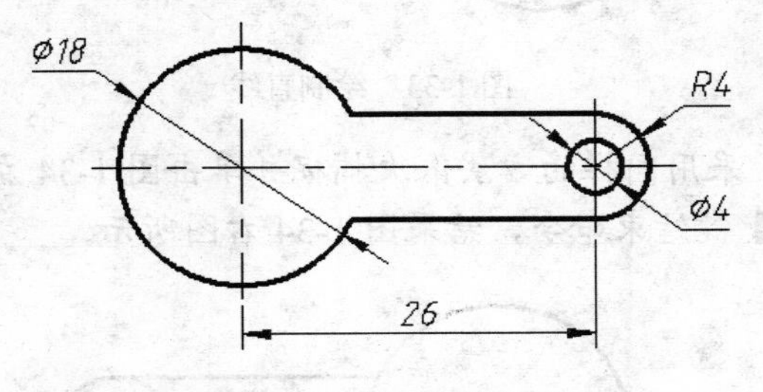

图 1-27 绘制简单图形

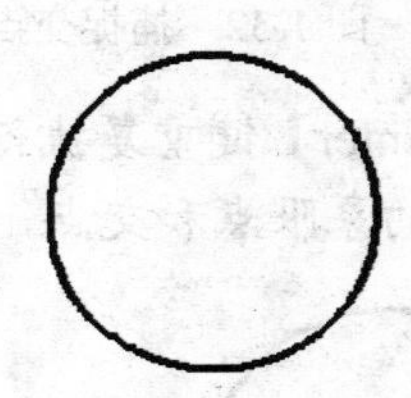

图 1-28 选择命令并绘制圆

步骤 3 利用鼠标滚轮或选择“视图”>“缩放”菜单下的相关命令将该视图放大，以便查看和绘制图形。

步骤 4 单击“绘图”工具栏中的“圆”按钮，捕捉上步所绘制的圆心（不要单击），然后水平向右移动光标，待出现图 1-29 左图所示的极轴追踪线时输入值“26”并按【Enter】键，接着输入半径值“4”并按【Enter】键，结果图 1-29 右图所示。

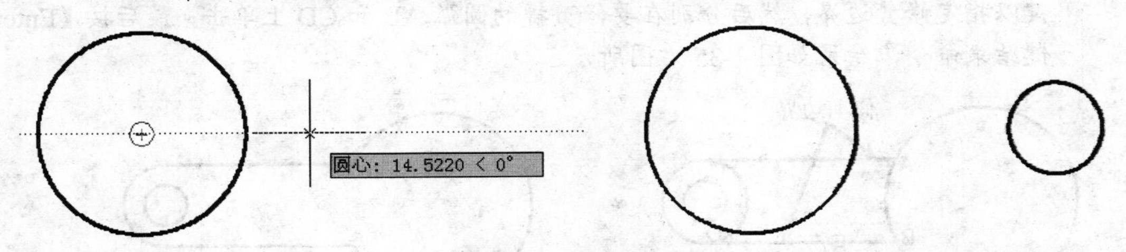

图 1-29 借助对象捕捉和极轴追踪绘制圆

步骤 5 按【Enter】键重复执行“圆”命令，捕捉上步所画圆的圆心，待出现图 1-30 所示的光标提示时单击，接着输入半径值“2”并按【Enter】键。

步骤 6 在命令行中输入“L”并按【Enter】键，或单击“绘图”工具栏中的“直线”按钮，然后捕捉图 1-31 所示的象限点并单击，接着水平向左移动光标，待出现图 1-32 所示的“交点”提示时单击，最后按【Enter】键结束命令，结果图 1-33 所示。

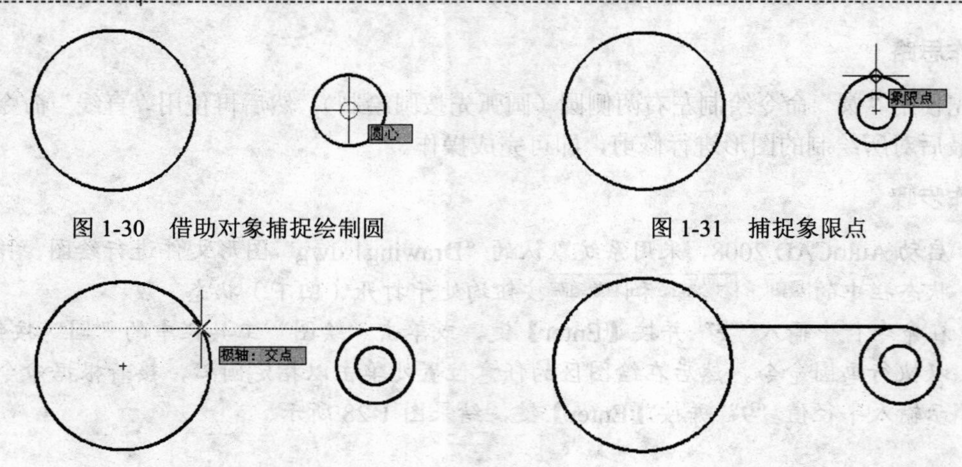

图 1-30　借助对象捕捉绘制圆　　　　图 1-31　捕捉象限点

图 1-32　捕捉交点　　　　图 1-33　绘制直线

步骤 7　按【Enter】键重复执行“直线”命令，采用同样的方法依次捕捉并单击图 1-34 左图所示的象限点和交点，最后按【Enter】键结束命令，结果图 1-34 右图所示。

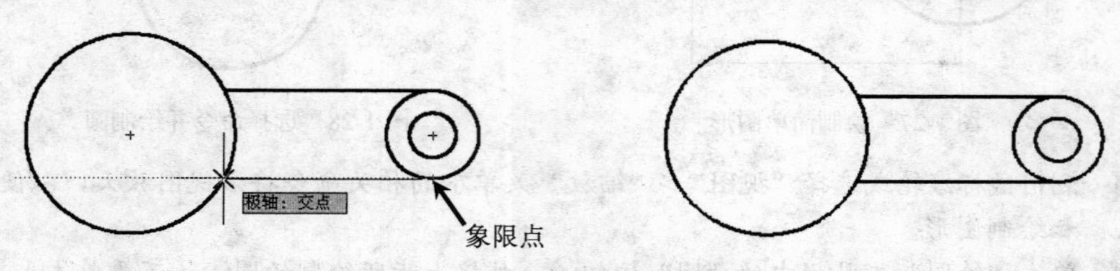

图 1-34　利用对象捕捉和极轴追踪绘制直线

步骤 8　单击“修改”工具栏中的“修剪”按钮，选取图 1-35 左图所示的两条直线，按【Enter】键以指定修剪边界，然后分别在要修剪掉的圆弧 AB 和 CD 上单击，最后按【Enter】键结束命令，结果如图 1-35 右图所示。

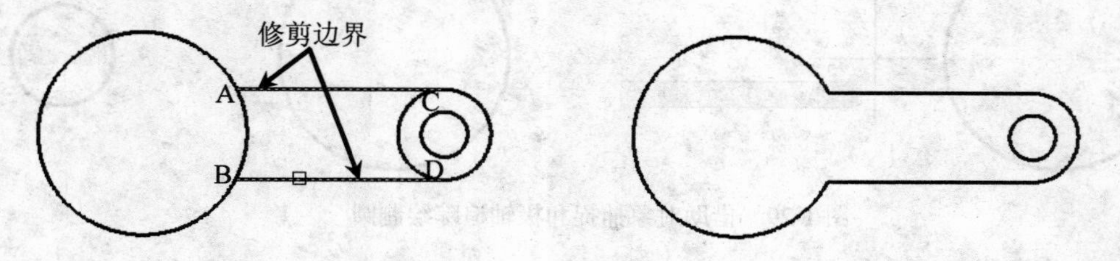

图 1-35　修剪图形

任务三　使用辅助工具精确绘图（上）

任务说明

与手工绘图相比，使用 AutoCAD 绘图的最大优点在于其效率高、精度高，这就不得不提及 AutoCAD 提供的诸多辅助绘图功能了。例如，输入坐标值可轻松定位点；利用动态输入可查看当前光标与连接点间的相对距离和角度等信息；利用对象捕捉可精确地捕捉对象上的特征点（如中点、端点、交点和圆心等）。下面我们就来学习 AutoCAD 提供的用于辅助绘图的“十八般武艺”。

预备知识

一、使用坐标

坐标定位法是大家在几何作图中经常使用的精确定点法。在 AutoCAD 中绘制平面图时，通常使用系统默认的世界坐标系（WCS），它包括 X 轴、Y 轴和 Z 轴，其原点位于三个坐标轴的交点处，如图 1-36 所示。

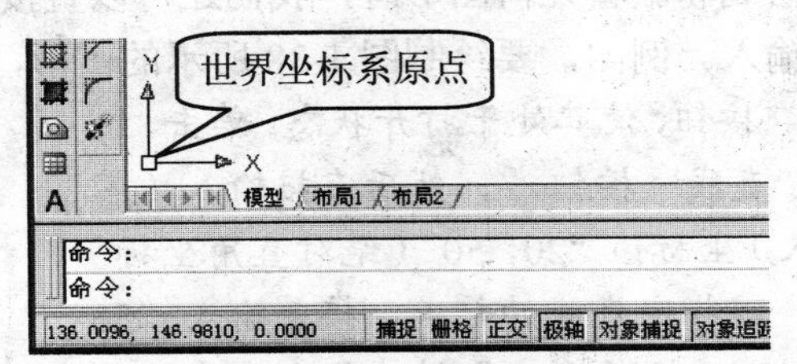

图 1-36　世界坐标系

在“二维草图与注释”空间中，世界坐标系仅显示 X 轴和 Y 轴；在三维视图中，还有一个 Z 轴。在 AutoCAD 中，为了能够更加方便地绘图，我们可重新设置坐标系的原点和方向，这时世界坐标系 WCS 将变为用户坐标系 UCS。关于设置坐标系的具体方法，我们将在项目七中学习。

在 AutoCAD 中，点的坐标可以用绘对直角坐标、绝对极坐标、相对直角坐标和相对极坐标表示，在输入点的坐标值时要注意以下几点：

- 绝对直角坐标是从（0，0）出发的位移，可以使用分数、小数等形式表示点的 X、Y、Z 坐标值，坐标值间用逗号隔开，如（8.0，6.7）、（11.5，5.0，9.4）等。
- 绝对极坐标也是从（0，0）出发的位移，输入时需指出该点距（0，0）点的距离以及这两点的连线与 X 轴正方向的夹角，其中距离和角度用“<”分开，且规定 X 轴正向为 0°，Y 轴正向为 90°，如 15<65、8<30 都是合法的绝对极坐标。
- 相对坐标是指相对于前一点的位移，它的表示方法是在绝对坐标表达式前加“@”符号，如@4，7（相对直角坐标）和@16<30（相对极坐标）。其中，相对极坐标中的角度是新点和上一点的连线与 X 轴的夹角。

二、使用 DYN（动态输入）

单击状态栏中的“动态输入”按钮DYN或按快捷键【F12】，可打开或关闭动态输入。启用动态输入后，在绘图和编辑图形时，将在光标附近显示关于该命令的提示信息、光标当前所在位置的坐标、尺寸标注、长度和角度变化等内容。

例如，当我们执行“直线”命令后，光标附近将显示“指定第一点”提示信息和光标当前所在位置的坐标，如图1-37左图所示。指定第一点后继续移动光标，则光标附近将显示光标所在位置的尺寸标注，如图1-37中图所示。此外，在编辑图形时，当光标位于极轴追踪线上时，还将显示光标所在位置的相对极坐标，如图1-37右图所示。

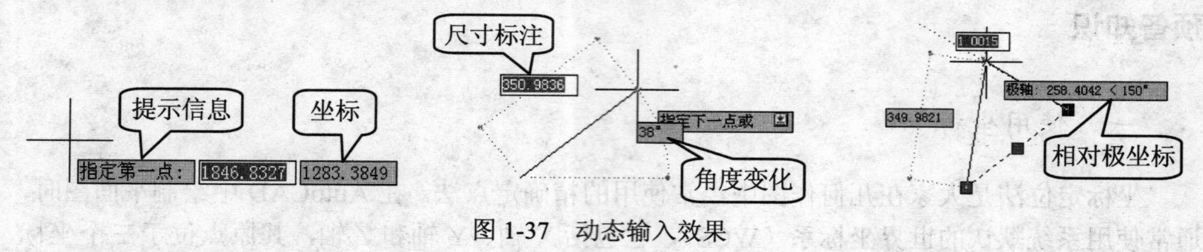

图1-37 动态输入效果

打开动态输入后，在绘制和编辑几何图形时，我们还可以直接在动态提示框中输入相关参数，而不必在命令行中输入。例如，要绘制图1-38所示的图形，具体操作步骤如下。

步骤1 单击状态栏中的DYN按钮，使其处于打开状态。单击“绘图”工具栏中的“直线”按钮，然后直接输入（不要在命令行中输入）坐标值“20，50”（绝对直角坐标）并按【Enter】键，以指定直线的起点，接着输入“56＜15”（相对极坐标），按【Enter】键以指定直线的另一端点，如图1-39左图所示。

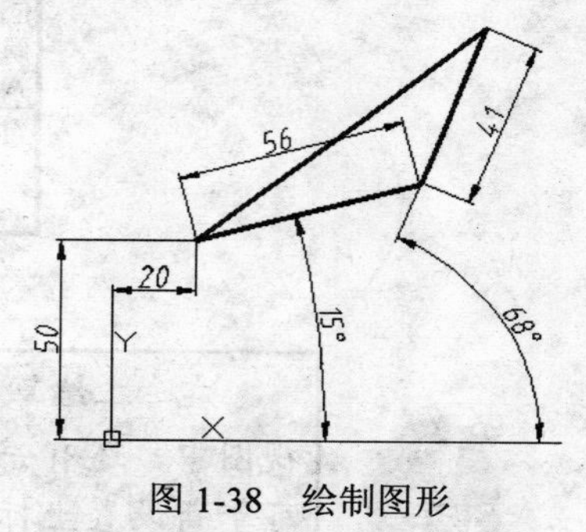

图1-38 绘制图形

步骤2 输入“@41<68”（相对极坐标）并按【Enter】键，以确定另一直线的端点，如图1-39中图所示，接着移动光标，如图1-39右图所示。

步骤3 此时，根据命令行提示输入“c”，按【Enter】键闭合图形，结果如图1-38所示。

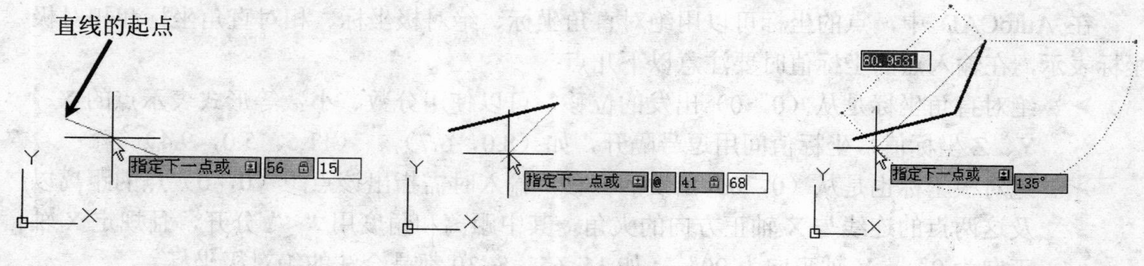

图1-39 绘制图形

指定坐标时输入的“,”和“<”决定了坐标的类型为直角坐标还是极轴坐标。默认情况下，动态提示框被设置为“相对坐标”形式，因此，虽然未输入“@”符号，但是输入的坐标值依然为相对坐标，如“56＜15”。

三、使用对象捕捉

在绘图时，如果希望将十字光标定位在现有图形的一些特殊点上，如圆的圆心和象限点，直线的端点和中点等处，可以利用对象捕捉功能来实现。在 AutoCAD 中，对象捕捉模式有“运行捕捉”与“覆盖捕捉”两种，下面分别进行介绍。

1.“运行捕捉”模式

只要打开状态栏中的“对象捕捉”按钮对象捕捉，则“运行捕捉”模式开启。此时，所有启用的捕捉模式有效。例如，要绘制两个同心圆，具体操作步骤如下。

步骤 1 如果状态栏中的“对象捕捉”按钮对象捕捉呈弹起状态，表示运行捕捉模式还没有开启，此时可单击该按钮将其开启（开启后按钮呈凹下状态，再次单击该按钮可关闭运行捕捉模式）。

步骤 2 单击“绘图”工具栏中的“圆”按钮，然后在绘图区单击以指定圆心，接着移动光标并单击以指定圆的半径，如图 1-40 左图所示。

步骤 3 按【Enter】键重复执行“圆”命令，将光标移至上步所绘圆的圆心处，待出现“圆心”提示时表示已捕捉到该点，如图 1-40 中图所示。此时单击以指定该点，然后移动光标并在合适位置单击以指定第二个圆的半径，如图 1-40 右图所示。

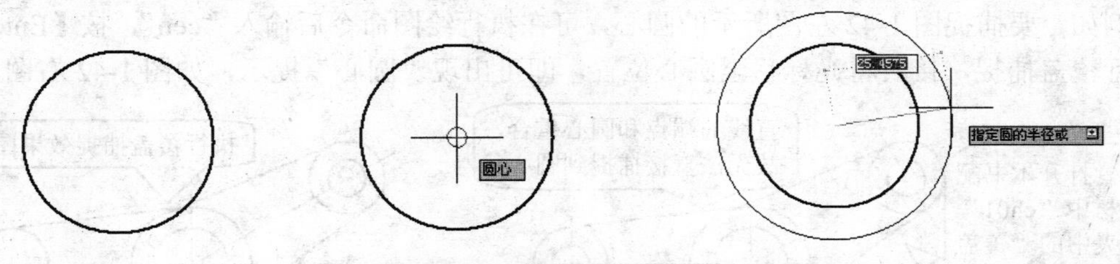

图 1-40　使用对象捕捉功能绘制同心圆

默认情况下，使用“运行捕捉”模式只能捕捉现有图形的端点、圆心、交点等。如果还需要捕捉中点、象限点和切点等对象，可右击状态栏中的对象捕捉按钮，从弹出的快捷菜单中选择“设置”选项，然后在打开的“草图设置”对话框中设置捕捉模式，如图 1-41 所示。

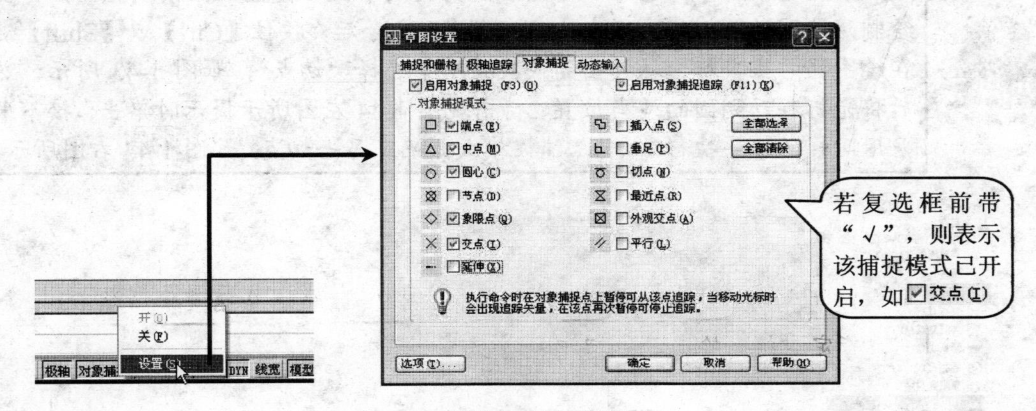

图 1-41　设置对象捕捉模式

2.“覆盖捕捉”模式

一般情况下，我们会同时选中多个对象捕捉功能，因此，当图形对象的某些特征点的位置相近或重合时，可能难以捕捉到需要的点。例如，在图 1-42 左图中，我们原本希望捕捉中间圆的圆心，但捕捉到的却总是中心线的端点。

在这种情况下，我们虽然可以在图 1-41 所示的“草图设置”对话框中调整对象捕捉模式（即取消其他对象捕捉模式，只保留“圆心”对象捕捉模式），但这种操作方法过于繁琐。为此，AutoCAD 提供了另外一种对象捕捉模式——覆盖捕捉模式。

要执行覆盖捕捉，可在“指定点”提示下输入表 1-1 中的对象捕捉模式名称并按【Enter】键。如果输入多个名称，名称之间以逗号分开。执行覆盖捕捉时，运行捕捉被暂时禁止。捕捉结束后，运行捕捉重新有效。

表 1-1　覆盖捕捉模式名称

END（端点）	CEN（圆心）	TAN（切点）	MID（中点）	PER（垂足）
NOD（节点）	NEA（最近点）	INT（交点）	QUA（象限点）	
PAR（平行）	EXT（延伸）	INS（插入点）	APP（外观交点）	

例如，要捕捉图 1-42 左图所示的圆心，可在执行绘图命令后输入“cen”，按【Enter】键以执行覆盖捕捉，接着将光标移至圆心位置，即可出现“圆心”提示，如图 1-42 右图所示。

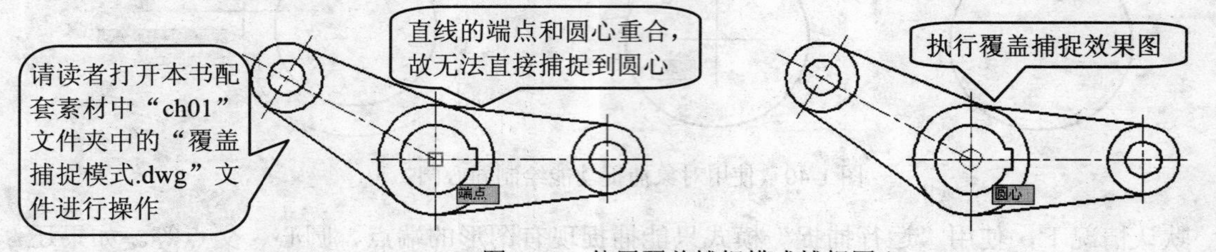

图 1-42　使用覆盖捕捉模式捕捉圆心

知识库

除上述方法外，还可以通过右键快捷菜单执行覆盖捕捉模式。例如，要绘制两个圆的共切线，可在执行“直线”命令后，按住【Ctrl】或【Shift】键在绘图区右击鼠标，从弹出的快捷菜单中选择“切点”，如图 1-43 所示；然后将光标移动到圆的适当位置，待出现图 1-44 左图所示提示时单击；接下来采用同样的方法执行“切点”捕捉模式并确定另一切点，如图 1-44 右图所示。

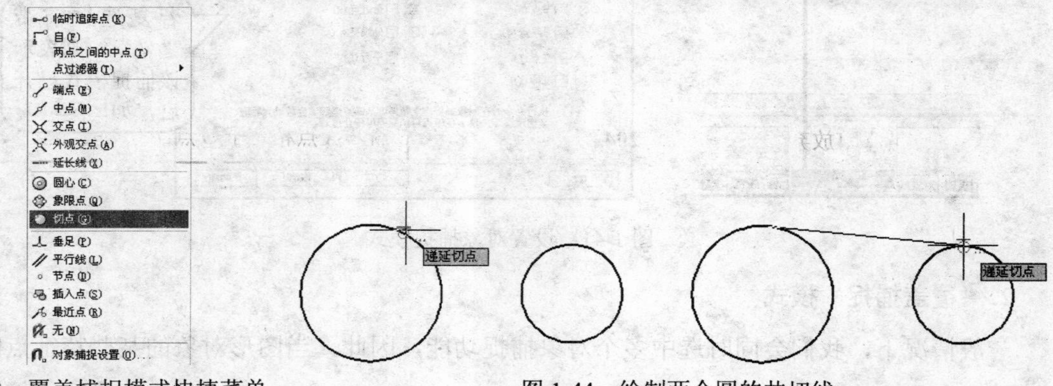

图 1-43　覆盖捕捉模式快捷菜单　　图 1-44　绘制两个圆的共切线

任务实施——使用不同坐标表示法绘制图形

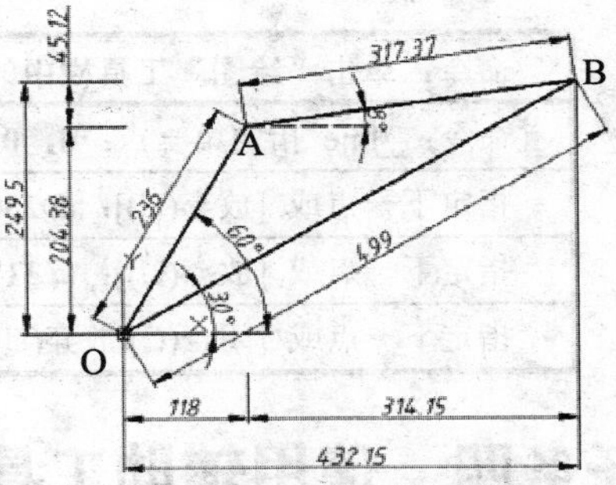

下面我们使用 4 种不同坐标表示方法来绘制图 1-45 所示的三角形 OAB。为了执行下面的操作，首先请单击状态栏中的DYN（动态输入）按钮，使其处于关闭状态。否则，除第一点外，后面输入的坐标均为相对坐标。

图 1-45　三角形 OAB

（1）使用绝对直角坐标

提示与操作	说　明
命令：单击“绘图”工具栏中的“直线”按钮	执行“line”命令
命令：_line 指定第一点：**0，0**↙	输入 O 点的坐标（0，0）
指定下一点或 [放弃(U)]：**118，204.38**↙	输入 A 点的坐标
指定下一点或 [放弃(U)]：**432.15，249.5**↙	输入 B 点的坐标
指定下一点或 [闭合(C)/放弃(U)]：**c**↙	封闭图形

（2）使用绝对极坐标

提示与操作	说　明
命令：单击“绘图”工具栏中的“直线”按钮	执行“line”命令
命令：_line 指定第一点：**0，0**↙	输入 O 点的坐标（0，0）
指定下一点或 [放弃(U)]：**236<60**↙	输入 A 点的极坐标
指定下一点或 [放弃(U)]：**499<30**↙	输入 B 点的极坐标
指定下一点或 [闭合(C)/放弃(U)]：**c**↙	封闭图形

（3）使用相对直角坐标

命令：单击“绘图”工具栏中的“直线”按钮	执行“line”命令
命令：_line 指定第一点：**0，0**↙	输入 O 点的坐标（0，0）
指定下一点或 [放弃(U)]：**@118，204.38**↙	输入 A 点相对于 O 点的绝对直角坐标
指定下一点或 [放弃(U)]：**@314.15，45.12**↙	输入 B 点相对于 A 点的绝对直角坐标
指定下一点或 [闭合(C)/放弃(U)]：**c**↙	封闭图形

（4）使用相对极坐标

命令：单击“绘图”工具栏中的“直线”按钮	执行“line”命令
命令：_line 指定第一点：**0，0**↙	输入 O 点的坐标（0，0）
指定下一点或 [放弃(U)]：**@236<60**↙	输入 A 点相对于 O 点的相对极坐标
指定下一点或 [放弃(U)]：**@317.37<8**↙	输入 B 点相对于 A 点的相对极坐标
指定下一点或 [闭合(C)/放弃(U)]：**c**↙	封闭图形

任务四　使用辅助工具精确绘图（下）

任务说明

除了使用坐标和对象捕捉定位点外，我们还可以利用捕捉功能控制光标的移动距离，利用正交和极轴追踪功能绘制水平、垂直或倾斜直线，利用对象捕捉追踪功能指定元素特征点在任意方向上的距离等，下面就来学习这些知识。

预备知识

一、捕捉与栅格

单击状态栏中的“栅格”按钮 栅格（或者按快捷键【F7】），可在绘图区中显示或关闭栅格，使用它可以直观地查看对象之间的距离，如图 1-46 所示。

单击状态栏中的 捕捉 按钮（或者按快捷键【F9】），可打开或关闭“捕捉”模式。打开“捕捉”模式后，光标只能按照系统默认或用户定义的间距移动。

默认情况下，光标沿 X 轴和 Y 轴方向上的捕捉间距均为 10。若要重新设置捕捉间距和栅格间距等，可在状态栏中的 栅格 或 捕捉 按钮上右击，然后在弹出的列表中选择“设置”选项，在打开的图 1-47 所示的“草图设置”对话框中修改各参数。

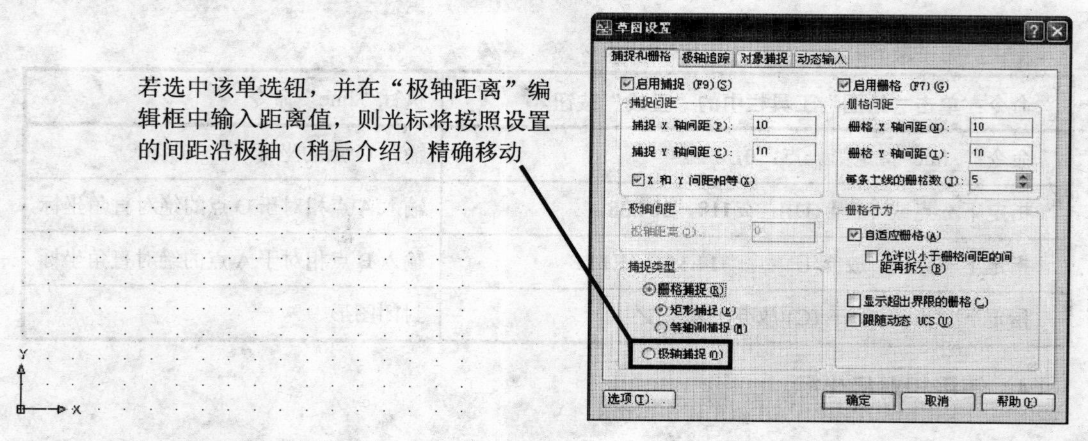

图 1-46　显示的栅格　　　图 1-47　“草图设置”对话框

栅格的打开或关闭对于绘图和捕捉功能无任何影响。为了便于查看各图线之间的相对位置，栅格间距与捕捉间距一般应呈整数倍。

二、正交与极轴追踪

正交与极轴是 AutoCAD 的另外两项重要功能，主要用于控制画图时光标移动的方向。其中，利用正交可以控制画图时光标只能沿与当前坐标系的 X 轴和 Y 轴平行的方向移动；利用极轴可控制光标沿所设定的角度方向移动，常用来绘制指定角度的倾斜直线。

同样，单击状态栏中的正交与极轴按钮可分别打开或关闭正交和极轴追踪模式，其对应的快捷键分别为【F8】和【F10】。由于正交模式比较简单，因此下面重点谈谈极轴追踪模式。

打开极轴追踪模式后，在绘制直线或执行其他操作时，如果光标位于极轴上，此时系统会显示出极轴追踪线、极轴距离及角度，如图 1-48 所示。此处的极轴是由图 1-49 所示的“草图设置”对话框的“极轴追踪”选项卡中的“增量角”编辑框中的参数所决定的。

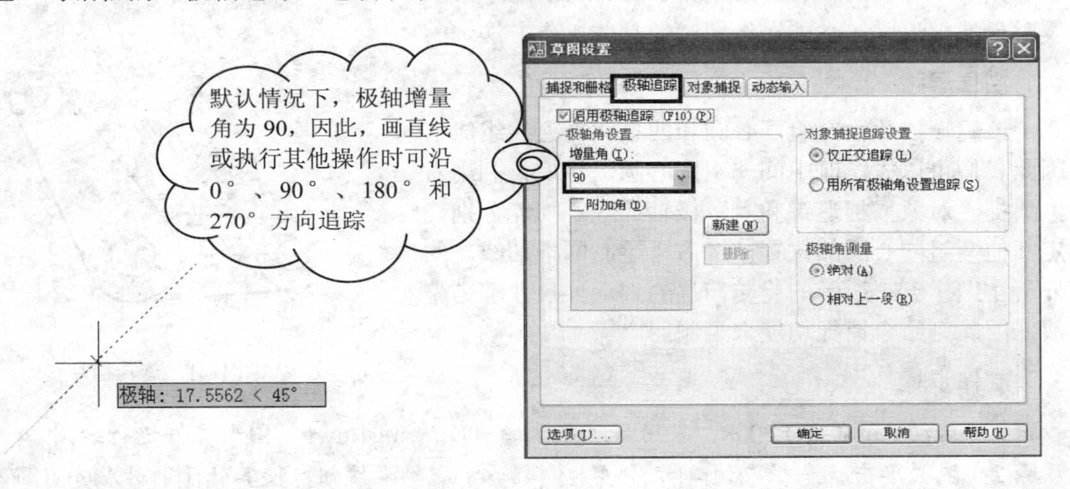

图 1-48 极轴追踪效果　　图 1-49 设置极轴增量角

由于极轴追踪是按事先指定的增量角来进行追踪的，因此改变极轴增量角，极轴也会随之改变。例如，将极轴增量角设置为 30，则极轴分别为 0°、30°、60°、90°、120°等（30 的倍数），利用此功能可以方便地绘制指定角度的直线。

需要注意的是：“正交”按钮与“极轴”按钮是互斥的，即打开一个按钮时，另一个按钮将自动关闭。当然，也可同时关闭两者。

三、对象捕捉追踪

对象追踪也称为对象捕捉追踪，是指在捕捉到对象上的特征点后，可继续根据设置进行正交或极轴追踪（追踪模式取决于图 1-49 中的“对象捕捉追踪设置”）。

要打开或关闭对象追踪功能，可单击状态栏中的对象追踪按钮，或按快捷键【F11】。

在绘图时，对象追踪有两种方式：单向追踪和双向追踪。单向追踪是指捕捉到现有图形的某一个特征点，并对其进行追踪，如图 1-50 左图所示。而双向追踪是指同时捕捉现有图形的两个特征点，并分别对其进行追踪，如图 1-50 右图所示。

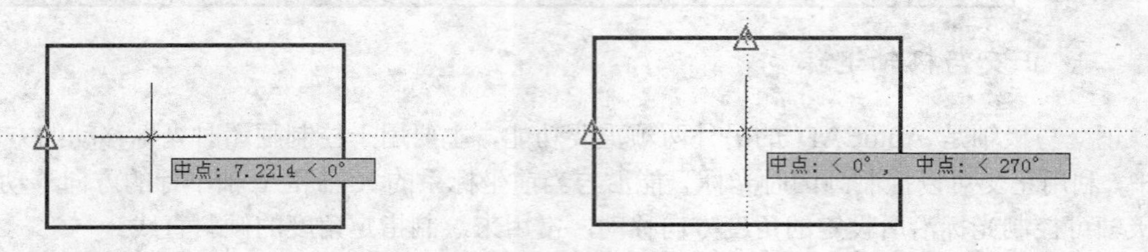

图 1-50　单向追踪与双向追踪

任务实施——绘制旋转挡片

接下来，我们将通过绘制图 1-51 所示的旋转挡片，来进一步学习捕捉、极轴、对象捕捉及对象捕捉追踪等功能在绘图时的具体操作方法。

制作思路

该旋转挡片由三组同心圆和四条相切直线组成，因此我们可以先绘制中间一组同心圆，然后再利用对象捕捉、对象捕捉追踪和对象极轴追踪等功能分别确定其他两组同心圆的位置，最后再绘制四条切线。此外，由于图 1-51 所示的旋转挡片的大部分尺寸都是整数，因此可结合捕捉功能来绘制。

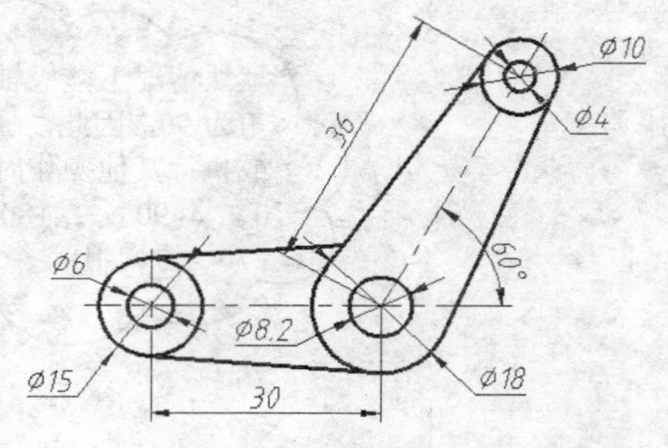

图 1-51　旋转挡片

制作步骤

步骤 1　启动 AutoCAD 2008，采用系统默认的“Drawing1.dwg”图形文件进行绘图。

步骤 2　依次单击状态栏中的捕捉、极轴、对象捕捉和对象追踪按钮，使其处于打开状态（即被按下），其他按钮采用默认设置。右击极轴按钮，在弹出的快捷菜单中选择“设置”选项，然后在打开的“草图设置”对话框中将“增量角”设置为 30，如图 1-52 所示。

步骤 3　单击该对话框中的“捕捉与栅格”选项卡，然后选中“捕捉类型”设置区中的 ⊙极轴捕捉(O) 单选钮，在“极轴间距”设置区的“极轴距离”文本框中输入值“1”并单击 确定 按钮，如图 1-53 所示。如此设置后，在后面使用极轴追踪时光标将按照设置的间距沿极轴精确移动。

步骤 4　单击“绘图”工具栏中的“圆”按钮，然后在绘图区任意位置处单击以指定圆心，接着输入半径值“4.2”并按【Enter】键。滚动鼠标滚轮，将视图调整到合适大小。

步骤 5　按【Enter】键重复执行“圆”命令，捕捉上步所绘圆的圆心，待出现图 1-54 所示的“圆心”提示时单击，然后移动光标，待出现“极轴：9.0000<0°”提示时单击，绘制一个同心圆。

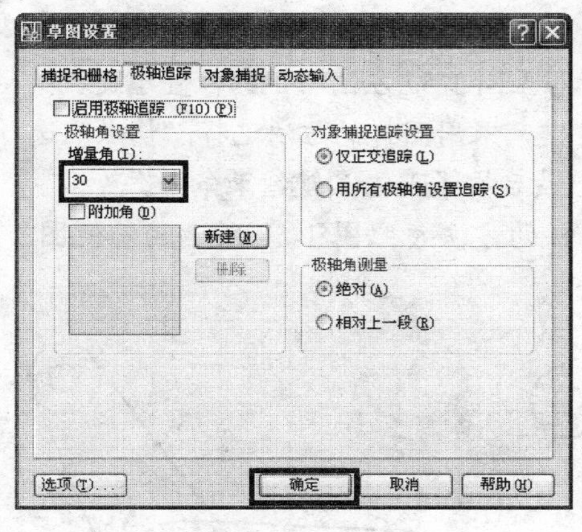

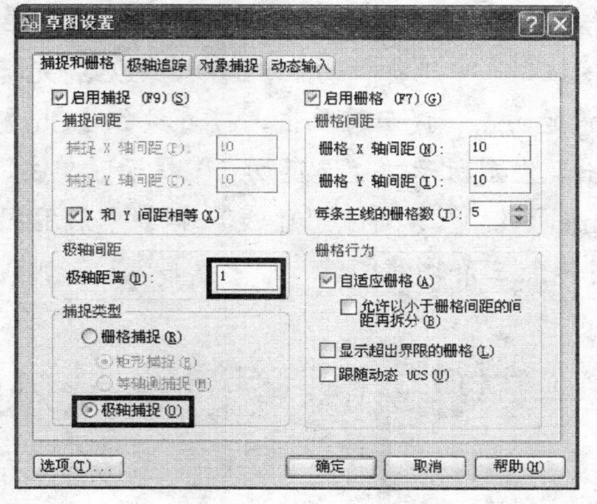

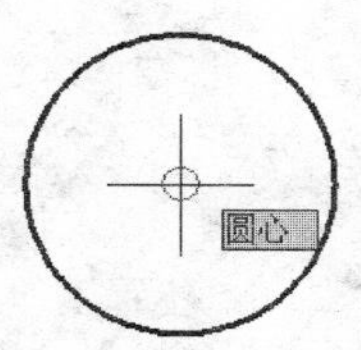

图 1-52　设置极轴角度　　　图 1-53　设置极轴捕捉距离　　　图 1-54　捕捉圆心

步骤 6　按【Enter】键重复执行"圆"命令，将鼠标光标移至同心圆的圆心处，然后向左移动光标，当出现"圆心: 30.0000<180°"提示时单击鼠标左键，如图 1-55 左上图所示，接着向右移动光标，当出现"极轴: 3.0000<0°"提示时单击鼠标，如图 1-55 右上图所示；参考图 1-55 中其余图形所示的光标提示绘制半径为 7.5 的同心圆。

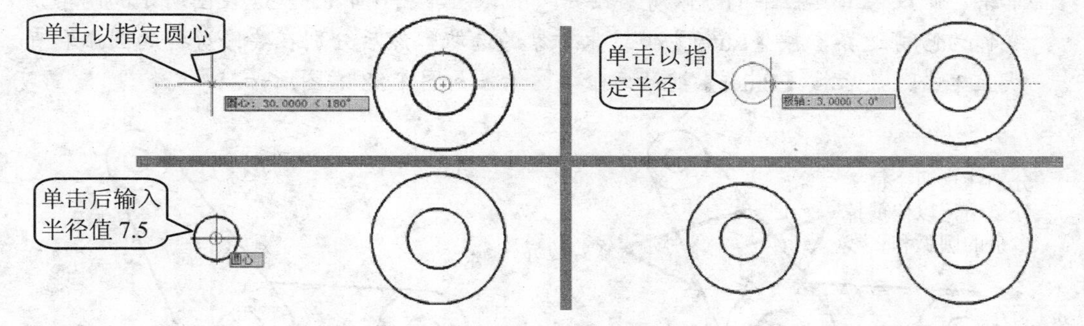

图 1-55　利用极轴、捕捉、对象捕捉追踪功能绘制图形

步骤 7　按【Enter】键重复执行"圆"命令，捕捉图 1-56 左图所示的圆心并移动光标，待出现图中所示的极轴追踪线和光标提示时单击，然后移动光标绘制半径值为 5 的圆。

步骤 8　按【Enter】键重复执行"圆"命令，捕捉上步所绘圆的圆心并单击，然后输入半径值"2"并按【Enter】键，结果如图 1-56 右图所示。

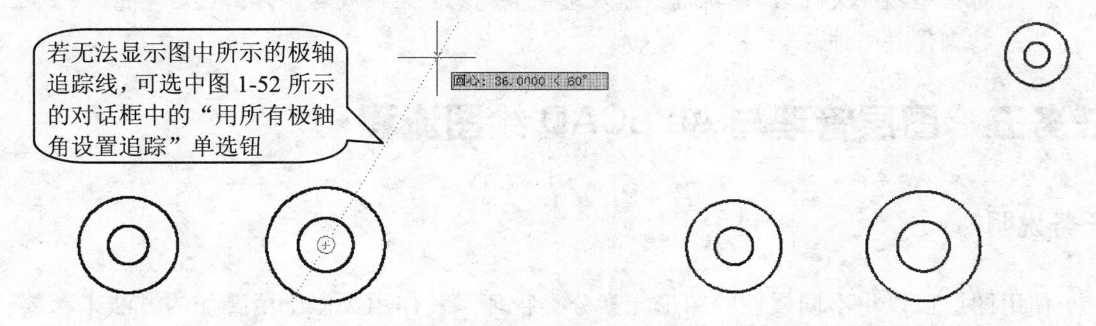

图 1-56　利用极轴、捕捉、对象捕捉追踪功能绘制图形

步骤 9 单击“绘图”工具栏中的“直线”按钮，按住【Ctrl】键在绘图区单击鼠标右键，在弹出的下拉列表中选择“切点”选项，然后将光标移至图 1-57 左图所示的位置 1 处，待出现“递延切点”提示时单击，接着按住【Ctrl】键，采用同样的方法选择“切点”选项，待出现左图所示的“递延切点”提示时单击，最后按【Enter】键结束命令。

步骤 10 按【Enter】键重复执行“直线”命令，采用同样的方法参照图 1-57 所示的其他图形绘制其余三条切线。

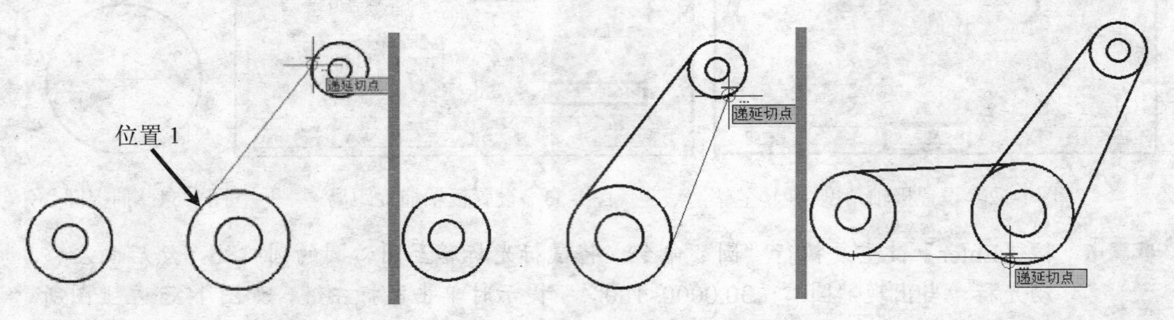

图 1-57　利用“切点”覆盖捕捉绘制切线

步骤 11 单击“修改”工具栏中的“修剪”按钮，依次单击选取图 1-58 左图所示的两条切线作为修剪边界，按【Enter】键结束对象的选取，然后分别在要修剪掉的圆弧和直线上单击，最后按【Enter】键结束命令，结果如图 1-58 右图所示。

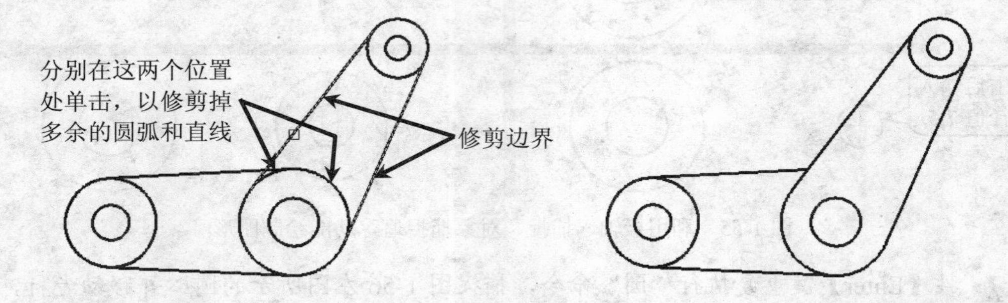

图 1-58　修剪图形对象

步骤 12 至此，旋转挡片图形已经绘制完毕。直接按【Ctrl+S】快捷键，打开“图形另存为”对话框。在“文件名”编辑框中输入文件名称，如“绘制旋转挡片”，最后单击 保存(S) 按钮保存文件。

任务五　图层管理与 AutoCAD 绘图流程

任务说明

使用图层可以将不同属性的图形元素分类管理，其作用类似于用叠加的方法来存放一幅图形的各种信息。我们可以将图层看作是一张透明的纸，分别在不同的透明纸上画出一幅图形的各个不同部分，然后再将它们重叠起来就是一幅完整的图形。如图 1-59 所示，图层 A 上放置了剖面线，图层 B 上放置了零件的轮廓线，两个图层叠放在一起就形成了零件的基本视图。

由此可见，图层是组织图形的有效手段。绘图时，一般将属性相同或用途相同的图线置于同一图层。例如，将轮廓线置于一个图层中，将中心线置于另一个图层中。以后只要调整图层属性，位于该图层上的所有图形元素的属性都会自动修改。此外，在绘制一些复杂图形时，为了方便绘图，我们还可以通过暂时隐藏或冻结图层来隐藏或冻结该层中的所有元素。

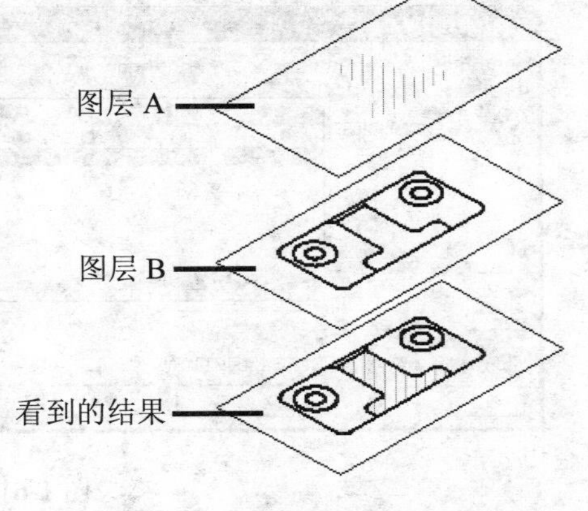

图 1-59　图层与图形之间的关系

预备知识

一、新建并设置图层

在 AutoCAD 中，每个图层都具有线型、线宽和颜色等属性。所有图形的绘制工作都是在当前图层中进行的，并且所绘图形元素都会自动继承该图层的所有特性。

默认情况下，新建的空白图形文件只有一个图层——0 图层。选择“格式”>“图层”菜单，或单击“图层”工具栏中的“图层特性管理器”按钮，打开图 1-60 所示的“图层特性管理器”选项板。在此选项板中不仅可以新建图层，还可以设置图层特性、删除图层、将所需图层设置为当前图层等，具体操作方法如下。

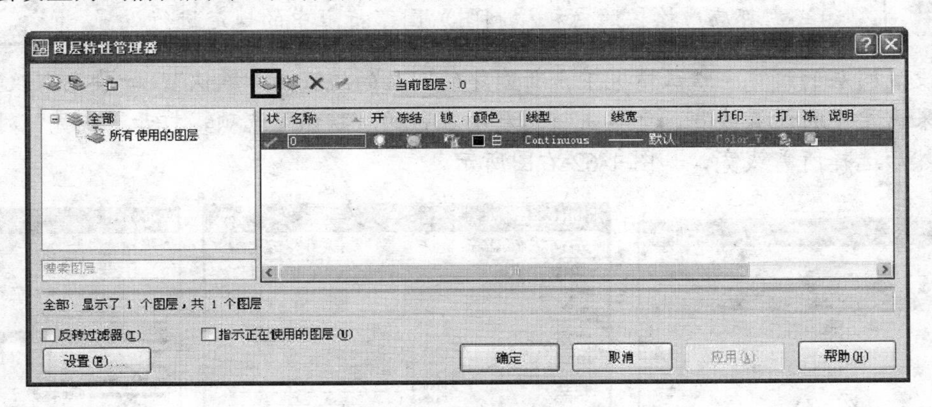

图 1-60　“图层特性管理器”选项板

步骤 1　新建图层。单击“图层特性管理器”选项板中的“新建图层”按钮，或在图层列表中单击鼠标右键，从弹出的快捷菜单中选择“新建图层”选项，此时将创建一个名为“图层 1”的新图层。在名称编辑框中输入新图层的名称，如“虚线”（图层名称一般要能够反映绘制在该图层上的图形元素的特性），如图 1-61 左图所示。

步骤 2　设置图层颜色。单击新建的“虚线”图层所在行的颜色块“■白”，打开“选择颜色”对话框，在“索引颜色”选项卡中选择颜色，如“洋红”，单击确定按钮，如图 1-61 右图所示。

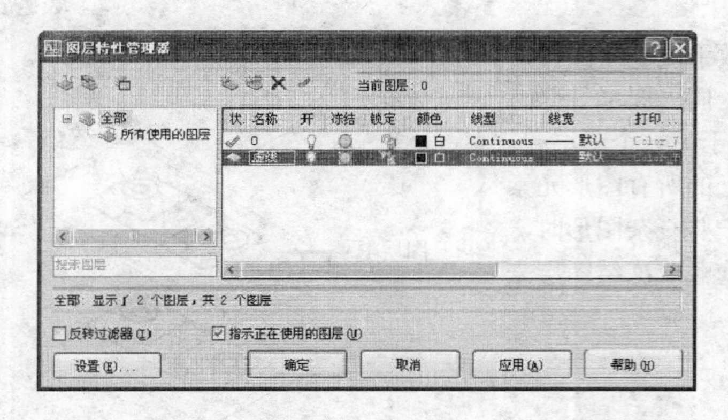

图 1-61　新建图层并设置图层颜色

步骤 3 设置图层线型。单击“虚线”图层所在行的“Continuous”图标，打开“选择线型”对话框，如图 1-62 左图所示。如果该对话框的线型列表中没有用户需要的线型（默认情况下只有连续线型“Continuous”），可单击加载(L)...按钮。

步骤 4 在打开的“加载或重载线型”对话框中选择所需线型，如“DASHED”，如图 1-62 中图所示，单击确定按钮返回“选择线型”对话框，选择新加载的线型“DASHED”并单击确定按钮，完成线型设置工作。

使用 AutoCAD 绘制机械图形时，为了规范图形，不同用途的线条的线型和线宽都应严格按照《机械制图》国家标准中的规定进行设置。

步骤 5 设置图层的线宽。默认情况下，新创建的图层的线宽为“默认”，一般无需改变。如果需要重新设置线宽，可单击该图层所在行的“默认”选项，打开“线宽”对话框，然后选择所需线宽，如图 1-62 右图所示。

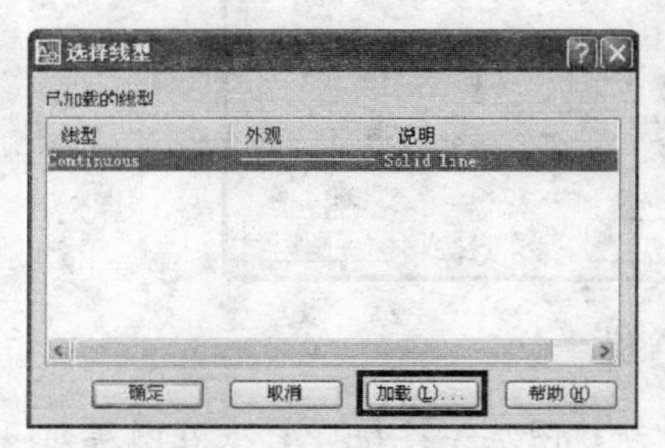

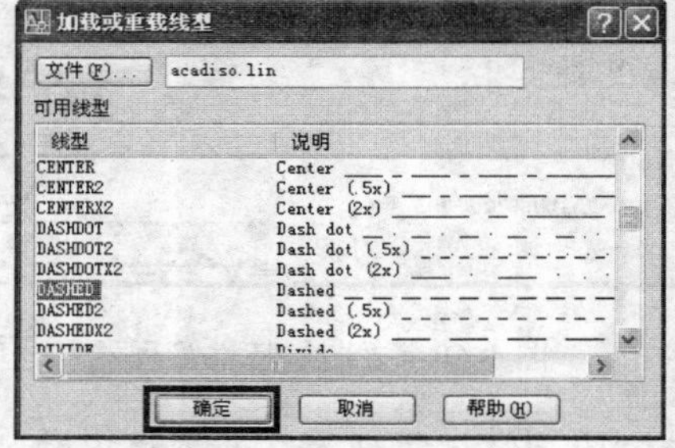

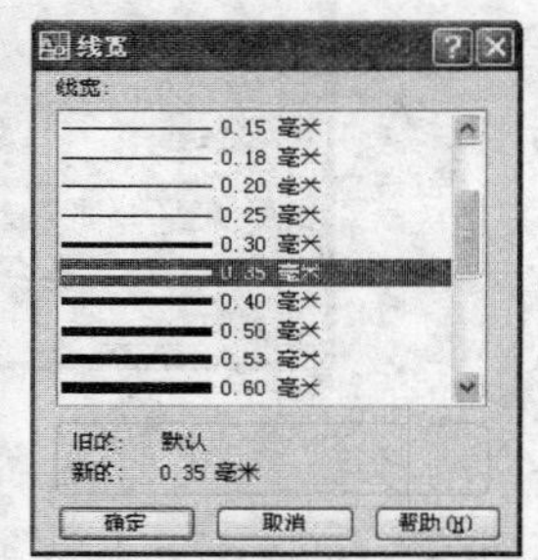

图 1-62　设置图层线型与线宽

修改线宽后，只有打开状态栏中的线宽按钮，才能在绘图区看到线宽的设置效果。此外，右击状态栏中的线宽按钮，从弹出的快捷菜单中选择“设置”选项，在打开的“线宽设置”对话框中还可以调整线宽的显示比例。

步骤 6 设置当前图层。用户的所有绘图操作都是在当前图层中进行的，要将所需图层设置为当前图层，可在“图层特性管理器”选项板中的图层列表中选择要设置的图层，然后单击“置为当前”按钮，或直接双击该图层的名称即可，如图 1-63 所示。

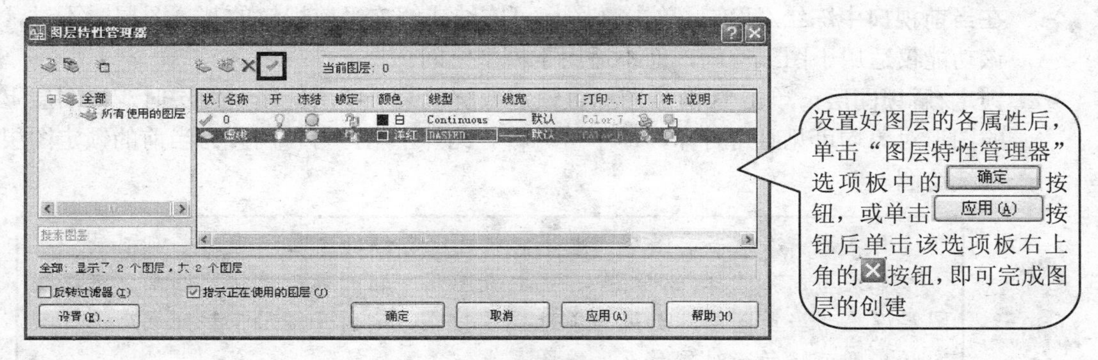

图 1-63 将“虚线”图层设置为当前图层

步骤 7 重命名图层。在“图层特性管理器”选项板中先选中要重命名的图层，然后单击图层的图层名称，即可修改图层名称。

步骤 8 删除图层。在“图层特性管理器”选项板中选中要删除的图层，然后单击“删除图层”按钮 或按【Delete】键，即可删除该图层。

系统默认的“0”图层、包含绘图元素的图层、当前图层、“Defpoints”图层（进行尺寸标注时系统自动生成的图层）和依赖外部参照的图层不能被删除。此外，“0”图层的名称不能进行修改。

二、控制图层状态

通过调整图层状态可以隐藏或冻结位于图层上的图形对象。要调整图层状态，可在“图层”工具栏的列表框中单击，然后在打开的下拉列表中单击要调整的图层名称前的图标进行设置，如图 1-64 所示。

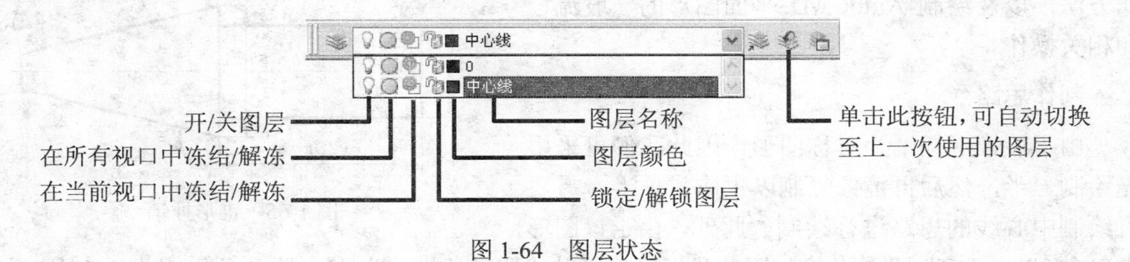

图 1-64 图层状态

这些图标的具体功能如下：

➢ **开/关图层**：单击图标可控制图层的打开或关闭。当图层处于打开状态时，该图层上的所有内容都是可见和可编辑的；当图层处于关闭状态时，该图层上的所有内容是不可见和不可编辑的，同时也是不可打印的。

- **在所有视口中冻结/解冻**：单击图标可在所有视口中冻结或解冻图层。冻结图层时，图层上的所有图形对象均不可见、不可编辑和不可打印。图层解冻时，图层上的内容将重生成，且可见、可编辑和可打印。
- **在当前视口中冻结/解冻**：单击图标可冻结或解冻当前视口的某一图层。不过，该功能仅适用于图纸空间，而不适用于模型空间。
- **锁定/解锁图层**：单击和图标可锁定或解锁某一图层。锁定图层时，该图层上的图形对象均可见且可打印，但不可编辑。此外，用户可使用置为当前的锁定图层继续绘图。

用户无法冻结当前图层，也不能将已经冻结的图层设置为当前图层。

如果当前不选择任何对象，则打开图层下拉列表后选择某图层，可将该图层设置为当前图层；如果当前选择了对象，则打开图层下拉列表后选择某图层，则可将所选对象移至所选图层上。

三、绘制 AutoCAD 平面图形的一般流程

在初步熟悉了 AutoCAD 的操作界面、视图及图形对象的基本操作，以及绘图命令的执行方法后，接下来我们有必要了解一下使用 AutoCAD 绘图的一般流程，从而对使用该软件绘图的基本顺序有一定了解。

使用 AutoCAD 绘图的一般流程为：仔细分析要绘制的图形，选择绘图方法→创建所需图层→绘制基本图形元素并编辑图形→修改非连续线型的比例因子→为图形标注尺寸，并添加所需注释信息→保存图形文件→输出图纸。

任务实施——绘制锥形插销

在熟悉了 AutoCAD 所提供的各种辅助绘图工具后，我们将通过绘制图 1-65 所示的锥形插销，来学习这些辅助绘图工具在绘图时的具体操作方法，以及绘制 AutoCAD 平面图形的一般流程和相关操作。

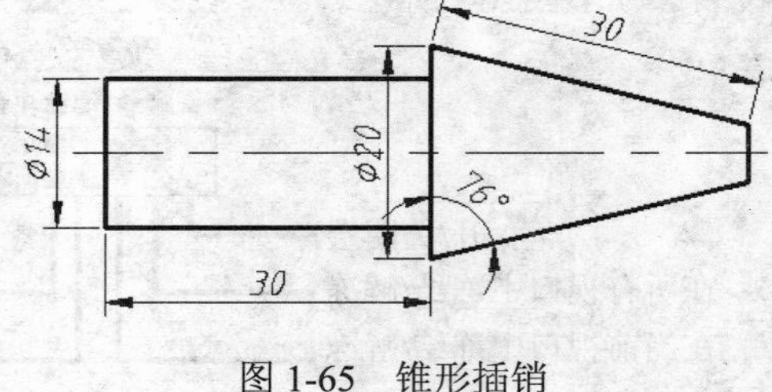

图 1-65　锥形插销

制作思路

由于该锥形插销为对称图形，因此我们可采用先绘制一半，然后再镜像复制以生成另一半，最后再绘制中心线的思路进行绘制。此外，由于该图形中包含 90° 和 76° 两种角度，因此我们可将极轴的增量角设置为 45，附加角设置为 14。

增量角与附加角的区别在于：增量角是按照所设角度值的整数倍进行捕捉追踪的，而附加角只能在所设数值处进行捕捉追踪。例如将增量角设置为 45，附加角设置为 14 时，捕捉追踪时的极轴追踪线只能在 0°，14° 和 45° 的整个倍处显示。

制作步骤

（1）创建图形文件和图层

步骤 1 启动 AutoCAD 2008，单击“标准注释”工具栏中的“新建”按钮，或按【Ctrl+N】组合键，在打开的“选择样板”对话框中选择“acadiso.dwt”样板文件，然后单击 打开(O) 按钮创建一个新的图形文件。

步骤 2 单击“图层”工具栏中的“图层特性管理器”按钮，在打开的“图层特性管理器”选项板中单击“新建图层”按钮，此时系统将自动创建一个名为“图层 1”的新图层，如图 1-66 所示。

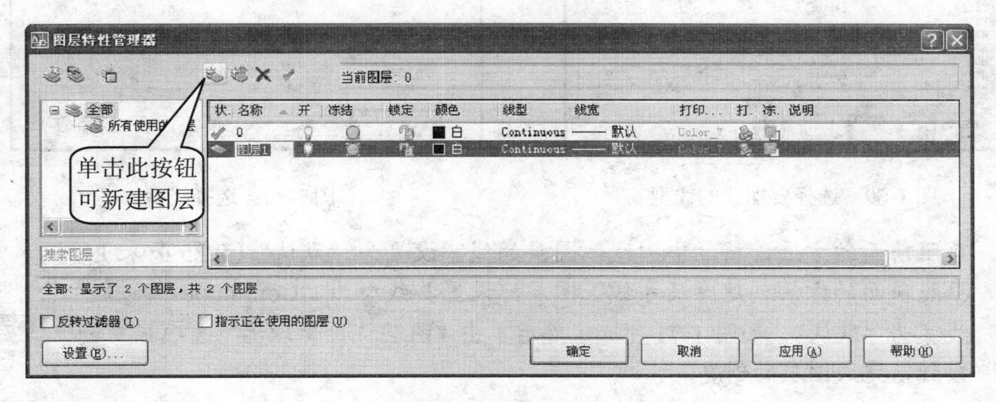

图 1-66 新建图层

步骤 3 在新建图层的“名称”编辑框中输入图层名称“轮廓线”，然后单击该图层所在行的“默认”线宽选项，打开图 1-67 所示的“线宽”对话框。在该对话框中选择“0.35 毫米”选项，然后单击 确定 按钮。

步骤 4 使用同样的方法新建图层，并在“名称”编辑框中输入新图层的名称“中心线”，然后单击该图层所在行的颜色块，打开图 1-68 所示的“选择颜色”对话框。在“索引颜色”选项卡中选择“红”颜色，单击 确定 按钮。

图 1-67 设置线宽

图 1-68 设置“中心线”图层的颜色

步骤 5 单击“中心线”图层所在行的线型图标“Continuous”，打开“选择线型”对话框。

单击该对话框中的 加载(L)... 按钮，在打开的“加载或重载线型”对话框中选择图 1-69 所示的线型“CENTER”。

步骤 6 单击 确定 按钮，线型“CENTER”被加载到“选择线型”对话框的线型列表中，如图 1-70 所示。在对话框中选择新加载的线型“CENTER”，单击 确定 按钮。

图 1-69 选择要加载的线型

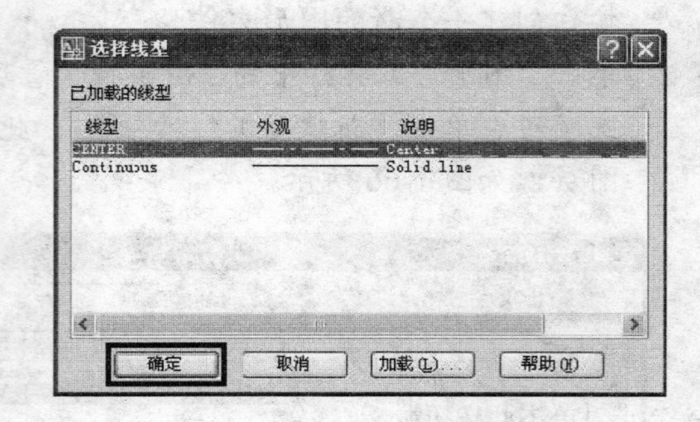

图 1-70 选择线型

步骤 7 参照前面的方法，将“中心线”图层的线宽设置为“默认”(0.25 毫米)。

步骤 8 参照前面的方法创建“尺寸线”图层，设置其线型为“Continuous”，颜色为“蓝”，线宽为“默认”，如图 1-71 所示，然后单击“图层特性管理器”选项板中的 确定 按钮，完成图层的创建。

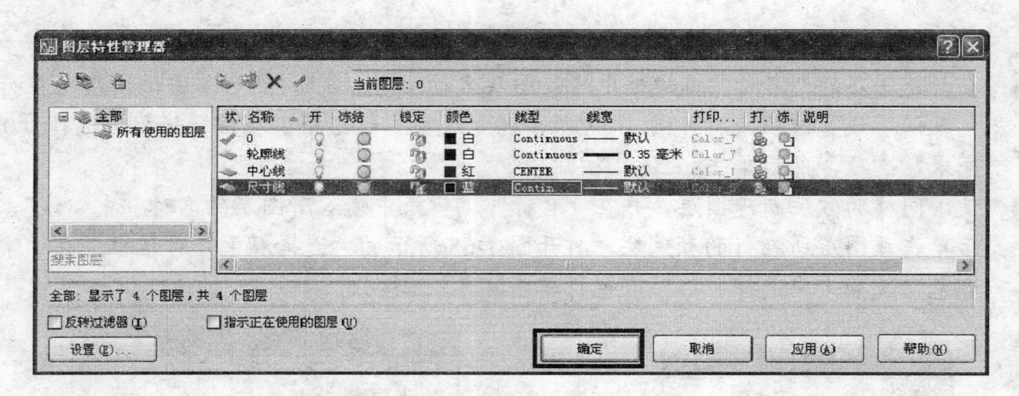

图 1-71 “图层特征管理器”选项板

(2) 绘制图形

步骤 1 打开状态栏中的 极轴 、 对象捕捉 、 对象追踪 、 DYN 和 线宽 按钮，然后右击 极轴 按钮，在弹出的快捷菜单中选择“设置”选项，打开“草图设置”对话框。

步骤 2 在该对话框的“增量角”编辑框中输入“45”，然后单击 新建(N) 按钮，在出现的编辑框中输入值“14”以增加附加角，如图 1-72 所示，最后单击 确定 按钮。

步骤 3 在“图层”工具栏的“图层”列表框中单击，在打开的下拉列表中选择“轮廓线”图层，此时该图层为当前图层，如图 1-73 所示。

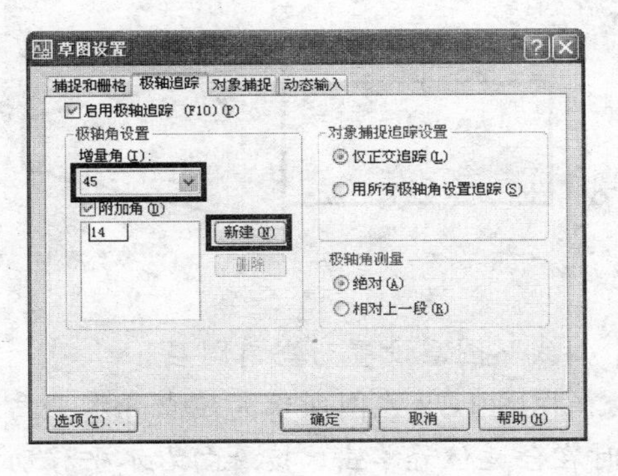

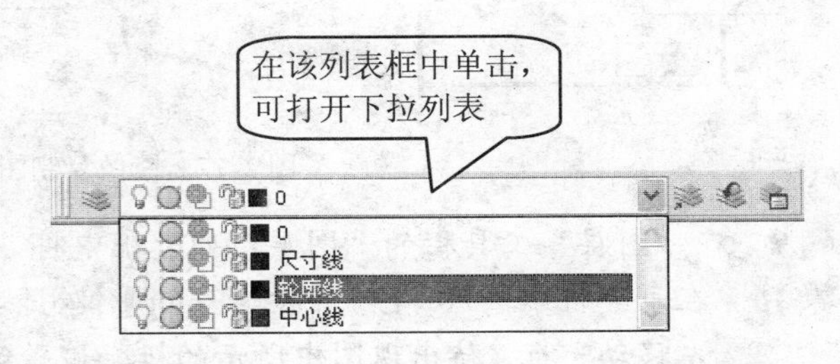

图 1-72 设置极轴角　　图 1-73 将“轮廓线”图层设置为当前图层

步骤 4 单击“绘图”工具栏中的“直线”按钮，然后在绘图区合适位置单击，接着向下移动光标，待出现竖直极轴追踪线时输入值“7”，按【Enter】键后水平向右移动光标，待出现图 1-74 所示的水平极轴追踪线时输入值“30”并按【Enter】键，最后按【Enter】键结束命令。

步骤 5 将鼠标放在所绘图形附近，然后滚动鼠标中键将视图放大，结果如图 1-75 所示。

图 1-74 绘制直线（一）　　图 1-75 将视图放大显示

步骤 6 按【Enter】键重复执行“直线”命令，分别捕捉两条直线的端点，待出现图 1-76 左上图所示的极轴追踪线时单击，接着向下移动光标，待出现竖直极轴追踪线时输入值“10”并按【Enter】键。继续移动光标，待出现图 1-76 右上图所示的极轴追踪线时输入值“30”并按【Enter】键。

步骤 7 继续捕捉图 1-76 左下图所示的端点，待出现图中所示的极轴追踪线时单击，最后按【Enter】键结束命令，结果如图 1-76 右下图所示。

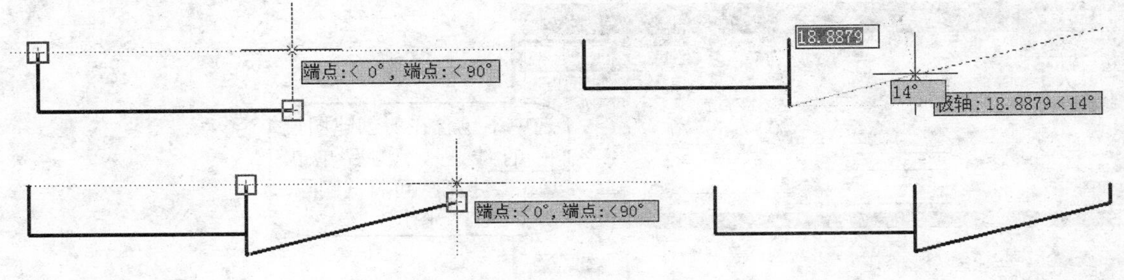

图 1-76 绘制直线（二）

步骤 8 单击“修改”工具栏中的“镜像”按钮，采用窗交方式选取所有图形为镜像对象，然后按【Enter】键结束命令，接着根据命令行提示依次单击图 1-77 左图所示的两个端点，最后按【Enter】键采用系统默认的保留镜像源对象，结果如图 1-77 右图所示。

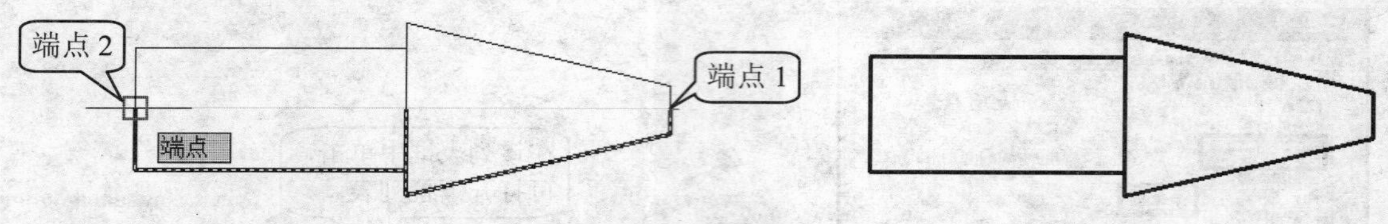

图 1-77　镜像复制图形对象

步骤 9　在“图层”工具栏的“图层”列表框中将“中心线”图层设置为当前图层。

步骤 10　在命令行中输入“L”并按【Enter】键，然后捕捉图 1-78 左图所示的端点并水平向左移动光标，待出现图中所示的极轴追踪线时在合适位置单击，接着向右水平移动光标，并在合适位置单击，最后按【Enter】键结束命令，结果如图 1-78 右图所示。

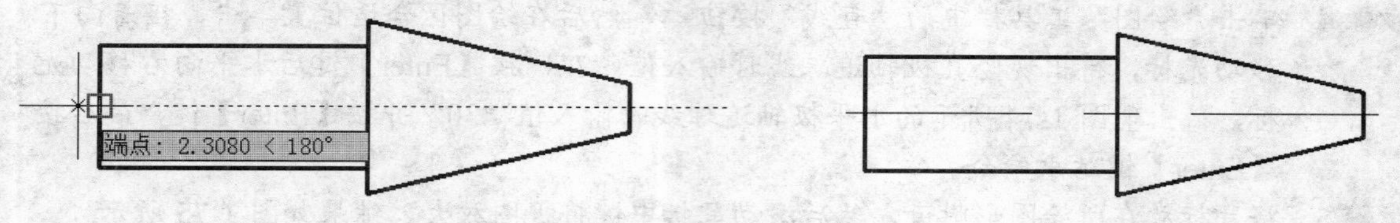

图 1-78　绘制水平中心线

在 AutoCAD 中，中心线和轮廓线的绘制没有一定的先后顺序，既可以先绘制中心线，也可以先绘制轮廓线。

（3）修改非连续线型的比例因子

为了使图形更加规范和美观，且保证非连续线型在打印出图后能够明显区别于连续线型，绘制图形时，我们可通过修改非连续线型比例因子调整非连续线型的外观，具体操作如下。

步骤 1　选择“格式”>“线型”菜单，打开“线型管理器”对话框。

步骤 2　单击该对话框中的 显示细节(D) 按钮，然后在“详细信息”设置区中的“全局比例因子”编辑框中输入数值，如“0.3”，如图 1-79 左图所示。

步骤 3　单击 确定 按钮，此时绘图区所有中心线的比例因子均改变，如图 1-79 右图所示。

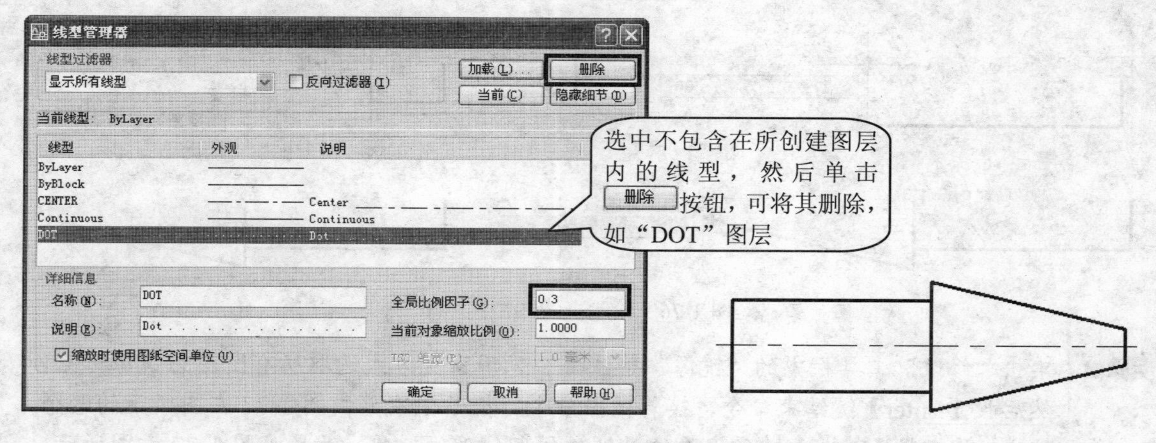

图 1-79　修改非连续线型的比例因子

（4）为图形添加尺寸标注

绘制完图形后，接下来就可以为图形添加尺寸标注了，其具体操作步骤如下。

步骤 1 选择“格式”>“文字样式”菜单，打开“文字样式”对话框。在“字体”设置区的“SHX 字体”列表框中单击，在打开的下拉列表中选择“gbeitc.shx”选项，然后取消已选中的“使用大字体”复选框，其他设置如图 1-80 所示。

步骤 2 依次单击该对话框中的 应用(A) 和 关闭(C) 按钮，完成文字样式的设置。

> 要为图形标注尺寸，首先应设置用来控制尺寸标注外观（如箭头样式、文本样式、公差格式和尺寸精度等）的标注样式，然后再利用各种标注命令为图形标注尺寸，其具体设置见本书项目五（本任务中，读者可以采用系统默认的标注样式进行尺寸标注）。

步骤 3 在“标注”工具栏中选择“尺寸线”图层，然后单击“标注”工具栏中的“线性”按钮，依次捕捉并单击图 1-81 中图所示的两个端点，接着向左移动光标，并在合适位置单击以放置尺寸线，结果如图 1-81 下图所示。

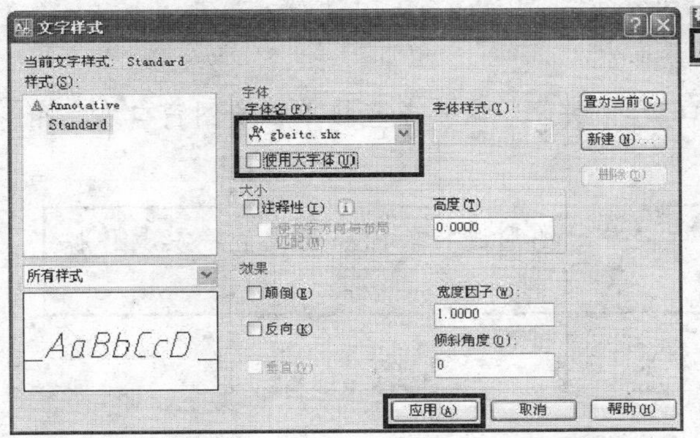

图 1-80　设置尺寸标注的字体

标注

依次单击这两个端点

14

图 1-81　标注线性尺寸

步骤 4 按【Enter】键重复执行“线性”命令，采用同样的方法分别在图 1-82 所示的 AB 两点和 BC 两端点单击，以标注图中所示尺寸。

步骤 5 在命令行中输入“dimedit”并按【Enter】键，根据命令行提示输入“n”并按【Enter】键，然后在出现的编辑框中输入“%%c”，如图 1-83 所示。在绘图区其他任意位置单击，接着依次单击选取尺寸为 14 和 20 的标注线，按【Enter】键结束命令，结果如图 1-84 所示。

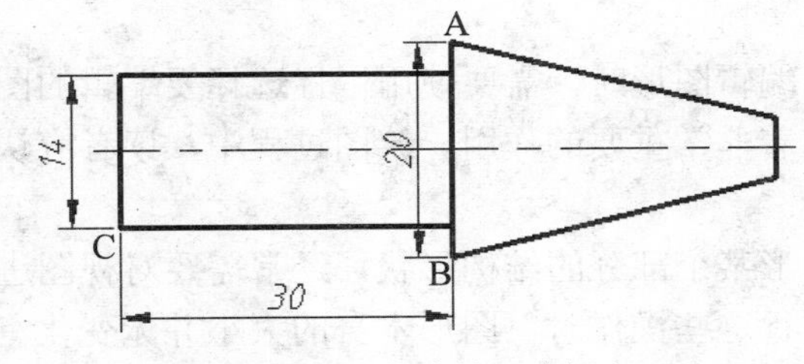

图 1-82　添加线性尺寸标注

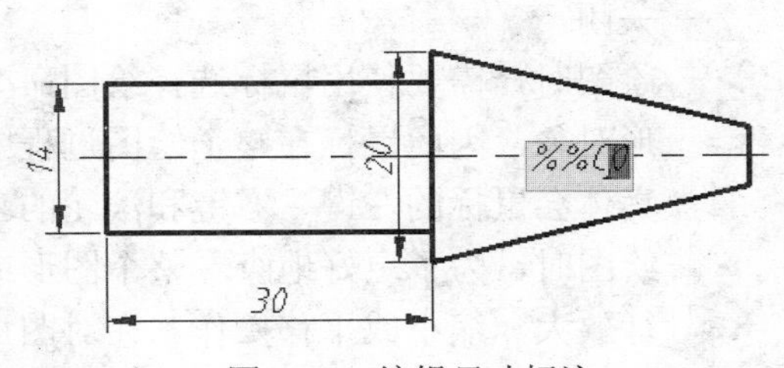

图 1-83　编辑尺寸标注

步骤 6 单击“标注”工具栏中的“对齐”按钮，然后在图 1-84 所示的 AB 两端点处单击，接着移动光标并在合适位置单击以放置该标注。

步骤 7 采用同样的方法单击图 1-81 上图所示的工具栏中的“角度”按钮，然后依次单击图 1-84 所示的两条直线，移动光标并在合适位置单击，结果如图 1-85 所示。

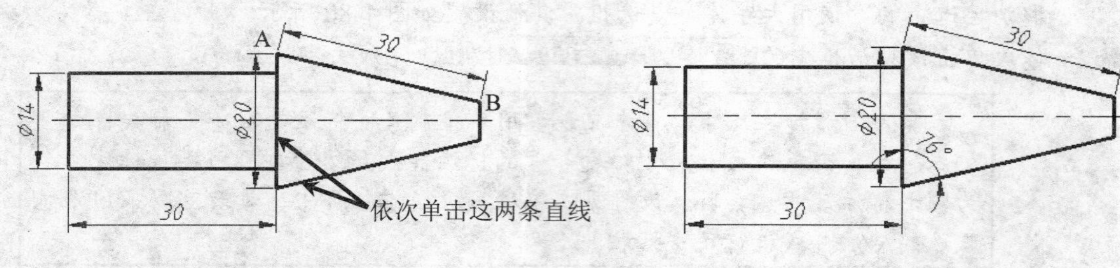

图 1-84 添加线性尺寸标注　　　　图 1-85 标注角度尺寸

（5）保存与关闭图形文件

步骤 1 直接按快捷键【Ctrl+S】，打开“图形另存为”对话框。在“文件名”编辑框中输入文件名称，如“绘制锥形插销”，在“文件类型”下拉列表中选择合适的文件类型，然后单击 保存(S) 按钮保存文件。

步骤 2 在确认保存了图形文件后，选择“窗口”>“关闭”菜单或直接单击绘图窗口右上角的×按钮，关闭当前图形文件。

如果需要打印图形，可在保存之前对图形进行输出布局设置，其具体操作方法见本书项目八。

项目总结

本项目主要介绍了 AutoCAD 2008 的操作界面和绘制平面图形的一些基本操作方法。通过学习本项目，读者还应重点掌握以下内容。

- 要能够在 AutoCAD 中熟练地绘图，除了熟悉 AutoCAD 2008 的操作界面、各工具栏中的命令以及鼠标的用法外，绘图过程中还应密切关注命令行，并按照命令行中的提示进行操作。
- 状态栏位于 AutoCAD 操作界面的最下方，主要用于显示当前十字光标的坐标值，以及控制用于精确绘图的捕捉、正交、极轴、对象捕捉、对象追踪等功能的打开与关闭。
- 绘图时，需要使用鼠标选择绘图命令，编辑图形时，需要使用鼠标选择要编辑的图形对象，因此鼠标在整个绘图过程中起着非常重要的作用。绘图过程中，读者应认真体会鼠标的左键、右键和滚轮的功能。
- 绘图时，为了更好地查看整个图形或图形某个部分的结构形状，经常需要对视图进行放大、缩小或平移操作。在对图形进行这些操作时，图形本身的大小并无变化。

- 要对图形对象进行操作，首先必须选择图形。在 AutoCAD 中，我们可在要选择的对象上单击选择所需对象，也可使用窗选或窗交方式选择一组邻近对象。选择对象的操作时，应认真体会窗选或窗交方式的使用场合及异同。
- 使用 AutoCAD 画图时，图形元素的形状是由夹点控制的。例如，直线包含了两个端点和一个中点夹点，圆包含了圆心和四个象限夹点等。这些夹点除了用来控制图形形状外，还可用来编辑图形。
- 图层是 AutoCAD 中一个极为重要的图形管理工具。绘图时，通常将同一线型，同一作用的图形对象放置在同一个图层上，这样修改图层的属性（如颜色、线型、线宽等）时，处于该图层上的所有对象的属性也随之改变。此外，为了便于图层的修改和管理，各图层的名称一般要能够反映该图层上的图形元素的特性。
- 要使用 AutoCAD 绘制图形，图形分析是一个必不可少的重要环节。绘图前，一定要对将要绘制的图形进行分析，弄清楚要绘制图形的结构，并理清绘图的大体思路。
- 绘图时，我们一般按照“创建图形文件和图层→绘制基本图形元素并编辑图形→修改非连续线型比例因子→为图形添加尺寸标注→保存图形文件”的顺序进行绘图。

课后操作

1．打开本书配套素材“素材与实例”>“ch01”文件夹>“练习一.dwg”文件，然后删除所有尺寸标注及“尺寸线”图层，并将该图形最大化显示在绘图区，最后将该文件以“AutoCAD 2004/LT2004 图形（*.dwg）”格式保存。

2．启动 AutoCAD 2008，参照任务五中的内容创建“轮廓线”、“中心线”、“虚线”和“尺寸线”图层。其中，“轮廓线”图层的线型为“Continuous”，颜色为“白”；“中心线”图层的线型为“CENTER”，颜色为“红”；“虚线”图层的线型为“DASHED”，颜色为“洋红”；“尺寸线”图层的线型为“Continuous”，颜色为“蓝”。创建完成后，将文件保存为“AutoCAD 图形样板（*.dwt）”格式。

项目二　绘制基本图形

项目导读

使用 AutoCAD 绘图时，无论是简单的零件图还是复杂的装配图，实际上都是由直线、圆、圆弧、矩形、正多边形和样条曲线等基本图形元素组成的。本项目中，我们将主要围绕“绘图”工具栏，来学习 AutoCAD 的基本绘图命令。熟练掌握这些绘图命令将是你学好 AutoCAD 的第一步。

知识目标

- 掌握各种直线、圆和圆弧的绘制方法。
- 掌握椭圆、矩形和正多边形的绘制方法。
- 熟悉多段线和样条曲线的绘制方法，并能够利用样条曲线上的夹点调整其形状。
- 了解机械制图中常用的几种剖面符号的含义，并掌握其创建方法。

能力目标

- 能够使用 AutoCAD 提供的基本绘图命令绘制所需图形。
- 能够根据需要为图形添加合理的剖面符号。

任务一　绘制直线、圆和圆弧

任务说明

直线、圆和圆弧是构成 AutoCAD 平面图形的基本单元。其中，利用“直线”命令可以绘制平行线、垂直线和切线，利用“圆”菜单下的各子菜单项可以绘制圆，利用“圆弧”菜单下的各子菜单项可以按不同方式绘制圆弧。下面，我们就来学习这几种命令的具体操作方法。

预备知识

一、绘制平行线、垂直线和切线

直线是平面图中最常用、最简单的图形元素之一。在 AutoCAD 中，我们可以通过在“绘图”工具栏中单击“直线”按钮，或在命令行中输入“L”，然后按【Enter】键来执行直线命令。此外，结合 AutoCAD 提供的各种辅助功能，我们还可以方便地绘制平行线、垂直线和切线等，如图 2-1 所示。

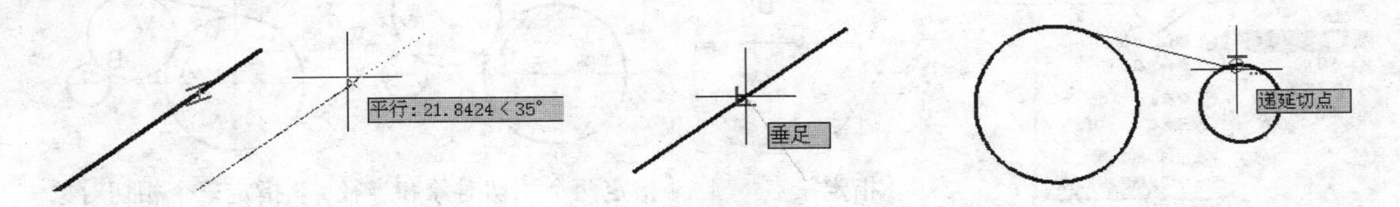

图 2-1 使用辅助功能绘制平行线、垂直线和切线

例如，要借助“平行”捕捉功能绘制平行线，可按以下步骤进行操作。

步骤 1 单击“绘图”工具栏中的“直线”按钮，然后根据命令行提示，在绘图区的任意位置处分别单击，以指定直线 AB 的起点和终点，最后按【Enter】键结束命令，结果如图 2-2 左图所示。

步骤 2 按【Enter】键重复执行“直线”命令，在图 2-2 左二图所示的 C 点处单击以指定平行线的起点。

步骤 3 在命令行中输入“PAR”，按【Enter】键以执行平行覆盖捕捉，然后将光标移至已绘直线上，此时将出现一个平行符号“//”，如图 2-2 左二图所示。

步骤 4 将光标移至与已绘直线大体平行的位置，当出现图 2-2 右二图所示的“平行：长度<角度”提示和平行追踪线时，表明此时将绘制平行线。

步骤 5 将光标沿平行追踪线方向移动至合适位置并单击，然后按【Enter】键结束直线命令，结果如图 2-2 右图所示。

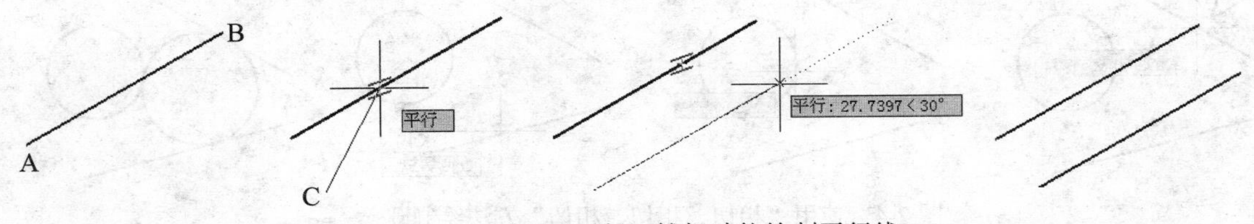

图 2-2 利用“平行”捕捉功能绘制平行线

除了利用“平行”对象捕捉功能外，还可以利用“偏移”命令绘制平行线，具体操作方法请参考本书项目三。

二、绘制圆

AutoCAD 提供了 6 种绘制圆的方法。要绘制圆，可单击“绘图”工具栏中的“圆”

按钮，或选择“绘图”>“圆”菜单下的子菜单项，然后根据命令行中的提示选择所需选项进行绘制。这 6 种绘制圆的命令及操作方法如图 2-3 所示。

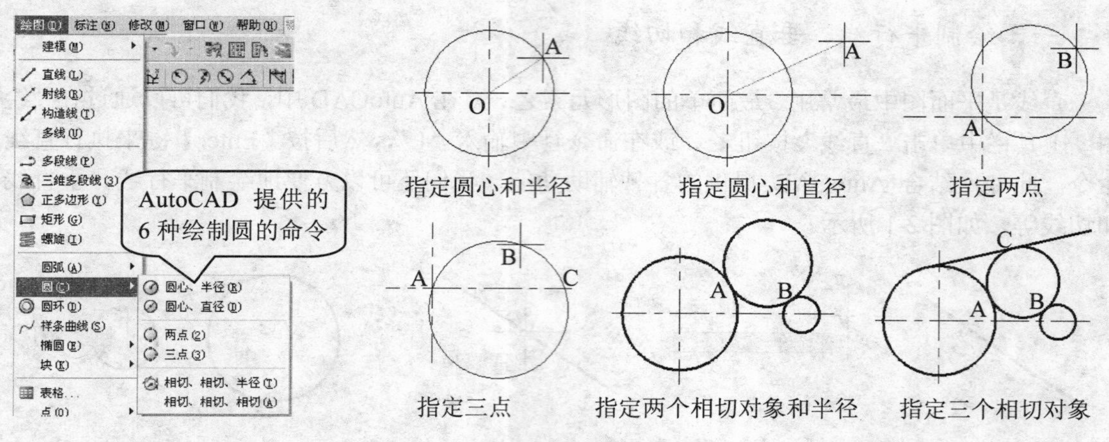

图 2-3　绘制圆的 6 种方法

使用“圆心、直径”命令画圆时，第一点为圆心，第二点与第一点之间的距离为直径，因此第二点不在圆上；使用“两点”画圆时，两点的位置（相当于直径的两个端点）决定了圆的位置，两点之间的距离决定了圆的直径；绘制与现有对象相切的圆时，可通过选择不同的切点位置来绘制内切圆或外切圆。

例如，要绘制一个与三个已知对象都相切的圆，可进行如下操作。

步骤 1　在绘图区绘制两条直线和一个圆，如图 2-4 左图所示；然后选择“绘图”>“圆”>“相切、相切、相切”菜单。

步骤 2　将光标分别移至要相切的对象上并单击，如在图 2-4 左边三个图所示的两条直线和圆的合适位置处单击，此时所绘制的圆将与这三个对象都相切，结果如图 2-4 右图所示。

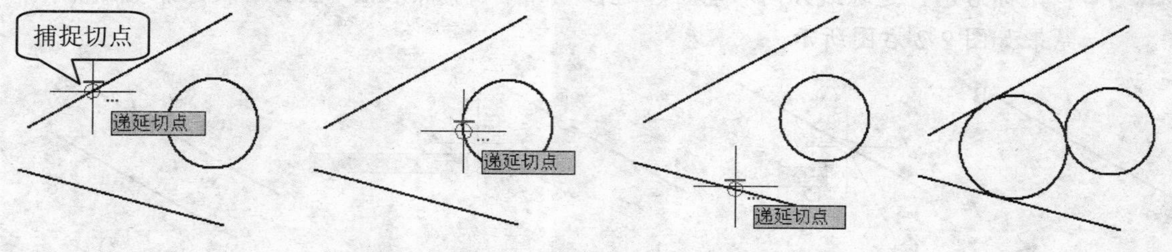

图 2-4　使用“相切、相切、相切”方法绘制圆

三、绘制圆弧

在绘制机械图形时，我们经常需要用圆弧连接两直线、两圆弧或直线和圆弧，这样的圆弧称为连接弧。在 AutoCAD 中，可以使用以下几种方法绘制连接弧。

1．使用“圆弧”命令直接绘制连接弧

在 AutoCAD 中，单击“绘图”工具栏中的“圆弧”按钮，或选择“绘图”>“圆弧”菜单下的子菜单项，可以使用多种方法绘制圆弧，如图 2-5 所示。

其中，图 2-5 左图所示的下拉菜单和命令行提示中的“角度”均指包含角（圆弧圆心分别与圆弧起点和端点连线的夹角）；“方向”是指圆弧起点的切线方向；“长度”是指圆弧的弦长，即起点和端点之间的直线距离。

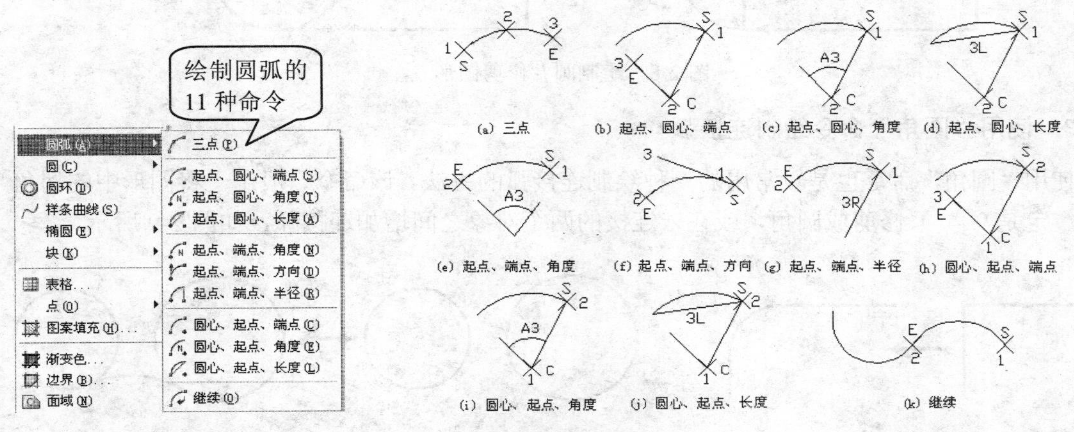

图 2-5　绘制圆弧的 11 种方式

> 圆弧的方向有顺时针和逆时针之分。默认情况下，系统按逆时针方向绘制圆弧。因此，在绘制圆弧时一定要注意圆弧起点和端点的相对位置，否则，有可能导致所绘制的圆弧与预期圆弧的方向相反。

2．通过修剪圆的方法绘制连接弧

圆弧属于圆的一部分，因此我们可以利用修剪圆的方法绘制各种连接弧。例如，要绘制图 2-6 所示的圆弧，可按如下步骤进行操作。

步骤 1　打开本书配套素材“素材与实例”>“ch02”文件夹>“绘制连接弧.dwg”文件，如图 2-7 左图所示。

步骤 2　单击“绘图”工具栏中的“圆”按钮，然后输入“mid”并按【Enter】键，接着捕捉图 2-7 右图所示的中点，单击以指定圆心。

图 2-6　绘图示例　　　　图 2-7　打开素材文件并指定圆心

步骤 3　将光标移至矩形的右上或右下角点，待出现图 2-8 左图所示的“端点”提示时单击以确定半径，此时绘图区如图 2-8 右图所示。

步骤 4 单击“修改”工具栏中的“修剪”按钮，然后单击矩形和圆并按【Enter】键，接着在图 2-8 右图所示的直线 A 和圆弧 B 处单击，最后按【Enter】键结束命令，修剪结果如图 2-6 所示。

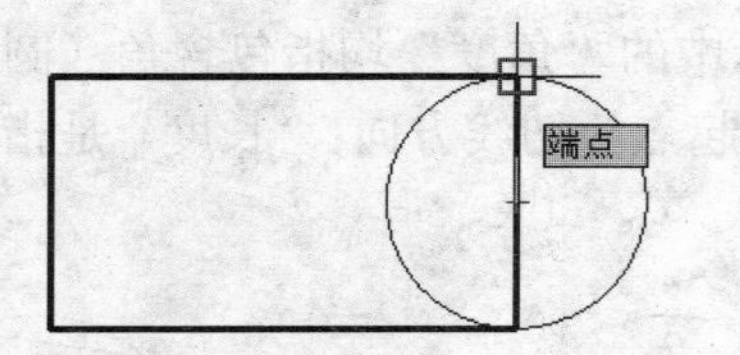

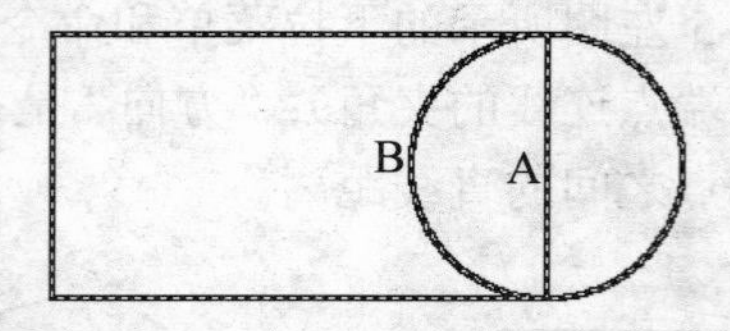

图 2-8 绘制圆并修剪图形

3. 使用“圆角”命令绘制连接弧

使用“圆角”命令也是较常用的一种绘制连接弧的方法。该命令一般用于将图形中的拐角（不一定是 90°）修剪成圆角，或在未连接的两个对象之间增加连接弧，如图 2-9 所示。

图 2-9 利用“圆角”命令绘制连接弧

例如，要在图 2-9 左图所示的两条直线间绘制连接弧，可单击“修改”工具栏中的“圆角”按钮，然后根据命令行提示输入“T”并按【Enter】键，再次输入“T”，按【Enter】键以选择修剪模式，接着输入“R”并按【Enter】键，输入圆弧半径值“8”后按【Enter】键，最后分别在要绘制连接弧的两条直线上单击即可。

使用“圆角”命令绘制圆弧时，如果所设半径不合适（如过大或过小），将可能无法生成连接弧。

关于“修剪”和“圆角”命令的具体操作方法，本项目仅作简单介绍，具体内容我们将在项目三中详细讲解。

任务实施——绘制圆垫片

下面，我们将通过绘制图 2-10 所示的圆垫片图形，来学习直线、圆和圆弧的具体绘制方法。案例最终效果请参考本书配套素材“素材与实例”>“ch02”文件夹>“绘制圆垫片.dwg”文件。

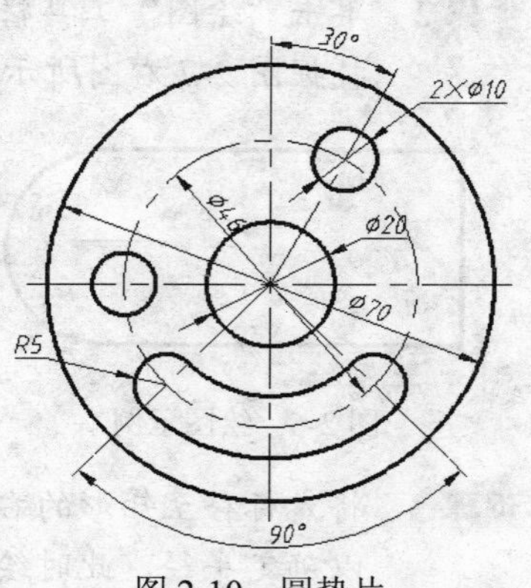

图 2-10 圆垫片

制作思路

由于圆弧孔和直径为 10 的两个圆均位于中心线和中心圆的交点处，因此，我们可以先绘制各同心圆，然后绘制中心线，最后绘制位于中心圆上的圆和圆弧。

制作步骤

步骤 1 启动 AutoCAD，单击“图层”工具栏中的“图层特性管理器”按钮，打开“图层特性管理器”对话框。

步骤 2 在该对话框中新建“轮廓线”图层，将其线宽设置为“0.35 毫米”；新建“中心线”图层，其颜色设置为“红”，线型为“CENTER”，线宽为“默认”，并将“轮廓线”图层设置为当前图层。最后单击 确定 按钮并关闭该对话框，完成图层的创建。

步骤 3 打开状态栏中的 极轴 、对象捕捉 、对象追踪 、DYN 和 线宽 按钮，然后右击 极轴 按钮，在弹出的下拉列表中选择“设置”选项，并在打开的对话框中将极轴增量角设置为“45”，将附加角设置为“60”。

步骤 4 单击“绘图”工具栏中的“圆”按钮，然后在绘图区的合适位置单击，输入半径值“10”后按【Enter】键结束命令；接着按【Enter】键重复执行“圆”命令，捕捉上步所绘圆的圆心并单击，绘制半径为 23 的圆，结果如图 2-11 中图所示。

步骤 5 按【Enter】键重复执行“圆”命令，采用同样的方法绘制半径为 35 的同心圆，结果如图 2-11 右图所示。

步骤 6 在绘图区选取半径为 23 的圆，然后在“图层”工具栏的“图层”列表框中单击，在打开的下拉列表中选择“中心线”图层，从而将所选圆置于“中心线”图层上，最后按【Esc】键取消所选对象，结果如图 2-12 所示。

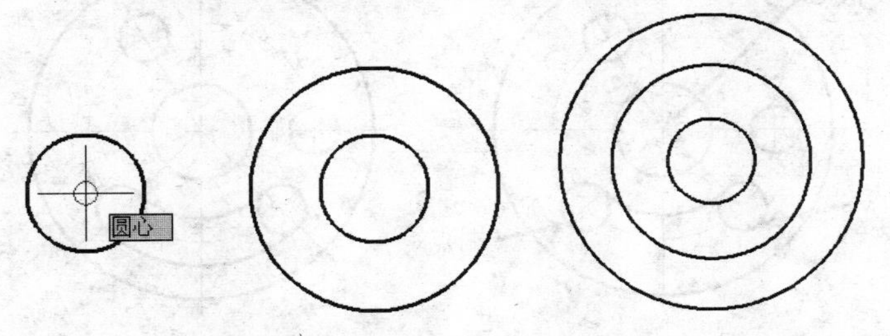

图 2-11　绘制同心圆

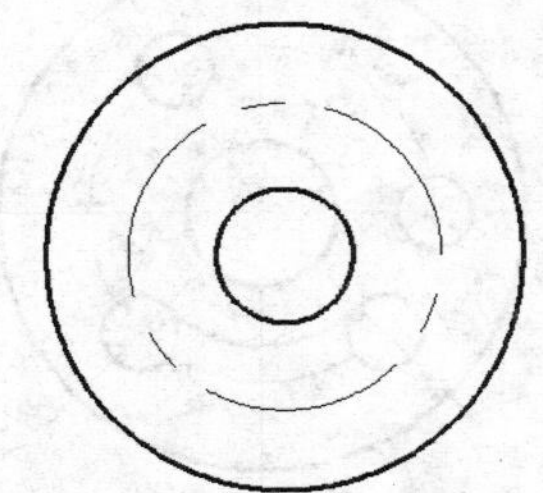

图 2-12　改变对象所在的图层

步骤 7 将“中心线”图层设置为当前图层。在命令行中输入“L”，按【Enter】键后执行“直线”命令，然后分别以同心圆的圆心为起点，参照图 2-13 所示的极轴追踪线绘制倾斜中心线，其长度约为 38～40。最后再绘制水平中心线和竖直中心线，结果如图 2-14 所示。

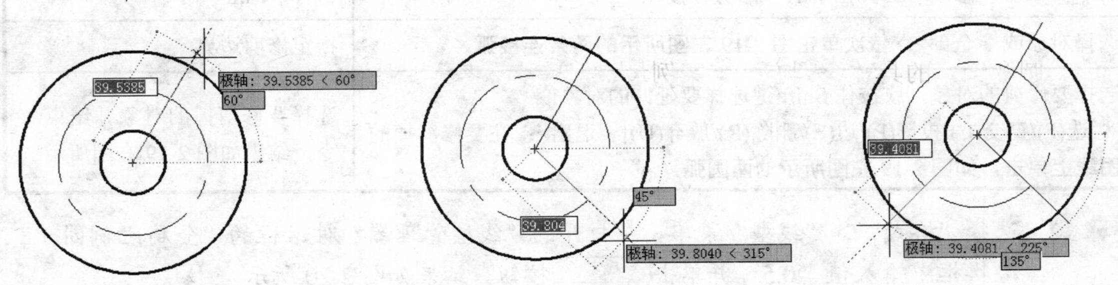

图 2-13　绘制倾斜中心线

步骤 8 将“轮廓线”图层设置为当前图层。在命令行中输入“c”，按【Enter】键后执行“圆”命令，然后分别以图 2-14 所示的 A ~ D 四个交点为圆心，绘制半径值为 5 的圆，结果如图 2-15 所示。

步骤 9 选择“绘图” > “圆弧” > “起点、圆心、端点”菜单，根据命令行提示捕捉图 2-16 所示的交点 1 并单击，然后输入“cen”，按【Enter】键后捕捉同心圆的圆心并单击，最后捕捉并单击图 2-16 所示的交点 2，结果如图 2-17 所示。

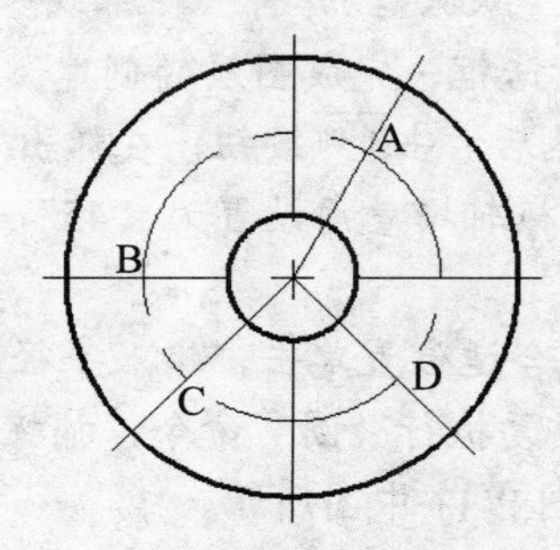

图 2-14 绘制水平和竖直中心线

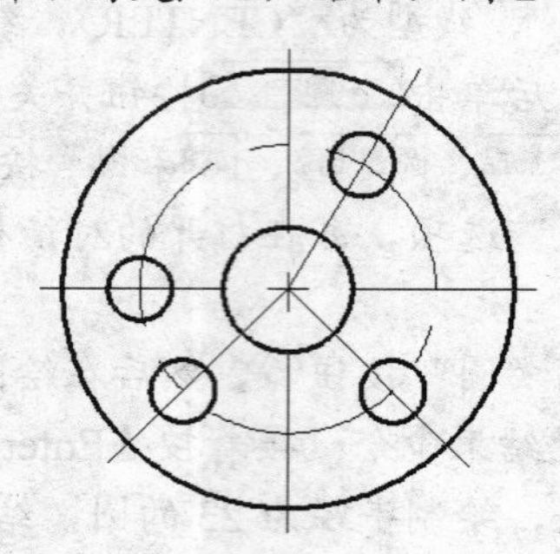

图 2-15 绘制圆

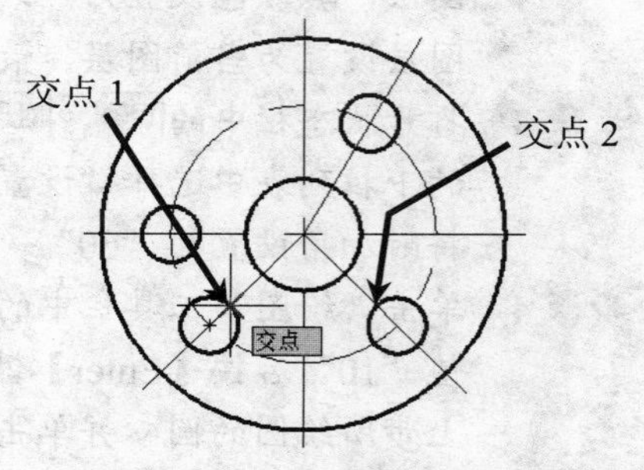

图 2-16 指定起点、圆心和端点

步骤 10 选择“绘图” > “圆弧” > “起点、圆心、端点”菜单，采用同样的方法绘制图 2-18 右图所示的圆弧。

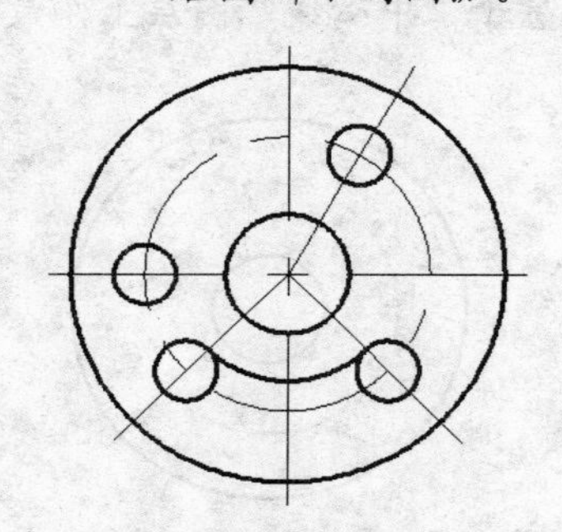

图 2-17 绘制圆弧（一）

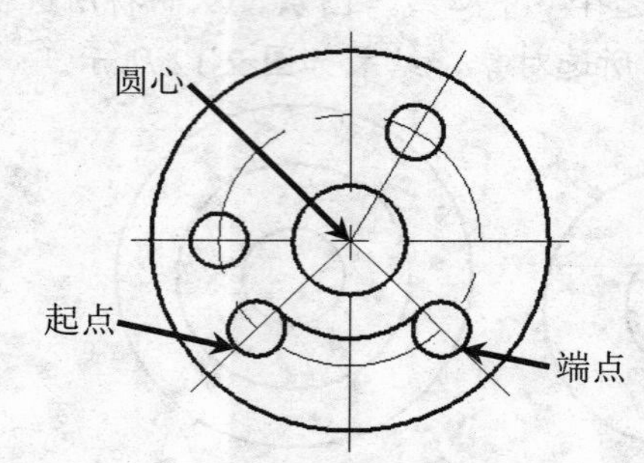

图 2-18 绘制圆弧（二）

步骤 11 使用“修剪”命令修剪图形，具体操作方法如下。

提示与操作	说 明
命令：**单击“修改”工具栏中的“修剪”按钮**	执行“trim”命令
选择对象或 <全部>：**依次单击图 2-19 左图所示的两条连接弧↙**	指定修剪边界
选择要修剪的对象，或按住 Shift 键选择要延伸的对象或 [栏选(F)/窗交(C)/投影(P)/边(E)/删除(R)/放弃(U)] <退出>：**在要修剪掉的图线上单击，如图 2-19 左图所示的两圆弧↙**	选择要修剪掉的对象并结束命令，结果如图 2-19 右图所示

步骤 12 选择“格式” > “线型”菜单，在打开的“线型管理器”对话框的“全局比例因子”编辑框中输入值“0.5”并单击 确定 按钮，结果如图 2-20 所示。

步骤 13 至此，圆垫片图形已经绘制完毕。直接按【Ctrl+S】快捷键，保存该文件。

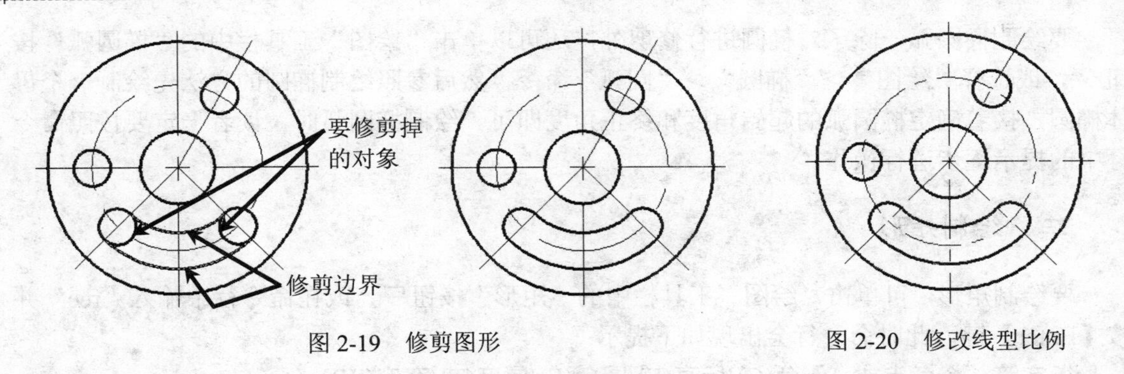

图 2-19　修剪图形　　图 2-20　修改线型比例

任务二　绘制椭圆、矩形和正多边形

任务说明

虽然使用“直线”命令也可以绘制矩形或多边形，但为了提高工作效率，AutoCAD 为我们专门提供了“矩形”和“正多边形”命令。其中，利用“矩形”命令可以绘制一般矩形、倒角矩形和圆角矩形等；利用“正多边形”命令可以绘制多种正多边形。下面，我们就来学习绘制椭圆、矩形和正多边形的具体操作方法。

预备知识

一、绘制椭圆和椭圆弧

AutoCAD 提供了两种绘制椭圆的方法，我们可在“绘图”＞“椭圆”菜单下的子菜单项中选择所需命令进行绘制，如图 2-21 左图所示。

- **选择“中心点”命令：**可通过指定椭圆中心、主轴的端点以及另一个轴的半轴长度绘制椭圆，如图 2-21 中图所示。
- **选择“轴、端点”命令：**通过指定主轴的两个端点和另一个轴的半轴长度绘制椭圆，如图 2-21 右图所示。

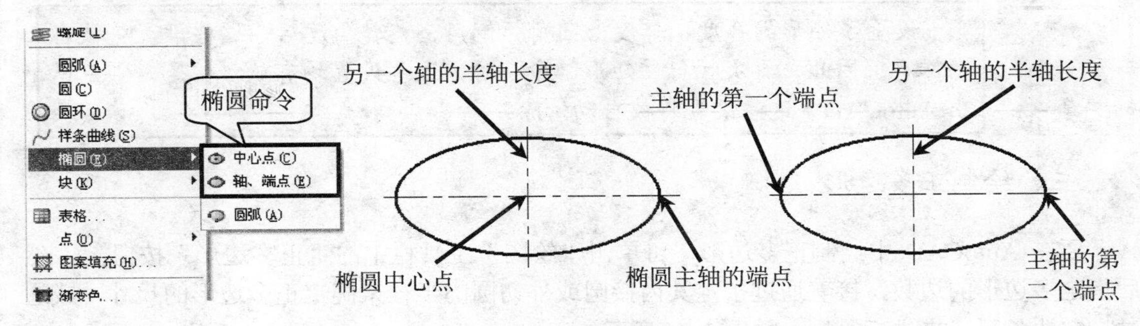

图 2-21　绘制椭圆的方法

要绘制椭圆弧，除了对椭圆进行修剪外，还可以单击“绘图”工具栏中的“椭圆弧”按钮，或选择“绘图”＞“椭圆”＞“圆弧”命令，然后参照绘制椭圆的方法先绘制一个母体椭圆，接着确定椭圆弧的起始角度和终止角度即可。绘制椭圆弧时，读者一定要按照命令行中的提示逐步进行操作。

二、绘制矩形

要绘制矩形，可单击“绘图”工具栏中的“矩形”按钮，或在命令行中输入“rec”并按【Enter】键，此时命令行会出现如下提示：

指定第一个角点或 [倒角(C)/标高(E)/圆角(F)/厚度(T)/宽度(W)]:

通过选择不同的选项，可为矩形指定倒角、圆角、宽度、厚度和标高等参数，也可以直接在绘图区单击，绘制一般矩形，如图 2-22 所示。

图 2-22　矩形的不同形态

例如，要绘制图 2-23 所示的圆角矩形，可按如下步骤进行操作。

步骤 1　单击“绘图”工具栏中的“矩形”按钮，然后根据命令行提示输入“F”，按【Enter】键以选择“圆角”选项。

步骤 2　在命令行中输入圆角半径值“5”并按【Enter】键，然后在绘图区合适位置单击以指定圆角矩形的第一角点。

R5
25
44

图 2-23　圆角矩形

步骤 3　根据命令行提示输入“D”并按【Enter】键，然后依次输入矩形的长度值“44”，按【Enter】键后输入宽度值“25”，最后按【Enter】键。

步骤 4　此时，绘图区将显示一个长度为 44，宽度为 25，圆角半径为 5 的矩形，然后移动光标，在合适位置单击以指定圆角矩形的另一角点。

设置了矩形的宽度、厚度、圆角、倒角、旋转角度后，这些设置将被自动保存。因此，再次执行“矩形”命令时，这些设置均有效。但是，一旦退出 AutoCAD，这些设置将被自动清除。

三、绘制正多边形

要在 AutoCAD 中绘制正多边形，可单击“绘图”工具栏中的“正多边形”按钮，然后指定多边形的边数，接着通过指定其内接圆或外切圆的半径来确定正多边形的尺寸，或通过指定边长尺寸来进行绘制，如图 2-24 所示。

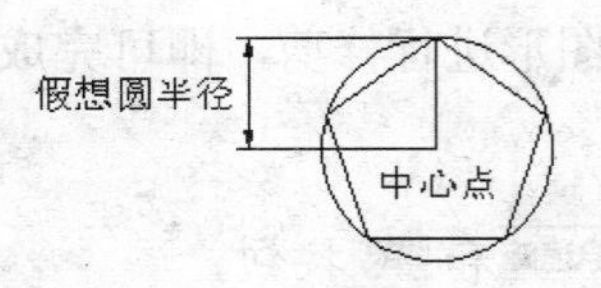

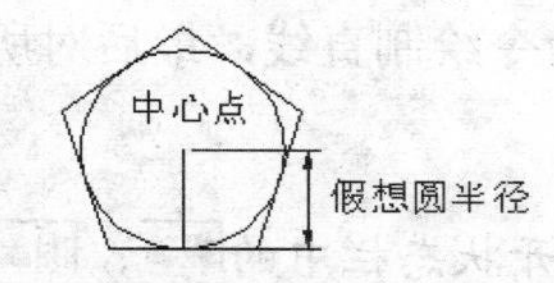

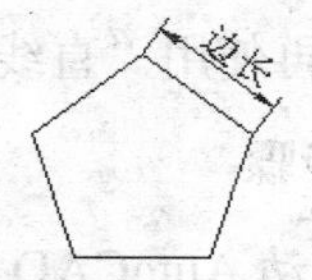

图 2-24　绘制正多边形的 3 种方法

例如，要绘制一个外接圆半径为 10 的正六边形，具体操作方法如下。

提示与操作	说　明
命令：**单击“绘图”工具栏中的“正多边形”按钮**	执行“polygon”命令
命令：_polygon 输入边个数目<4>：**6↙**	指定正多边形的边数
指定正多边形的中心点或[边(E)]：**单击一点，以指定正多边形的中心**	指定多边形的中心点，并采用内接圆或外切圆法绘制
输入选项[内接于圆(I)/外切于圆(C)]<I>：↙	使用内接于圆法绘制正多边形
指定圆的半径：**输入半径值“10”↙**	指定正多边形的外接圆半径

> 无论采用哪种方式绘制正多边形，绘制完成后选中该图形，然后打开状态栏中的DYN按钮，将光标移至多边形的各端点处（不单击），此时可显示出该端点相邻两边的尺寸。

任务实施——绘制扳手

下面，我们将通过绘制图 2-25 所示的扳手图形，来学习直线、圆和圆弧等命令的具体绘制方法。此外，为了简化绘图步骤，我们还应用了“修改”工具栏中的圆角、修剪和分解等命令，希望读者在学习过程中能认真体会这些命令的操作方法。案例最终效果请参考本书配套素材“素材与实例”>“ch02”文件夹>“绘制扳手.dwg”文件。

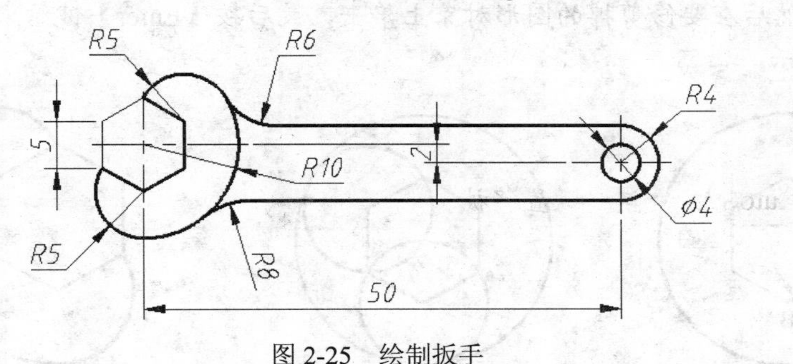

图 2-25　绘制扳手

制作思路

首先使用“正多边形”命令绘制扳口，然后使用“圆”命令绘制左右两侧圆（圆弧先按圆绘制），再使用“直线”命令绘制直线，最后对所绘制的图形进行修剪，即可完成操作。

制作步骤

步骤 1 启动 AutoCAD，打开状态栏中的极轴、对象捕捉、对象追踪和线宽按钮。

步骤 2 单击“图层”工具栏中的“图层特性管理器”按钮，新建“轮廓线”图层，其线宽为“0.35 毫米”，并将其设置为当前图层；新建“中心线”图层，其颜色为“红”，线型为“CENTER”，线宽为“默认”；新建“双点画线”图层，其颜色为“绿”，线型为“PHANTOM”，线宽为“默认”，最后单击选项板中的确定按钮，完成图层的创建。

步骤 3 单击“绘图”工具栏中的“正多边形”按钮，输入多边形的边数“6”并按【Enter】键，然后输入“E”，按【Enter】键以选择按边长模式绘制，接着在绘图区合适位置处单击以指定正多边形的一个端点，向下移动光标，待出现图 2-26 所示的竖直极轴追踪线时输入值“5”并按【Enter】键。

步骤 4 单击“绘图”工具栏中的“圆”按钮，捕捉图 2-27 左图所示的中点和端点，待出现图中所示的极轴追踪线时单击以指定圆心，然后输入半径值“10”并按【Enter】键，结果如图 2-27 右图所示。

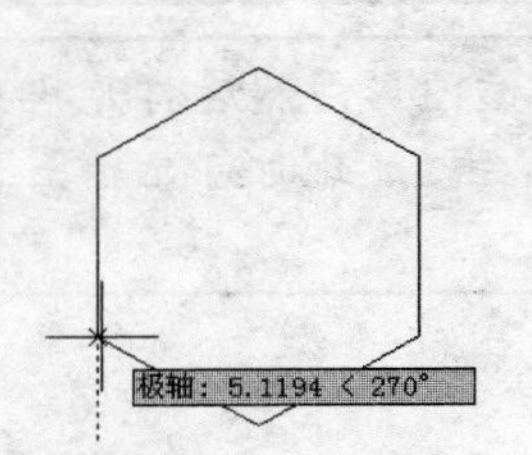

图 2-26　绘制正六边形

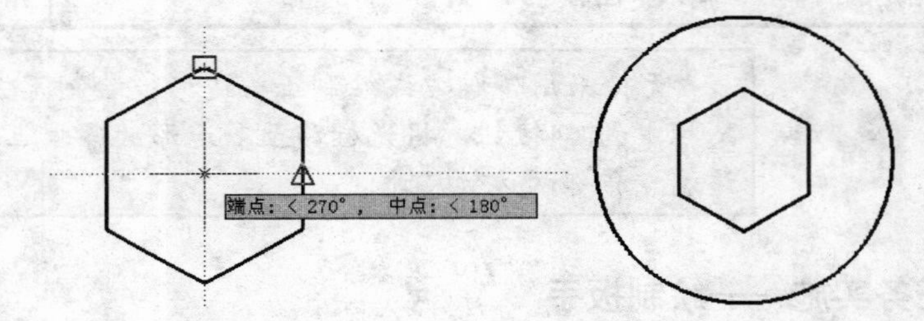

图 2-27　绘制圆（一）

步骤 5 按【Enter】键重复执行“圆”命令，分别以图 2-28 左图所示的端点 A、B 为圆心，绘制半径为 5 的圆，结果如图 2-28 右图所示。

步骤 6 单击“修改”工具栏中的“修剪”按钮，按【Enter】键采用系统默认的全部选择对象，然后在要修剪掉的图形对象上单击，最后按【Enter】键结束命令，结果如图 2-29 所示。

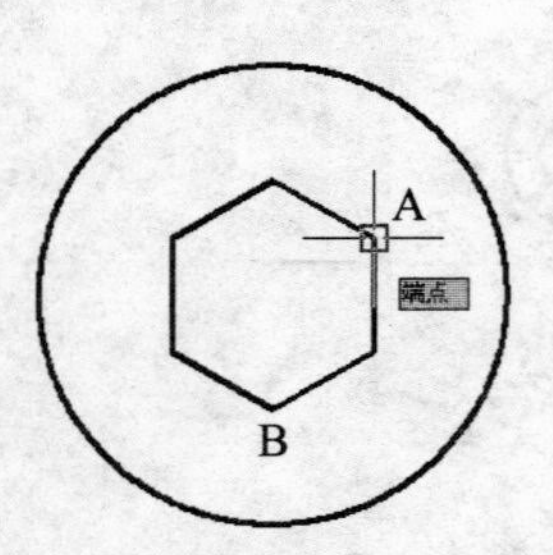

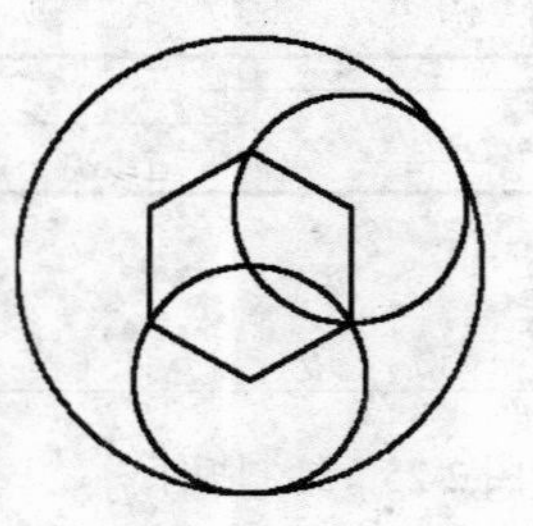

图 2-28　绘制圆（二）

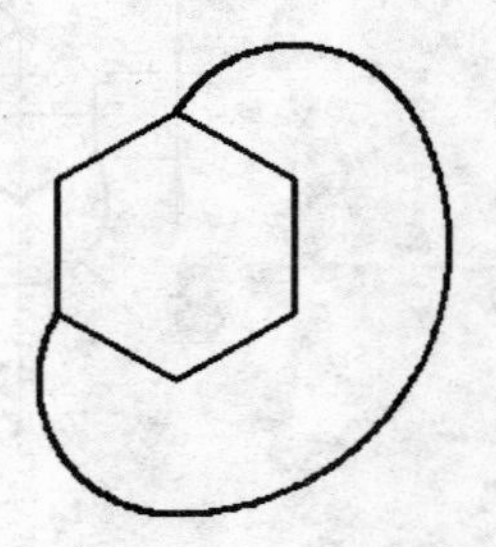

图 2-29　修剪图形

修剪图形时，若有修剪不掉的对象，可先选中该对象，然后按【Delete】键将其删除。

步骤 7　单击“修改”工具栏中的“分解”按钮，在绘图区中选取正六边形，然后按【Enter】键以指定分解对象，此时，该正六边形的各边线均被分解成为单独的直线。

步骤 8　在绘图区选取图 2-30 所示的直线，然后在“图层”工具栏的“图层”下拉列表中选择“双点画线”图层，将所选对象置于该图层上，最后按【Esc】键取消所选对象。

步骤 9　将“中心线”图层设置为当前图层。在命令行中输入“L”并按【Enter】键，然后捕捉图 2-31 左图所示的端点并竖直向上移动光标，在合适位置处单击后向下移动光标，绘制图 2-31 右图所示的竖直直线 AB，绘制完成后按【Enter】键结束命令。

步骤 10　按【Enter】键重复执行“直线”命令，并采用同样的方法绘制图 2-31 右图所示的水平中心线 CD。

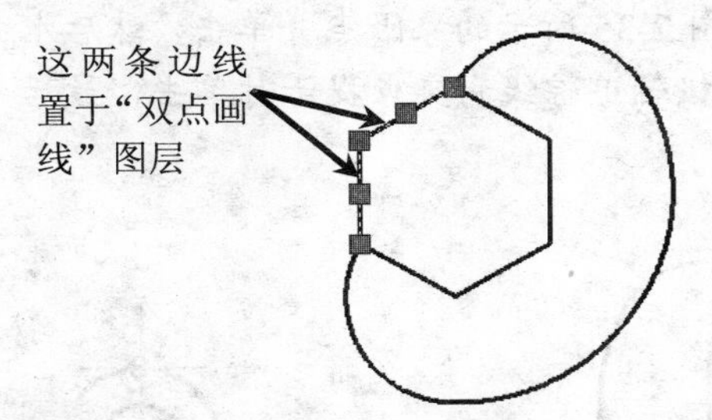

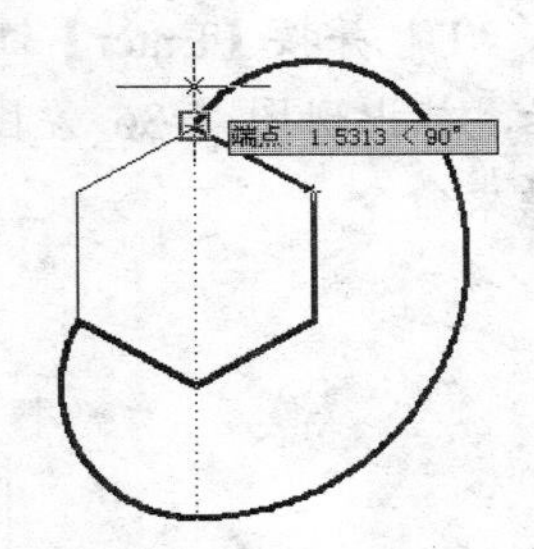

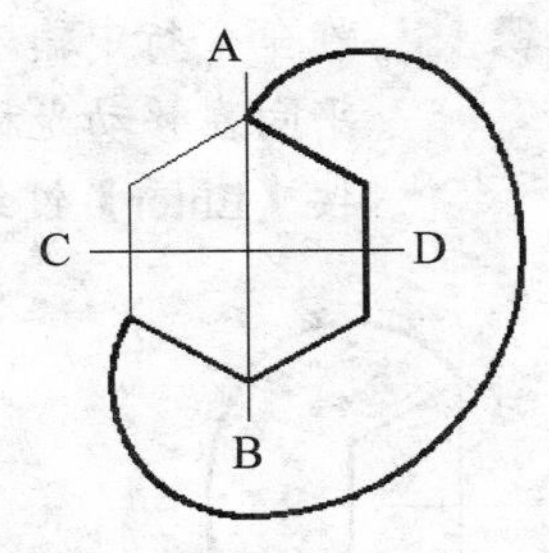

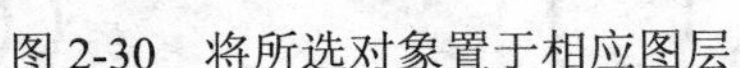
图 2-30　将所选对象置于相应图层

图 2-31　绘制中心线

步骤 11　将“轮廓线”图层设置为当前图层。单击“绘图”工具栏中的“构造线”按钮，根据命令行提示输入“O”并按【Enter】键，接着输入偏移值“2”，按【Enter】键后选取图 2-32 左图所示的直线 AB 为偏移对象，并在其下方任意位置处单击以指定偏移方向，最后按【Enter】键结束命令，结果如图 2-32 右图所示。

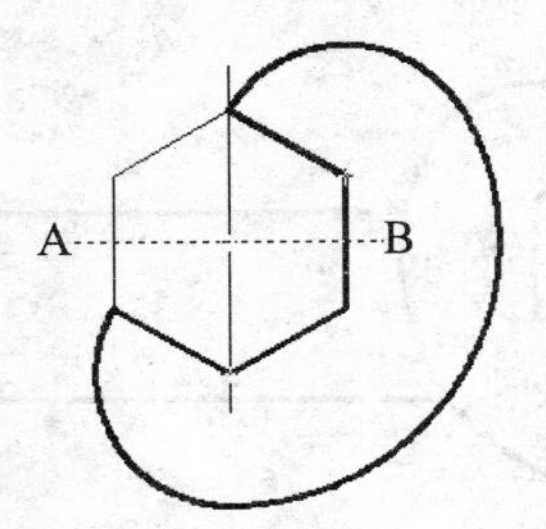

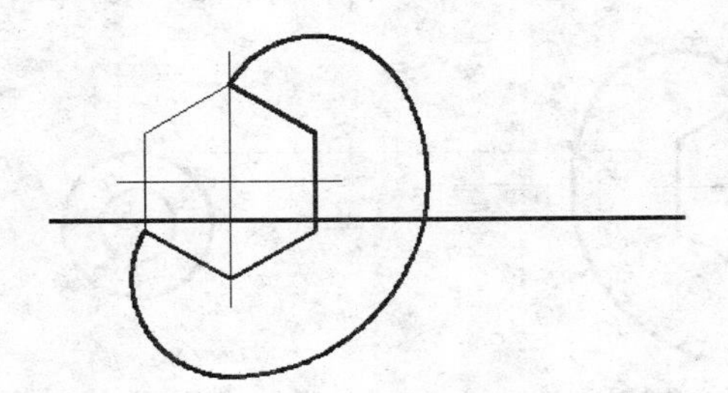

图 2-32　绘制构造线

构造线是一种没有起点和终点，且两端都可以无限延伸的直线，常用作绘制其他对象的参照。例如，可以用构造线查看对象的位置关系或查找三角形的中心等。

步骤 12　在命令行中输入“c”，按【Enter】键以执行“圆”命令，捕捉图 2-33 左图所示的交点并水平向右移动光标，待出现水平极轴追踪线时输入值“50”，按【Enter】键后输入半径值“2”，最后按【Enter】键结束命令，结果如图 2-33 右图所示。

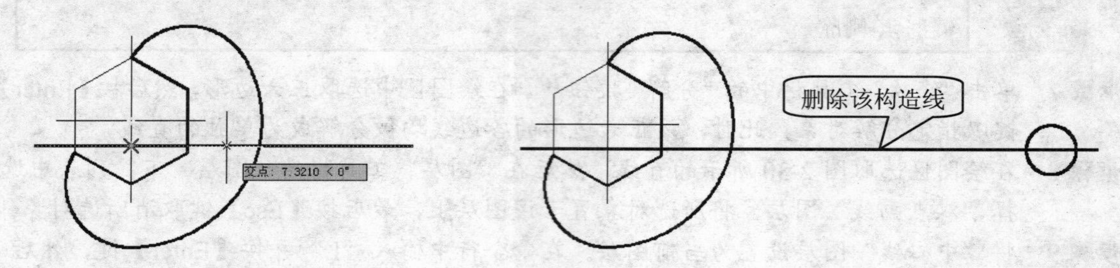

图 2-33　绘制圆

步骤 13　在绘图区选取图 2-33 右图所示的构造线，然后按【Delete】键将其删除。

步骤 14　执行“圆”命令，捕捉图 2-34 所示的圆心并单击，然后绘制半径值为 4 的圆。

步骤 15　在命令行中输入“L”并按【Enter】键，捕捉图 2-35 所示的象限点并单击，然后水平向左移动光标，待出现图 2-36 左图所示的极轴追踪线和交点提示时单击，最后按【Enter】键结束命令。

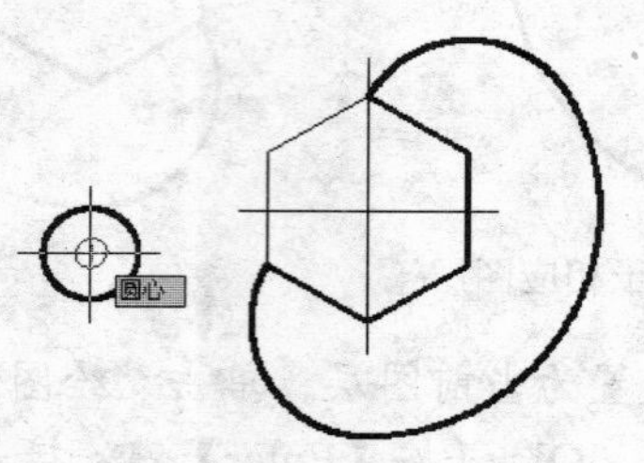

图 2-34　捕捉圆心

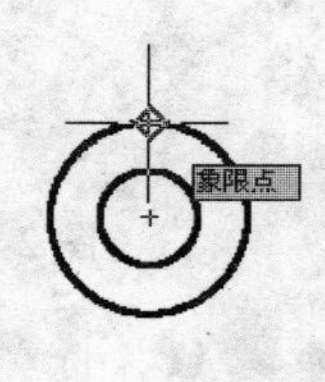

图 2-35　捕捉象限点

步骤 16　采用同样的方法绘制另一条直线，绘制结果如图 2-36 右图所示。

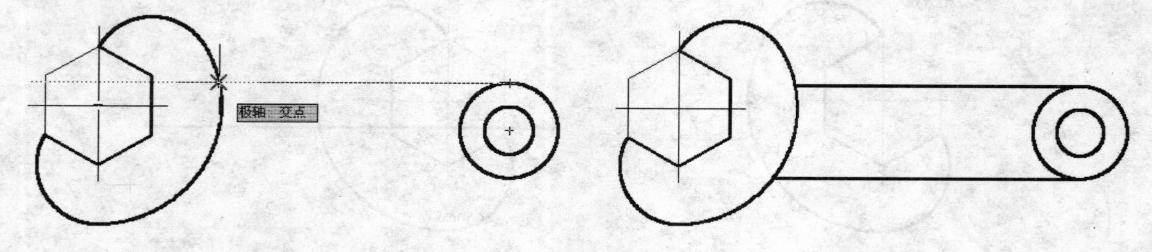

图 2-36　绘制直线

步骤 17　单击“修改”工具栏中的“圆角”按钮，输入“R”后按【Enter】键，接着输入圆角半径值“5”并按【Enter】键；输入“T”后按【Enter】键，接着输入“N”，按【Enter】键以选择不修剪模式；最后分别单击图 2-37 左图所示的圆弧和直线 AB，结果如图 2-37 右图所示。

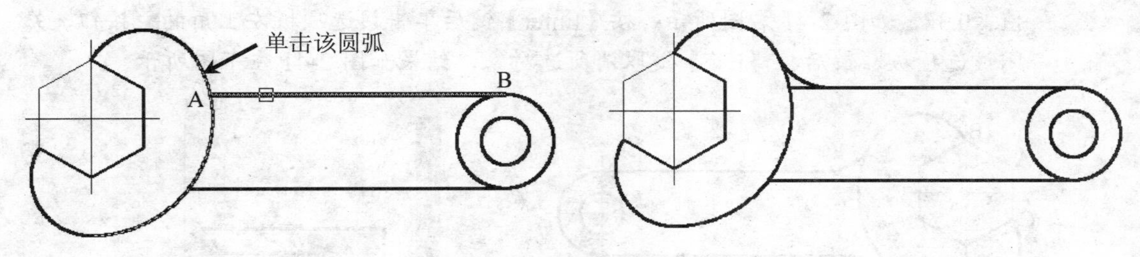

图 2-37 绘制圆弧（一）

步骤 18 按【Enter】键重复执行“圆角”命令，采用与上步同样的方法绘制另一圆弧，其半径值为 8，结果如图 2-38 所示。

步骤 19 单击“修改”工具栏中的“修剪”按钮，按【Enter】键采用系统默认的全部选择对象，然后在要修剪掉的图线上单击，修剪完成后按【Enter】键结束命令，结果如图 2-39 所示。

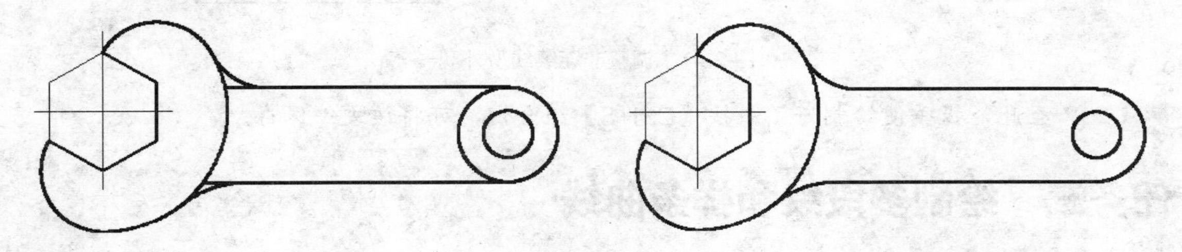

图 2-38 绘制圆弧（二） 图 2-39 修剪图形

步骤 20 将“中心线”图层设置为当前图层。在命令行中输入“L”并按【Enter】键，捕捉图 2-40 左图所示的圆心并水平向左移动光标，在合适位置单击后水平向右移动光标，绘制图 2-40 右图所示的水平中心线 AB。

步骤 21 按【Enter】键重复执行“直线”命令，并采用同样的方法绘制图 2-40 右图所示的竖直中心线 CD。

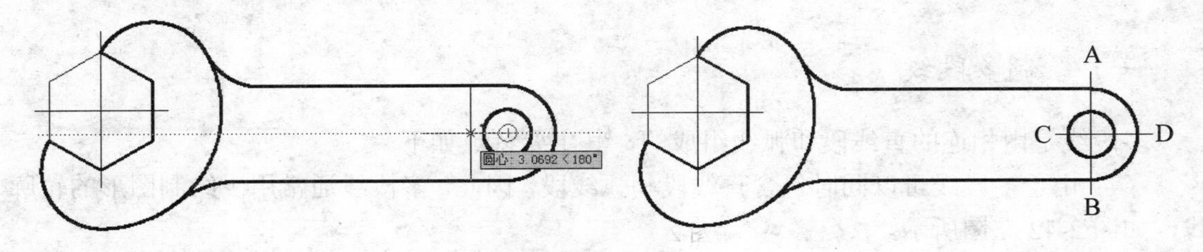

图 2-40 绘制中心线

步骤 22 选择“格式”>“线型”菜单，打开“线型管理器”对话框。在该对话框的“详细信息”区域中的“全局比例因子”编辑框中输入值“0.2”，此时图形如图 2-41 左上图所示。

步骤 23 选取图 2-41 左上图所示的直线 AB 和 AC，然后在绘图区右击，在弹出的快捷菜单中选择“特性”选项，在打开的“特性”选项板的“线型比例”编辑框中输入比例值“0.3”，如图 2-41 右图所示。按【Enter】键后单击该选项板左上角的按钮，关闭该选项板，最后按【Esc】键取消所选对象，结果如图 2-41 左下图所示。

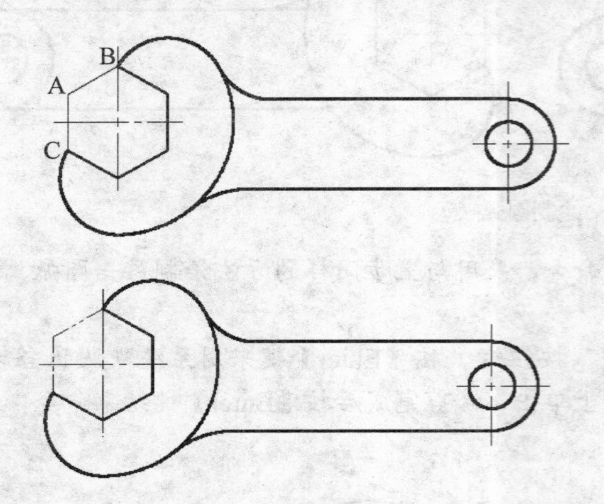

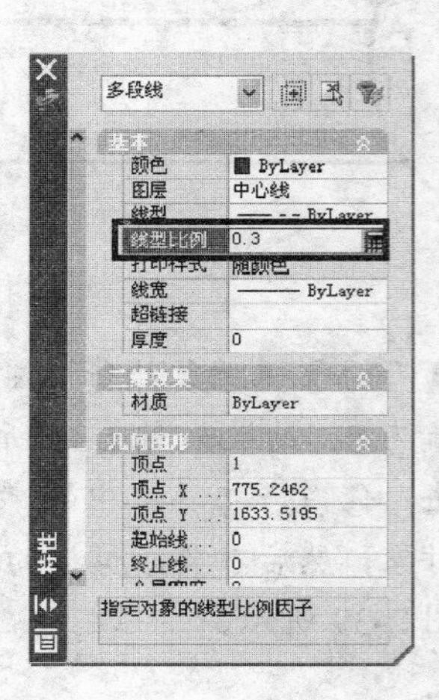

图 2-41　调整非连续线型外观

步骤 24　至此，扳手便绘制好了。按【Ctrl+S】组合键，可将该文件保存。

任务三　绘制多段线和样条曲线

任务说明

为了提高绘图效率，在绘制 AutoCAD 图形时，我们可使用“多段线”命令绘制既有直线又有圆弧的图形。此外，我们还可以根据绘图需要，在所需位置绘制样条曲线。

预备知识

一、绘制多段线

多段线是由相连的直线段和弧线组成的，其主要特点如下。

（1）由于多段线可以同时包含直线段和弧线段，因此，多段线通常用于绘制图形的轮廓线，如图 2-42 左图所示。

（2）由于多段线在 AutoCAD 中被作为一个对象，因此，在绘制三维图形时，常将封闭的多段线作为三维图形的截面，然后再将其拉伸以生成三维图形，如图 2-42 中图所示。

（3）由于多段线中每段直线或弧线的起点和终点的宽度可以任意设置，因此，可使用多段线绘制一些特殊符号，如图 2-42 右图所示。

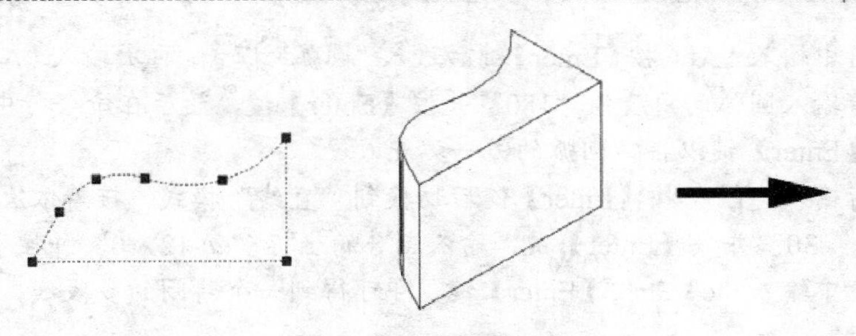

图 2-42　多段线的用途

要绘制多段线，可单击“绘图”工具栏中的“多段线”按钮，然后在绘图区单击以指定该多段线的起点，此时命令行将显示如下提示信息：

指定下一个点或 [圆弧(A)/半宽(H)/长度(L)/放弃(U)/宽度(W)]:

这些选项的功能如下：

- **圆弧（A）**：用于绘制圆弧，并显示一些提示选项。
- **半宽（H）**：设置多段线的半宽。
- **长度（L）**：用于绘制指定长度的直线段。如果前一段是直线，则沿此直线段的延伸方向绘制指定长度的直线段；如果前一段是圆弧，则该选项不显示。此时，可选择“直线”选项后再选择该选项，则绘制的直线为该端点处圆弧的切线方向。
- **放弃（U）**：用于取消上步所绘制的一段多段线，可逐次回溯。
- **宽度（W）**：用于设定多段线的线宽，默认值为 0。多段线的初始宽度和结束宽度可分别设置不同的值，从而绘制出诸如箭头之类的图形。
- **闭合（C）**：用于绘制封闭多段线并结束“多段线”命令。该选项从指定多段线的第三点时才开始出现。

例如，要使用“多段线”命令绘制图 2-43 左图所示的图形，可按如下步骤进行操作（图 2-43 右图中的数字为多段线点的产生顺序）。

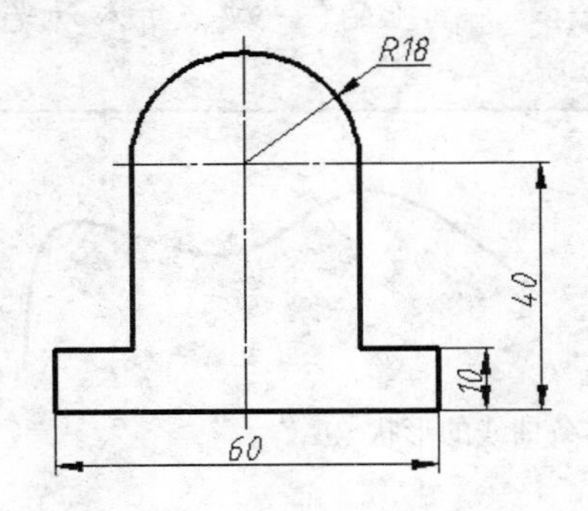

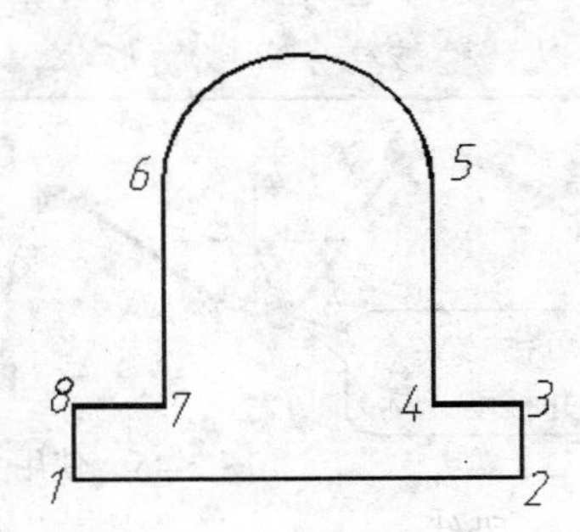

图 2-43　使用多段线绘制图形

步骤 1　单击“绘图”工具栏中的“多段线”按钮，在绘图区中任意位置单击，指定多段线的起点 1。

步骤 2　在命令行中依次输入 2 点坐标“@60，0”，3 点坐标“@0，10”，4 点坐标“@-12，0”，5 点坐标“@0，30”。

步骤 3 在命令行中输入“A”，按【Enter】键后进入“圆弧”模式，再次输入“A”并按【Enter】键，接着输入圆弧的角度值“180”并按【Enter】键，最后在命令行中输入“@-36，0”，按【Enter】键以指定圆弧的另一端点 6。

步骤 4 在命令行输入“L”，按【Enter】键后切换到“直线”模式，接着依次输入点 7 的坐标“@0，-30”并按【Enter】键，输入点 8 的坐标“@-12，0”并按【Enter】键。

步骤 5 在命令行中输入“c”并按【Enter】键，即可得到一个封闭的多段线，结果如图 2-43 右图所示。

二、绘制并编辑样条曲线

样条曲线是通过一组定点的光滑曲线，主要用于绘制机械图形中的断面线和剖视线，如图 2-44 所示。

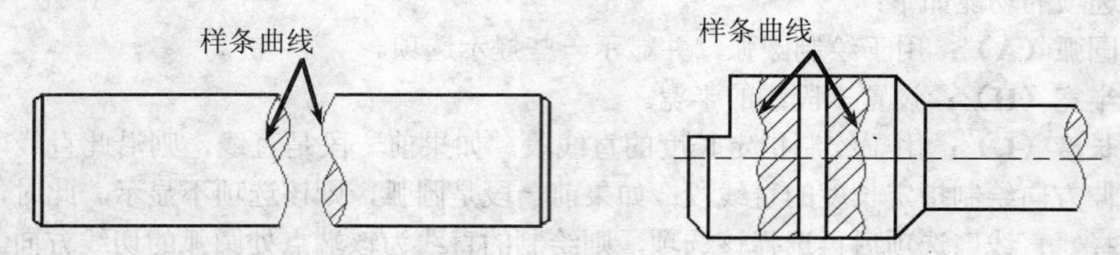

图 2-44 绘制断面线和剖视线

要绘制样条曲线，可单击“绘图”工具栏中的“样条曲线”按钮，然后根据需要在绘图区的不同位置处单击以指定样条曲线的拟合点，接着按【Enter】键结束指定拟合点操作，最后移动光标，依次按【Enter】键分别指定样条曲线的起点的切向和终点的切向。

在执行“样条曲线”命令的过程中，用户可在指定拟合点后按【U】键或【Ctrl+Z】组合键取消前一个拟合点。

选中已经绘制好的样条曲线，然后单击其上的任一夹点并移动光标，可以调整该样条曲线的形状，如图 2-45 所示。

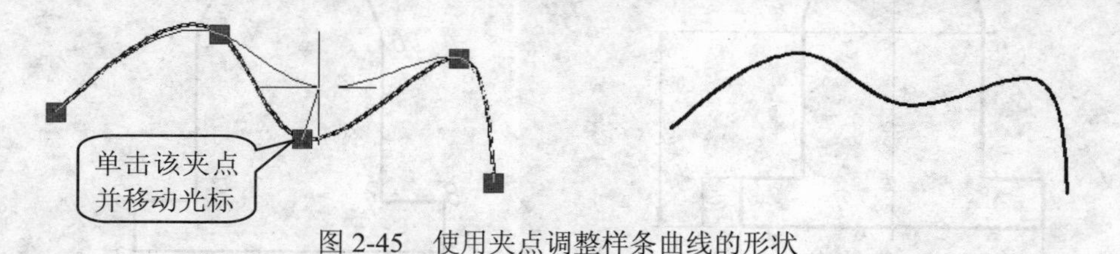

图 2-45 使用夹点调整样条曲线的形状

任务实施——绘制轴承座

下面，我们将通过绘制图 2-46 所示的轴承座图形，来重点学习多段线和样条曲线的绘制和编辑方法。案例最终效果请参考本书配套素材“素材与实例”>“ch02”文件夹>“绘制轴承座.dwg”文件。

制作思路

该轴承座的外形具有左右对称的特点。因此，我们可以先绘制两个同心圆，然后利用“多段线”命令，并结合“极轴”、“对称捕捉”和“对象追踪”功能绘制图形左侧轮廓线，接着将具有对称结构的部分进行镜像，最后对不具有对称结构的部分进行编辑修改。

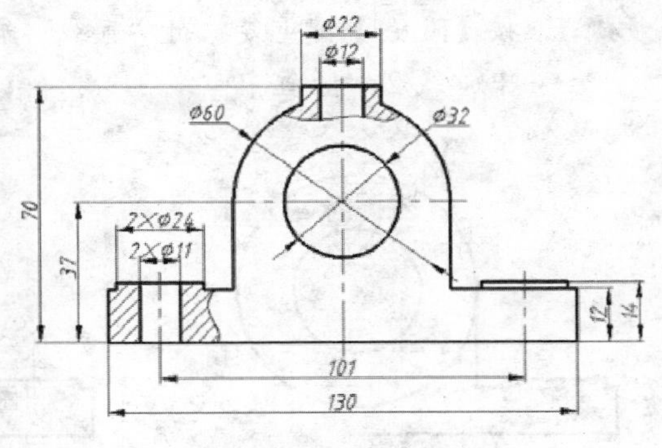

图 2-46　绘制轴承座

制作步骤

步骤 1　启动 AutoCAD，分别创建“轮廓线”和“中心线”图层。其中，“轮廓线”图层的线宽为“0.35 毫米”，并将该图层设置为当前图层；“中心线”图层的颜色为“红”，线型为“CENTER”，线宽为“默认”。

步骤 2　打开状态栏中的极轴、对象捕捉、对象追踪、DYN和线宽按钮，然后将极轴增量角设置为 90。

步骤 3　利用“绘图”工具栏中的“圆”按钮，分别绘制图 2-47 所示的两个同心圆，其半径分别为 16 和 30。

步骤 4　单击“绘图”工具栏中的“多段线”按钮，捕捉同心圆的圆心并竖直向下移动光标，待出现竖直极轴追踪线时输入值“37”，按【Enter】键后水平向左移动光标，并参照图 2-48 所示的光标提示和尺寸绘制图形。

由于多段线可以同时包含直线段和圆弧段，因此，多段线通常用于快速绘制图形的轮廓线。此外，使用该命令绘制图形时，应多关注命令行中的提示，以选择合适的选项。

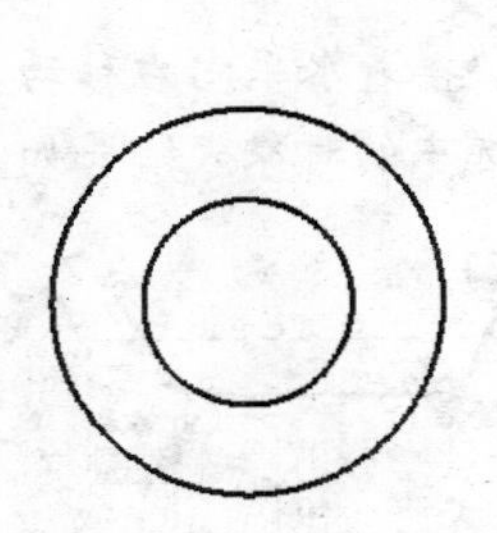
图 2-47　绘制同心圆

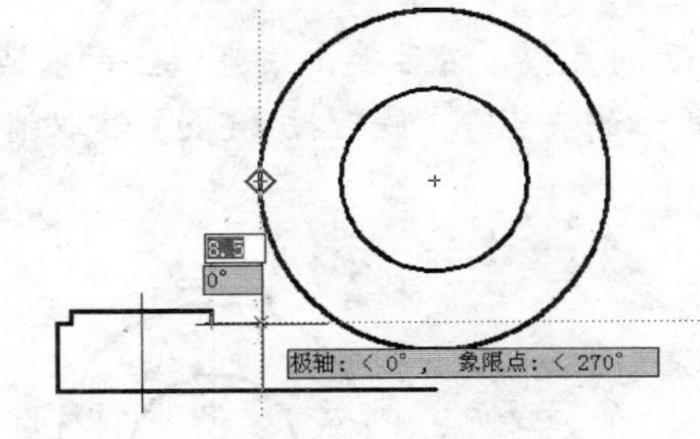

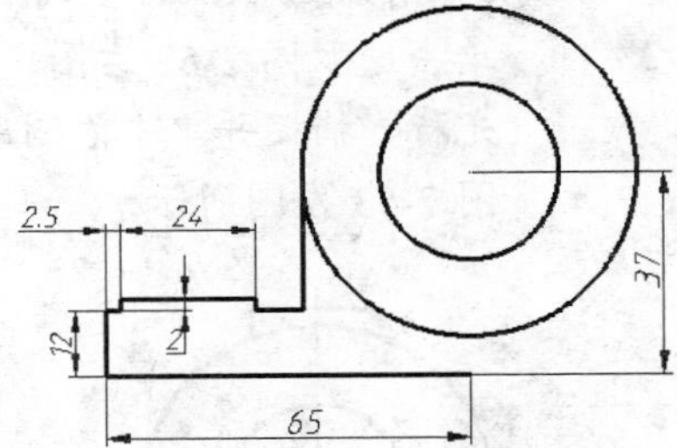

图 2-48　绘制多段线（一）

步骤 5　按【Enter】键重复执行“多段线”命令，捕捉同心圆的圆心并竖直向上移动光标，待出现竖直极轴追踪线时输入值“33”并按【Enter】键，然后向左移动光标，绘制长度为 11 的水平直线，接着竖直向下移动，待出现图 2-49 所示的交点提示时单击鼠标左键，最后按【Enter】键结束命令。

步骤 6　将“中心线”图层设置为当前图层。在命令行中输入“L”，按【Enter】键以执行“直线”命令，捕捉图 2-50 左图所示的中点并竖直向上移动光标，然后在合适位置单击，接着竖直向下移动光标，绘制图 2-50 右图所示的竖直中心线 1。

步骤 7 按【Enter】键重复执行"直线"命令，采用同样的方法绘制图 2-50 右图所示的水平中心线 2 和竖直中心线 3。

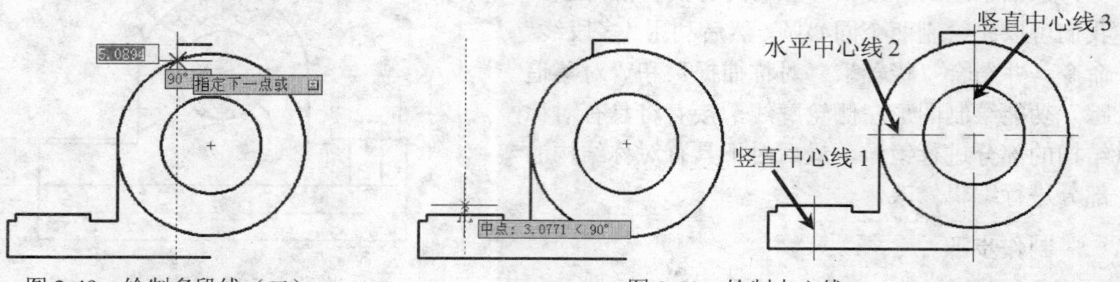

图 2-49　绘制多段线（二）　　　　图 2-50　绘制中心线

步骤 8 单击"修改"工具栏中的"镜像"按钮，选取图 2-51 左图所示的两条多段线和竖直中心线，按【Enter】键以指定镜像对象，然后依次单击竖直中心线 AB 的两个端点，按【Enter】键采用系统默认的不删除镜像源对象，结果如图 2-51 右图所示。

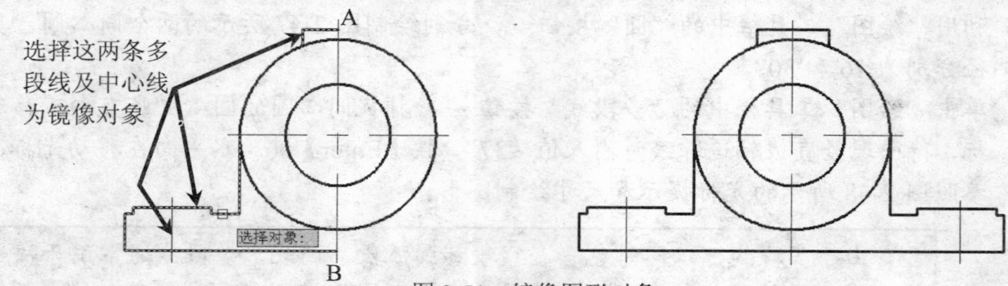

图 2-51　镜像图形对象

步骤 9 选取图 2-52 左图所示的多段线，然后单击"修改"工具栏中的"分解"按钮，将其分解成为单独的直线。

步骤 10 单击选取图 2-52 右图所示的直线，然后单击该直线上的夹点 1，接着水平向右移动光标，捕捉并单击右图所示的夹点 2，最后按【Esc】键取消所选中的对象，结果如图 2-53 左图所示。

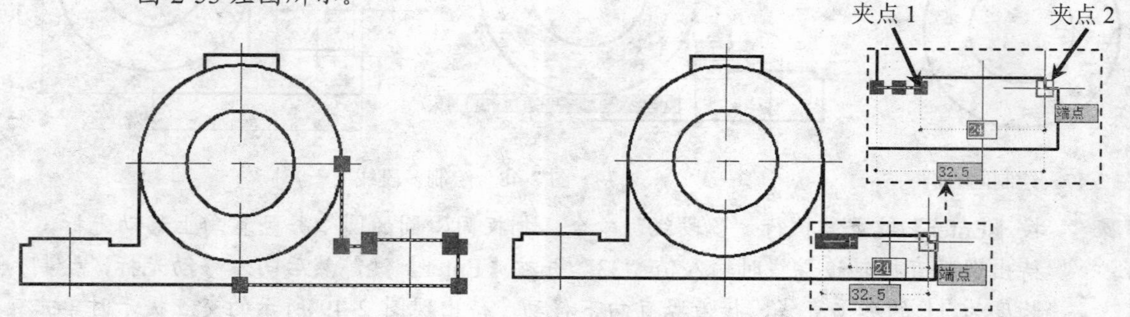

图 2-52　分解图形，并使用夹点拉长对象

步骤 11 将"轮廓线"图层置于当前图层。在命令行中输入"L"并按【Enter】键，然后捕捉图 2-53 左图所示的中点并水平向左移动光标，待出现极轴追踪线时输入值"5.5"，按【Enter】键后向下移动光标，当竖直极轴追踪线与水平直线垂直相交时单击，最

后按【Enter】键结束命令。

步骤 12　单击“修改”修改工具栏中的“镜像”按钮，选取上步所绘制的直线作为镜像对象，按【Enter】键后依次捕捉并单击图 2-53 左图所示的竖直中心线 AB 的两个端点，按【Enter】键采用系统默认的不删除镜像源对象，结果如图 2-53 右图所示。

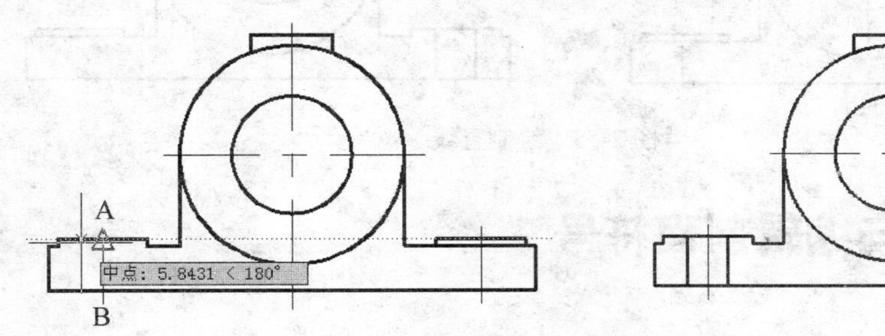

图 2-53　绘制直线，并将其进行镜像

步骤 13　单击“绘图”工具栏中的“样条曲线”按钮，在图形的合适位置依次单击绘制图 2-54 左图所示的两条样条曲线，然后选中这两条样条曲线，并在“图层”工具栏的“图层”下拉列表中选择“0”图层。

在绘制样条曲线时，我们可以根据需要关闭状态栏中的“极轴”、“对象捕捉”或“捕捉追踪”，以便更好地指定样条曲线上各点的位置。

步骤 14　单击“修改”工具栏中的“修剪”按钮，按【Enter】键采用系统默认的全部选择对象，然后单击样条曲线上多余的部分和图 2-54 左图所示的圆弧进行修剪，最后按【Enter】键结束命令，结果如图 2-54 右图所示。

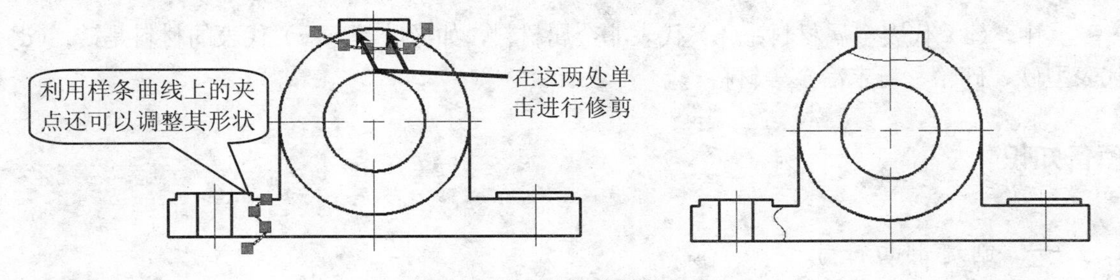

图 2-54　绘制并修剪样条曲线

步骤 15　在命令行中输入“L”并按【Enter】键，然后捕捉图 2-55 左图所示的端点并水平向左移动光标，待出现极轴追踪线时输入值“6”，按【Enter】键后竖直向下移动光标，当极轴追踪线与样条曲线垂直相交时单击，最后按【Enter】键结束命令。

步骤 16　采用同样的方法绘制另一条竖直直线，结果如图 2-55 右图所示。

步骤 17　选择“格式”>“线型”菜单，在打开的“线型管理器”对话框的“全局比例因子”编辑框中输入值“0.4”，单击 确定 按钮以调整中心线的比例。

步骤 18　至此，轴承座图形的轮廓线已经绘制完毕（其剖面符号我们将稍后进行绘制）。按【Ctrl+S】快捷键，将该文件保存。

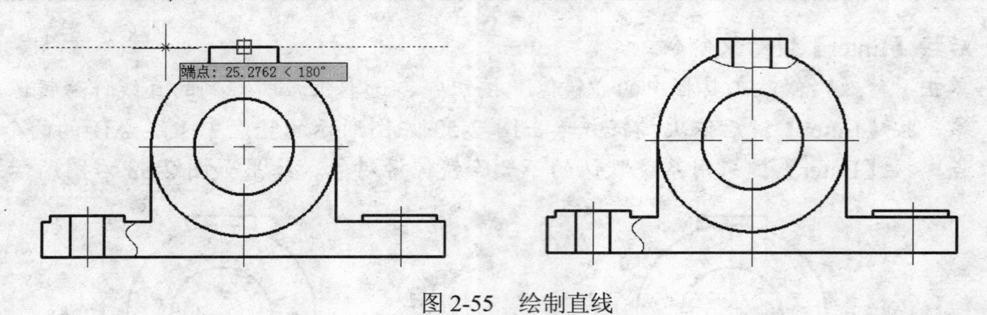

图 2-55　绘制直线

任务四　绘制与编辑剖面符号

任务说明

为了清楚地表达一个零件的内部结构，常常需要将零件剖切，并在剖面区域内绘制剖面符号。国家标准规定了各种材料的剖面符号及其画法，如图 2-56 所示。

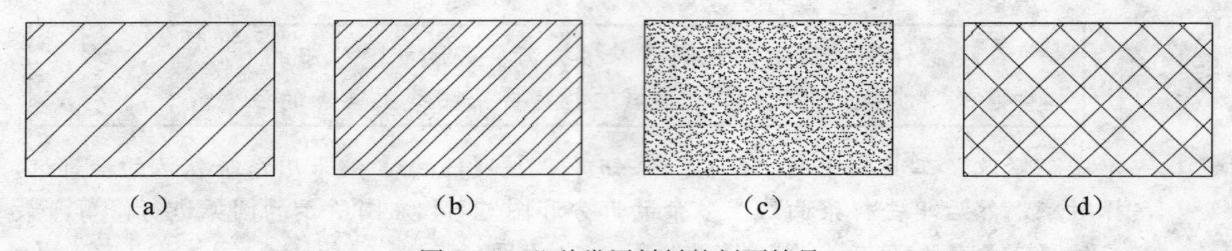

图 2-56　几种常用材料的剖面符号

其中，（a）代表金属材料；（b）代表非金属材料，如橡胶等；（c）代表的材料是砖；（d）代表型砂、砂轮、粉末冶金等材料。

预备知识

一、创建剖面符号

使用 AutoCAD 绘制剖面符号就是设置填充图案的样式、比例和角度等。下面，我们以绘制图 2-57 右图所示的剖面符号为例，来讲解绘制剖面符号的具体操作步骤。

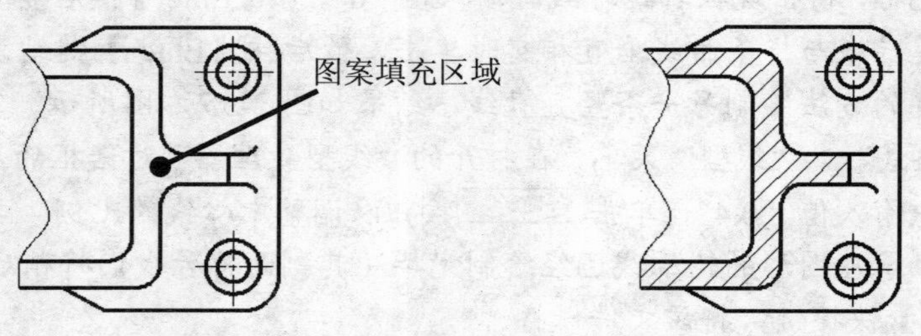

图 2-57　使用“图案填充”命令绘制剖面符号

步骤 1 打开本书配套素材“素材与实例”>“ch02”文件夹>“绘制剖面符号.dwg”文件，单击“绘图”工具栏中的“图案填充”按钮，此时系统将打开“图案填充和渐变色”对话框，如图 2-58 所示。

步骤 2 单击“图案”下拉列表框右侧的按钮，打开“填充图案选项板”对话框，如图 2-59 所示。单击该对话框中的“ANSI”选项卡，然后选择“ANSI31”图案并单击 确定 按钮。此时，系统返回至“图案填充和渐变色”对话框。

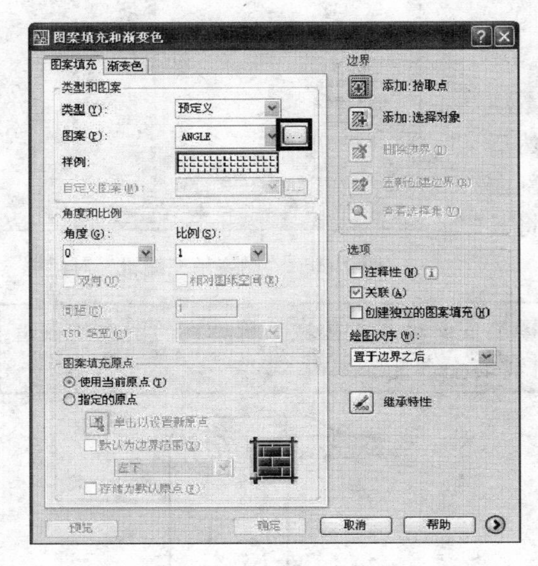

图 2-58　“图案填充和渐变色”对话框

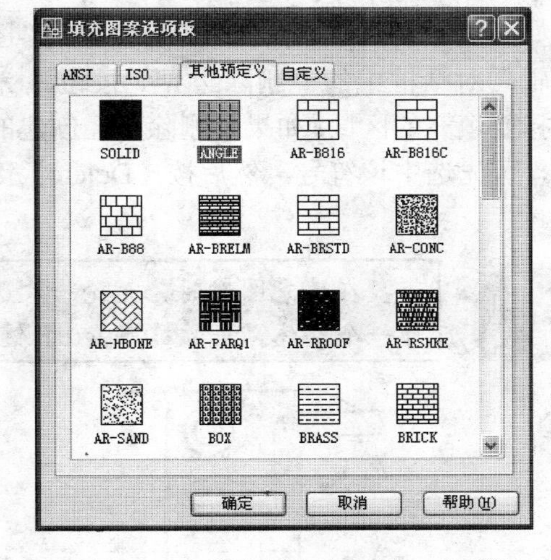

图 2-59　“填充图案选项板”对话框

步骤 3 在“图案填充和渐变色”对话框中单击“添加：拾取点”按钮，此时，“图案填充和渐变色”对话框将暂时消失，接着依次在要填充图案的区域内单击，如图 2-57 左图所示的区域，此时 AutoCAD 将自动寻找一个闭合边界。

步骤 4 若要查看填充效果，可在绘图区右击，从弹出的快捷菜单中选择“预览”选项。如果图案的角度和密度不合适，可按【Esc】键或直接单击鼠标左键返回至“图案填充和渐变色”对话框，然后在该对话框的“角度和比例”设置区中设置图案填充的“角度”与“比例”。否则，可以直接按【Enter】键或单击鼠标右键，确认填充的图案。

步骤 5 确认填充的区域、剖面符号的类型、角度和比例合适后，单击图 2-58 所示的对话框中的 确定 按钮，完成图案填充，结果如图 2-57 右图所示。

绘制剖面符号时，“图案填充和渐变色”对话框中的“比例”编辑框中的值越小，图案就越密，反之则越疏。值得注意的是，同一幅图纸中，表示同种零件的剖面符号的角度和比例必须相同。

二、编辑剖面符号

要编辑剖面符号，可双击填充图案，此时系统将打开“图案填充编辑”对话框。该对话框与“图案填充和渐变色”对话框完全相同，只是一些选项由无效变为有效而已，如图 2-60 所示。因此，利用该对话框就能像创建剖面符号那样编辑修改剖面符号的填充区域、图案、角度和比例了。

例如，要添加图案填充区域，可单击图 2-60 所示的对话框中的“添加：拾取点”按钮或“添加：选择对象”按钮，然后在绘图区选择要添加图案的区域或对象就可以了，如图 2-61 所示。

如果要重新指定填充区域，可先单击“图案填充编辑”对话框中的“删除边界”按钮，然后再选择要填充的区域；如果要删除已经创建的剖面符号，可先选中该符号，然后按【Delete】键将其删除。

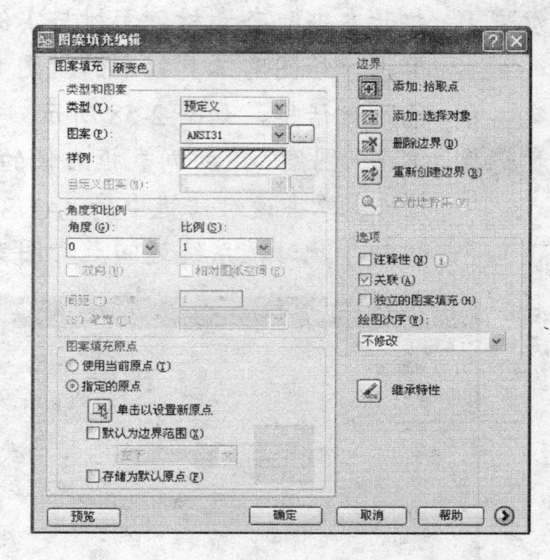

图 2-60　“图案填充编辑”对话框

在填充图案时，无论一次选择了多少对象或区域，所填充的图案均被看作一个整体，若按【Delete】键可将其全部删除。

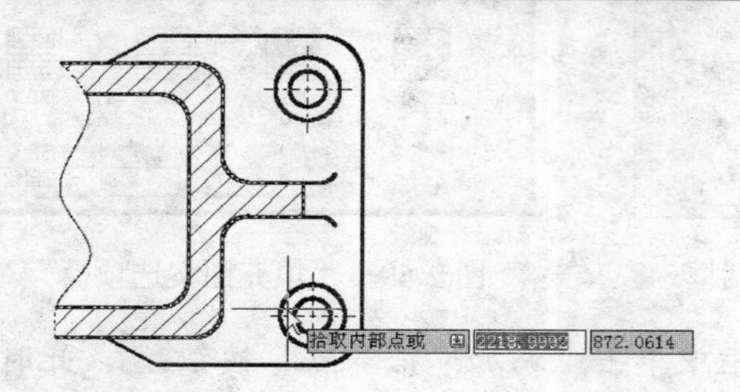

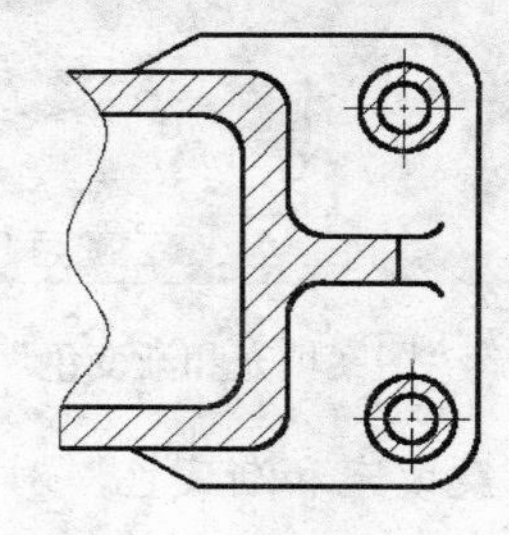

图 2-61　添加图案填充区域

任务实施——为轴承座图形添加剖面符号

了解了剖面符号的含义和绘制方法后，按下来我们将通过为图 2-62 左图所示的轴承座图形添加剖面符号，来学习添加剖面符号的具体操作方法。案例最终效果请参考本书配套素材“素材与实例”>“ch02”文件夹>“绘制轴承座 ok.dwg”文件。

步骤 1　打开任务三中绘制的轴承座图形，或打开本书配套素材“素材与实例”>“ch02”文件夹>“轴承座.dwg”文件，如图 2-62 左图所示。

步骤 2　单击“图层”工具栏中的“图层特性管理器”按钮，然后在打开的对话框中创建“剖面线”图层，其颜色为“青”，线型为“Continuous”，线宽为“默认”，并将该图层设置为当前图层。

步骤 3　单击“绘图”工具栏中的“图案填充”按钮，打开“图案填充和渐变色”对话框。单击该对话框中“图案”下拉列表框右侧的按钮，然后打开“填充图案选项板”对话框。

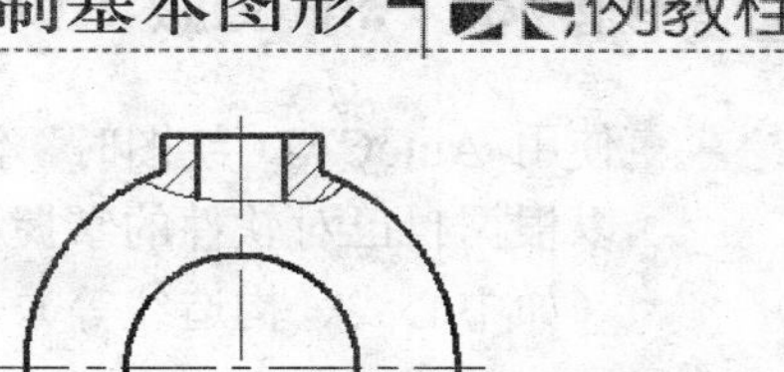

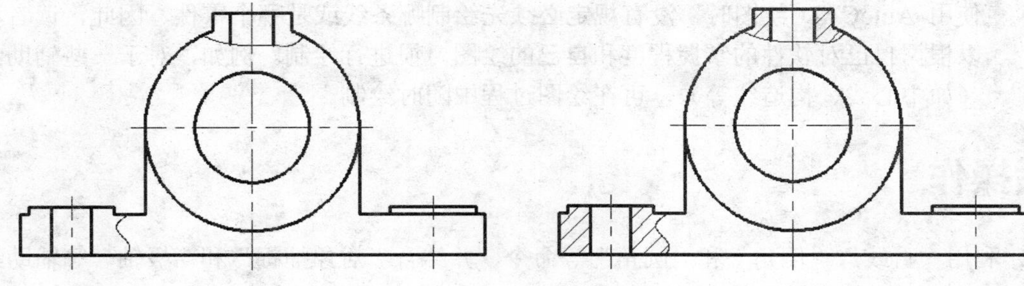

图 2-62 为轴承座图形添加剖面符号

步骤 4 在该对话框中选择“ANSI”选项卡，然后选择“ANSI31”图案并单击 确定 按钮，接着单击“添加：拾取点”按钮，并在图 2-63 左图所示的四个区域内单击以选择填充区域。

步骤 5 采用系统默认的填充角度和填充比例，按【Enter】键结束命令，结果如图 2-63 右图所示。

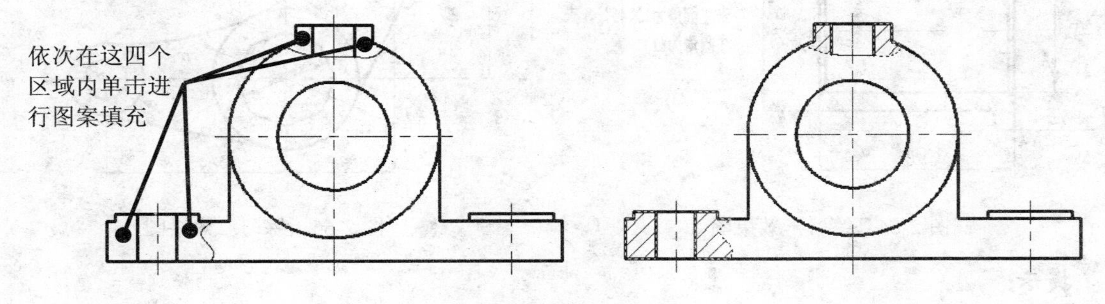

图 2-63 绘制剖面符号

步骤 6 至此，轴承座图形已经绘制完毕。选择“文件”>“另存为”菜单，将该文件保存。

项目总结

在 AutoCAD 中，熟练掌握常用绘图命令的操作方法是快速绘制平面图形的前提。读者在学完本项目内容后，还应注意以下几点。

- 在 AutoCAD 中，无论多么复杂的图形，都是由直线、圆、圆弧和矩形等基本图形元素组成的。读者在绘图时，一定要根据所绘图形的特点，选择最合适的命令进行绘制。例如，绘制圆弧时，在已知圆弧半径的情况下，使用“圆角”命令比使用“圆弧”命令更加方便。
- 要快速且精确地绘制 AutoCAD 平面图，图形分析是一个必不可少的重要环节。绘图前，一定要根据所绘图形的特点对图形进行分析，并理清绘图思路，即先绘制哪部分，再绘制哪部分，以及使用什么绘图命令等，最后再着手绘图。
- AutoCAD 提供的图层和捕捉、栅格、极轴、对象捕捉及对象追踪等辅助绘图功能贯穿于整个图形绘制过程中。绘图时，读者应灵活运用这些功能。

➢ 使用 AutoCAD 绘图时，没有规定必须先绘制哪条线或是哪个零件，因此，读者可以根据自己对软件的掌握程度和自己的绘图习惯进行绘制。例如，对于一些辅助线（如中心线、构造线等），可在绘图过程中随时绘制。

课后操作

1．利用“直线”、“倒角”和“圆角”等命令，并结合“对象捕捉”和“极轴”等辅助绘图功能绘制图 2-58 所示的图形（不要求标注尺寸）。

2．利用“圆”、“正多边形”、“直线”和“相切、相切、相切”命令绘制图 2-65 所示的图形（不要求标注尺寸）。

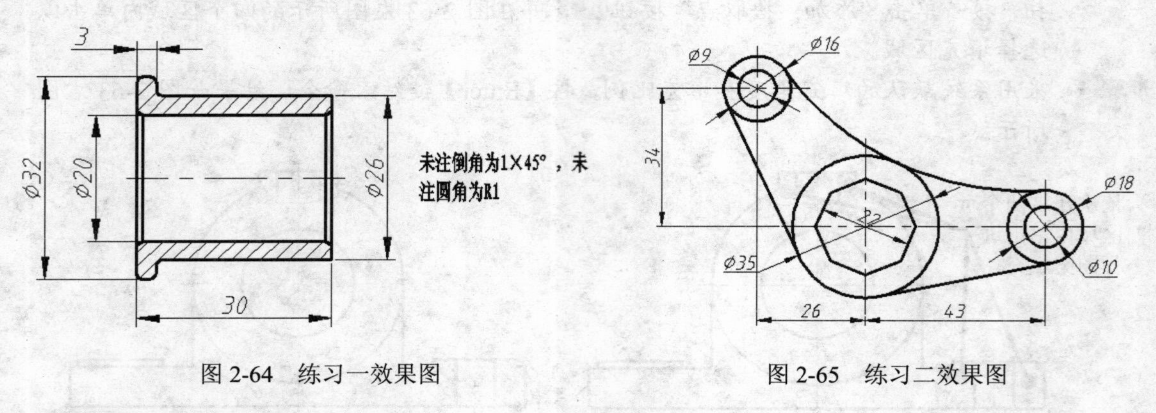

图 2-64　练习一效果图　　　图 2-65　练习二效果图

提示：

单击“绘图”工具栏中的“正多边形”按钮，并结合极轴功能绘制边数 8，内切圆半径值为 11 的正八边形，然后利用“直线”和“圆”命令，并结合对象追踪和对象捕捉等功能绘制中心线、直径为 35 的圆及两处的同心圆，接着利用“直线”和“相切、相切、相切”命令，并结合对象捕捉功能绘制切线和切圆，最后利用“修剪”命令对切圆进行修剪即可。

项目三　编辑图形

项目导读

绘图时，单纯地使用绘图命令只能创建一些简单图形。为了获得所需图形，我们通常还需要借助一些编辑命令对图形进行处理。AutoCAD 的一大特色就在于它简单而高效的编辑功能，灵活、合理地使用这些功能可以对图形进行有效的编辑，从而实现快速绘制复杂图形的目标。下面我们就来学习这些常用编辑命令的功能及具体操作方法。

知识目标

- 掌握移动、旋转、修剪和复制类命令的使用场合和具体操作方法。
- 了解“圆角”和“倒角”命令的功能，并掌握圆角、倒角、拉伸、拉长、延伸和缩放等命令的操作方法。
- 掌握调整图形属性的方法，并了解各方法的局限性。

能力目标

- 能够根据图形的特点，灵活地使用移动、旋转、修剪、复制、圆角、倒角、拉伸、缩放等命令编辑图形，并绘制出符合实际应用需要的图形。
- 能够合理地使用“特性”选项板和“特性匹配”命令调整对象的属性。

任务一　移动、旋转和修剪对象

任务说明

在绘图过程中，我们可以利用“移动”和“旋转”命令，在不改变源对象大小和形状的前提下对图形的位置及形状进行调整；利用“修剪”命令还可以修剪多余的线条。下面，我们便来学习这几个命令的具体用法。

预备知识

一、移动对象

利用“移动”（“move”）命令可将所选对象从一个位置移动到另一个位置。下面，我们通过移动图 3-1 左图所示的圆，使其圆心与圆弧的圆心重合为例（参见图 3-1 右图），来讲解“移动”命令的具体操作方法。

步骤 1 打开本书配套素材中“素材与实例”>“ch03”文件夹>“移动对象.dwg”文件，如图 3-1 左图所示。

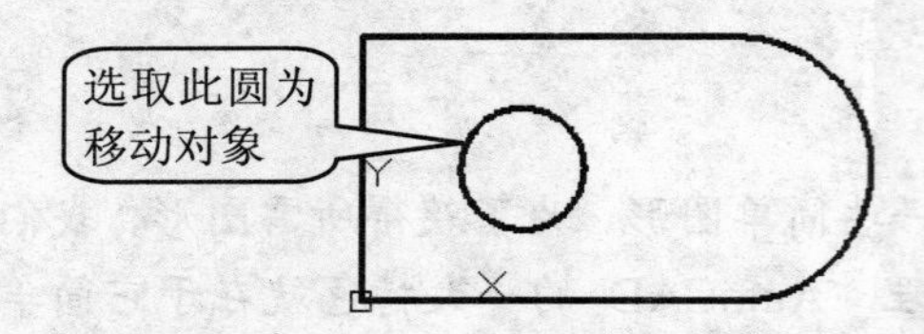

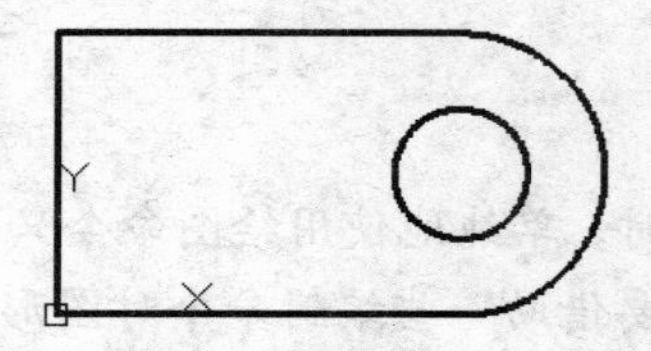

图 3-1　利用“对象捕捉”功能移动对象

步骤 2 在命令行中输入“m”并按【Enter】键，或单击“修改”工具栏中的“移动”按钮，执行“move”命令。

步骤 3 在绘图区选取图 3-1 左图所示的圆，按【Enter】键以指定移动对象（也可先选择要移动的对象，再执行“move”命令）。

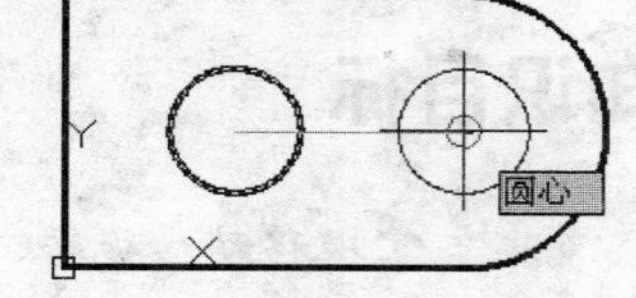

图 3-2　指定位移的第二点

步骤 4 在命令行“指定基点或 [位移(D)] <位移>:”的提示下，捕捉上步所选圆的圆心，单击以指定移动的基点，然后捕捉图 3-2 所示圆弧的圆心，待出现“圆心”提示时单击以指定位移的第二点，结果如图 3-1 右图所示。

除了利用对象捕捉来指定移动的基点和第二点外，还可以通过输入坐标值的方法来指定移动的第二点。但在输入坐标值时，系统默认在命令行中输入的坐标值为绝对坐标，而在动态提示框中输入的坐标值为相对坐标。

例如，在指定图 3-1 左图所示圆的移动基点后，在动态提示框中输入基点与第二点的相对坐标“20，0”并按【Enter】键，也可以使该圆的圆心与圆弧的圆心重合。

二、旋转对象

使用“旋转”命令（“rotate”）可将一个或多个图形对象绕指定点旋转一定角度，在旋转过程中，我们还可以根据需要选择是否复制要旋转的对象。

例如，要将图 3-3 左图所选取的对象顺时针旋转 120°并复制，具体操作过程如下。

提示与操作	说 明
命令：**单击“修改”工具栏中的“旋转”按钮，或直接在命令行中输入“ro”并按【Enter】键**	执行“rotate”命令
选择对象：**选取图 3-3 左图所示的图形↙**	确定旋转对象
指定基点：**捕捉图 3-3 中图所示的圆心并单击**	确定旋转的基点
指定旋转角度，或 [复制(C)/参照(R)] <0>：**输入“c”↙**	选择“复制”选项
指定旋转角度，或 [复制(C)/参照(R)] <0>：**输入“120”↙**	确定旋转角度，结果如图 3-3 右图所示

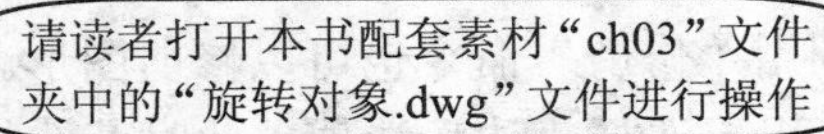

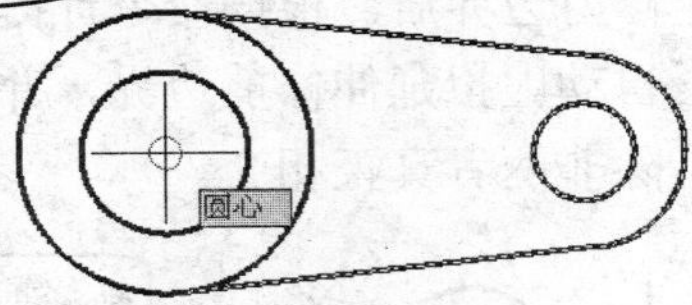

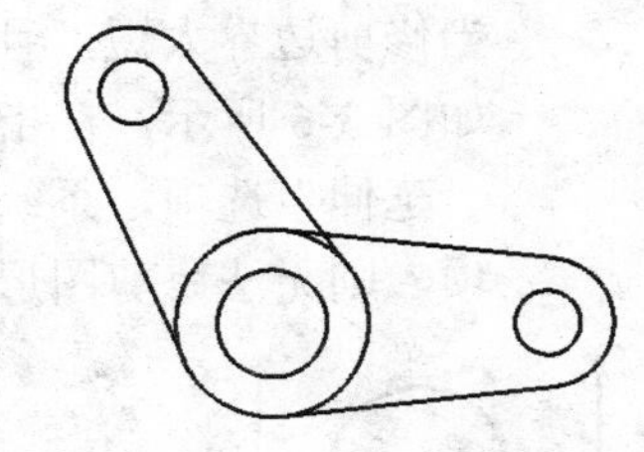

图 3-3 旋转并复制对象

旋转对象时，需要依次指定旋转基点和旋转角度。其中，系统默认基点和旋转对象中心的连线方向为 0°。当输入的旋转角度为正值时，表示按逆时针方向旋转对象；当输入负值时，表示按顺时针方向旋转对象。此外，旋转角度值是以 0° 方向线为基准的相对值。

三、修剪对象

“修剪”命令（“trim”）用于修剪图形，该命令要求用户先定义修剪边界，然后再选择希望修剪的对象。要修剪图形中的多余线条，可单击“修改”工具栏中的“修剪”按钮，或直接在命令行中输入“tr”并按【Enter】键，执行“trim”命令。

例如，要使用“修剪”命令将图 3-4 左图所示的图形修剪为右图，具体操作方法如下。

提示与操作	说 明
命令：**单击“修改”工具栏中的“修剪”按钮**	执行“trim”命令
选择对象或<全部选择>：**依次选取图 3-4 左图所示的两条竖直直线和圆弧↙**	选择修剪边界
选择要修剪的对象，或按住 Shift 键选择要延伸的对象，或[栏选(F)/窗交(C)/投影(P)/边(E)/删除(R)/放弃(U)]：**分别在要修剪掉的图形对象上单击↙**	修剪对象并结束命令，结果如图 3-4 右图所示

使用“修剪”命令修剪图形时，需要注意以下几点：

- 选择修剪边界和修剪对象时，均可以使用窗选和窗交方式一次性选择多个对象。

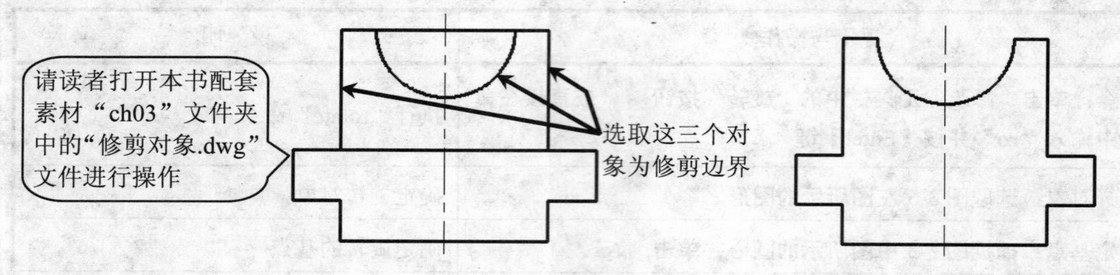

图 3-4　修剪图形

- 即使对象被作为修剪边界，也可以被修剪。如图 3-5 所示，当水平直线和圆均作为修剪边界时，也可以相互修剪。
- 当修剪边界太短，且不与被修剪对象相交时，利用“修剪”命令也可以修剪图形。如图 3-6 所示，在指定修剪边界后，根据命令行提示选择“边”选项，此时若选择“延伸”选项，系统会自动虚拟延伸修剪边界，并修剪图形；若选择“不延伸”选项，则无法修剪图形，除非两者真正相交。

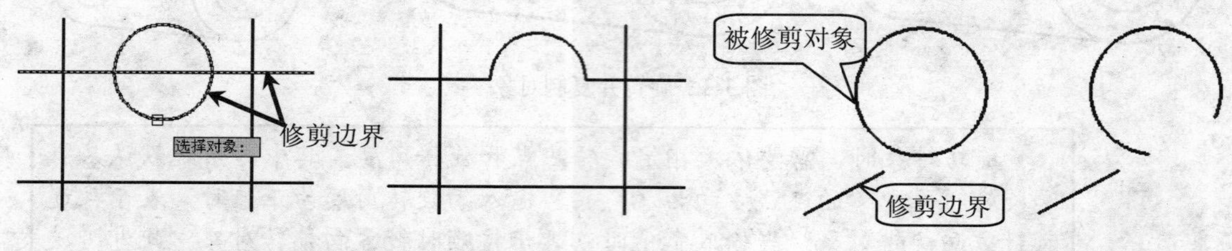

图 3-5　修剪边界同时被修剪

图 3-6　延伸修剪

在执行“修剪”命令时，当命令行中提示“选择对象或<全部选择>”时，我们还可以直接按【Enter】键，将所有图形对象作为修剪边界，然后在要修剪掉的部分上单击进行修剪。

在修剪过程中，若遇到一些修剪不掉的单个图形对象，可先选中要删除的对象，然后按【Delete】键将其删除。

任务实施——绘制曲柄

下面，我们通过绘制图 3-7 所示的曲柄图形，来学习“旋转”和“修剪”命令的操作方法。案例最终效果请参考本书配套素材“素材与实例”>“ch03”文件夹>“曲柄.dwg”文件。

制作思路

由图 3-7 所示的图形和尺寸标注很容易看出，该曲柄是由竖直方向上的曲轴绕曲柄中心旋转所形成的，因此，我们可以先绘制曲柄中心和竖直方向上的曲轴，然后再使用“旋转”命令将该曲轴沿顺时针方向旋转 60° 并复制。

制作步骤

步骤 1 启动 AutoCAD，分别创建“轮廓线”和“中心线”图层。其中，“轮廓线”图层的线宽为“0.35 毫米”，“中心线”图层的颜色为“红”，线型为“CENTER”，线宽为“默认”，并将“轮廓线”图层设置为当前图层。

步骤 2 打开状态栏中的极轴、对象捕捉、对象追踪、DYN和线宽按钮，然后右击极轴按钮，在弹出的快捷菜单中选择“设置”选项，在打开的对话框中将极轴增量角设置为 30。

步骤 3 在命令行中输入“c”，按【Enter】键以执行“圆”命令，然后绘制图 3-8 所示的三个同心圆，其半径分别为 20、24 和 42。

步骤 4 按【Enter】键重复执行“圆”命令，捕捉同心圆的圆心并竖直向上移动光标，待出现图 3-9 所示的极轴追踪线时输入值“210”，按【Enter】键后绘制半径为 25 的圆。

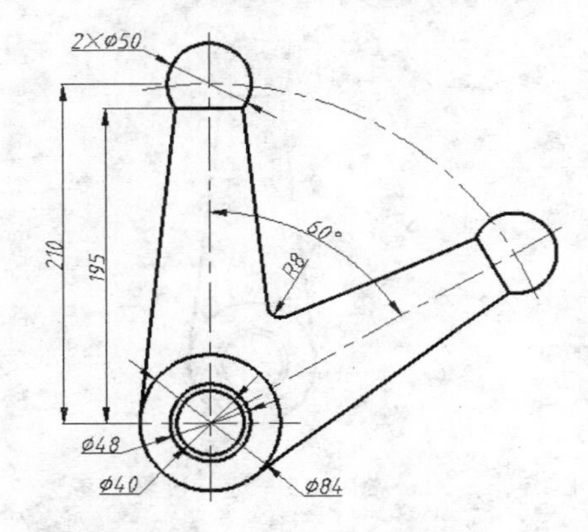

图 3-7　绘制曲柄

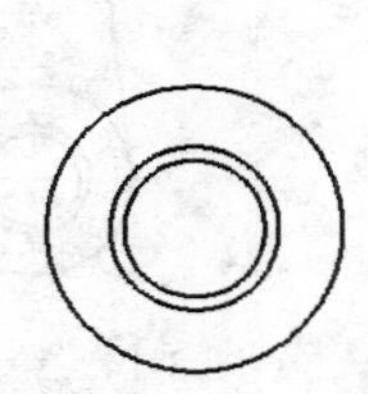

图 3-8　绘制同心圆

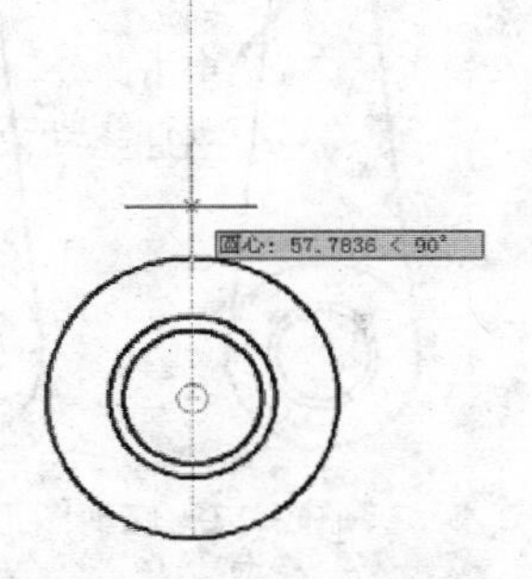

图 3-9　捕捉同心圆的圆心

步骤 5 在命令行中输入“L”，按【Enter】键执行“直线”命令，捕捉同心圆的圆心并向上移动光标，待出现竖直极轴追踪线时输入值“195”并按【Enter】键，然后水平向左移动光标，待出现图 3-10 所示的“交点”提示时单击，最后按【Enter】键结束命令。

步骤 6 选择上步所绘直线，然后利用其右侧夹点将该直线水平向右拉长，使其与圆相交，结果如图 3-11 右图所示。

步骤 7 在命令行中输入“L”并按【Enter】键，捕捉步骤 5 所绘直线的左端点并单击，然后按住【Ctrl】键并在绘图区单击鼠标右键，在弹出的快捷菜单中选择“切点”选项，接着捕捉图 3-12 左图所示的切点并单击，最后按【Enter】键结束命令。

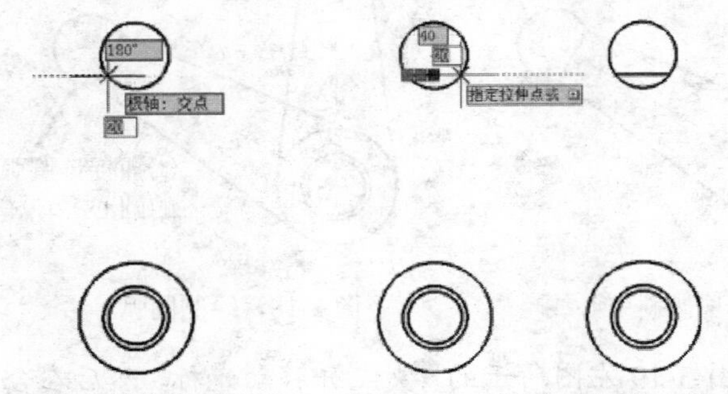

图 3-10　绘制水平直线　　图 3-11　利用夹点调整直线

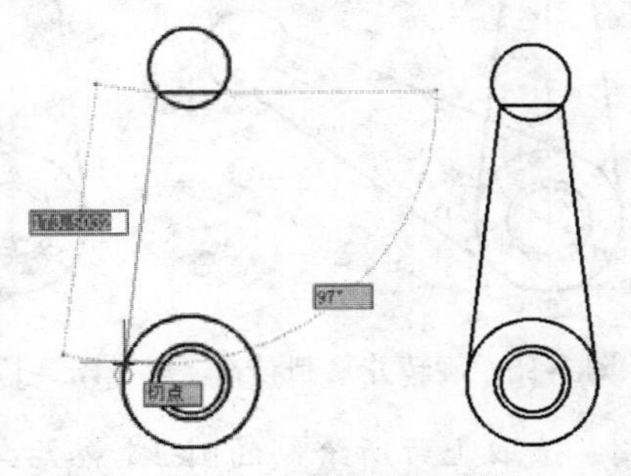

图 3-12　绘制两条切线

步骤 8 采用同样的方法绘制另一条切线，结果如图 3-12 右图所示。

步骤 9 单击“修改”工具栏中的“修剪”按钮，按【Enter】键采用系统默认的全部选择对象，然后单击图 3-13 左图所示的圆弧进行修剪，最后按【Enter】键结束命令，结果如图 3-13 右图所示。

步骤 10 将“中心线”图层设置为当前图层。在命令行中输入“L”并按【Enter】键，然后利用对象捕捉追踪功能绘制图 3-14 所示的两条中心线。

步骤 11 单击“修改”工具栏中的“旋转”按钮，然后采用窗交方式选取图 3-15 所示的对象并按【Enter】键，接着输入“cen”，按【Enter】键后捕捉同心圆的圆心并单击，接着输入“c”，按【Enter】键以选择“复制”选项，最后输入旋转角度值“-60”并按【Enter】键，结果如图 3-16 所示。

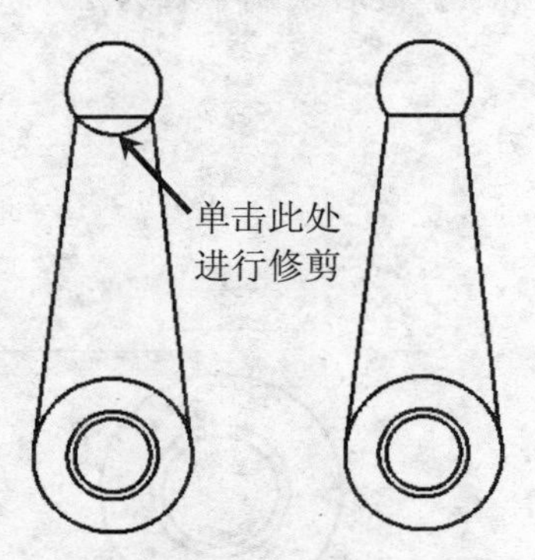

图 3-13 修剪图形对象

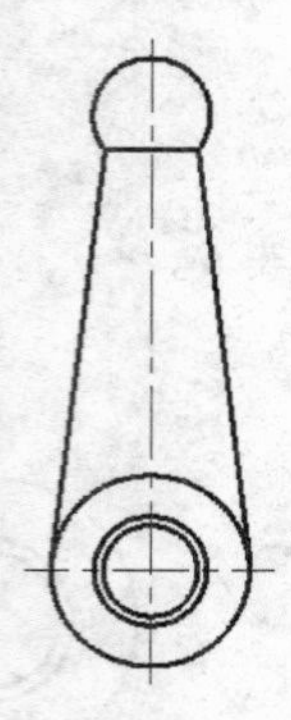

图 3-14 绘制中心线

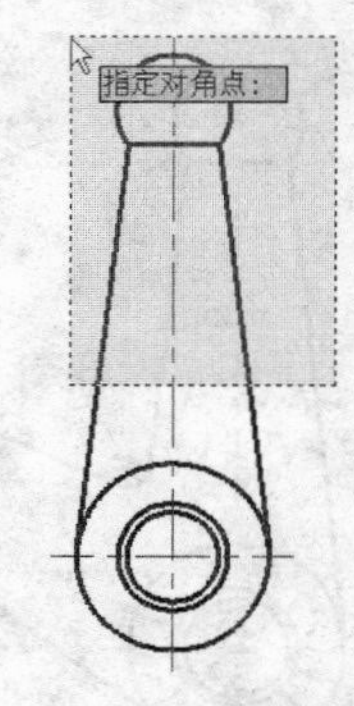

图 3-15 选择旋转对象

步骤 12 单击“修改”工具栏中的“修剪”按钮，选取图 3-16 所示的直线 AB，按【Enter】键以指定修剪边界，然后在要修剪掉的倾斜中心线处单击，最后按【Enter】键结束命令，结果如图 3-17 所示。

步骤 13 选择“绘图” > “圆弧” > “圆心、起点、端点”菜单，然后输入“cen”，按【Enter】键后捕捉同心圆的圆心并单击，接着捕捉图 3-18 所示圆弧的圆心，单击以指定圆弧的起点，移动光标，并在图中所示位置处单击，以指定圆弧的端点。

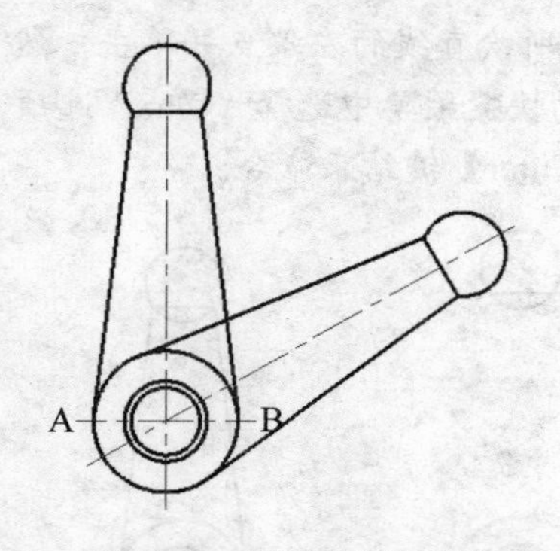

图 3-16 旋转并复制对象

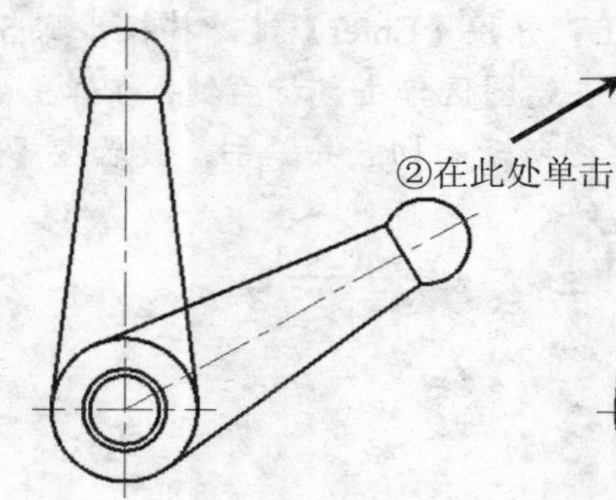

图 3-17 修剪倾斜中心线

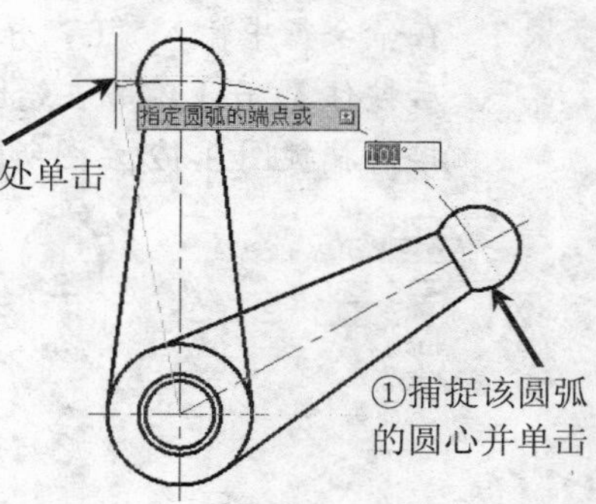

图 3-18 绘制圆弧

步骤 14 选取上步所绘制的圆弧，然后单击图 3-19 左图所示的夹点并移动光标，然后在合适位置单击将圆弧拉长，结果如图 3-19 右图所示。

步骤 15 单击“修改”工具栏中的“圆角”按钮，根据命令行提示输入“T”并按【Enter】键，然后输入“T”，按【Enter】键以选择修剪模式，接着输入“R”，按【Enter】键后输入圆弧半径值“8”并按【Enter】键，最后依次单击图 3-19 右图所示的两条直线，结果如图 3-20 所示。

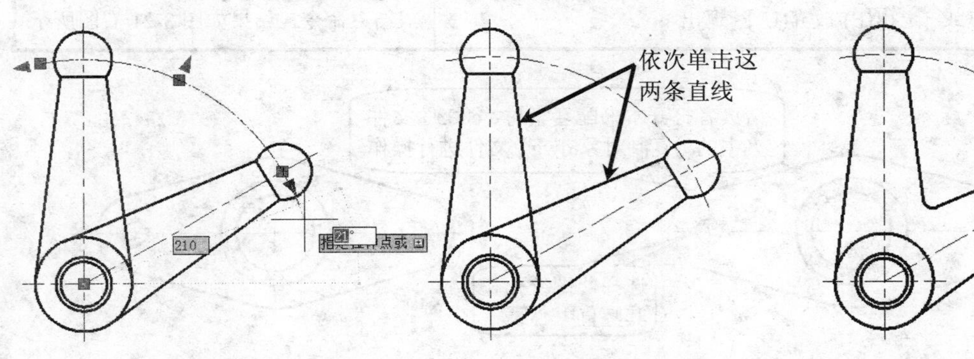

图 3-19　利用夹点调整圆弧　　　　图 3-20　绘制圆弧

步骤 16 至此，曲柄图形已经绘制完毕。直接按【Ctrl+S】快捷键，保存该文件。

任务二　复制图形对象

任务说明

在 AutoCAD 中，可以利用“复制”、“偏移”、“镜像”或“阵列”命令，生成与指定对象相似的图形；其中，利用“镜像”和“阵列”命令还可以创建具有对称关系或均布关系的图形。

预备知识

一、复制对象

利用“复制”命令（“copy”）可以将一个或多个图形对象复制到指定位置，与一般软件中的复制不同的是，它可以将所选对象进行多次复制。

例如，要使用“复制”命令复制图 3-21 左图所示的螺纹孔，具体操作过程如下。

提示与操作	说　明
命令：单击“修改”工具栏中的“复制”按钮，或直接在命令行中输入“co”或“cp”并按【Enter】键	执行“copy”命令
选择对象：选择图 3-21 左图所示的螺纹孔及竖直中心线↙	指定复制对象

指定基点或 [位移(D)/模式(O)] <位移>：**启动“圆心”覆盖捕捉功能，捕捉螺纹孔的圆心并单击**	指定复制的基点
指定第二个点或 <使用第一个点作为位移>：**捕捉图 3-21 左图所示圆弧的圆心并单击**	指定复制的第二点
指定第二个点或 [退出(E)/放弃(U)] <退出>：↙	结束命令，结果如图 3-21 右图所示

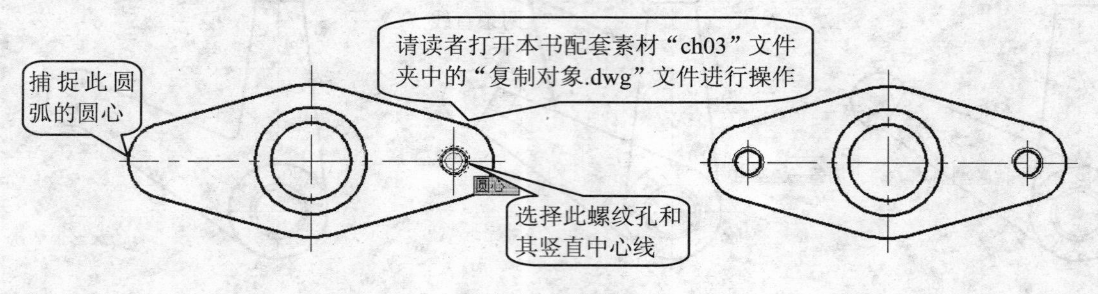

图 3-21 复制对象

复制图形对象时，我们既可以通过直接拾取点来指定生成对象的位置，也可以在确定基点后，通过输入生成对象与源对象之间的相对距离来指定生成对象的位置，其操作方法与使用“移动”命令很相似。

此外，在命令行“指定第二个点或[退出(E)/放弃(U)] <退出>:”提示下，在绘图区的其他位置处依次单击，可将所选对象进行多次复制。

二、偏移对象

利用“偏移”命令（“offset”）可以创建与选定对象类似的新对象，并使其处于源对象的内侧或外侧，如图 3-22 所示。在 AutoCAD 中，可以用于偏移的对象有直线、圆弧、圆、椭圆、多边形、样条曲线和多段线等，但不能偏移点、图块和文本等。

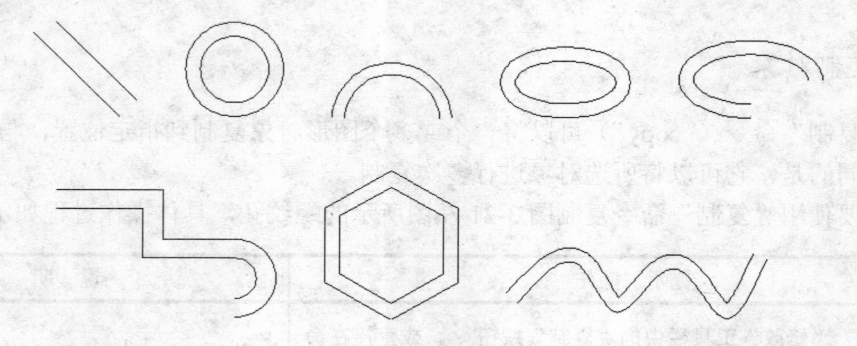

图 3-22 偏移复制得到的各种图形

从偏移结果来看，对象的偏移主要有两种，即复制偏移和删除偏移。例如，要偏移并复制图 3-23 左图所示的轮廓线，具体操作过程如下。

提示与操作	说　明
命令：单击“修改”工具栏中的“偏移”按钮，或直接在命令行中输入“O”并按【Enter】键	执行“offset”命令
指定偏移距离或 [通过(T)/删除(E)/图层(L)] <通过>：输入“5”↙	指定偏移距离
选择要偏移的对象，或[退出(E)/放弃(U)] <退出>：单击图 3-23 左图所示的图形	指定偏移对象
指定要偏移的那一侧上的点，或 [退出(E)/多个(M)/放弃(U)] <退出>：在该图形的外侧任意位置单击	指定偏移方向
选择要偏移的对象，或 [退出(E)/放弃(U)] <退出>：↙	结束命令，结果如图 3-23 右图所示

请读者打开本书配套素材“ch03”文件夹中的“偏移对象.dwg”文件进行操作

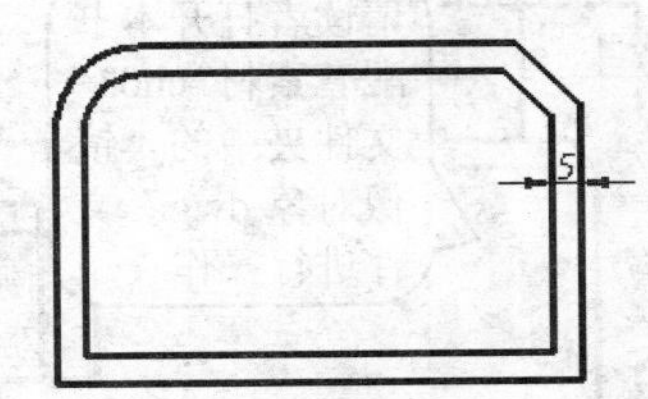

图 3-23　偏移并复制对象（一）

使用“偏移”命令一次只能对一个图形对象进行操作。

由于图 3-23 左图所示的图形轮廓是使用多段线命令绘制的封闭图形，因此偏移得到的图形对象是连续的，否则，偏移所得到的直线段之间不连续，如图 3-24 所示。

执行“偏移”命令后，还可以选择“通过（T）”选项，然后通过指定点来确定偏移距离。例如，选取图 3-25 左图所示的水平直线为偏移对象，选择 A 点为通过点，结果如图 3-25 右图所示。

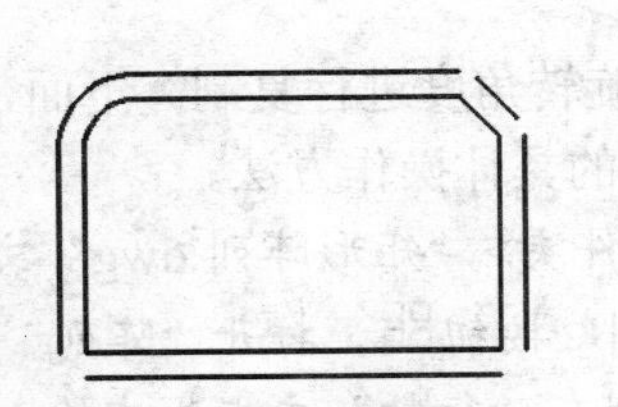

图 3-24　偏移并复制对象（二）

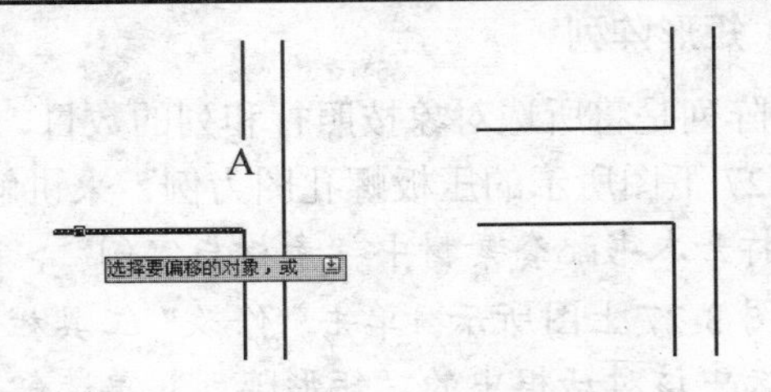

图 3-25　选择通过点偏移并复制对象

三、镜像对象

利用“镜像”命令（“mirror”）可以在由两点定义的直线的一侧创建所选图形的对称图形。在使用该命令绘制图形时，我们还可以根据绘图需要，选择是否删除镜像源对象。

下面，我们以绘制图 3-26 右图所示的图形为例，来讲解“镜像”命令的具体操作方法。

提示与操作	说　明
命令：单击“修改”工具栏中的“镜像”按钮，或在命令行输入“mi”并按【Enter】键	执行“mirror”命令
选择对象：采用窗交方式选取图 3-26 左图所示的图形↙	选择镜像对象
指定镜像线的第一点：捕捉图 3-26 中图所示的端点 A 并单击	指定镜像线的起点
指定镜像线的第二点：捕捉图 3-26 中图所示的端点 B 并单击	指定镜像线的终点
要删除源对象吗？[是(Y)/否(N)] <N>：↙	不删除镜像源对象，结果如图 3-26 右图所示

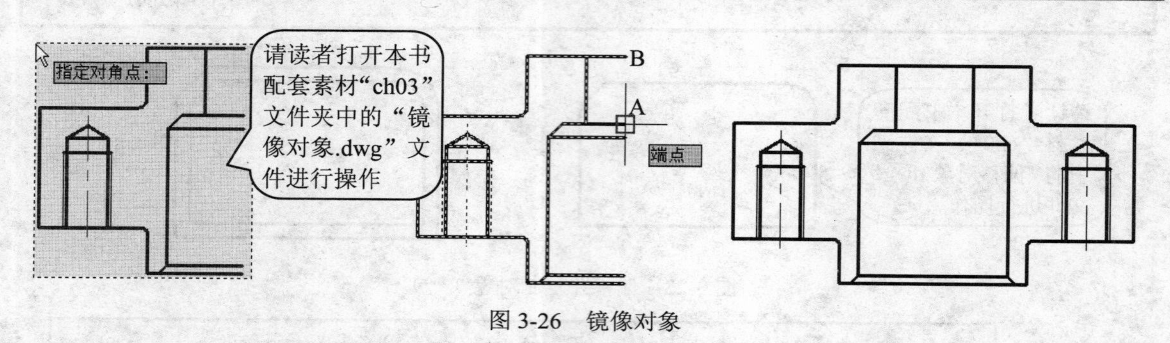

图 3-26　镜像对象

四、阵列对象

图形的阵列是将所选图形按照一定数量、角度或距离进行复制，以生成多个副本图形。AutoCAD 中的阵列有两种：即矩形阵列和环形阵列。要对图形对象进行阵列，可单击“修改”工具栏中的“阵列”按钮，或直接在命令行中输入“ar”并按【Enter】键，执行“array”命令。

（1）矩形阵列

矩形阵列是将所选对象按照行和列的数目、间距以及旋转角度进行复制。下面，我们以绘制图 3-27 下图所示的压板螺孔图为例，来讲解矩形阵列的具体操作方法。

步骤 1　打开本书配套素材中“素材与实例”>“ch03”文件夹>“矩形阵列.dwg”文件，如图 3-27 上图所示。单击“修改”工具栏中的“阵列”按钮，打开“阵列”对话框。

步骤 2　选中该对话框中的“矩形阵列”单选钮，然后分别在“行数”文本框中输入“3”，在“列数”文本框中输入“4”；在“行偏移”文本框中输入“10”，在“列偏移”文本框中输入“-13”，在“阵列角度”文本框中输入“0”，如图 3-28 所示。

步骤 3　单击“选择对象”按钮，在绘图区选取图 3-27 上图所示的圆为阵列对象，按【Enter】键返回至“阵列”对话框。

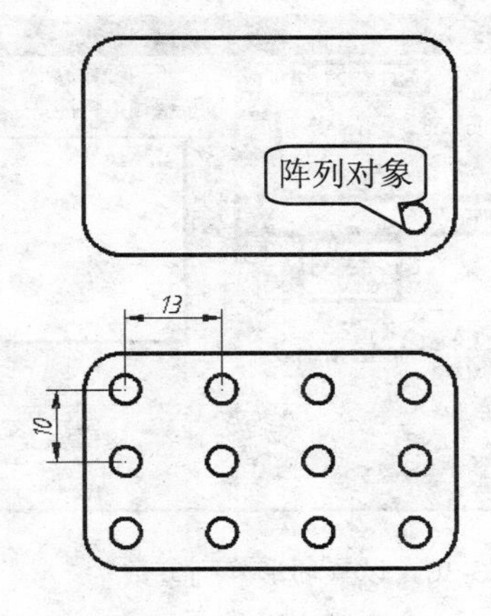

图 3-27　矩形阵列

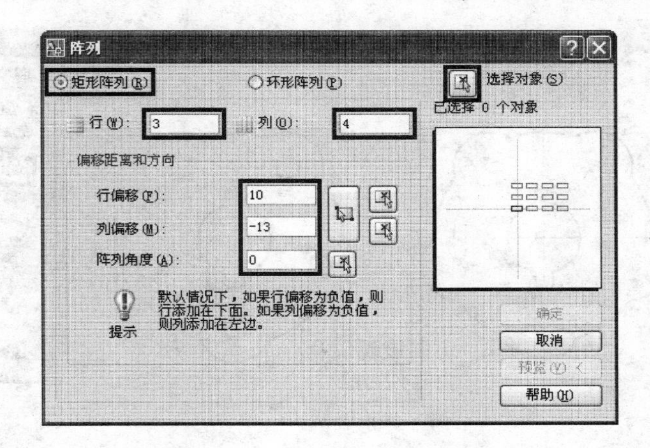

图 3-28　“阵列”对话框及参数设置

在设置行偏移和列偏移时，既可以直接输入参数值，也可以单击“阵列”对话框中的“拾取两个偏移”按钮，然后在绘图区通过指定两点来确定行偏移和列偏移值，还可以分别单击“拾取行偏移”和“拾取列偏移”按钮，并在绘图区依次单击两点以确定偏移值。

“行偏移”和“列偏移”文本框中值的正负决定了行和列的“生长”方向，系统默认输入正值时沿 X 轴和 Y 轴的正向“生长”，否则，沿 X 轴和 Y 轴的负向“生长”。

步骤 4　此时，可单击 预览(V) < 按钮预览阵列效果，确认无误后单击 接受 按钮结束命令，否则，单击 修改 按钮，然后在图 3-28 所示的对话框中进行修改。或者，直接单击“阵列”对话框中的 确定 按钮结束命令，结果如图 3-27 下图所示。

（2）环形阵列

创建环形阵列时，需要指定环形阵列的中心点、生成对象的数目以及填充角度等。下面，我们就以绘制图 3-29 右图所示的图形为例，来讲解环形阵列的具体操作方法。

步骤 1　打开本书配套素材“素材与实例”>“ch03”文件夹>“环形阵列.dwg”文件，单击“修改”工具栏中的“阵列”按钮，然后在打开的“阵列”对话框中选中“环形阵列”单选钮。

步骤 2　单击“中心点”右侧的“拾取中心点”按钮，然后捕捉图 3-29 左图所示的圆心并单击，此时系统将自动返回至“阵列”对话框。

步骤 3　在“方法和值”设置区的“方法”下拉列表中选择“项目总数和填充角度”选项，然后在“项目总数”文本框中输入“5”（表示阵列后的对象数目为 5）；在“填充角度”文本框中输入“360”（表示环形阵列的填充区域为 360°），如图 3-30 所示。

步骤 4　单击“选择对象”按钮，在绘图区选取图 3-29 左图所示的螺纹孔（包括短的竖直中心线），然后按【Enter】键返回至“阵列”对话框。单击 确定 按钮，结果如图 3-29 右图所示。

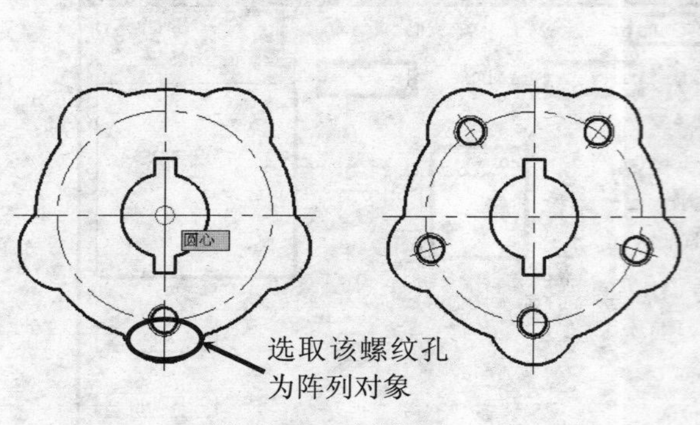

图 3-29 环形阵列

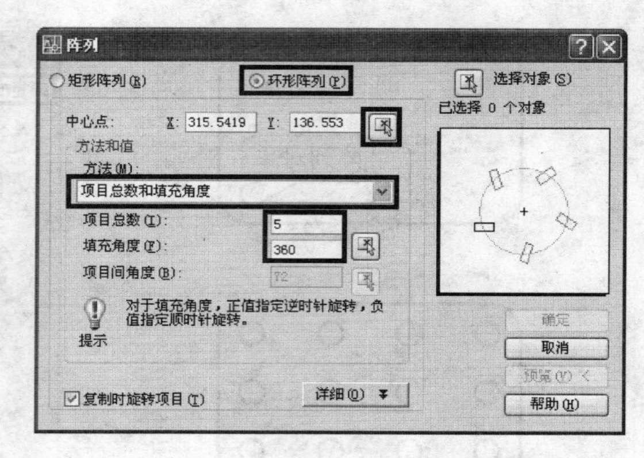

图 3-30 设置环形阵列参数

若在“阵列”对话框的“方法和值”设置区的“方法”下拉列表中选择“项目总数和项目间的角度”选项，可通过设置要生成副本的个数和两相邻副本间的角度值来阵列对象；若选择“填充角度和项目间的角度”选项，可通过指定填充角度值和两相邻副本间的角度值来阵列对象。

任务实施——绘制槽轮

本任务中，我们将通过绘制图 3-31 所示的槽轮图形，来学习 AutoCAD 所提供的一些常用绘图命令及编辑命令的操作方法，尤其是“修改”工具栏中的相关命令。案例最终效果请参考本书配套素材“素材与实例”>“ch03”文件夹>“绘制槽轮.dwg”文件。

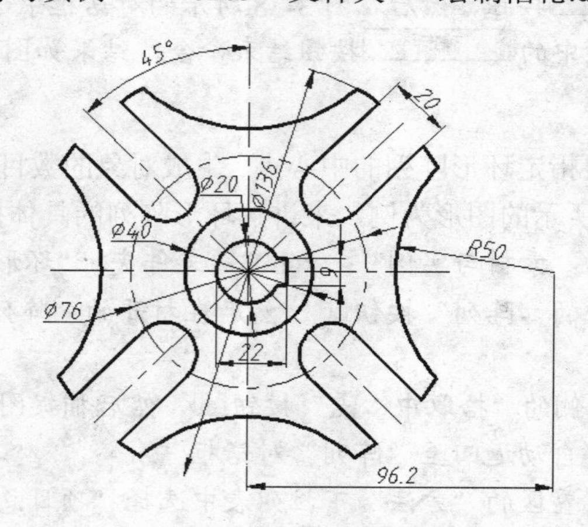

图 3-31 绘制槽轮

制作思路

该槽轮的外轮廓是由四组圆弧和带有圆弧的槽形孔组成，因此，我们可以通过绘制其中的一组，然后利用“阵列”命令进行环形阵列。由于带有圆弧的槽形孔的中心线与竖直方向的夹角为 45°，因此我们可以采用以下两种方法绘制槽形孔图形。

- **方法一**：结合“极轴”、“对象捕捉”和“对象追踪”功能，并利用“直线”和“圆弧”命令绘制该图形。
- **方法二**：使用“矩形”命令在绘图区任意位置处绘制该图形，然后再将其移至图中所需位置。

由此可见，采用方法二比采用方法一绘制更能提高效率，故本任务采用方法二。

提示

为了开拓读者的绘图思路，本案例在绘制过程中，打破了常规的作图思路，并灵活运用了圆角矩形的特点进行快速绘图，希望读者能认真体会。

制作步骤

步骤 1 启动 AutoCAD，打开状态栏中的极轴、对象捕捉、对象追踪、DYN和线宽按钮，然后右击极轴，在弹出的快捷菜单中选择“设置”选项，在打开的对话框中将极轴增量角设置为“45”。

步骤 2 单击“图层”工具栏中的“图层特性管理器”按钮，分别创建“轮廓线”和“中心线”图层。其中，“轮廓线”图层的线宽为“0.35 毫米”，其余均采用默认设置；“中心线”图层的颜色为“红”，线型为“CENTER”，线宽为“默认”，并将“轮廓线”图层设置为当前图层。

步骤 3 单击“绘图”工具栏中的“圆”按钮，在绘图区合适位置单击，分别绘制半径为 10，20，37 和 68 的四个同心圆，结果如图 3-32 所示。

步骤 4 在命令行中输入“L”，按【Enter】键后捕捉同心圆的圆心并单击，然后移动光标，待出现图 3-33 所示的交点提示时单击，最后按【Enter】键结束命令。

步骤 5 在绘图区选取半径为 37 的圆和上步所绘制的直线，然后在“图层”工具栏的“图层”下拉列表中选择“中心线”图层，将所选对象置于该图层。

步骤 6 单击“绘图”工具栏中的“矩形”按钮，根据命令行提示输入“F”并按【Enter】键，输入圆角半径值“10”后按【Enter】键；然后在绘图区任意位置处单击，以指定矩形的第一个角点；接着输入“R”并按【Enter】键，根据命令行提示输入旋转角度“－45”并按【Enter】键；最后输入“D”，按【Enter】键后依次指定矩形的长度为 20，宽度为 35，并按【Enter】键结束命令，结果如图 3-34 所示。

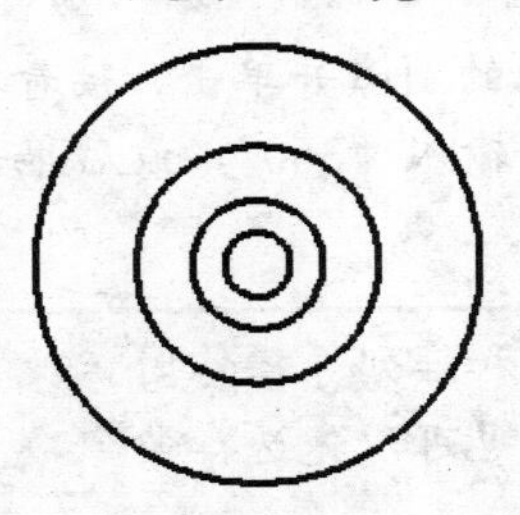

图 3-32　绘制同心圆

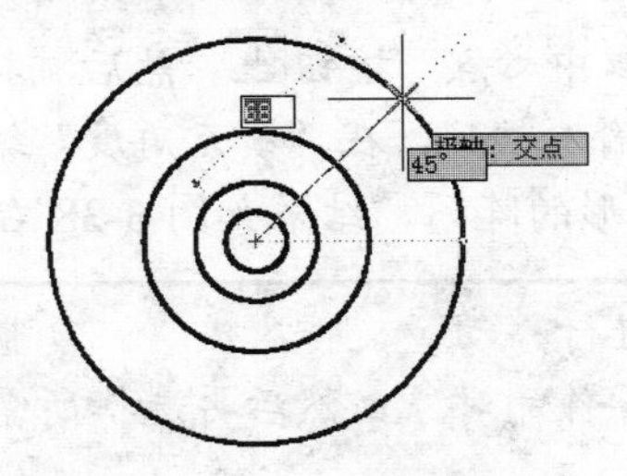

图 3-33　绘制直线

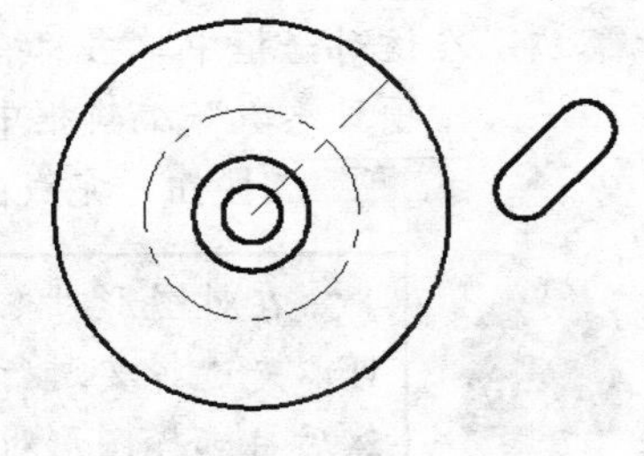

图 3-34　绘制圆角矩形

步骤 7 单击“修改”工具栏中的“移动”按钮，然后选取圆角矩形，按【Enter】键后捕捉图 3-35 左图所示圆弧的圆心并单击，接着移动光标，待出现图中所示的“交点”提示时单击，结果如图 3-35 右图所示。

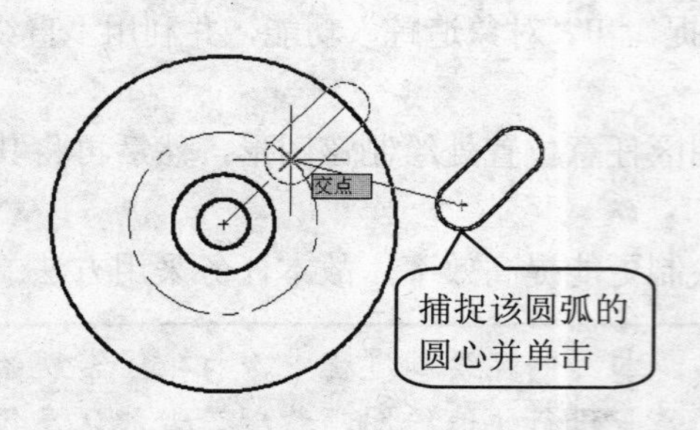

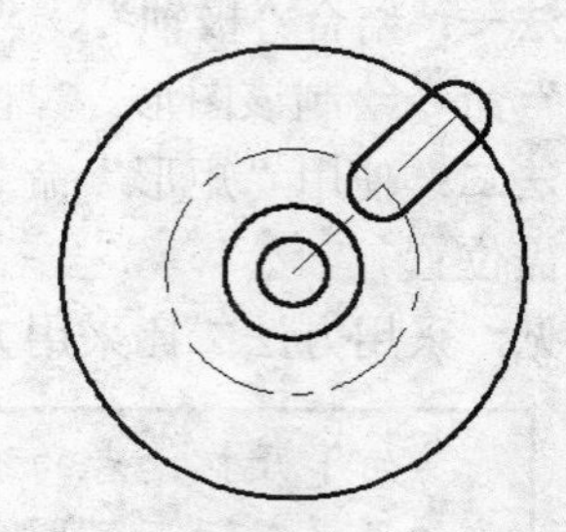

图 3-35　移动圆角矩形

步骤 8　在命令行中输入“L”并按【Enter】键，捕捉同心圆的圆心并水平向右移动光标，待出现水平极轴追踪线时输入值“96.2”并按【Enter】键，然后绘制半径为 50 的圆，结果如图 3-36 所示。

步骤 9　单击“修改”工具栏中的“修剪”按钮，选取图 3-36 所示的圆，按【Enter】键以指定修剪边界，然后在要修剪掉的图形对象上单击进行修剪，最后按【Enter】键结束命令，结果如图 3-37 所示。

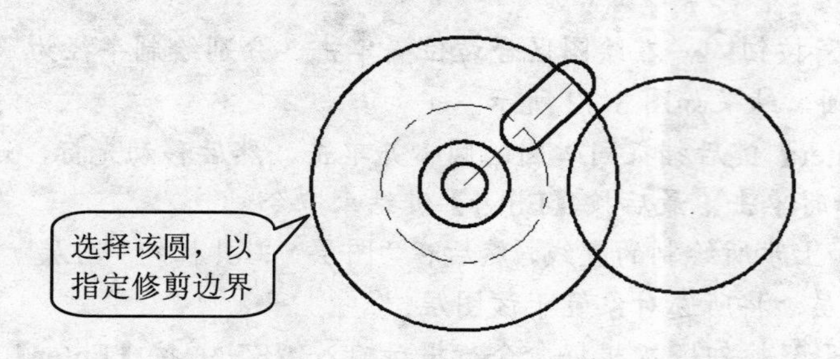

图 3-36　绘制圆

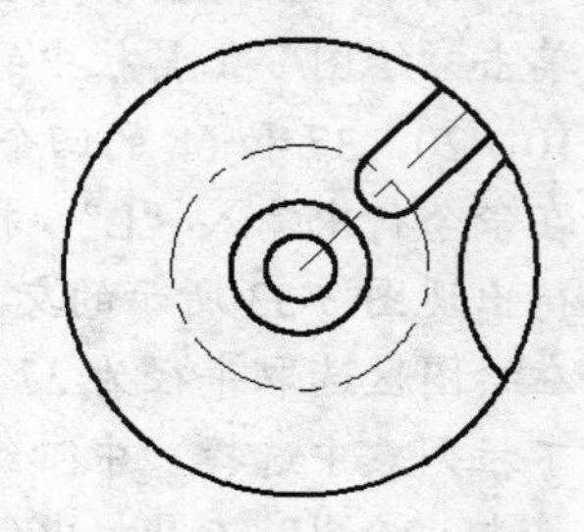

图 3-37　修剪图形

步骤 10　在绘图区选取图 3-38 左图所示的对象（圆弧、带圆角的矩形和中心线），然后单击“修改”工具栏中的“阵列”按钮，在打开的“阵列”对话框中选中“环形阵列”单选钮。

步骤 11　在该对话框中单击“拾取中心点”按钮，然后捕捉同心圆的圆心并单击，接着在“项目总数”编辑框中输入“4”，在“填充角度”编辑框中输入“360”，最后单击 确定 按钮，完成图形的阵列，结果如图 3-38 右图所示。

在对图形对象进行移动、旋转、偏移、复制、镜像和阵列等操作时，既可以先选择要进行操作的对象，然后再选择所需命令，也可以先选择命令，然后再选择图形对象。

步骤 12　单击“修改”工具栏中的“修剪”按钮，按【Enter】键采用系统默认的全部选择对象，然后在要修剪掉的图形对象上单击，并按【Enter】键结束命令，结果如图 3-39 所示。

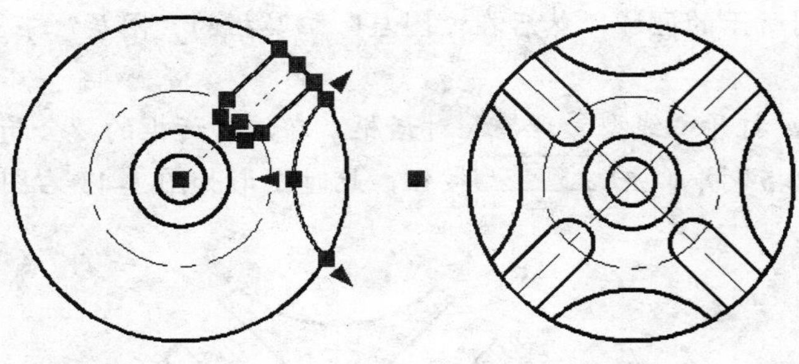

图 3-38　环形阵列

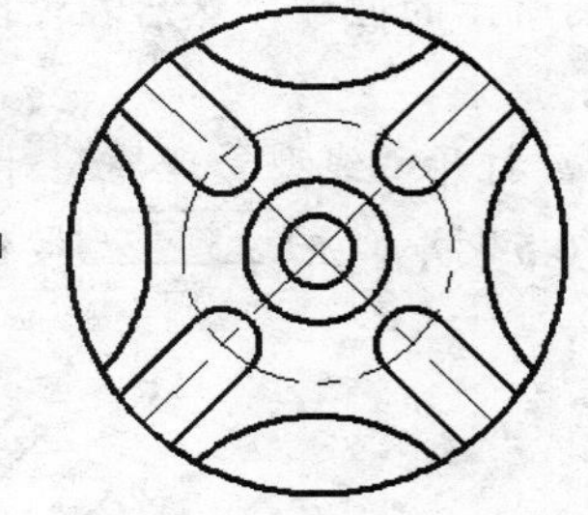

图 3-39　修剪图形

步骤 13　将“中心线”图层设置为当前图层。在命令行中输入“L”并按【Enter】键，捕捉同心圆的圆心并向左移动光标，绘制图 3-40 所示的水平中心线 AB。采用同样的方法绘制竖直中心线 CD。

步骤 14　单击“修改”工具栏中的“偏移”按钮，根据命令行提示输入偏移值“4.5”并按【Enter】键，然后选取上步所绘制的水平中心线 AB，并在其上方任意位置处单击，再次选取该水平中心线，并在其下方单击，按【Enter】键结束命令。

步骤 15　按【Enter】键重复执行“偏移”命令，采用同样的方法将竖直中心线 CD 向其右侧偏移 12，结果如图 3-41 所示。

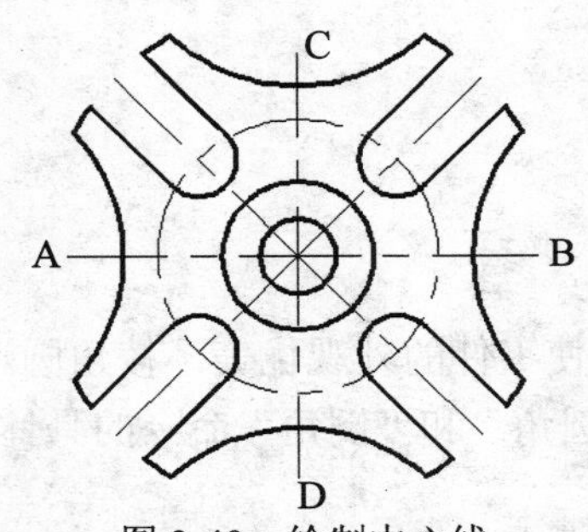

图 3-40　绘制中心线

图 3-41　偏移图形对象

步骤 16　单击“修改”工具栏中的“修剪”按钮，选取图 3-42 左图所示的圆和使用“偏移”命令创建的两条水平中心线和竖直中心线为修剪边界，并按【Enter】键确认，然后在要修剪掉的图形对象上单击，最后按【Enter】键结束命令，结果如图 3-42 右图所示。

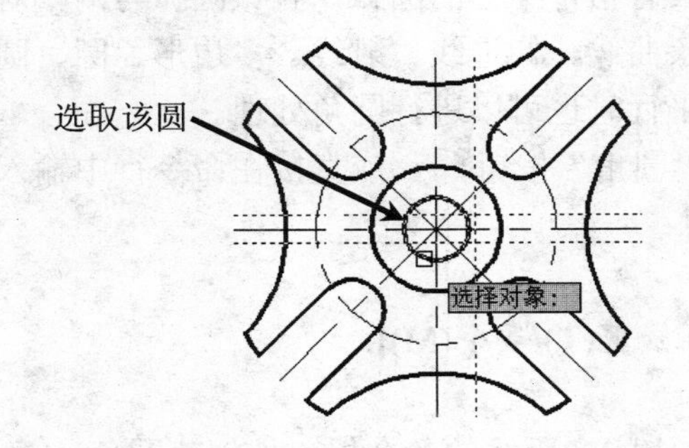

图 3-42　修剪图形对象

步骤 17 采用窗选方式选取图 3-43 左图所示的区域，然后在“图层”工具栏的“图层”下拉列表中选择“轮廓线”图层。

步骤 18 选择“格式”>“线型”菜单，打开“线型管理器”对话框。在该对话框的“全局比例因子”编辑框中输入值“0.5”并单击 确定 按钮，此时图形如图 3-43 右图所示。

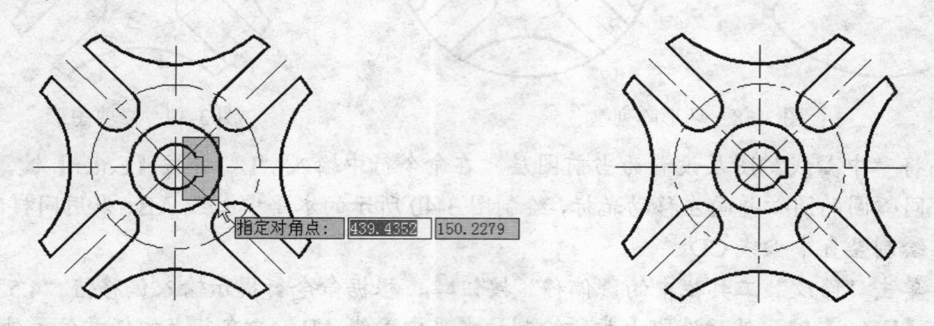

图 3-43　选取图形对象并调整线型比例

步骤 19 至此，槽轮图形已经绘制完毕。按【Ctrl+S】组合键，保存该文件。

任务三　绘制圆角和倒角

任务说明

灵活地使用“圆角”和“倒角”命令，不仅可以使零件的外观优美，棱角圆滑且不致伤手，还可以方便地装配零件。下面，我们就来学习“圆角”和“倒角”命令的具体操作方法。

预备知识

一、绘制圆角

利用“圆角”命令可以在两个对象间生成一段具有指定半径的圆弧，且该圆弧与两个对象保持相切。可以进行圆角处理的对象有直线、样条曲线、构造线、射线、多边形、圆、圆弧和三维实体等，且当直线、构造线和射线在相互平行时也可以进行圆角处理。

要进行圆角处理，可单击“修改”工具栏中的“圆角”按钮，或直接在命令行中输入“F”并按【Enter】键，此时命令行会显示如下信息：

当前设置：模式 ＝ 修剪，半径 ＝0.0000

选择第一个对象或 [放弃(U)/多段线(P)/半径(R)/修剪(T)/多个(M)]:

该提示中主要选项的功能如下：

➢ **多段线（P）：**选择该选项后，系统将在选定的多段线的各个拐角处创建圆角。

➢ **半径（R）：**指定生成圆弧的半径尺寸。如果将圆角半径设置为 0，可将两个不相交的对象延伸至相交，但不创建圆角。

➢ **修剪（T）：**利用该选项，可以设置是否在创建圆角时修剪对象。

➢ **多个（M）：**利用该选项，可以连续对多组对象进行相同尺寸的圆角处理。

例如，对图 3-44 左图所示图形的外轮廓进行修圆角，具体操作过程如下。

步骤 1 打开本书配套素材“素材与实例”>“ch03”文件夹>“修圆角.dwg”文件，然后单击“修改”工具栏中的“圆角”按钮。

步骤 2 采用系统默认的修剪模式，输入“r”并按【Enter】键，然后输入圆角半径值“3”并按【Enter】键。接着在绘图区依次单击图 3-44 左图所示的直线 AB 和直线 BC，此时即可得到第一个圆角。

步骤 3 按【Enter】键重复执行“圆角”命令，采用相同的方法分别对直线 BC 和 CD、CD 和 AD、AB 和 AD 进行圆角处理，结果如图 3-44 右图所示。

在对图形进行修圆角时，对于具有相同半径的圆角，可在设置好圆角半径后，在命令行中输入“m”，按【Enter】键后连续对多个对象修圆角。

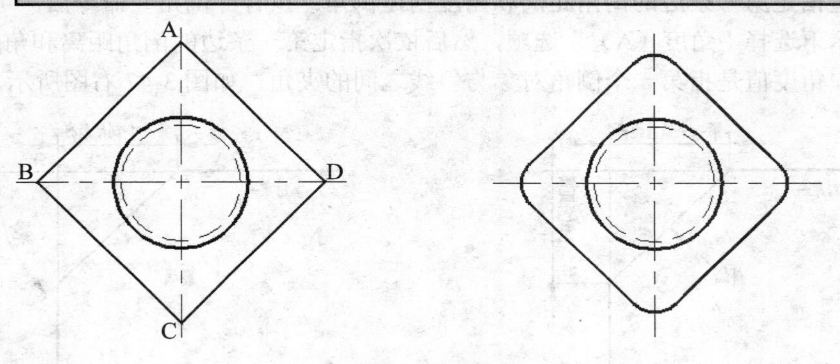

图 3-44　绘制圆角

在选择进行圆角处理的对象时，如果拾取点的位置不同，其圆角效果也会不同，如图 3-45 所示。

当圆角半径为零时，可将两个不相交的对象进行延伸，并使其相交。

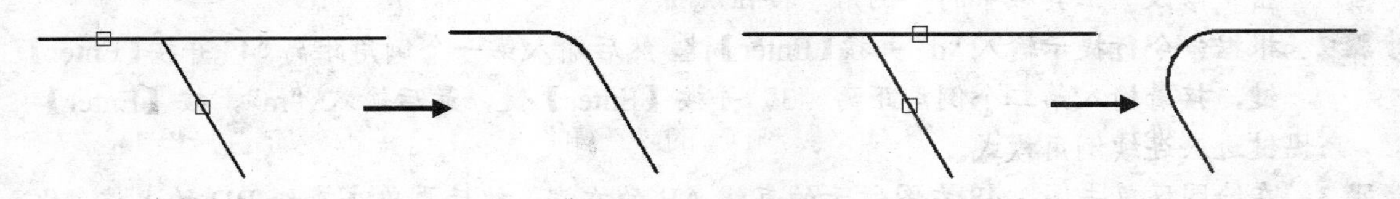

图 3-45　拾取点位置对圆角效果的影响

二、绘制倒角

使用“倒角”命令可以在两条不平行的线段间绘制斜角，即通过延伸或修剪，使它们相交或将它们用斜线连接，如图 3-46 所示。

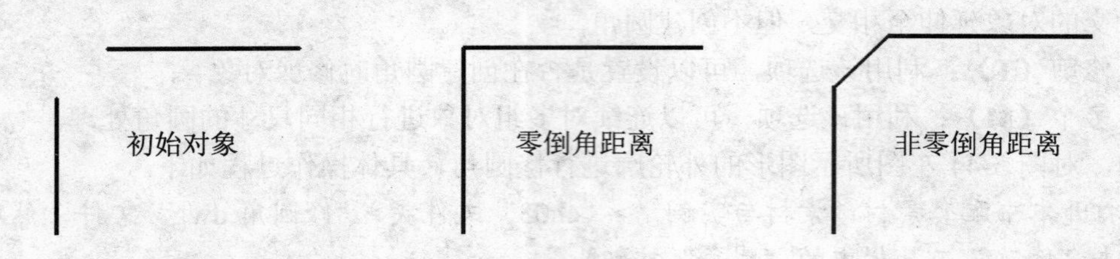

图 3-46　倒角示例

要执行“chamfer”命令，可单击“修改”工具栏中的“倒角”按钮，或直接在命令行中输入“cha”并按【Enter】键。

在 AutoCAD 中，系统提供了以下两种创建倒角的方式：

➢ **通过指定两个倒角距离创建倒角**：执行“倒角”命令后，可根据命令行提示选择“距离（D）”选项，然后依次指定两条边的倒角长度（即被连接对象与斜线的交点到两个被连接对象的延长线交点的距离，如图 3-47 左图所示）进行倒角。

➢ **通过指定第一条边的倒角距离和角度创建倒角**：执行“倒角”命令后，可在命令行提示下选择“角度（A）”选项，然后依次指定第一条边的倒角距离和角度值即可。其中角度值是指第一个倒角对象与斜线之间的夹角，如图 3-47 右图所示。

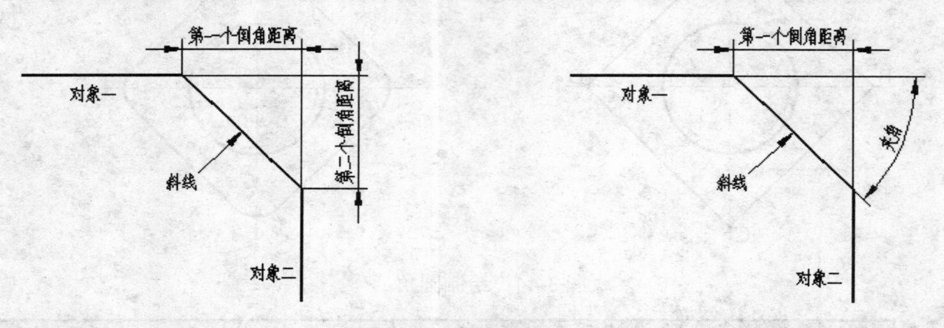

图 3-47　倒角的两种创建方式

例如，要对图 3-48 左图所示图形的外轮廓修倒角，具体操作过程如下。

步骤 1　打开本书配套素材“素材与实例”>“ch03”文件夹>“修倒角.dwg”文件，然后单击“修改”工具栏中的“倒角”按钮。

步骤 2　根据命令行提示输入“d”并按【Enter】键，然后输入第一个倒角距离“4”并按【Enter】键，接着输入第二个倒角距离“3”并按【Enter】键，最后输入“m”，按【Enter】键进入连续倒角模式。

步骤 3　在绘图区单击图 3-48 左图所示的直线 AB 的右端，然后再单击直线 BD 的上端，此时第一个倒角已完成。继续单击直线 AB 的左端和直线 AC 的上端绘制第二个倒角。

步骤 4　在命令行输入“A”并按【Enter】键，然后输入第一个倒角长度值“5”并按【Enter】键，接着输入第一条直线的倒角角度值“30”，按【Enter】键确认，最后单击直线 CD 的右端和直线 BD 的下端，此时第三个倒角已完成。

步骤 5 采用同样的方法在直线 CD 和 AC 之间绘制第四个倒角。操作完成后按【Enter】键结束命令，结果如图 3-48 右图所示。

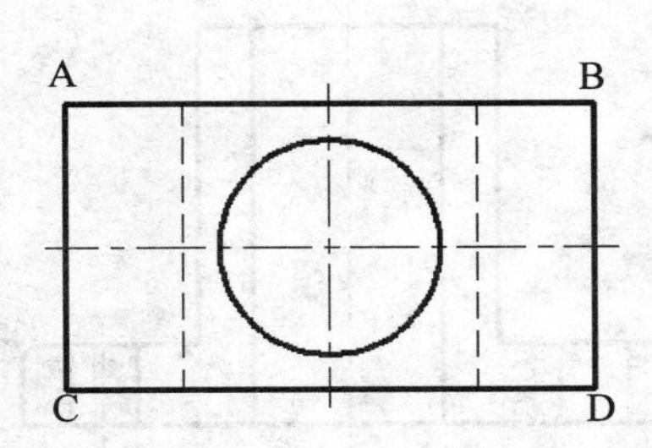

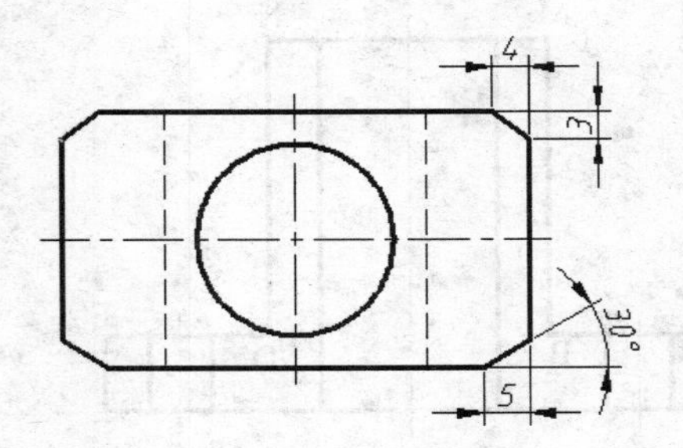

图 3-48　对图形的外轮廓进行倒角

使用“倒角”命令只能对两条不平行的直线或三维对象的棱边进行操作。

执行“倒角”或“圆角”命令后，按住【Shift】键选取两条直线，可以直接生成零距离倒角或零半径圆角。

任务实施——为图形添加圆角和倒角

下面，我们将通过为图 3-49 左图添加相应的圆角和倒角（效果如图 3-49 右图所示），来学习“圆角”和“倒角”命令的具体操作方法。案例最终效果请参考本书配套素材“素材与实例”>“ch03”文件夹>“为图形添加圆角和倒角 ok.dwg”文件。

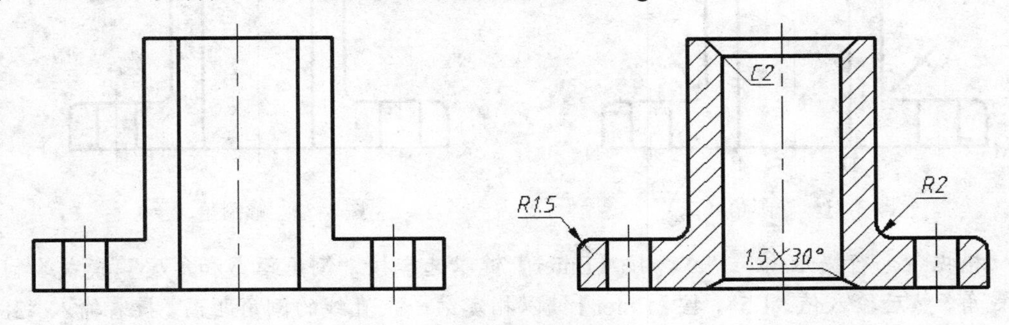

图 3-49　为图形添加圆角和倒角

制作步骤

步骤 1 打开本书配套素材“素材与实例”>“ch03”文件夹>“为图形添加圆角和倒角.dwg”文件，如图 3-49 左图所示。

步骤 2 单击“修改”工具栏中的“圆角”按钮，采用系统默认的修剪模式，然后根据命令行提示输入“r”并按【Enter】键，接着输入圆角半径值“1.5”并按【Enter】键，输入“m”，按【Enter】键进入连续修圆角模式，最后依次单击图 3-50 左图所示的直线 AB 和 AC，直线 DE 和 EF，结果如图 3-50 右图所示。

步骤 3 根据命令行提示输入“r”并按【Enter】键，然后输入圆角半径值“2”并按【Enter】

键，接着输入“m”并按【Enter】键，采用同样的方法依次单击图 3-50 左图所示的直线 AB 和 BM，直线 DE 和 DN，最后按【Enter】键结束命令，结果如图 3-51 所示。

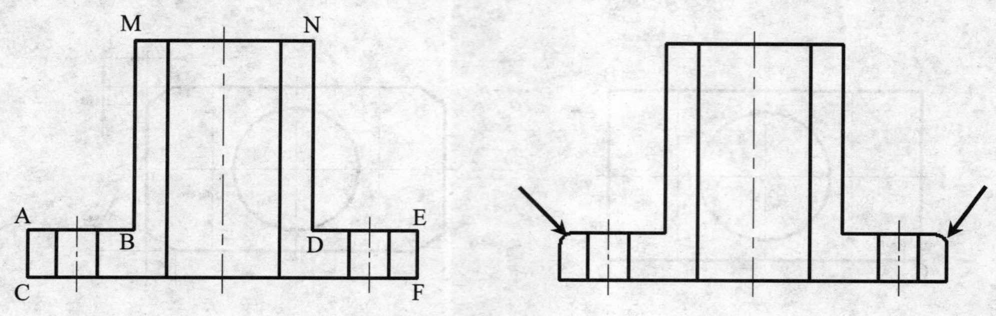

图 3-50 修圆角（一）

步骤 4 单击“修改”工具栏中的“倒角”按钮，根据命令行提示输入“t”并按【Enter】键，然后输入“n”，按【Enter】键采用不修剪模式；输入“d”并按【Enter】键，输入第一个倒角距离值“2”并按【Enter】键，接着输入第二个倒角距离值“2”并按【Enter】键，最后输入“m”，按【Enter】键进入连续倒角模式。

步骤 5 依次单击图 3-51 所示的直线 AC 和直线 CD，直线 BE 和直线 EF，结果如图 3-52 所示。

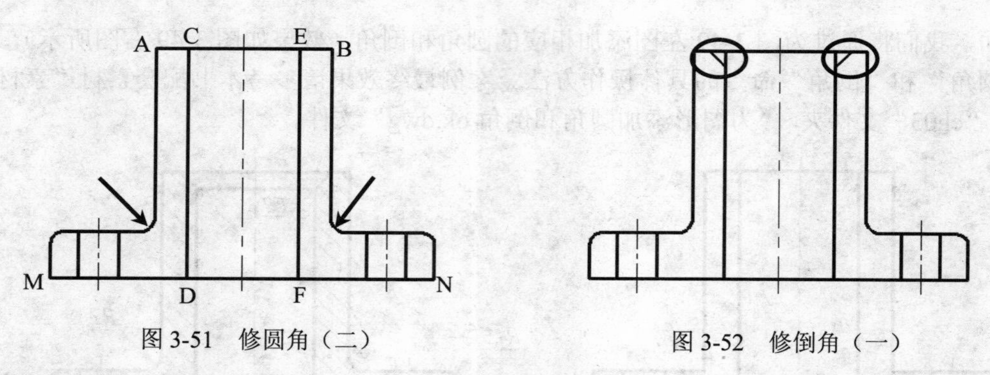

图 3-51 修圆角（二）　　图 3-52 修倒角（一）

步骤 6 根据命令行提示输入“a”，按【Enter】键以选择按“倒角距离和角度”模式绘制倒角，然后输入值“1.5”，按【Enter】键以指定第一条直线的倒角距离，接着输入“30”，按【Enter】键以指定倒角角度，此时系统进入连续倒角模式。

步骤 7 依次单击图 3-51 所示的直线 MD 和 CD，直线 FN 和 EF，最后按【Enter】键结束命令，结果如图 3-53 所示。

步骤 8 在命令行中输入“L”并按【Enter】键，然后依次捕捉并单击图 3-52 所示的两条斜线的下端点，绘制图 3-54 所示的直线 1。采用同样的方法，使用直线将另外两条倾斜直线的上端点连接起来，结果如图 3-54 所示。

步骤 9 单击“修改”工具栏中的“修剪”按钮，选取图 3-54 所示的直线 1 和直线 2，按【Enter】键以指定修剪边界，然后在要修剪掉的竖直直线的两端单击，以修剪掉多余部分，最后按【Enter】键结束命令，结果如图 3-55 所示。

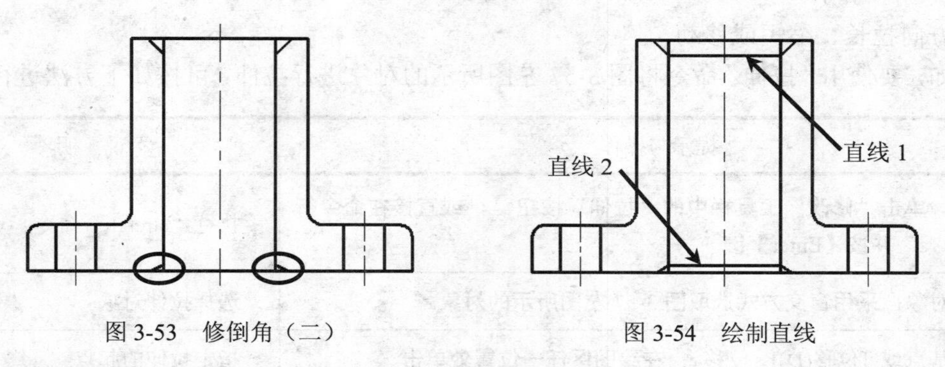

图 3-53　修倒角（二）　　图 3-54　绘制直线

步骤 10　将“剖面线”图层设置为当前图层。单击“绘图”工具栏中的“图案填充”按钮，然后在打开的“图案填充和渐变色”对话框中将填充图案设置为“ANSI31”，将填充比例设置为“0.5”，接着在要填充的区域内单击并按【Enter】键，最后按【Enter】键结束命令，结果如图 3-56 所示。

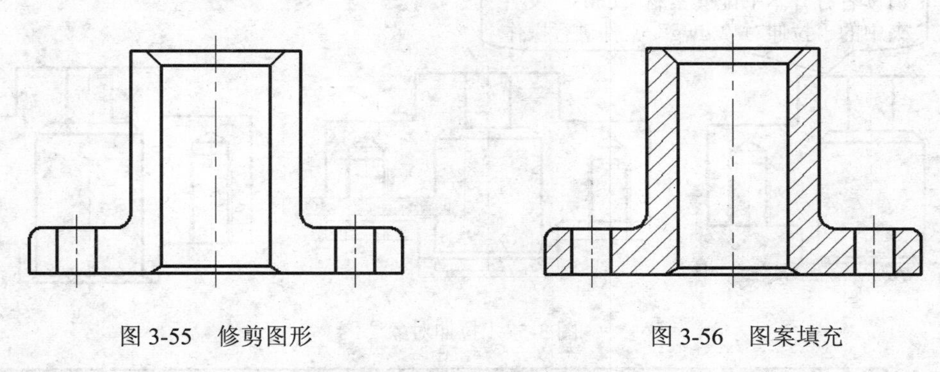

图 3-55　修剪图形　　图 3-56　图案填充

步骤 11　至此，图形的圆角和倒角已经绘制完毕。按【Ctrl+S】快捷键，将该文件保存。

任务四　调整对象的大小

任务说明

绘制图形时，我们经常需要调整图形对象的大小和形状。例如，将图形对象沿某个方向拉长或延伸，使其与其他对象相交，或将指定对象成倍放大或缩小等。实现这些功能的主要命令有拉伸、拉长、延伸和缩放。

预备知识

一、拉伸对象

“拉伸”（“stretch”）是图形编辑中使用较频繁的命令之一，利用该命令可以将所选对象沿指定方向拉长、缩短或移动。

例如，要使用“拉伸”命令将图 3-57 左图所示的对象进行拉伸，可按如下方法进行操作。

提示与操作	说 明
命令：**单击“修改”工具栏中的“拉伸”按钮，或直接在命令行中输入“s”并按【Enter】键**	执行“stretch”命令
选择对象：**采用窗交方式选取图 3-57 左图所示的对象↙**	选择拉伸对象
指定基点或 [位移(D)] <位移>：**在绘图区任一位置处单击**	指定拉伸的起点
指定第二个点或 <使用第一个点作为位移>：**竖直向下移动光标，待出现图 3-57 中图所示的极轴追踪线时输入值“8”↙**	指定拉伸的第二点并结束命令，结果如图 3-57 右图所示

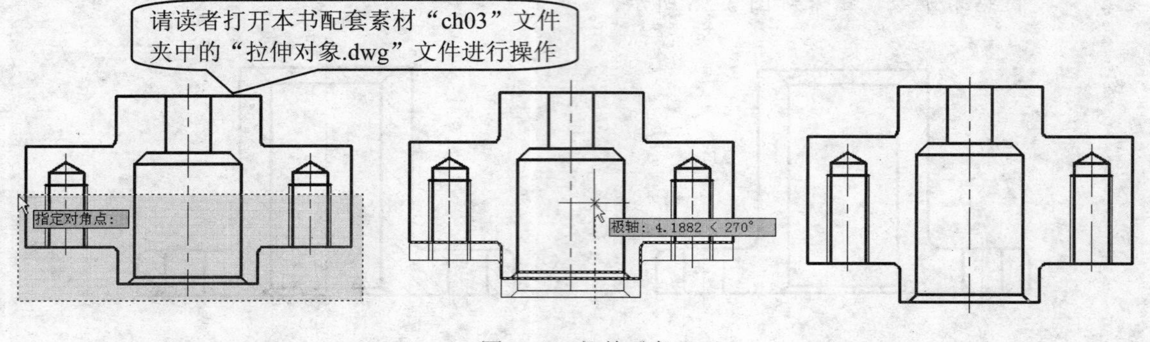

图 3-57 拉伸对象

使用“拉伸”命令拉伸图形对象时，通过单击选取的对象只能被移动，而对于使用窗交方式选取的图形对象，系统将根据所选对象的特征点（如圆心）是否完全包含在交叉窗口内决定对其进行拉伸或移动操作。即特征点完全包含在交叉窗口内，则移动对象；否则，将拉伸开放对象，但对封闭对象不做任何处理，如图 3-58 中的圆。

使用“拉伸”命令只能拉伸用直线、矩形、多边形、圆弧、椭圆弧和多段线等命令绘制的图形，对于圆、椭圆和图块等对象，根据该对象的特征点（如圆心）是否包含在交叉窗口内而决定是否进行移动操作。

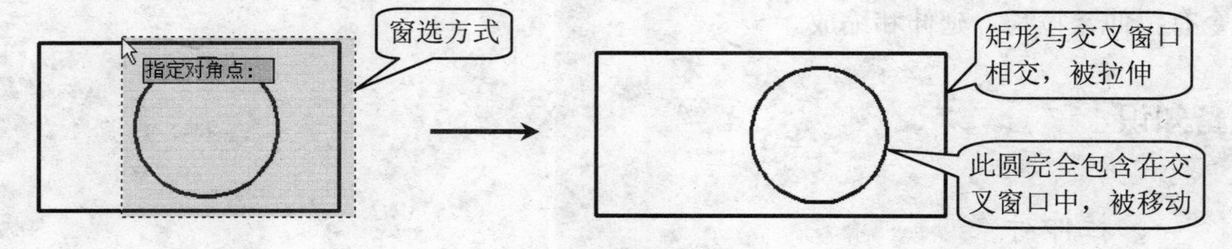

图 3-58 交叉窗口内的圆被移动

二、拉长对象

利用“拉长”命令（“lengthen”）可以改变直线、非闭合圆弧、多段线和椭圆弧的长度。要执行该命令，可选择“修改”＞“拉长”菜单，或直接在命令行中输入“len”并按【Enter】键，此时，命令行将会给出如下提示信息：

选择对象或 [**增量**(DE)/**百分数**(P)/**全部**(T)/**动态**(DY)]:

此时，可根据要拉长对象的特点选择相应选项，然后再选择希望拉长的对象。这些选项的功能如下：

- **增量（DE）**：通过输入增量值来延长或缩短直线的一端、圆弧的弧长和包含角的大小。其中，正值表示拉长，负值表示缩短。
- **百分数（P）**：通过输入百分比来改变对象的长度，百分比大于 100，将拉长对象，否则将缩短对象。
- **全部（T）**：通过指定对象的总长度或总角度来改变图形的尺寸。
- **动态（DY）**：在此模式下可通过拖动鼠标动态地改变对象的长度或角度。

例如，要拉长图 3-59 左图所示的螺纹孔，其操作步骤如下。

提示与操作	说　明
命令：**选择“修改”＞“拉长”菜单**	执行“lengthen”命令
选择对象或[增量(DE)/百分数(P)/全部(T)/动态(DY)]：**输入“DY”↙**	选择拉长方式
选择要修改的对象或[放弃(U)]：**在图 3-59 左图所示的圆弧的上端点处单击**	指定拉长对象及方向
指定新端点：**移动光标，并在合适位置单击**	指定拉长的终点，结果如图 3-60 所示
选择要修改的对象或[放弃(U)]：↙	退出“拉长”命令

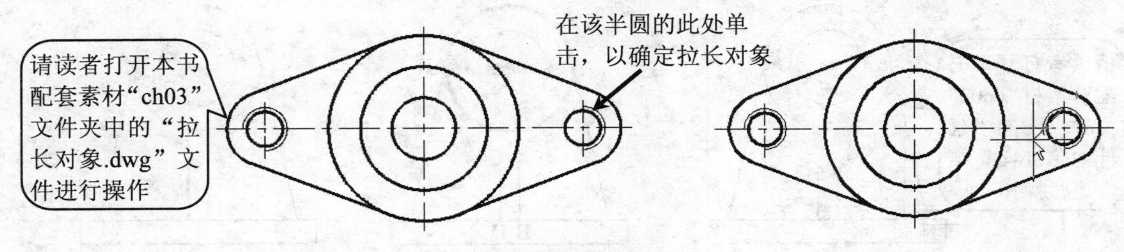

图 3-59　拉长对象

拉长是具有方向性的，即在单击选取要拉长的图形对象时，系统默认在靠近单击点的一侧进行拉长。

三、延伸对象

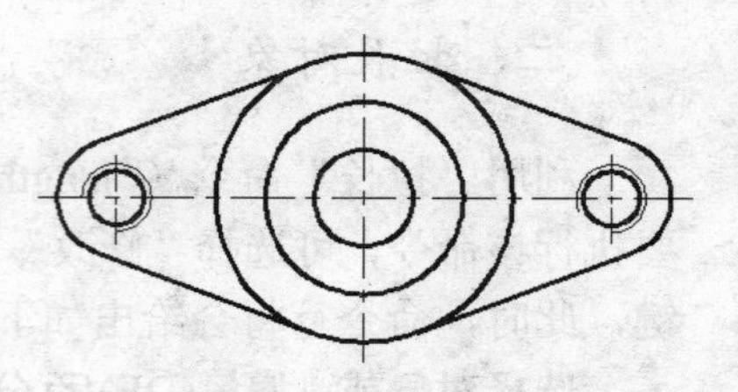

图 3-60　拉长结果

使用“延伸”命令（“extend”）可以将直线、圆弧、椭圆弧和非闭合多段线等对象延长到指定对象的边界，使其与该对象相接。

要延伸对象，可单击“修改”工具栏中的“延伸”按钮，或直接在命令行中输入“ex”并按【Enter】键。

在执行“extend”命令的过程中，命令行中出现的部分选项的功能如下：

- **栏选（F）/窗交（C）：**使用窗选或窗交方式选择多个延伸对象时，可快速地一次延伸多个对象。
- **投影（P）：**指定延伸对象时使用的投影方法，包括无投影、到 XY 平面投影以及沿当前视图方向的投影三种。
- **边（E）：**可将对象延伸到隐含边界。当边界对象太短，延伸对象后不能与其直接相交时，选择该项可将所选对象隐含延长，从而使该对象与边界对象相交。

例如，要延伸图 3-61 中图所示的直线 AB 和 CD，具体操作过程如下。

提示与操作	说　明
命令：**单击“修改”工具栏中的“延伸”按钮**	执行“extend”命令
选择对象或<全部选择>：**选择图 3-61 中图所示的圆↙**	指定延伸边界
选择要延伸的对象，或按住 Shift 键选择要修剪的对象，或[栏选(F)/窗交(C)/投影(P)/边(E)/放弃(U)]：**分别单击（或采用窗交模式选取）图 3-61 中图所示的直线 AB 和 CD 的上端**	选择希望延伸的对象
选择要延伸的对象，或按住 Shift 键选择要修剪的对象，或[栏选(F)/窗交(C)/投影(P)/边(E)/放弃(U)]：↙	结束延伸命令，结果如图 3-61 右图所示

请读者打开本书配套素材“ch03”文件夹中的“延伸对象.dwg”文件进行操作

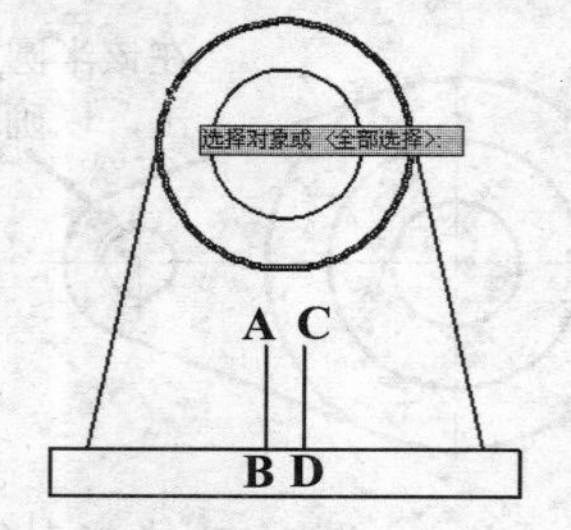

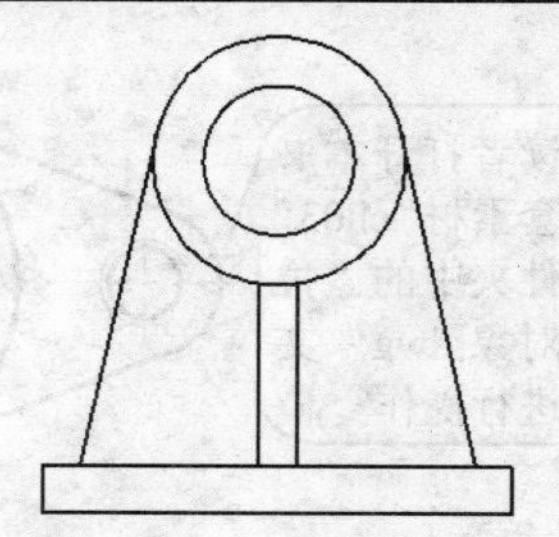

图 3-61　延伸对象

知识库

在指定延伸边界和延伸对象时，既可以采用单击方式选取，也可以采用窗选或窗交方式选取。但无论采用哪种方式指定延伸对象，其单击的位置或选择的区域都必须靠近希望延伸的一侧，否则对象将无法延伸。

四、缩放对象

使用“缩放”命令（“scale”）可在不改变对象长宽比的前提下将所选对象按指定的比例进行放大或缩小。在缩放图形时，既可以通过输入坐标值确定基点（缩放中心），也可以通过选择图形中的某个特征点来确定。当确定基点后，所有要缩放的对象将以该点为中心，按指定的比例进行缩放。

例如，要将图 3-62 左图所示的三个同心圆缩放为右图所示，具体操作过程如下。

提示与操作	说　明
命令：**单击“修改”工具栏中的“缩放”按钮**	执行“scale”命令
选择对象：**采用窗交方式选择图 3-62 左图所示的三个同心圆↙**	选择缩放对象
指定基点：**捕捉图 3-62 左图所示的三个同心圆的圆心**	选择缩放的基点
指定比例因子或 [复制(C)/参照(R)] <1.0000>：**0.8↙**	指定比例因子，结果如图 3-62 右图所示

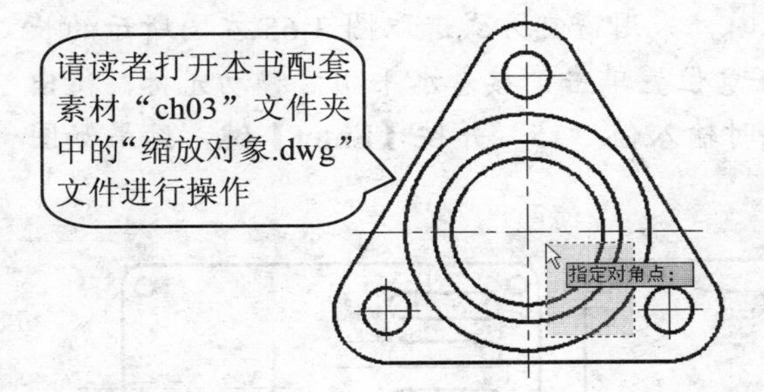

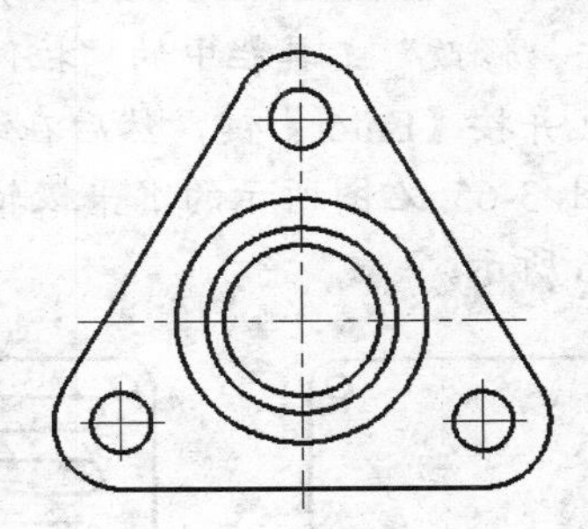

图 3-62　缩放对象

在缩放图形时，如果输入的比例因子大于 1，则所选对象将被放大到指定倍数，否则，将被缩小。

任务实施——绘制过滤网

下面，我们通过将图 3-63 左图所示的图形修改为右图所示的过滤网，来学习形状相同而尺寸不相同的多个图形对象的绘制方法。案例最终效果请参考本书配套素材“素材与实例”>“ch03”文件夹>“过滤网 ok.dwg”文件。

制作思路

由于过滤网中各长圆孔的形状相同，且宽度均为 14，因此，我们可以先将图 3-63 左图所示的长圆孔向其下方按尺寸复制三个，然后分别将其进行拉伸，最后再利用“旋转”命令将左侧的四个长圆孔旋转复制，以生成右侧各长圆孔。

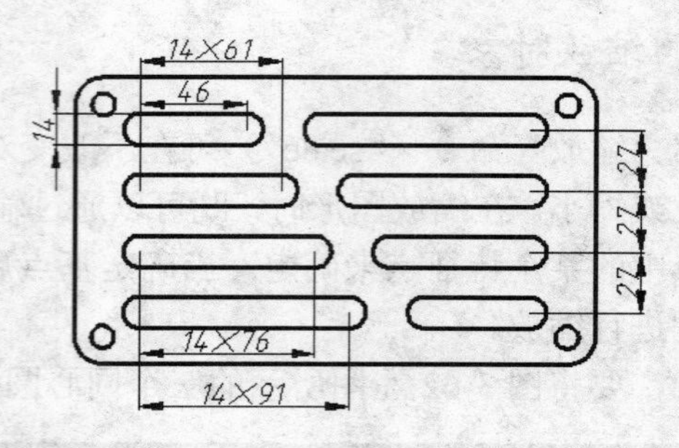

图 3-63 绘制过滤网

制作步骤

步骤 1 打开本书配套素材“素材与实例”＞“ch03”文件夹>“过滤网.dwg”文件，结果如图 3-63 左图所示。

步骤 2 单击“修改”工具栏中的“复制”按钮，或直接在命令行中输入“co”并按【Enter】键，选取图 3-63 左图所示的长圆孔，按【Enter】键以指定复制对象，然后在绘图区任意位置单击，接着向下移动光标，待出现竖直极轴追踪线时依次输入 27、54 和 81，并分别按【Enter】键确认，最后按【Enter】键结束命令，结果如图 3-64 所示。

步骤 3 单击“修改”工具栏中的“拉伸”按钮，采用窗交方式选取图 3-65 左图所示的长圆孔并按【Enter】键，然后在绘图区任意位置单击，接着水平向右移动光标，待出现图 3-65 右图所示的水平极轴追踪线时输入值“15”并按【Enter】键，结果如图 3-66 所示。

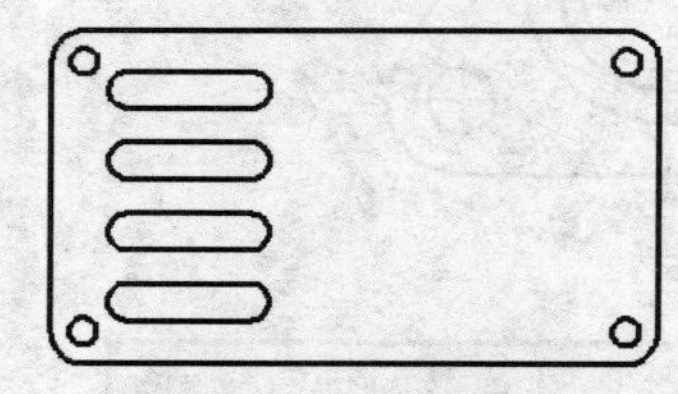

图 3-64 复制图形对象

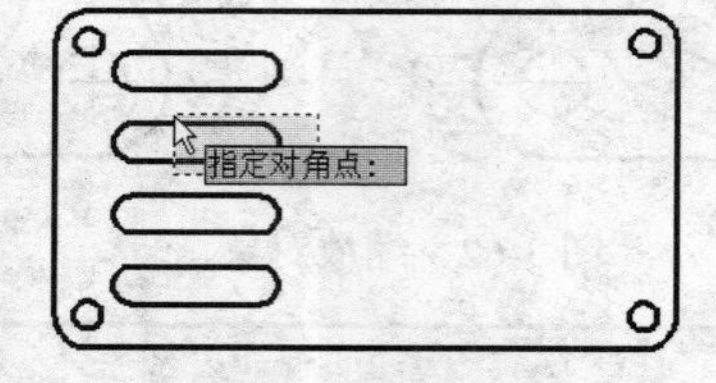

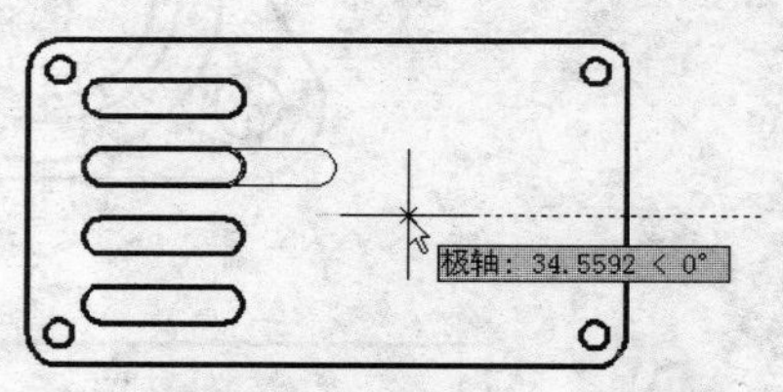

图 3-65 指定拉伸对象和拉伸方向

步骤 4 按【Enter】键重复执行“拉伸”命令，采用同样的方法依次将其他两个长圆孔分别向右拉伸 30 和 45 个绘图单位，结果如图 3-67 所示。

图 3-66 拉伸对象（一）

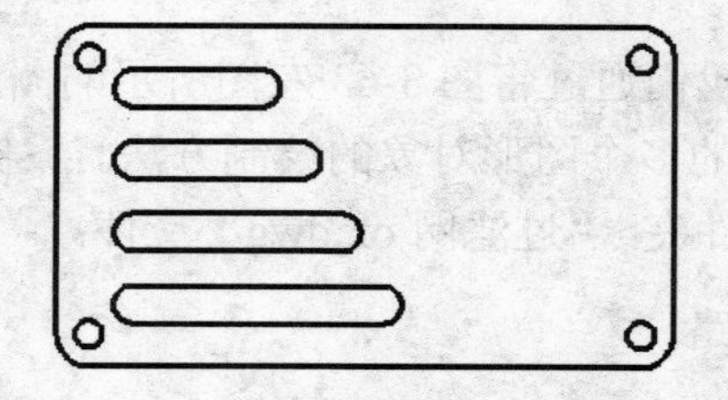

图 3-67 拉伸对象（二）

步骤 5 单击“修改”工具栏中的“旋转”按钮，依次选取所有长圆孔，按【Enter】键以指定旋转对象，然后捕捉图 3-68 左图所示的两个中点，待出现图中所示的极轴追踪线时单击，接着输入“c”，按【Enter】键以选择“复制”选项，最后输入旋转角度值“180”并按【Enter】键，结果如图 3-68 右图所示。

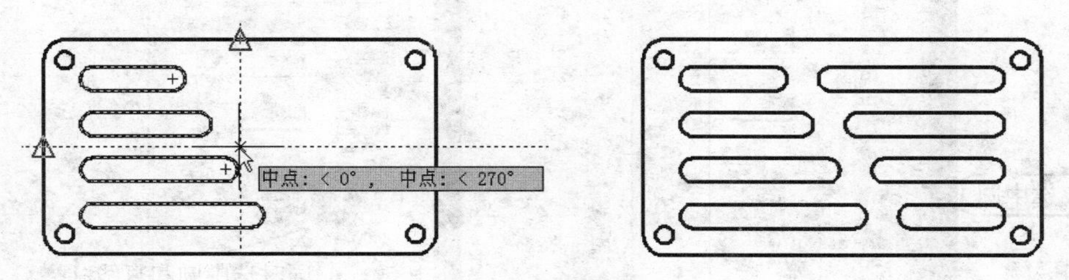

图 3-68　旋转复制对象

步骤 6　至此，过滤网图形已经绘制完毕。选择“文件”>“另存为”菜单，将该文件保存。

任务五　调整图形对象的属性

任务说明

如前所述，AutoCAD 中的所有图形元素都是在某一图层上绘制的，因此，图形使用的是其所在图层的特性，如颜色、线型和线宽等。那么，是否可以单独修改对象的某个属性，使其不随图层属性的变化而变化呢？答案是肯定的。下面，我们就来具体学习修改对象特性的几种常用方法。

预备知识

一、使用“特性”选项板

利用“特性”选项板可以编辑图形对象的图层、颜色、线型、线型比例和尺寸等属性。要打开“特性”选项板，可单击“标准注释”工具栏中的“特性”按钮，或选择要修改的对象，然后在绘图区右击，从弹出的快捷菜单中选择“特性”选项。

若要修改对象的某一属性，只需在打开的“特性”选项板中选中要修改的属性，然后单击该属性右侧的编辑框或列表框进行修改。

若当前已选中一个对象，则在“特性”选项板中将显示该对象的详细特性；若已选中多个对象，则在“特性”选项板中将显示它们的共同特性。例如，在只选中圆和同时选中圆与直线时，“特性”选项板显示的内容是不同的，如图 3-69 所示。

二、使用“特性匹配”命令

“特性匹配”命令用于将源对象的颜色、图层、线型、线型比例和线宽等属性一次性复制给目标对象。要执行该命令，可单击“标准注释”工具栏中的“特性匹配”按钮，然后依次选取匹配的源对象和要修改属性的图形对象。

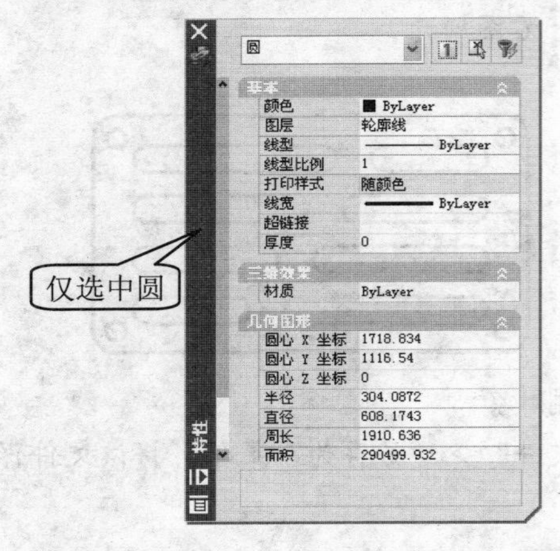

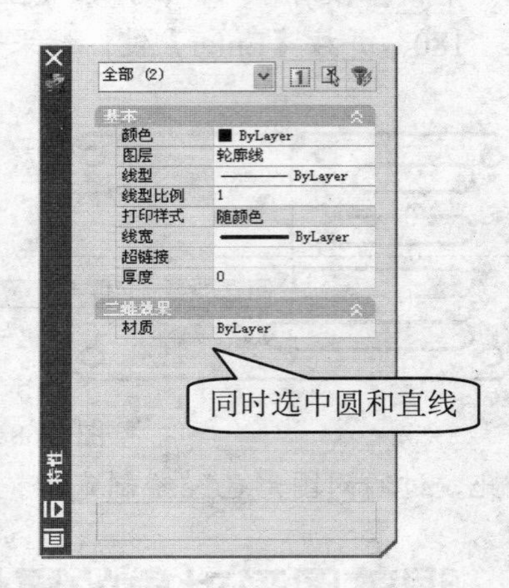

图 3-69 “特性”选项板显示的内容

此外，在进行对象特性匹配时，也可以对要匹配的特性进行选择。例如，要将图 3-70 上图中圆的颜色、线型和线型比例复制给其右侧的圆及多边形，其具体操作步骤如下。

步骤 1 打开本书配套素材“素材与实例”>“ch03”文件夹>“特性匹配.dwg”文件，如图 3-70 上图所示。

步骤 2 单击“标准注释”工具栏中的“特性匹配”按钮，然后在绘图区单击选取图 3-70 上图所示的圆，以指定匹配的源对象。

步骤 3 根据命令行提示输入“s”，按【Enter】键后打开“特性设置”对话框。在该对话框中只选中☑图层(L)和☑线型比例(Y)复选框，如图 3-71 所示。单击 确定 按钮返回至绘图区。

步骤 4 选择图 3-70 上图所示的圆及多边形，按【Enter】键结束命令，结果如图 3-70 下图所示。

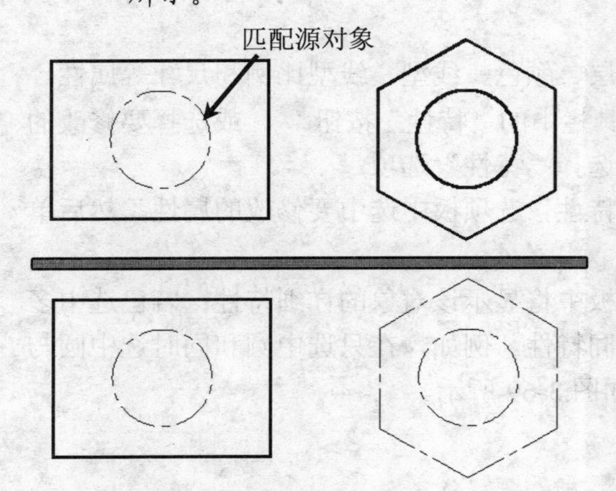

图 3-70 使用“特性匹配”命令修改对象的特性

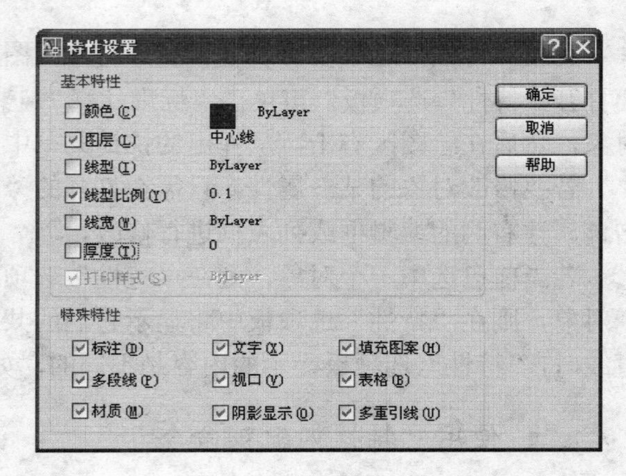

图 3-71 “特性设置”对话框

> 默认情况下，“特性设置”对话框中“基本特性”设置区中的各复选框都处于选中状态。如果不需要设置，可直接进行匹配操作。

任务实施——根据立体图调整基座平面

为了能够清楚地表达基座的内部结构，请读者参照图 3-72 左图所示的立体图，将其右侧的平面图形用半剖视图表达。案例最终效果请参考本书配套素材“素材与实例” > “ch03” 文件夹> “调整基座平面图形 ok.dwg”文件。

制作思路

要将图 3-72 右图所示的图形修改为半剖视图，首先需要修剪图中多余的图线，接着更改部分图线的线型，最后为图形添加相应的剖面线，其修改结果如图 3-73 所示。

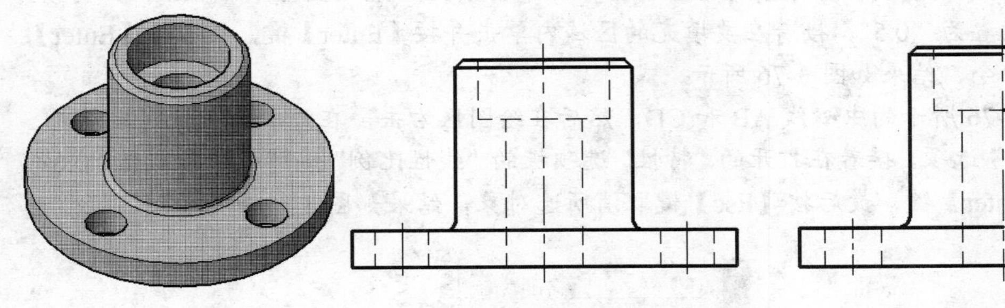

图 3-72 根据立体图调整基座平面图形　　图 3-73 基座半剖效果图

制作步骤

步骤 1 打开本书配套素材“素材与实例” > “ch03”文件夹> “基座平面图.dwg”文件，结果如图 3-72 右图所示。

步骤 2 单击“修改”工具栏中的“修剪”按钮，选取图 3-74 左图所示的竖直中心线，按【Enter】键以确定修剪边界，然后在要修剪掉的水平线上单击进行修剪，最后按【Enter】键结束命令，结果如图 3-74 右图所示。

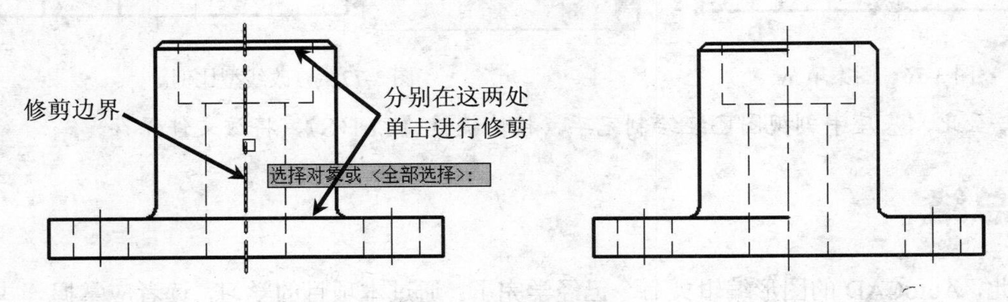

图 3-74 修剪图形

步骤 3 单击“标准注释”工具栏中的“特性匹配”按钮，在绘图区任一轮廓线（粗实线）

上单击，以选择匹配源对象，接着依次单击图 3-75 左图所示的五条虚线，最后按【Enter】键结束命令，结果如图 3-75 右图所示。

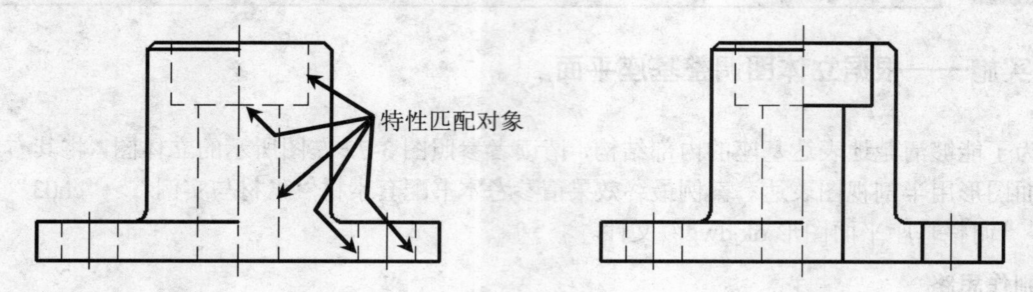

图 3-75 特性匹配

步骤 4 将“剖面线”图层设置为当前图层。单击“绘图”工具栏中的“图案填充”按钮，然后在打开的“图案填充和渐变色”对话框中将填充图案设置为“ANSI31”，将填充比例设置为“0.5”，接着在要填充的区域内单击并按【Enter】键，最后按【Enter】键结束命令，结果如图 3-76 所示。

步骤 5 选取图 3-76 所示的中心线 AB 和 CD，然后在绘图区右击，在弹出的下拉列表中选择“特性”选项，接着在打开的“特性”选项板的“线性比例”编辑框中输入值“0.6”并按【Enter】键，最后按【Esc】键取消所选对象，结果如图 3-77 所示。

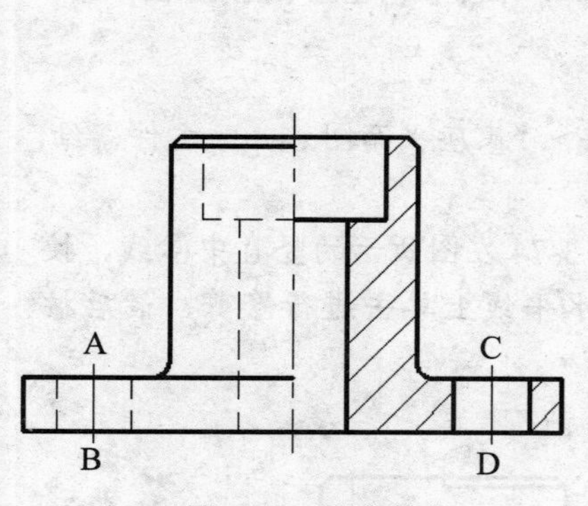

图 3-76 图案填充

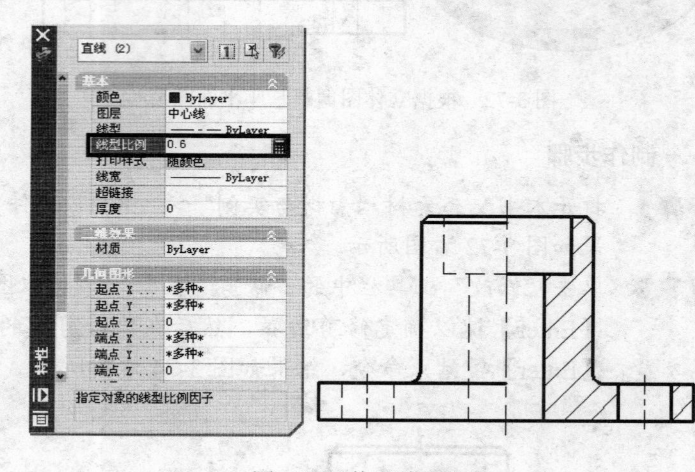

图 3-77 修改线型比例

步骤 6 至此，基座半剖视图已经绘制完毕。按快捷键【Ctrl+S】，将该文件保存。

项目总结

至此，AutoCAD 的图形编辑类命令已经学完了。通过本项目的学习，读者应掌握一些常用图形编辑命令的使用方法。此外，还应注意以下几点。

- 在对图形进行移动、旋转、偏移、复制、镜像和阵列等操作时，既可以先选择要进行操作的对象，然后再选择所需命令，也可以先选择命令，然后再选择对象。
- 使用“修剪”命令修剪图形对象时，既可以选择某些图形对象作为修剪边界，也可以直接按【Enter】键，将所有图形对象作为修剪边界。
- 掌握复制类命令之间的区别，尤其是镜像与阵列，矩形阵列与环形阵列之间的区别。
- 使用“圆角”命令时，可根据命令行提示设置圆角的半径、修剪模式，以及是否进行单次操作等；使用“倒角”命令时，除了可设置修剪模式和倒角次数外，还可以选择倒角的方式，即通过指定两个倒角距离，或指定第一条边的倒角距离和角度进行倒角。
- 使用“拉伸”、“拉长”和“延伸”命令都可以改变图形对象的大小。其中，“拉伸”命令一般用于将多个图形对象进行拉伸，且要拉伸的对象只能采用窗交方式选取；而使用“拉长”命令一次只能拉长一个图形对象。
- 对象的属性包括颜色、线型、线宽及线型比例等。在 AutoCAD 中，我们可利用“特性”选项板和“特性匹配”等功能修改对象的属性。
- 总的来说，要使用 AutoCAD 快速绘制图形，关键是要多练习，在实践中体会这些命令的使用技巧和绘图思路。

课后操作

1．利用“直线”、“圆”、“阵列”和“修剪”等命令绘制图 3-78 所示的花键图形（不标注尺寸）。

2．利用“直线”、“修剪”、“阵列”和“图案填充”等命令绘制图 3-79 所示的千斤顶螺母图形（不标注尺寸）。

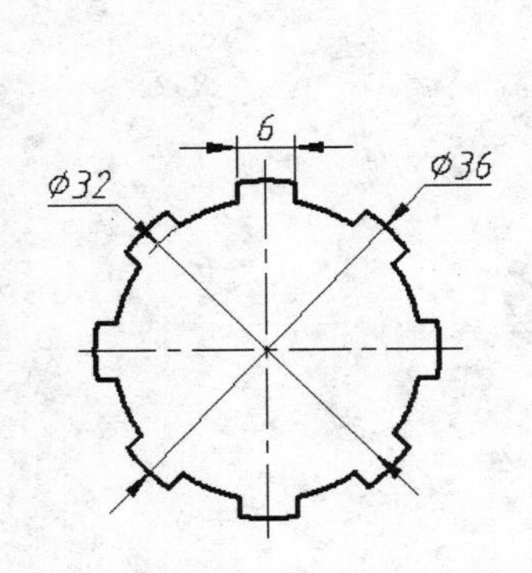

图 3-78　练习一（花键）

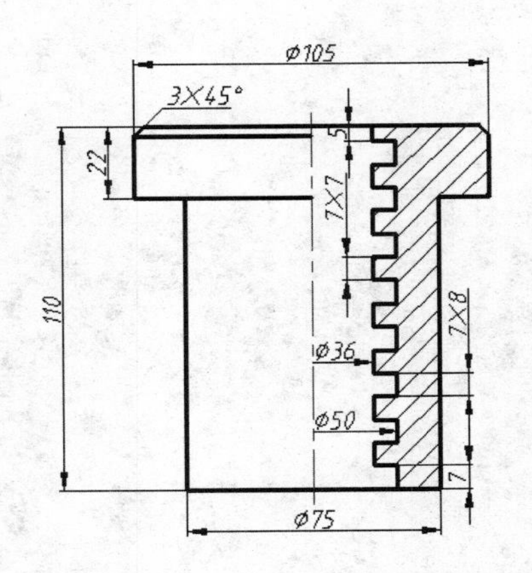

图 3-79　练习二（千斤顶螺母）

提示：

该千斤顶螺母的外形轮廓可利用“直线”命令绘制，也可利用“矩形”和“修剪”命令进行绘制。在绘制环形卡槽时，可利用“偏移”命令先绘制图 3-80 左图所示的两条竖直直线，然后再绘制水平直线，最后将该水平直线进行矩形阵列，其行数为 15，列数为 1，行偏移为 7，列偏移为 1，绘制结果如图 3-80 右图所示。

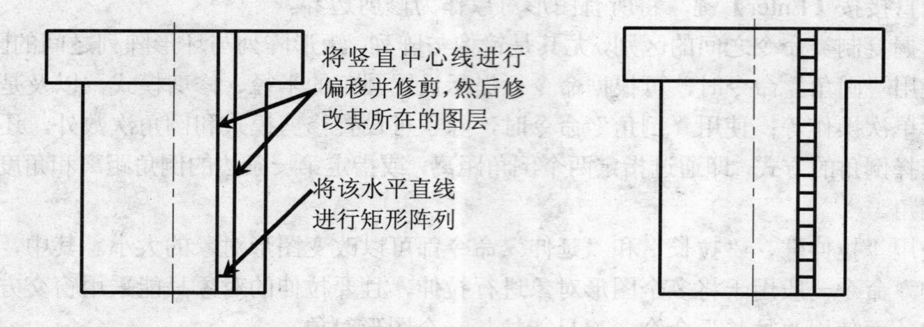

图 3-80　使用“偏移”和“阵列”命令绘制图形

项目四　文字注释与表格

项目导读

零件图是制造和检验零件的依据，在实际生产中起着十分重要的指导作用。一张完整的零件图除了包括必要的图形和尺寸标注等基本信息外，还应包括一些重要的非图形类信息，如技术要求、标题栏、明细栏等，如图 4-1 所示。表达这些信息的主要手段就是文字注释和表格。

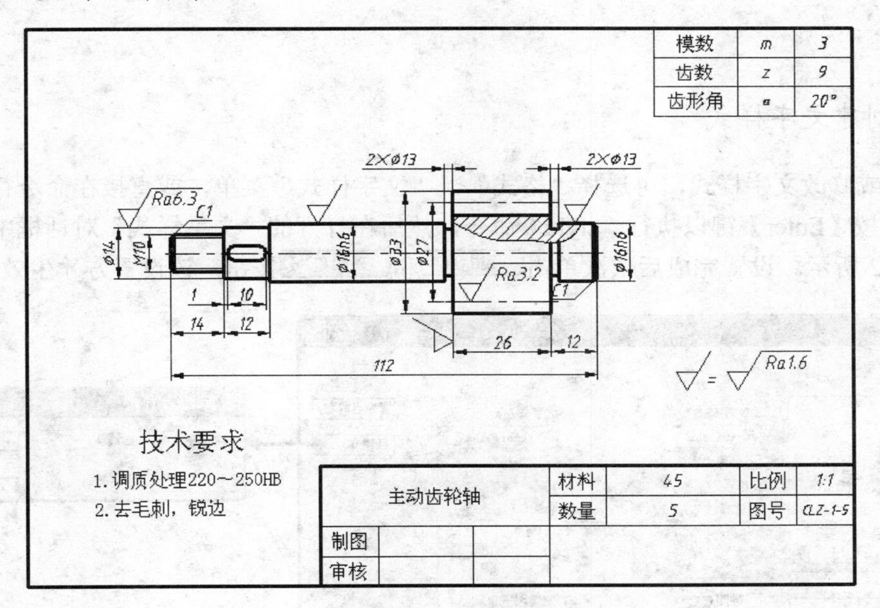

图 4-1　主动齿轮轴零件图

知识目标

- 掌握文字样式的创建和修改方法。
- 掌握单行文字和多行文字的注写及编辑方法。
- 掌握表格样式的设置和表格的绘制方法。
- 掌握选择、插入和删除表格单元，以及调整表格单元的行高、列宽、边框线宽和内容对齐方式等方法。

能力目标

- 能够为图形添加必要的文字注释。
- 能够根据实际需要在图纸中创建合适的表格。

任务一　为图形添加文字注释

任务说明

在为图形添加文字注释前，首先应创建合适的文字样式。文字样式主要用来控制文字的字体、高度，以及颠倒、反向、垂直、宽度比例和倾斜角度等外观。使用文字样式的好处是：一旦修改文字样式，所有采用该样式的文字的外观都会随之修改。

预备知识

一、创建文字样式

要创建或修改文字样式，可选择“格式”>“文字样式”菜单，或直接在命令行中输入命令“st”，按【Enter】键以执行“style”命令，然后在打开的“文字样式”对话框中进行设置，如图 4-2 所示。设置完成后依次单击 应用(A) 和 关闭(C) 按钮，该设置方才生效。

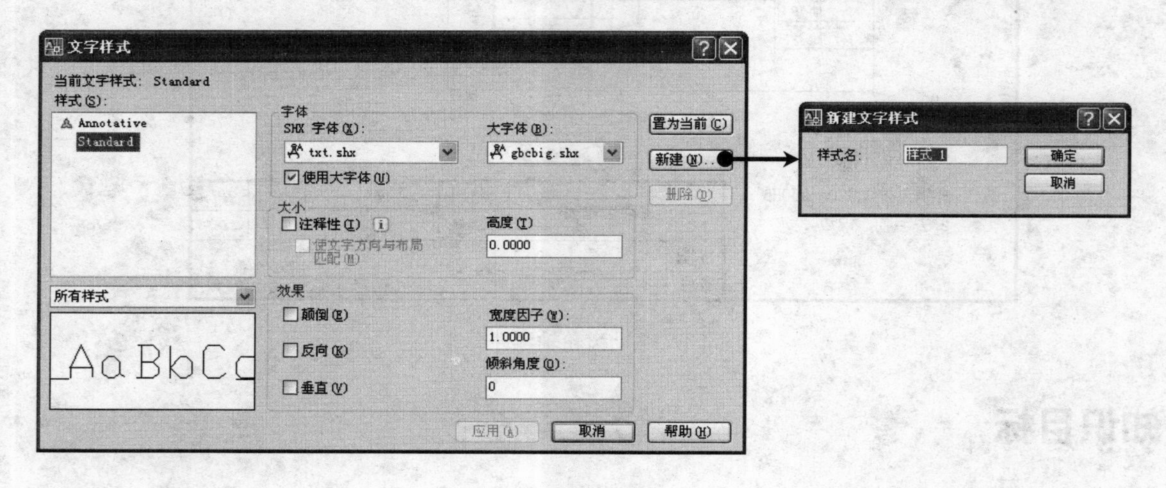

图 4-2　设置文字样式

默认情况下，AutoCAD 自动创建了 Annotative 和 Standard 两种文字样式，并且 Standard 样式被作为默认文字样式。用户既可以在“字体”、“大小”和“效果”设置区的相应列表框或编辑框中修改文字样式，也可以利用 置为当前(C)、新建(N)... 和 删除(D) 按钮对所选样式进行设置。

下面，我们简单介绍“文字样式”对话框中各选项及按钮的功能。

（1）“样式”列表框和按钮区

- **“样式”列表框**：用于显示用户创建和系统默认的文字样式。在该列表框中单击选中某文字样式后，“字体”、“大小”和“效果”设置区中将显示该样式的具体设置。根据需要，可在各设置区中可对其进行修改。此外，右击某文字样式，在弹出的快捷菜单中选择“重命名”选择，还可以修改该文字样式的名称。
- 新建(N)...**按钮**：单击该按钮，可打开“新建文字样式”对话框。在该对话框中输入要创建文字样式的名称，单击确定按钮即可新建一个文字样式。
- 置为当前(C)**按钮**：将“样式”列表框中选中的文字样式设置为当前样式。
- 删除(D)**按钮**：删除在“样式”列表框中选中的文字样式，但不能删除当前文字样式，以及绘图区中已经使用的文字样式。
- 应用(A)**按钮**：修改某个文字样式后，单击该按钮可保存修改结果，并自动更新使用该样式注写的所有文字外观。

（2）“字体”设置区

- **“字体”列表框**：用来设置文字样式的字体类型。机械上，一般将注释汉字的字体设置为“仿宋_GB2312”，宽度设置为“0.7”；将注释数字和字母的字体设置为“gbeitc.shx”，宽度设置为“1”。

在“字体名”下拉列表中有两类字体，其中字体前缀为的是 TrueType 字体，是由 Windows 系统提供的字体；字体前缀为的是 SHX 字体，是一种由 AutoCAD 编译的存放在 AutoCAD 的 Fonts 文件夹中的字体。此外，字体名称前带有@符号表示文字竖向排列，不带@符号表示文字横向排列。

- **“使用大字体”复选框**：使用为亚洲语言设置的大字体。只有在“SHX 字体”列表框中选择“.shx”字体时，该复选框才处于可用状态。选中该复选框后，“大字体”列表框才有效。

（3）“大小”设置区

- **“高度”编辑框**：设置文字样式的高度。如果该数值为 0，则在创建单行文字时，必须重新设置文字高度，而在创建多行文字时，其高度默认为 2.5，用户可以根据需要进行修改。如果该数值不为 0，无论是创建单行文字还是多行文字，该数值将被作为文字的默认高度。
- **“注释性”复选框**：如果选中该复选框，表示使用此文字样式创建的文字支持使用状态栏中的注释比例，此时“高度”编辑框将变为“图纸文字高度”编辑框。

（4）“效果”设置区

该设置区用来设置文字样式的外观效果，效果如图 4-3 所示。

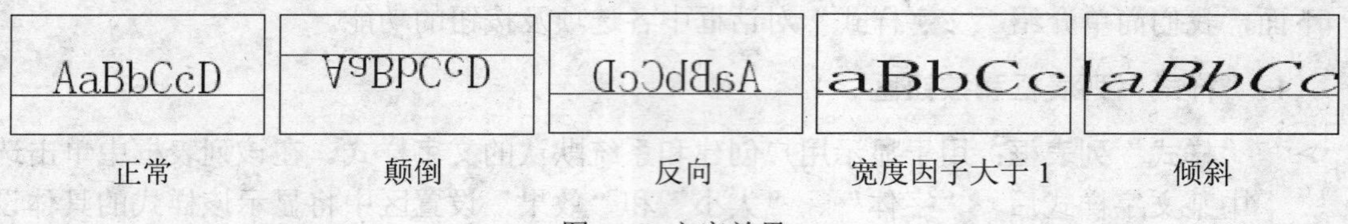

图 4-3　文字效果

二、使用单行文字

设置完文字样式，下面就可以为图形注释文字了。AutoCAD 2008 为我们提供了“单行文字”与“多行文字”两种文字注释方法，其中，“单行文字”主要用于注写内容简短的文字，而“多行文字”主要用于注写内容复杂且较长的文字。

要使用“单行文字”命令注写文字，可按以下步骤进行操作。

步骤 1 选择“绘图”>“文字”>“单行文字”菜单，或直接在命令行中输入“dt”，按【Enter】键后执行“dtext”命令。

步骤 2 此时，在命令行“指定文字的起点或[对正(J)/样式(S)]:”的提示下，可直接在绘图区单击以指定文字的起点，然后输入文字的高度值，或通过单击两点指定文字的高度；也可根据需要输入“J”并按【Enter】键，然后设置文字的对齐方式、起点及高度。

步骤 3 指定文字高度后，接下来根据命令行提示输入文字的旋转角度，或通过单击两点指定文字的旋转角度，或直接按【Enter】键采用系统默认的旋转角度 0。此时，可在绘图区出现的编辑框中输入所需文字，如图 4-4 左图所示。

步骤 4 要输入下行文字，可按【Enter】键后继续输入，如图 4-4 右图所示。否则，按两次【Enter】键结束命令。

使用单行文字

使用单行文字
下行文字

图 4-4　使用“单行文字”命令注写文字

> 若图 4-2 所示的“文字样式”对话框的“高度”编辑框中的数值不为 0，则在使用“单行文字”命令注写文字时，系统将不再提示输入文字高度。

三、使用多行文字

多行文字主要用来注写内容复杂且较长的文字信息，如工艺流程、技术要求等。相对于单行文字而言，多行文字的可编辑性较强，是本节学习的重点。要使用“多行文字”命令注写文字，可按如下步骤进行操作。

步骤 1 单击“绘图”工具栏中的“多行文字”按钮 A，或直接在命令行中输入“mt”，按【Enter】

键后执行“mtext”命令，然后在绘图区任意位置单击，以指定文本框的第一个角点。

步骤 2 此时，在命令行“指定对角点或[高度(H)/对正(J)/行距(L)/旋转(R)/样式(S)/宽度(W)/栏(C)]:”的提示下，可以直接在绘图区单击一点，以指定文本框的对角点，也可以输入 H、J 等以设置文字的高度、对正方式等格式。

步骤 3 指定文本框的对角点后，绘图区将出现一个文本编辑框和“文字格式”工具栏，如图 4-5 所示。

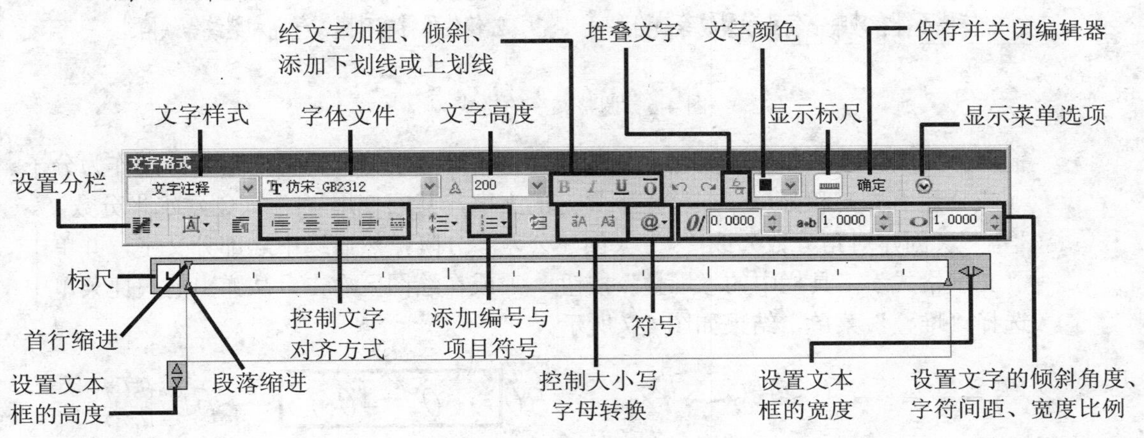

图 4-5 “文字格式”工具栏及文本编辑框

步骤 4 在绘图区中的文本编辑框中输入相关文字，当输入的文字到达文本框边缘时将自动换行。如果希望在某处开始一个新的段落，可按【Enter】键。此外，如果希望调整文本框的宽度和高度，可分别拖动标尺右侧的◁▷标记和文本框左下方的◬标记。

步骤 5 输入完文字后，单击“文字格式”工具栏中的确定按钮，或在绘图区其他位置单击，可退出多行文字的编辑状态。

使用“单行文字”命令输入的文字，其每行文字都是一个独立的对象，而使用“多行文字”命令输入的文字将作为一个整体。

使用“文字格式”工具栏设置文字格式时要注意以下几点：

- **设置样式**：单击“文字格式”工具栏中的“文字样式”列表框，可在打开的下拉列表中选择所需文字样式，此后，在文本框中注写的所有文字都将应用该样式。
- **设置文字格式**：对于多行文字而言，其各部分文字可以采用不同的字体、颜色、粗体B、斜体I、下划线U、上划线O和倾斜角度0/等（与文字样式无关）。此外，我们还可以设置所选段落的行距、对齐方式，以及项目符号和编号等。

如果要调整使用“多行文字”命令注写的文字的文字样式、字高和倾斜角度等设置时，必须先选中要调整的文字，然后在“文字格式”工具栏中进行操作，如图 4-6 所示。

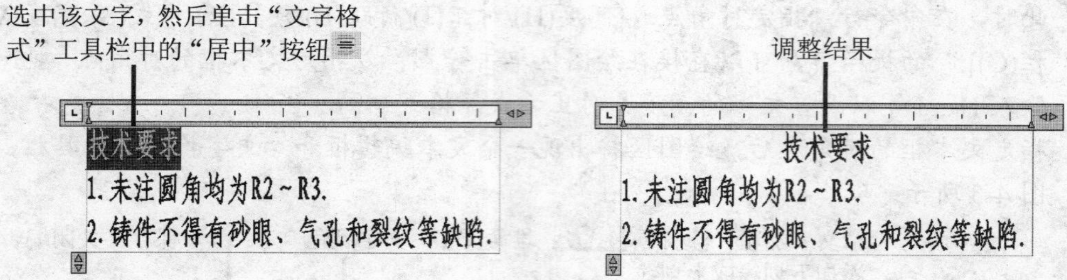

选中该文字，然后单击“文字格式”工具栏中的“居中”按钮

调整结果

技术要求
1. 未注圆角均为R2～R3.
2. 铸件不得有砂眼、气孔和裂纹等缺陷.

技术要求
1. 未注圆角均为R2～R3.
2. 铸件不得有砂眼、气孔和裂纹等缺陷.

图 4-6　调整文字的格式

- **输入分数或公差**：如果需要输入分数和公差（堆叠字符），可先输入分别作为分子（或公差上界）和分母（或公差下界）的文字，其间使用“/”（创建水平分数）、“#”（创建对角分数）或“^”（创建公差）分隔，然后选中这部分文字，并单击“文字格式”工具栏中的“堆叠”按钮，或在绘图区右击，从弹出的快捷菜单中选择“堆叠”菜单，结果如图 4-7 所示。

2/5 → $\frac{2}{5}$　　2#5 → 2⁄5　　80+0.01^-0.15 → $80^{+0.01}_{-0.15}$

图 4-7　使用“多行文字”命令输入分数和公差

知识库

选择堆叠文字，然后在绘图区右击，若从弹出的快捷菜单中选择“非堆叠”选项，可将堆叠文字还原；若选择快捷菜单中的“堆叠特性”选项，可以打开“堆叠特性”对话框，利用该对话框可编辑堆叠文字的内容、样式和位置等。

四、输入特殊符号

执行“多行文字”命令时，如果要在绘图区的文本编辑框中输入符号，可单击“文字格式”工具栏中的“符号”按钮@▾，然后在弹出的下拉列表中选择所需符号，如图 4-8 所示。如果该下拉列表中没有所需符号（例如，输入“♣”），可按如下步骤进行操作。

步骤 1　在图 4-8 所示的下拉列表中选择“其他”选项，打开“字符映射表”对话框，然后在该对话框框的“字体”下拉列表中选择合适的字体（不同字体提供了不同的特殊符号）。

步骤 2　在“字符映射表”对话框的字符列表区中选择所需符号，然后单击 选择(S) 按钮，使其出现在“复制字符”编辑框中（如果需要的话，可选择多个符号），如图 4-9 所示。接着单击 复制(C) 按钮将选中的符号复制到剪贴板中。

步骤 3　在绘图区中将光标移至要插入符号的位置，然后按【Ctrl+V】组合键将保存在剪贴板中的符号粘贴到文本编辑框中即可。

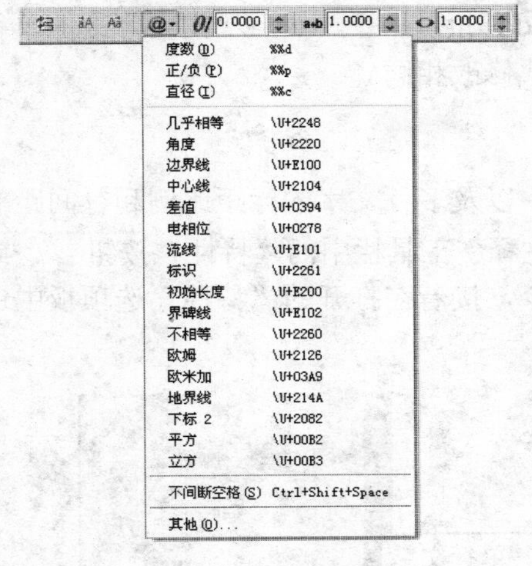

图 4-8　“符号”下拉列表

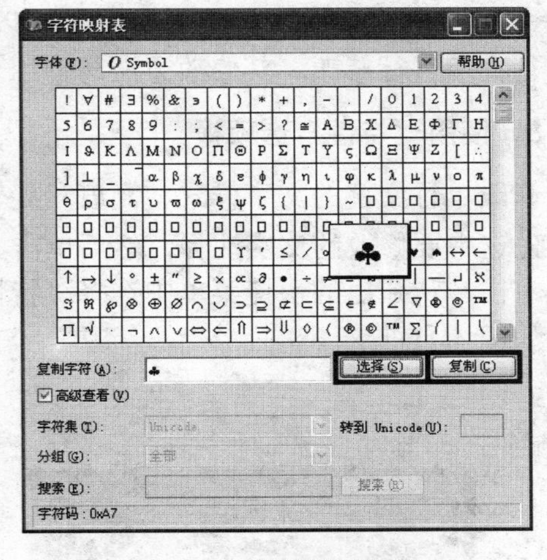

图 4-9　选择所需符号

在注写单行文字或多行文字时，均可以通过输入所需符号的代码来输入符号。表 4-1 列出了一些常用特殊字符及其代码。

表 4-1　常用特殊字符及其代码

输入代码	对应字符	输入代码	对应字符
%%C	直径符号（∅）	\U+2220	角度符号（∠）
%%P	正/负符号（±）	\U+2248	约相等（≈）
%%D	度数符号（°）	\U+2260	不相等（≠）
%%O	上划线（成对出现）	\U+00B2	上标 2
%%U	下划线（成对出现）	\U+2082	下标 2
%	百分号（%）	\U+00B3	上标 3

五、编辑文本注释

无论是单行文字还是多行文字，若要对其进行修改，均可采用以下几种方法进行操作。

（1）双击

双击要修改的单行文字后，该文字所在行的所有内容均被选中，如图 4-10 上图所示。因此，如果直接输入文字，则文本框中的内容将被替换；如果希望修改文本内容，可先在该文本框中单击，然后再选择要修改的内容进行修改，如图 4-10 下图所示。如果希望退出文字编辑状态，可在绘图区其他位置处单击并按【Enter】键，或直接按两次【Enter】键。

双击要修改的多行文字，将打开“文字格式”工具栏和文字编辑框，这些内容及界面与输入多行文字时完全相同，用户可根据需要对多行文字的内容、样式，及对正方式等进行修改。

（2）使用“ddedit”命令

在命令行中输入“ed”，按【Enter】键以执行“ddedit”命令，然后单击要修改的单行文字或多行文字进行修改，其修改方法与使用双击方式修改相同。

（3）使用“特性”选项板

要修改单行文字的文字样式、高度和旋转角度，以及多行文字的行距比例和行间距等特性，可先选中要修改的文字注释，然后单击“标准注释”工具栏中的“特性”按钮，或在绘图区右击，从弹出的快捷菜单中选择“特性”命令，接着在打开的“特性”选项板中进行修改，如图 4-11 所示。

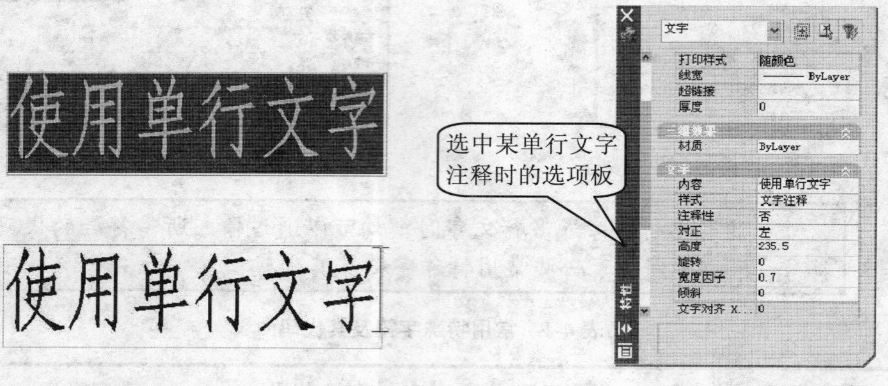

图 4-10　编辑单行文字内容　　　　图 4-11　修改文字特性

任务实施——为油压泵线路示意图添加文字注释

下面，我们将通过为油压泵线路示意图添加图 4-12 所示的文字，来学习在 AutoCAD 中添加文字的具体操作方法。案例最终效果请参考本书配套素材“素材与实例”>“ch04”文件夹>“油压泵线路示意图 ok.dwg”文件。

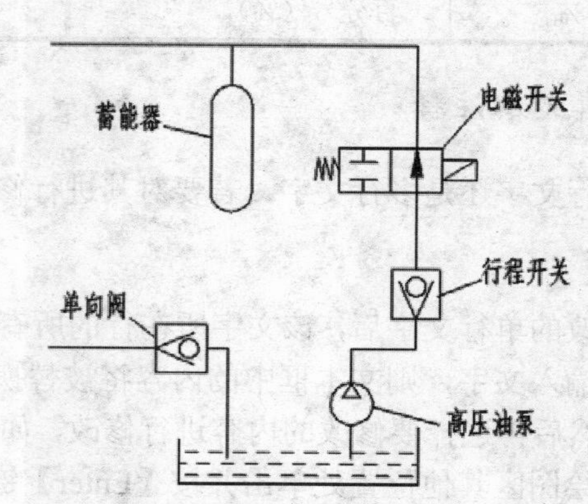

图 4-12　为油压泵线路示意图添加文字注释

制作思路

由图 4-12 所示的文字可知，油压泵线路示意图中各元器件的名称均为简短文字，因此，可以使用“单行文字”命令进行注写，而技术要求中的内容较多，因此我们可先使用“多行文字”命令注写其内容，然后再调整段落的对齐方式和字体格式。

制作步骤

步骤 1 打开本书配套素材“素材与实例”>“ch04”文件夹>“油压泵线路示意图.dwg”文件，结果如图 4-13 所示。

步骤 2 选择“格式”>“文字样式”菜单，打开“文字样式”对话框。取消该对话框中的“使用大字体”复选框，然后在“字体名”列表框中单击，在弹出的下拉列表中选择“仿宋_GB2312”，其他设置如图 4-14 所示。依次单击该对话框中的 应用(A) 和 关闭(C) 按钮，完成文字样式的设置。

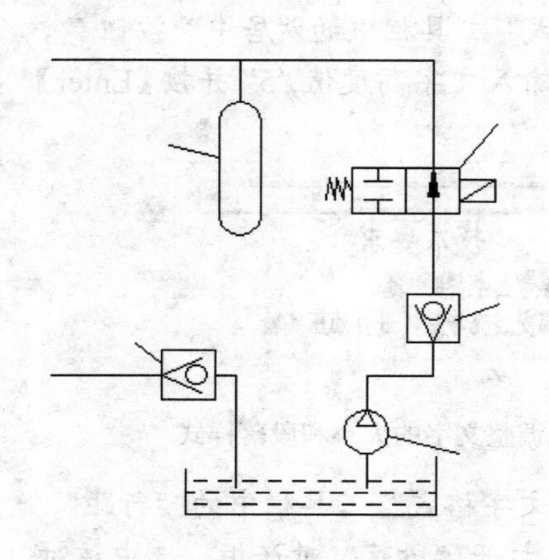

图 4-13 源文件

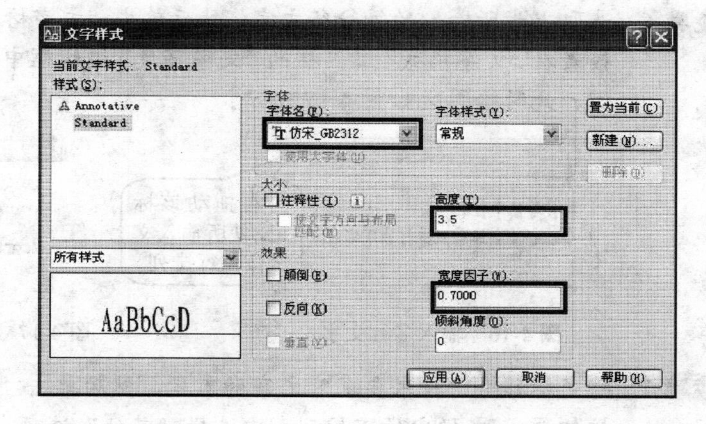

图 4-14 “文字样式”对话框

步骤 3 选择“绘图”>“文字”>“单行文字”菜单，或在命令行中输入“dt”并按【Enter】键，然后在绘图区合适位置单击以指定单行文字的起点，如图 4-15 左图所示的①处。

步骤 4 在命令行“指定文字的旋转角度<0>:”提示下按【Enter】键，采用默认的旋转角度 0，然后在出现的文本框中输入“电磁开关”，接着在图 4-15 左图所示的②～⑤处依次单击并输入相应文字，最后按两次【Enter】键结束命令，结果如图 4-15 右图所示。

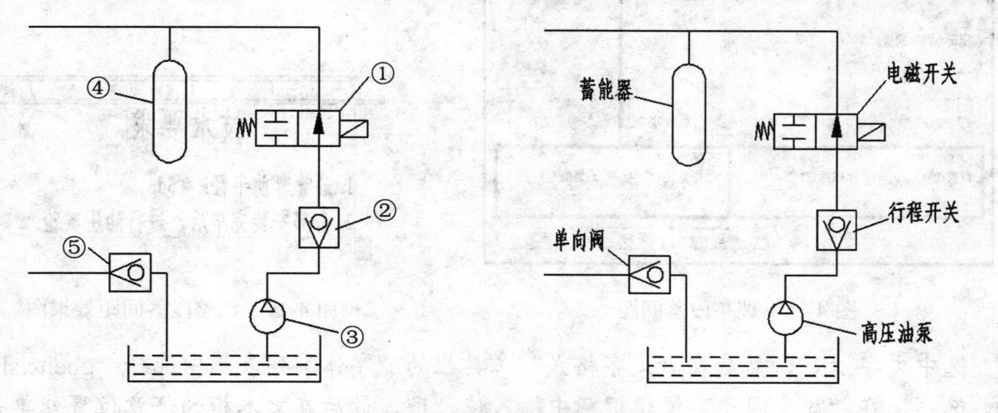

图 4-15 指定单行文字的位置并注释文字

在注写完各元器件的名称后，我们还可以利用“移动”命令或单行文字上的夹点调整各元器件名称的位置。

步骤 5 单击“绘图”工具栏中的“多行文字”按钮A，然后在绘图区合适位置依次单击两点，以指定文本框的两个对角点位置。此时，可在出现的编辑框中输入“技术要求”并按【Enter】键，接着依次输入图 4-16 所示的第二行文字，按【Enter】键后输入第三行文字。

为了便于读者看清楚，故图 4-16 仅显示多行文字的内容，以下类似情况不再赘述。

步骤 6 选取上步所输入的第一行文字，然后单击“文字格式”工具栏中的“居中”按钮，接着在“文字格式”工具栏的“文字高度”编辑框中输入文字高度值“5”并按【Enter】键，此时绘图区如图 4-17 所示。

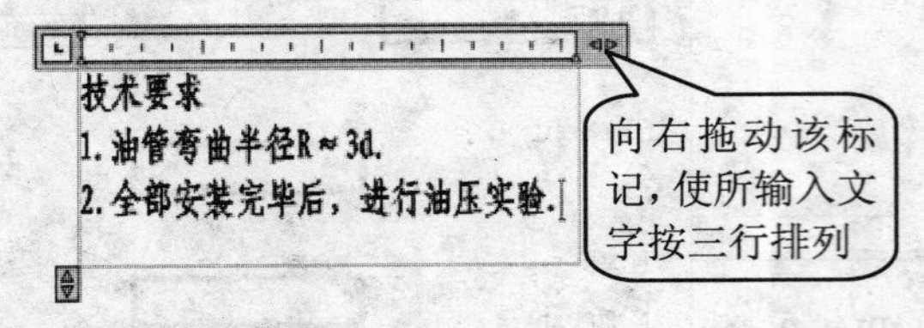

图 4-16　输入多行文字

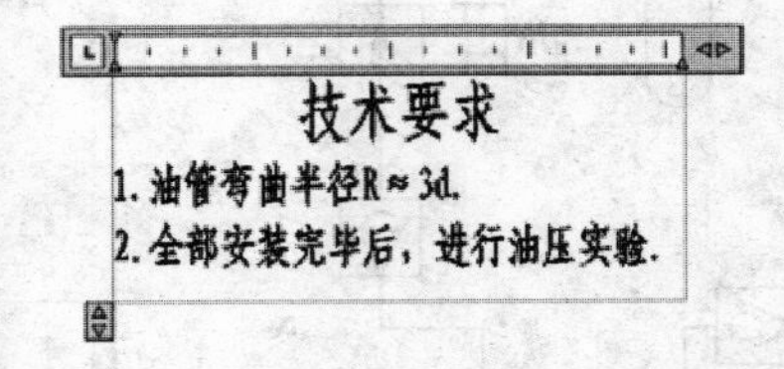

图 4-17　调整文字的大小和段落样式

步骤 7 将光标移至“技术要求”文字的末尾，然后单击“文字格式”工具栏中的“行距”按钮，在弹出的下拉列表中选择“其他”选项，打开“段落”对话框。选中该对话框中的“段落间距”复选框，并在“段后”编辑框中输入值“3”，如图 4-18 所示。最后单击 确定 按钮，结果如图 4-19 所示。

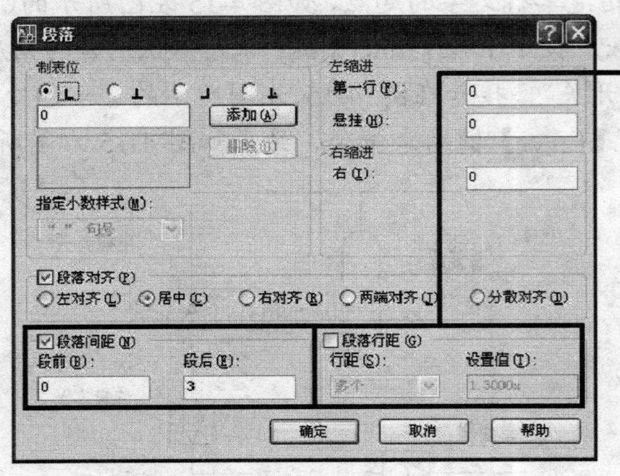

要调整某段落的行距，可先选中要调整的文字，然后选中该复选框，在“行距”列表框中选择所需选项，然后在“设置值”编辑框中输入相应值

图 4-18　调整段落间距

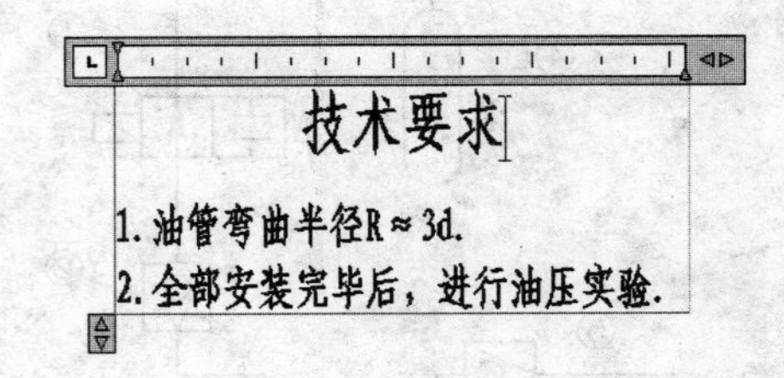

图 4-19　调整段落间距效果图

步骤 8 选中文字“R”，然后在“文字格式”工具栏的“字体”列表框中选择“gbeitc.shx”选项，在“宽度因子”编辑框中输入值“1”，最后在文本框的任意位置处单击，结果如图 4-20 左图所示。

步骤 9　选中文字“3d”，采用同样的方法将其字体设置为“gbeitc.shx”，宽度因子设置为“1”，然后在绘图区任意位置处单击，结果如图 4-20 右图所示。

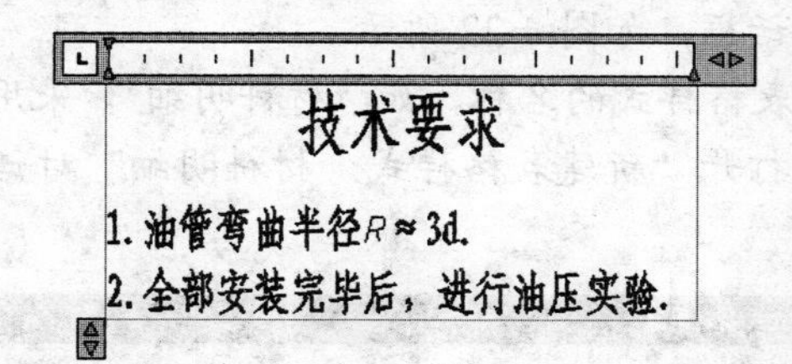

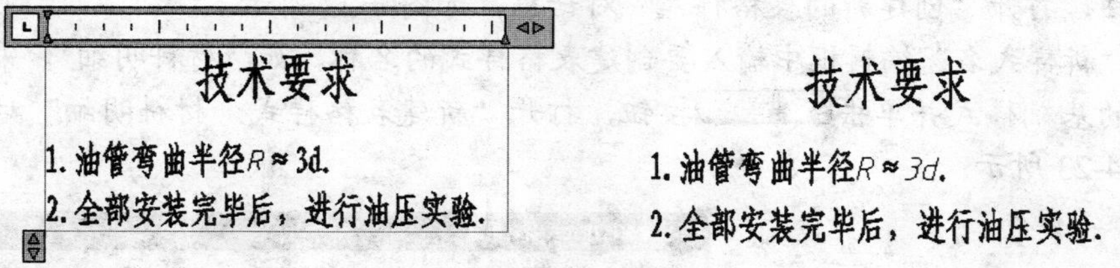

图 4-20　修改文字的字体

步骤 10　至此，油压系线路示意图的文字已经注写完毕。按【Ctrl+S】快捷键，保存该文件。

任务二　创建表格

任务说明

表格主要用来表达与图形相关的信息，如某机器的装配图中各零部件的名称、数量、材料、图纸代号及其他相关信息等。在 AutoCAD 2008 中，利用“绘图”工具栏中的“表格”按钮可以方便地创建表格。但在创建表格前，首先应设置好表格样式，然后再基于表格样式创建表格。

在下面的“预备知识”中，我们将通过创建图 4-21 所示的表格，来讲解表格样式的设置方法，以及创建表格、输入表格文字和在表格中使用公式等内容。该表格的最终效果请参考本书配套素材“素材与实例”>“ch04”文件夹>“材料明细.dwg”文件。

材料明细				
序号	垫片	螺钉	螺母	螺栓
1	5	8	8	8
2	8	15	6	6
3	7	17	3	3
4	12	21	1	1
合计	32	61	18	18

图 4-21　表格示例

预备知识

一、创建和修改表格样式

表格样式用于控制表格单元的填充颜色、内容对齐方式、数据格式，以及表格文字的文字样式、高度、颜色和表格边框的线型、线宽、颜色等。要创建所需表格样式，可按如下步骤进行操作。

步骤 1 选择“格式”>“表格样式”菜单，在打开的“表格样式”对话框中单击 新建(N)... 按钮，打开“创建新的表格样式”对话框，如图 4-22 所示。

步骤 2 在“新样式名”编辑框中输入要创建表格样式的名称，如“材料明细”，采用系统默认的基础样式并单击 继续 按钮，打开“新建表格样式：材料明细”对话框，如图 4-23 所示。

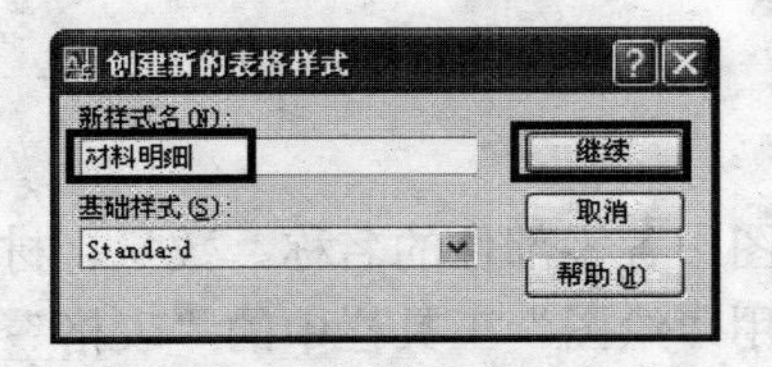

图 4-22 输入新表格样式的名称

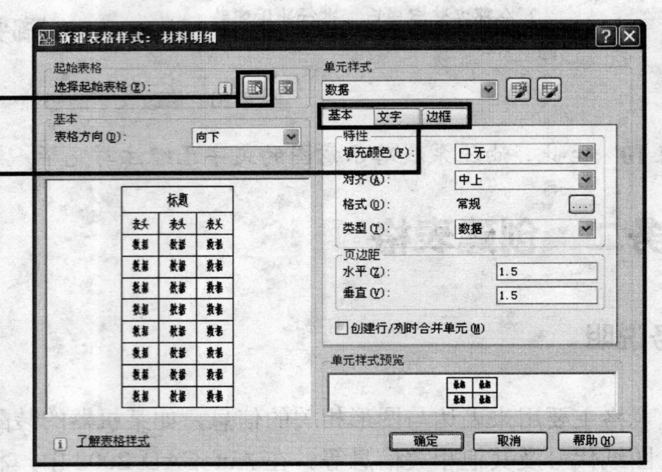

图 4-23 设置新建的表格样式

步骤 3 在“基本”设置区的“表格方向”列表框中选择表格方向，本例选择“向下”选项。

➢ 向下：表示创建由上向下读取的表格，标题行和表头行位于表格的顶部，如图 4-24 左图所示。

➢ 向上：表示创建由下向上读取的表格，标题行和表头行位于表格的底部，如图 4-24 右图所示。

目标分解模拟			
系统编号	空调器型号	迎风面积Fy	表冷器排深N
AHU-1	ZKJ10	m ∧ 2	6
AHU-2	ZKJ20	m ∧ 3.5	0
AHU-3	KMF10	m ∧ 2	1
AHU-4	KMF10	m ∧ 3	5

AHU-4	KMF10	m ∧ 3	5
AHU-3	KMF10	m ∧ 2	1
AHU-2	ZKJ20	m ∧ 3.5	0
AHU-1	ZKJ10	m ∧ 2	6
系统编号	空调器型号	迎风面积Fy	表冷器排深N
目标分解模拟			

图 4-24 方向分别为“向下”和“向上”的表格效果

步骤 4 在“单元样式”下方的列表框中选择要设置的单元样式，包括“数据”（数据单元）、“标题”（表格标题）和“表头”（列标题），然后利用“基本”、“文字”和“边框”选项卡分别对单元样式中的选项进行设置。

本例中，“数据”单元样式的设置如图 4-25 所示；对于“标题”和“表头”单元样式，可分别将其文字高度设置为 6 和 5，其他选项卡中的设置与“数据”单元相同。

步骤 5 设置好表格样式后，单击 确定 按钮返回“表格样式”对话框，然后单击 关闭按钮，即可完成表格样式的创建。

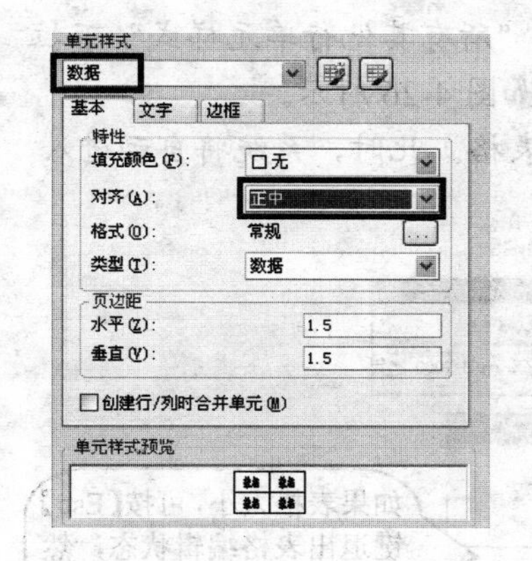

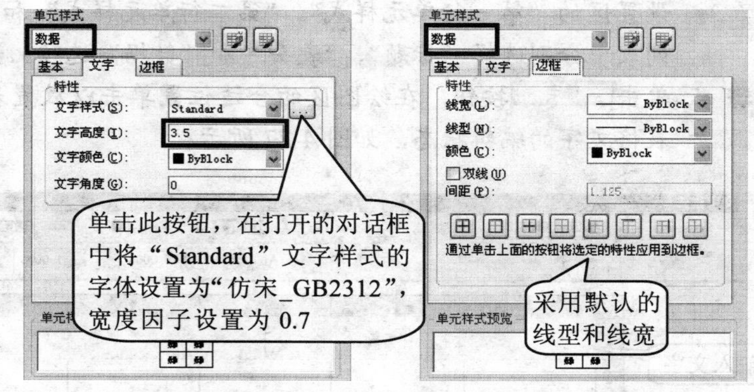

图 4-25　设置“数据”单元样式

若要修改现有的表格样式，可选择“格式”>“表格样式”菜单，然后在打开的对话框的“样式”列表中选中要修改的样式，然后单击 修改(M)... 按钮，在打开的对话框中进行修改。其修改方法与创建表格样式类似，此处不再赘述。

二、绘制表格并输入内容

设置好表格样式后，接下来就可以进行表格的绘制工作了。绘制表格时，必须先指定表格的样式、列数、列宽、行数和行高等参数，以及表格单元的样式，其具体操作方法如下。

步骤 1　单击“绘图”工具栏中的“表格”按钮，打开“插入表格”对话框。

步骤 2　在该对话框的“表格样式”列表框中选择要应用的表格样式，如“材料明细”，然后在“列和行设置”区域中将表格的列数设置为 5，列宽设置为 35，数据行数设置为 5，行高设置为 1（此处的“1”表示 1 行文字），如图 4-26 所示。

单击此按钮，可在打开的对话框中新建或修改表格样式

“标题”、“表头”和“数据”中各表格的样式取决于上述步骤 4 中的设置

图 4-26　“插入表格”对话框

步骤 3 由于该材料明细表的第一行为标题，第二行为表头，因此需要在“设置单元样式”设置区的“第一行单元样式”、“第二行单元样式”和“所有其他行单元样式”下拉列表中分别选择“标题”、“表头”和“数据”选项，如图 4-26 所示。

步骤 4 单击 确定 按钮，在绘图区的合适位置单击以放置表格。此时，系统将自动进入表格文字的编辑状态，如图 4-27 所示。

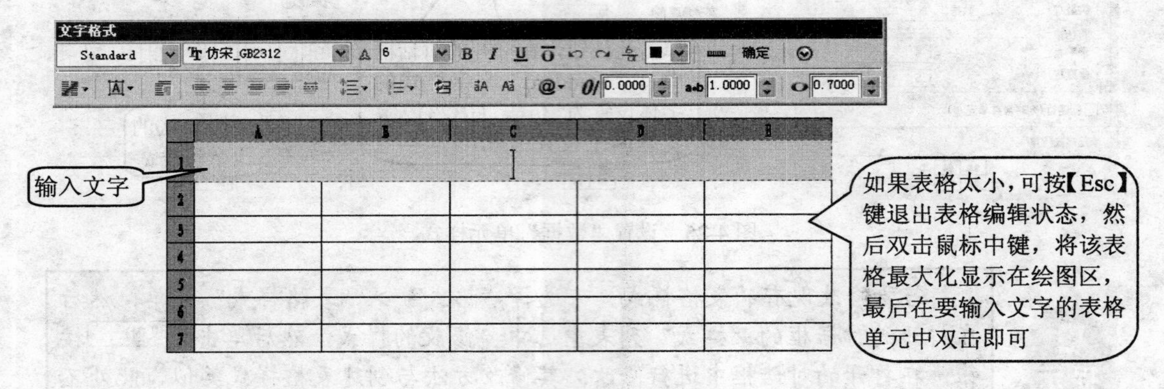

图 4-27　放置表格

AutoCAD 中表格单元的编号为“列号+行号”，其中列号为 A、B、C 等，行号为 1、2、3 等。例如，B2 指列号为 B，行号为 2 的表格单元。

步骤 5 在当前表格单元中输入所需内容后，可按【Tab】键或【←】、【↑】、【↓】、【→】方向键在其他表格单元中输入内容，结果如图 4-28 所示。

	A	B	C	D	E
1	材料明细				
2	序号	垫片	螺钉	螺母	螺栓
3	1	5	8	8	8
4	2	8	15	6	6
5	3	7	17	3	3
6	4	12	21	1	1
7	合计				

图 4-28　输入表格内容

步骤 6 表格内容输入完成后，可单击“文字格式”工具栏中的 确定 按钮，或在表格外的任意空白处单击，退出表格编辑状态。

若要重新进入表格编辑状态或修改表格单元的内容，可双击要修改的表格单元进行操作。

若要修改某表格单元中文字的大小、字体或颜色等特性，可双击要修改的表格，然后选中要修改的内容，在出现的“文字格式”工具栏中进行修改。

三、在表格中使用公式

通过在表格中插入公式，可以对表格单元中的数值进行求和、均值等运算。例如，要在图 4-29 所示的表格中使用求和公式计算各材料的总数量，具体操作步骤如下。

步骤 1　在要放置求和数据的表格单元 B7 中单击，此时系统将自动显示“表格”工具栏。单击该工具栏中的“公式”按钮 fx，在打开的下拉列表中选择“求和”选项，如图 4-29 所示。

表格　按行/列　求和　均值　计数　单元　方程式

	A	B	C	D	E
1	材料明细				
2	序号	垫片	螺钉	螺母	螺栓
3	1	5	8	8	8
4	2	8	15	6	6
5	3	7	17	3	3
6	4	12	21	1	1
7	合计				

图 4-29　选取表格单元并执行“求和”命令

在插入公式前，只需在要插入公式的表格单元中单击鼠标左键将其选中，切记不要双击，否则将无法显示“表格”工具栏。

步骤 2　根据命令行提示选取要参与求和运算的表格单元，这里我们可依次单击图 4-30 左图所示的 B6 和 B3 表格单元，从而选取这两个表格单元之间的所有表格单元，此时表格如图 4-30 右图所示。按【Enter】键或在绘图区任意空白处单击，即可完成求和运算。

	A	B	C	D	E
1	材料明细				
2	序号	垫片	螺钉	螺母	螺栓
3	1	5	8	8	8
4	2	8	15	6	6
5	3	7	17	3	3
6	4	12	21	1	1
7	合计				

	A	B	C	D	E
1	材料明细				
2	序号	垫片	螺钉	螺母	螺栓
3	1	5	8	8	8
4	2	8	15	6	6
5	3	7	17	3	3
6	4	12	21	1	1
7	合计	=Sum(B3:B6)			

图 4-30　进行求和运算

步骤 3　采用同样的方法分别对“螺钉”、“螺母”和“螺栓”列进行求和运算，最终效果如图 4-21 所示。

任务实施——创建明细表

下面，我们将通过创建图 4-31 所示的明细表，来学习表格的绘制方法。案例最终效果请参考本书配套素材“素材与实例”>“ch04”文件夹>“明细表.dwg”文件。

制作思路

该明细表仅包含表头和数据内容，因此我们可先设置表头和数据的样式，然后再创建表格。在创建表格时，我们可先将表格的列宽设置为相同，然后再逐个调整其列宽。案例最终效果请参考本书配套素材“素材与实例”>“ch04”文件夹>“明细表.dwg”文件。

序号	名称	数量	材料	备注
4	转轴	1	45	
3	定位板	2	235	
2	轴承盖	1	HT200	
1	轴承座	1	HT200	

（列宽：15、28、15、25；总长 111；行高：9，5×9(45)）

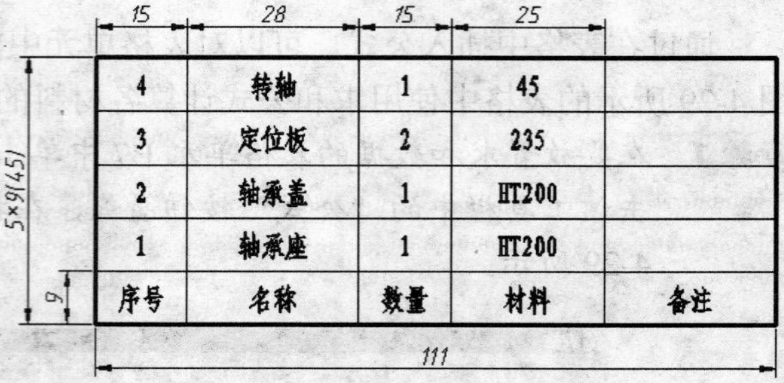

图 4-31　明细表

制作步骤

步骤 1　启动 AutoCAD，然后选择“格式”>“表格样式”菜单，在打开的“表格样式”对话框中单击［修改(M)...］按钮，打开“修改表格样式：Standard”对话框。

步骤 2　在该对话框的“表格方向”列表框中单击，在打开的下拉列表中选择“向上”选项；在“单元样式”下方的列表框中选择“表头”选项；在“基本”选项卡的“对齐”列表框中单击，在弹出的下拉列表中选择“正中”选项；在“文字”选项卡的“文字高度”编辑框中单击，然后输入文字高度值 3.5，如图 4-32 所示。

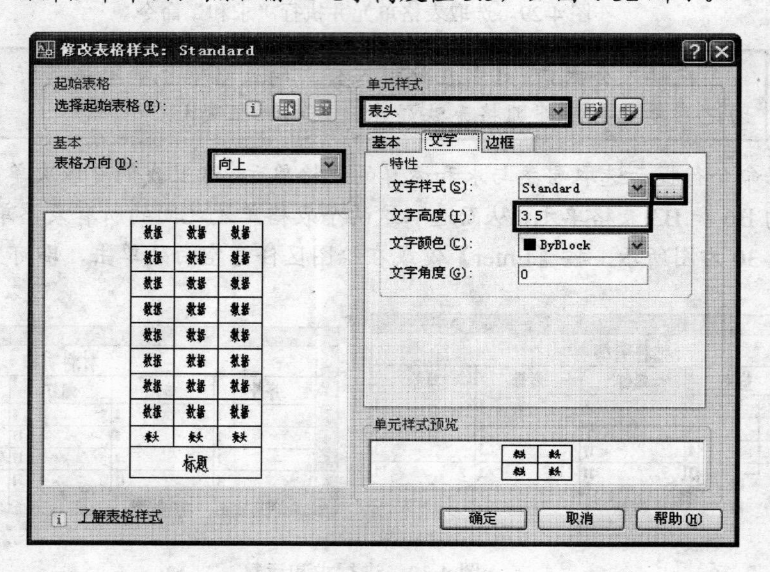

图 4-32　设置表格样式

步骤 3　单击图 4-32 所示的“文字”选项卡中的［...］按钮，在打开的对话框中将“Standard”文字样式的字体设置为“仿宋_GB2312”，宽度因子设置为 0.7，并依次单击［应用(A)］和［关闭］按钮，完成文字样式的设置。

步骤 4　采用同样的方法在“单元样式”下方的列表框中单击选择“数据”选项，然后在“基本”选项卡中将对齐方式设置为“正中”；在“文字”选项卡中将文字高度设置为“3.5”。

依次单击 确定 和 关闭 按钮，完成表格样式的设置。

> 由于该标题栏中不包含标题，因此在设置表格样式时，只需设置所需要的“数据”和“表头”单元样式的格式。

步骤 5 单击“绘图”工具栏中的“表格”按钮，打开“插入表格”对话框。采用系统默认的“Standard”表格样式，其他设置如图 4-33 所示。

步骤 6 单击该对话框中的 确定 按钮，然后在绘图区单击以放置表格，此时系统将自动进入表格文字编辑状态。按两次【Esc】键退出文字编辑状态，然后双击鼠标中键，将该表格最大化显示在绘图区，结果如图 4-34 所示。

步骤 7 双击图 4-34 所示的表格单元，此时系统将进入表格编辑状态，如图 4-35 所示。

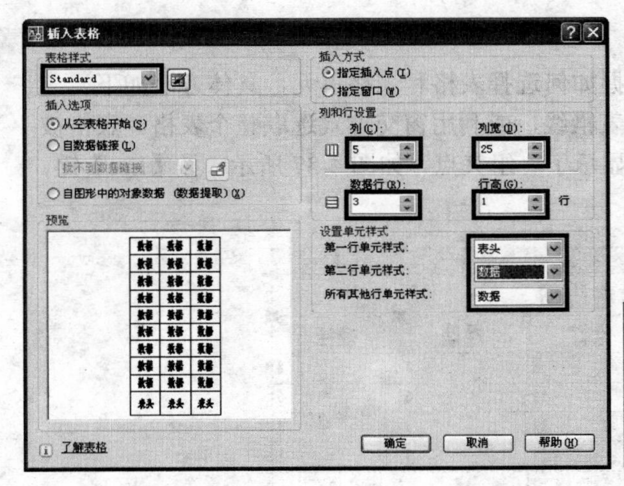

图 4-33 设置新建的表格样式

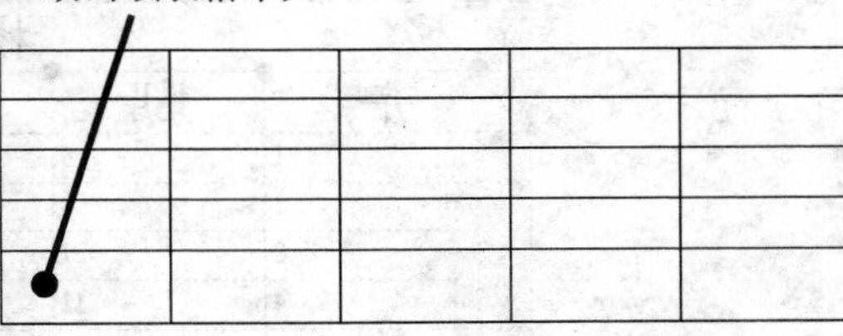

图 4-34 绘制表格

步骤 8 在图 4-35 所示的文本框中输入“序号”，然后通过按【Tab】键或按【←】、【↑】、【↓】、【→】键依次填写其他内容，填写完成后在绘图区其他位置单击，结果如图 4-36 所示。

5					
4					
3					
2					
1	]				
	A	B	C	D	E

图 4-35 进入表格编辑状态

4	转轴	1	45	
3	定位板	2	235	
2	轴承盖	1	HT200	
1	轴承座	1	HT200	
序号	名称	数量	材料	备注

图 4-36 填写表格内容

步骤 9 至此，明细表的表格及内容已经基本创建完毕。关于表格内容的对齐方式及表格边框的设置，我们将在任务三中详细讲解。按【Ctrl+S】快捷键保存该文件。

任务三　编辑表格

任务说明

对于已经创建好的表格，我们还可以根据需要对其进行编辑修改，如插入、删除或合并表格单元，调整表格内容的对齐方式、表格边框的线型、表格单元的行高与列宽等。

预备知识

一、选择表格单元

要对表格及其内容进行编辑，首先应掌握如何选择表格和表格单元，具体方法如下。

- 要选择整个表格，可直接单击任一表格线，或利用窗交方式选取整个表格。表格被选中后，表格线将显示为虚线，并显示了一组夹点，如图 4-37 所示。按【Esc】键，可退出表格的选择状态。

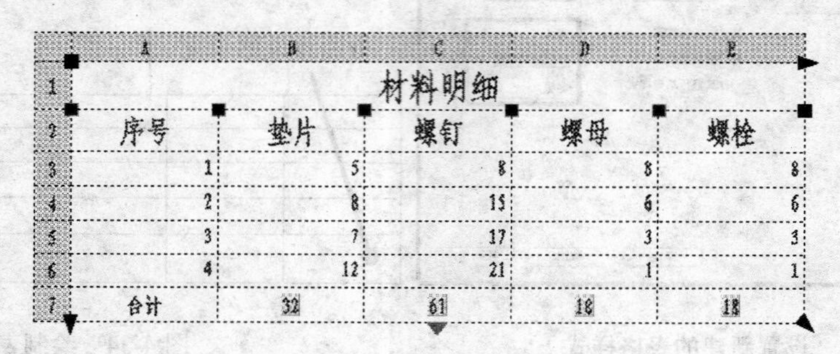

材料明细				
序号	垫片	螺钉	螺母	螺栓
1	5	8	8	8
2	8	15	6	6
3	7	17	3	3
4	12	21	1	1
合计	32	61	18	18

图 4-37　选择整个表格

- 要选择某个表格单元，可直接在该表格单元中单击；要选择表格单元区域，可先在要选择区域的某一角点处的表格单元中单击，然后按住鼠标左键不放，并向选择区域的另一角点处拖动，释放鼠标后，选择区域内的所有表格单元和与选择框相交的表格单元均被选中，如图 4-38 所示。

材料明细				
序号	垫片	螺钉	螺母	螺栓
1	5	8	8	8
2	8	15	6	6
3	7	17	3	3
4	12	21	1	1
合计	32	61	18	18

图 4-38　选择表格单元区域

单击某一表格单元后按住【Shift】键，然后再单击选中其他表格单元，可选中这两个表格单元区域内的所有表格单元。例如，要选中图 4-38 右图所示的表格单元，可先单击图 4-38 左图中选择框左上角处的表格单元，然后按住【Shift】键单击右下角处的表格单元。

- 要取消所选择的表格单元，可按【Esc】键，或者直接在表格外的任意位置处单击。

二、表格单元的插入上、删除及合并

- **插入行或列**：要在某个表格单元的四周插入行或列，可先选中该表格单元，然后在“表格”工具栏中单击选择所需命令，或在绘图区右击，从弹出的快捷菜单中选择所需命令，如图 4-39 所示。
- **删除行或列**：要删除表格中的某一行或列，可先选中要删除的行或列中的任一表格单元，然后单击图 4-39 左图所示的“表格”工具栏中的“删除行”按钮或“删除列”按钮。

图 4-39　插入或删除行或列

- **合并表格单元**：要合并表格单元，首先应选中要合并的对象，然后单击“表格”工具栏中的“合并单元”按钮，在弹出的下拉列表中选择“全部”、“按行”或“按列”选项，可将所选对象全部合并，或按行或按列合并，如图 4-40 所示。

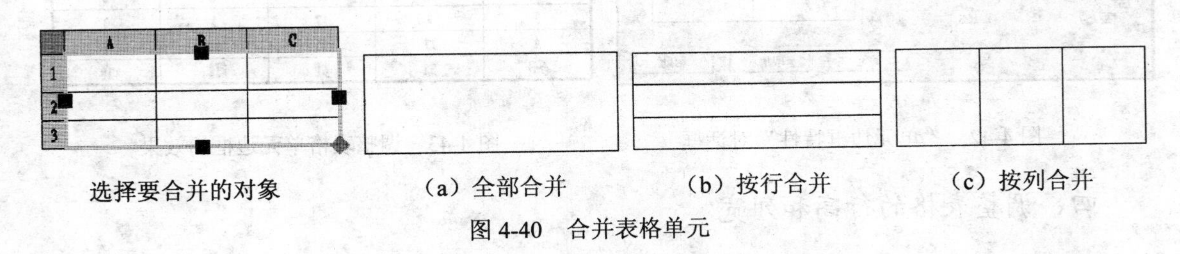

图 4-40　合并表格单元

三、调整表格内容的对齐方式及表格边框

要调整表格内容的对齐方式和表格单元的边框样式，可按如下方法进行操作。

步骤 1 要调整表格内容的对齐方式，可先选中要调整的表格单元，然后单击“表格”工具栏中的“对齐”按钮，在弹出的下拉列表中选择所需命令，或在绘图区右击，在弹出的快捷菜单中选择“特性”选项，然后在打开的“特性”选项板中进行设置，如图 4-41 所示。

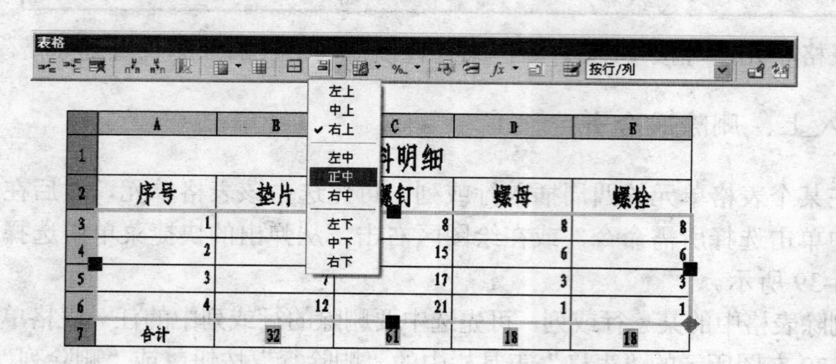

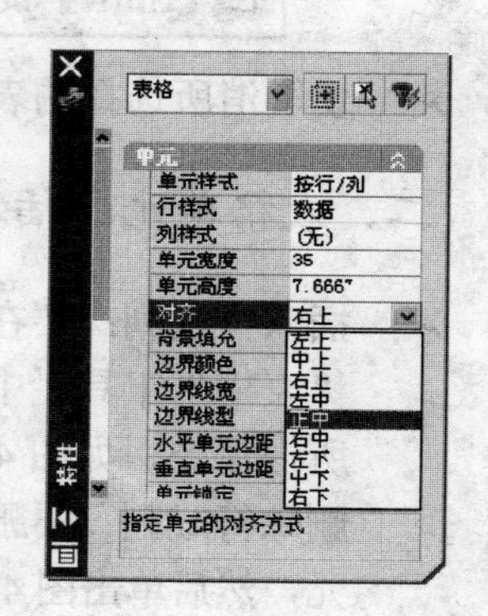

图 4-41 修改单元格的对齐方式

步骤 2 要修改表格的边框外观，可选中要修改的表格单元或表格单元区域，然后单击“表格”工具栏中的“单元边框”按钮，打开图 4-42 所示的“单元边框特性”对话框。

步骤 3 在此对话框的“线宽”、“线型”和“颜色”列表框中可分别设置表格单元的线宽、线型、颜色等，然后单击“应用于”设置区中的边框类型按钮，即可将设置应用于所选对象。本例中，我们可选中整个表格，然后在“线宽”下拉列表中选择“0.35mm”，接着单击“外边框”按钮，最后单击 确定 按钮，则表格效果如图 4-43 所示。

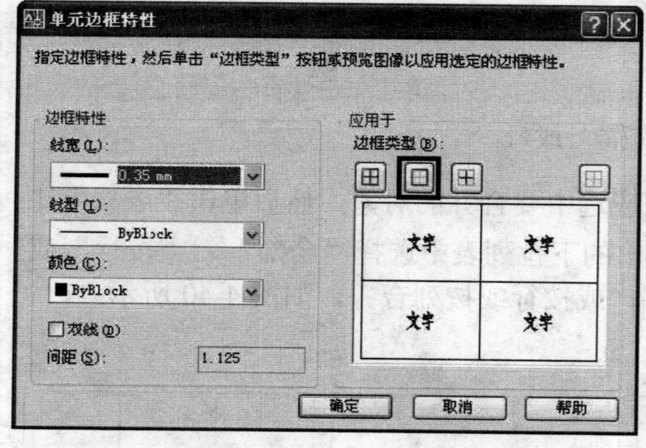

图 4-42 “单元边框特性”对话框

若所设置的线宽不显示，可单击状态栏中的 线宽 按钮，使其处于打开状态

材料明细				
序号	垫片	螺钉	螺母	螺栓
1	5	8	8	8
2	8	15	6	6
3	7	17	3	3
4	12	21	1	1
合计	32	61	18	18

图 4-43 调整表格单元边框的效果

四、调整表格的行高和列宽

要调整表格的行高和列宽，既可以利用表格上的夹点进行操作，也可以在“特性”选项板的“单元高度”和“单元宽度”编辑框中进行设置。

（1）使用夹点

选中整个表格、表格单元或表格单元区域后，通过拖动不同夹点可调整表格的位置、行高与列宽。例如，选中图 4-44 所示的整个表格后，其各夹点的功能如下。

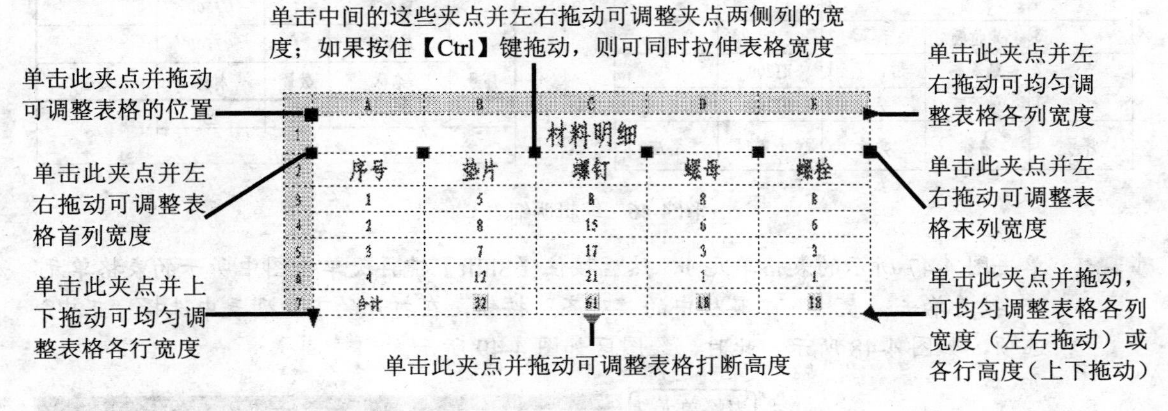

图 4-44　表格中各夹点的功能

选中某个表格单元或表格单元区域后，若拖动其上、下夹点可均匀调整所选表格单元所在行的行高；若拖动其左、右夹点可均匀调整所选表格单元所在列的列宽；若单击◆夹点并拖动，系统会自动将所选表格单元的内容复制对指定的表格单元中。

（2）使用“特性”选项板

除了使用夹点调整表格的行高与列宽外，还可以选中要调整的表格单元，然后在绘图区右击，从弹出的快捷菜单中选择“特性”选项，然后在打开的“特性”选项板的“单元”和“内容”设置区中修改所选单元的行高、列宽，以及所注文字的样式和高度等，如图 4-45 所示。

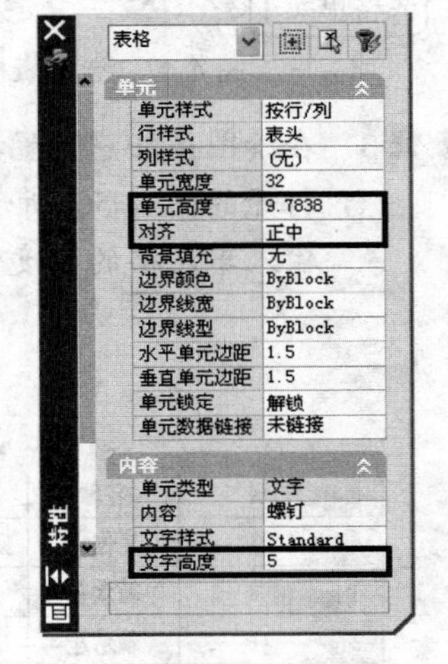

图 4-45　“特性”选项板

任务实施

一、编辑明细表

下面，我们将通过编辑图 4-46 左图所示的明细表，来学习选择表格单元，调整表格内容、表格边框、表格行高及列宽等方法。案例最终效果请参考本书配套素材“素材与实例”>“ch04”文件夹>“明细表 ok.dwg”文件。

制作步骤

步骤 1　打开本书配套素材“素材与实例”>“ch04”文件夹>“明细表.dwg”文件，如图 4-46 左图所示。

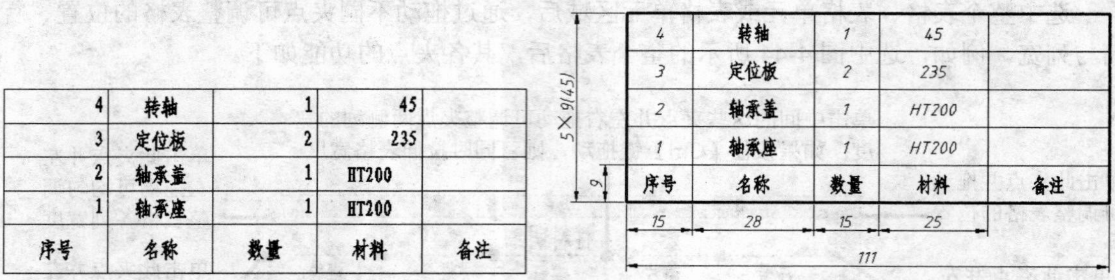

4	转轴	1	45	
3	定位板	2	235	
2	轴承盖	1	HT200	
1	轴承座	1	HT200	
序号	名称	数量	材料	备注

4	转轴	1	45	
3	定位板	2	235	
2	轴承盖	1	HT200	
1	轴承座	1	HT200	
序号	名称	数量	材料	备注

5×9(45)　9　15　28　15　25　111

图 4-46　编辑明细表

步骤 2　单击图 4-47 所示的表格单元 1，然后按住【Shift】键再次单击图中所示的表格单元 2，接着单击“表格”工具栏中的“对齐”按钮，在打开的下拉列表中选择“正中”选项，如图 4-48 所示。此时，绘图区如图 4-49 所示。

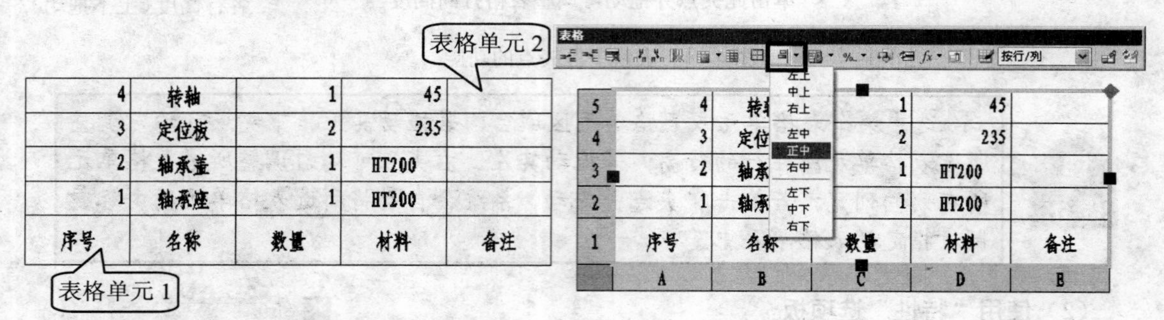

图 4-47　选取表格单元　　图 4-48　“对齐”下拉列表

步骤 3　在绘图区任意位置单击鼠标右键，在弹出的下拉列表中选择“特性”选项，然后在打开的图 4-50 所示的“特性”选项板的“单元”设置区中，“单元高度”编辑框中输入单元格的高度值“9”后按【Enter】键，最后按【Esc】键取消所选对象。

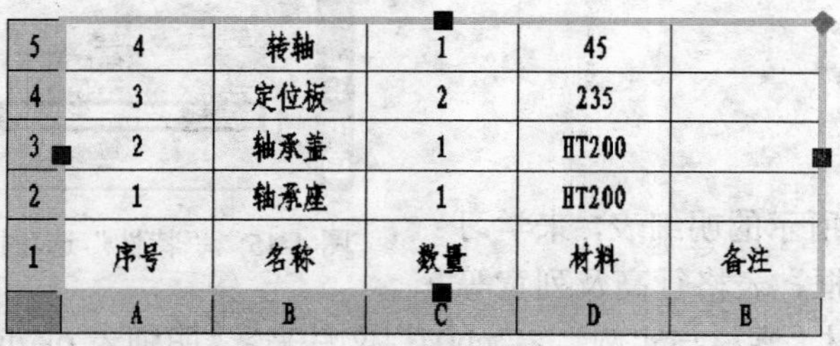

	A	B	C	D	E
5	4	转轴	1	45	
4	3	定位板	2	235	
3	2	轴承盖	1	HT200	
2	1	轴承座	1	HT200	
1	序号	名称	数量	材料	备注

图 4-49　调整内容的对齐方式

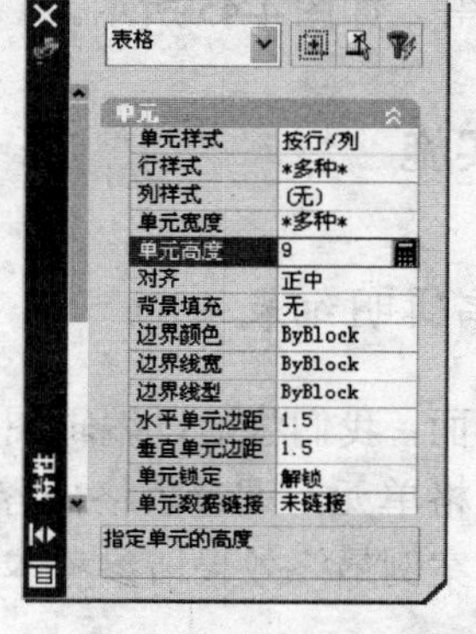

图 4-50　调整表格单元的高度

步骤 4　采用同样的方法依次选取第一至第五列中的任一表格单元，然后参照图 4-51 左上图所示的尺寸，在“特性”选项板中调整单元的宽度。

步骤 5　选择“格式”＞“文字样式”菜单，在打开的“文字样式”对话框中新建“数字”

样式。其字体为“gbeitc.shx”，宽度因子为“1”，其他采用默认设置。依次单击该对话框中的应用(A)和关闭(C)按钮，完成文字样式的设置。

步骤 6 参照步骤 2 的方法选择图 4-52 所示的表格单元，然后在“特性”选项板的“内容”设置区的“文字样式”列表框中单击，在打开的下拉列表中选择“数字”选项。

15	28	15	25	28
4	转轴	1	45	
3	定位板	2	235	
2	轴承盖	1	HT200	
1	轴承座	1	HT200	
序号	名称	数量	材料	备注

图 4-51　调整表格的列宽

	A	B	C	D	E
5	4	转轴	1	45	
4	3	定位板	2	235	
3	2	轴承盖	1	HT200	
2	1	轴承座	1	HT200	
1	序号	名称	数量	材料	备注

图 4-52　选择表格单元

步骤 7 采用同样的方法修改表格中其他数字及字母的文字样式，修改结果如图 4-53 上图所示。

步骤 8 参照步骤 2 选取整个表格单元，然后单击“表格”工具栏中的“单元边框”按钮，打开“单元边框特性”对话框。在该对话框的“线宽”列表框中单击，在弹出的下拉列表中选择“0.35mm”选项，接着单击“外边框”按钮，如图 4-53 右图所示。

步骤 9 单击该对话框中的确定按钮，完成表格边框的设置。最后按【Esc】键取消所选对象，结果如图 4-53 左下图所示。

4	转轴	1	45	
3	定位板	2	235	
2	轴承盖	1	HT200	
1	轴承座	1	HT200	
序号	名称	数量	材料	备注

4	转轴	1	45	
3	定位板	2	235	
2	轴承盖	1	HT200	
1	轴承座	1	HT200	
序号	名称	数量	材料	备注

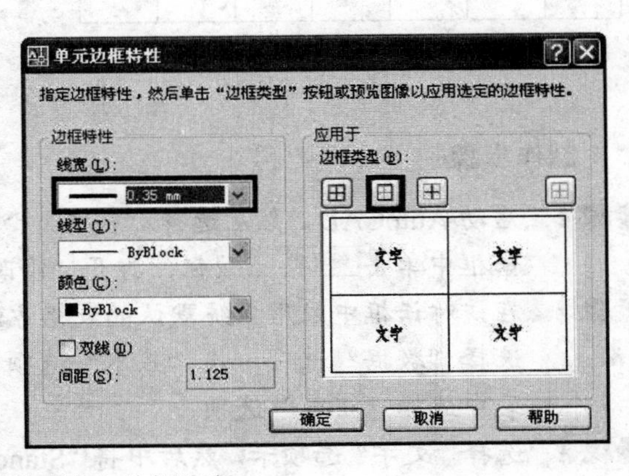

图 4-53　调整表格单元的列宽与边框线宽

若图 4-53 左下图所示的列宽效果不显示，可单击状态栏中的线宽按钮，使其处于打开状态。

步骤 10 至此，明细表已经创建完毕。选择“文件”>“另存为”菜单，将该文件保存。

二、创建标题栏

下面，我们将通过创建图 4-54 所示的标题栏，来学习表格的创建及调整方法。案例最终效果请参考本书配套素材“素材与实例”>“ch04”文件夹>“标题栏.dwg”文件。

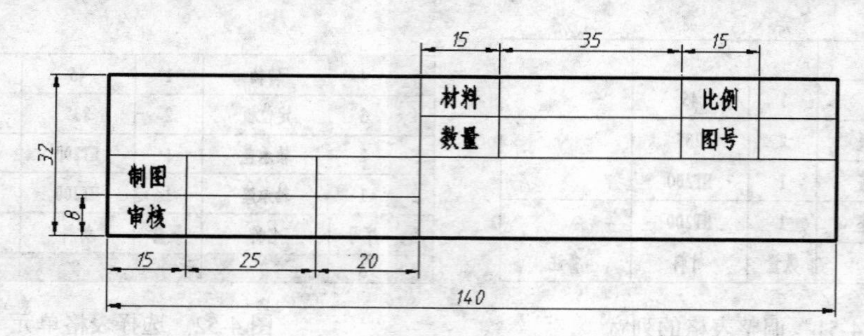

图 4-54　标题栏

制作思路

要绘制图 4-54 所示的标题栏，我们可先绘制图 4-55 左图所示的表格，然后再合并相关表格单元，从而得到图 4-55 右图所示的表格，最后再调整表格单元的行高、列宽和边框线宽并填写相应内容。

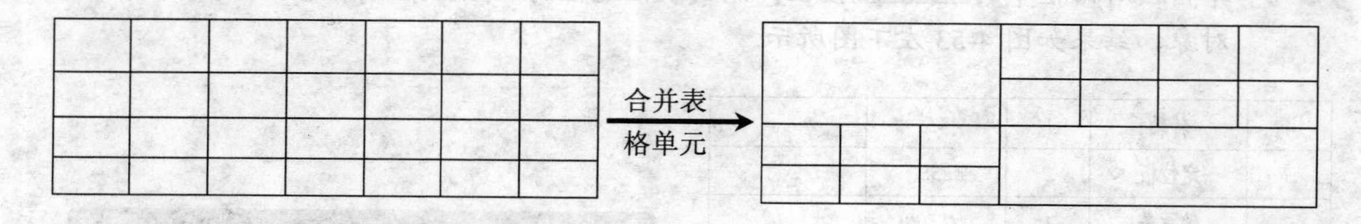

图 4-55　制作思路

制作步骤

步骤 1　启动 AutoCAD，然后选择“格式”>“表格样式”菜单，在打开的“表格样式”对话框中单击 修改(M)... 按钮，打开“修改表格样式：Standard”对话框。

步骤 2　在该对话框中采用系统默认的表格方向，然后在“单元样式”下方的列表框中单击选择“数据”选项，在“基本”选项卡的“对齐”列表框中单击，在弹出的下拉列表中选择“正中”选项。

步骤 3　选择“文字”选项卡，然后中将“Standard”文字样式的字体设置为“仿宋_GB2312”，宽度因子设置为 0.7，并在“修改表格样式：Standard”对话框中将“文字高度”设置为 3.5。

提示：由于该标题栏中不包含标题和表头，因此在设置表格样式时，只需设置所需要的“数据”单元样式的格式即可。

步骤 4　单击 确定 按钮返回“表格样式”对话框，然后单击 关闭 按钮，完成表格样式的设置。

步骤 5　单击“绘图”工具栏中的“表格”按钮，打开“插入表格”对话框。采用系统默认的“Standard”表格样式，其他设置如图 4-56 所示。

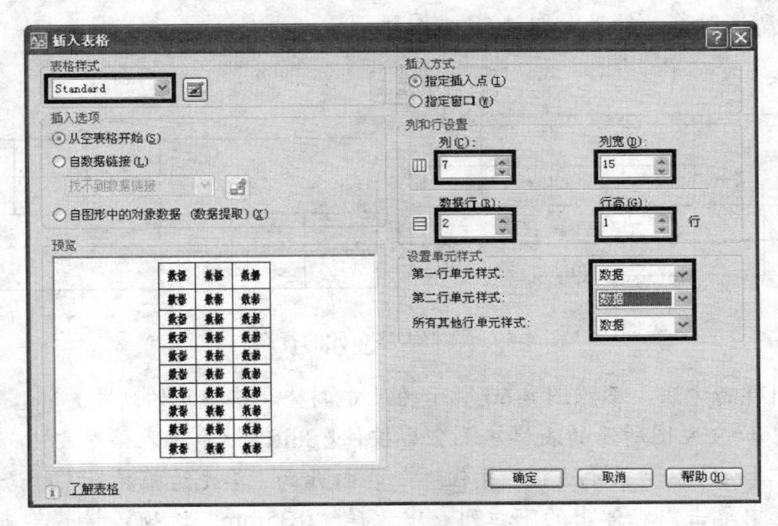

图 4-56　设置新建的表格样式

步骤 6　单击该对话框中的确定按钮，然后在绘图区合适位置单击以放置表格，此时系统将自动进入表格文字编辑状态。按两次【Esc】键退出表格文字编辑状态，最后双击鼠标中键，将该表格最大化显示在绘图区，结果如图 4-57 左图所示。

步骤 7　按住鼠标左键依次拖出图 4-57 右图所示的区域，然后单击“表格”工具栏中的“合并单元”按钮，在弹出的下拉列表中选择“全部”选项，再按【Esc】键取消所选对象，结果如图 4-58 左图所示。

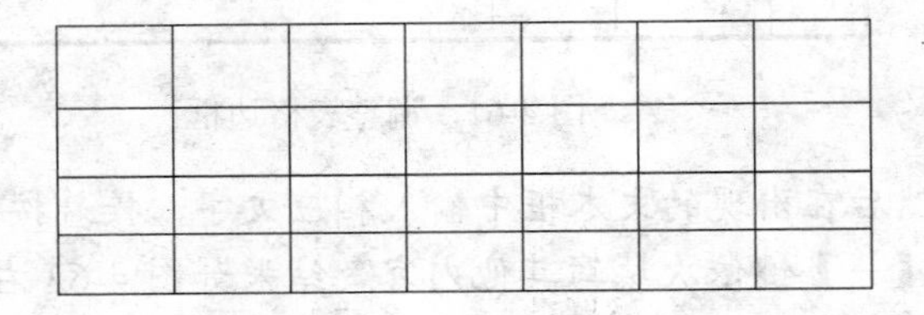
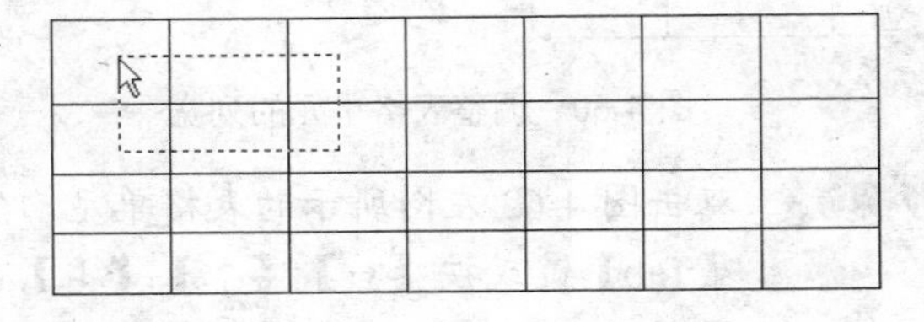

图 4-57　绘制表格，并选择表格单元

步骤 8　采用同样的方法合并其他表格单元，结果如图 4-58 右图所示。

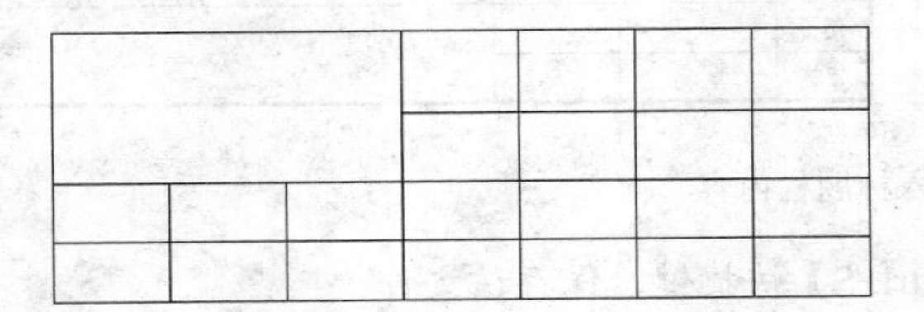
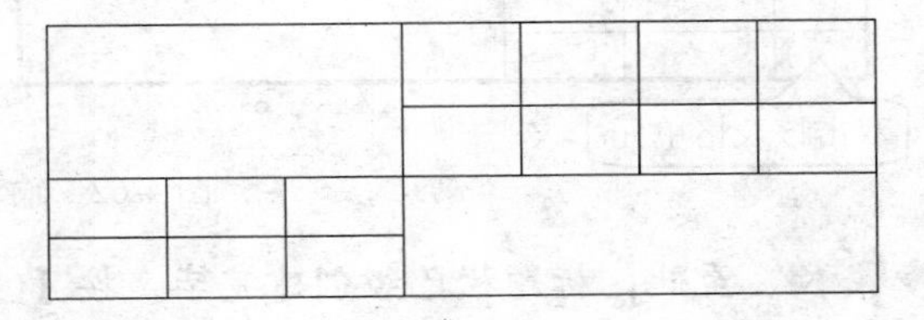

图 4-58　合并表格单元

步骤 9 选取图 4-59 左图所示的表格单元 1，按住【Shift】键后单击表格单元 2，然后在绘图区右击，在弹出的下拉列表中选择“特性”选项，接着在打开的“特性”选项板的“单元高度”编辑框中单击，输入表格单元的高度值“8”后按【Enter】键，最后按【Esc】键取消所选对象，结果如图 4-59 右图所示。

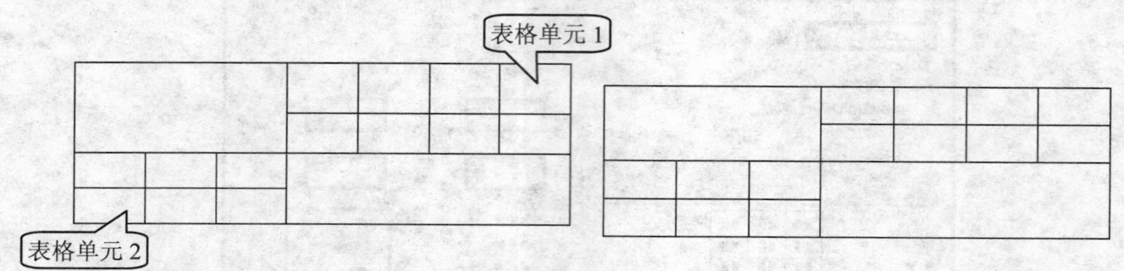

图 4-59 调整表格单元的行高

步骤 10 采用同样的方法，参照图 4-60 所示的尺寸调整表格单元的列宽。

步骤 11 选取图 4-59 左图所示的表格单元 2 后按住【Shift】键单击表格单元 1，然后单击“表格”工具栏中的“单元边框”按钮，在打开的“单元边框特性”对话框的“线宽”列表框中单击，在弹出的下拉列表中选择“0.35mm”选项，接着单击“外边框”按钮。

步骤 12 单击该对话框中的 确定 按钮，完成表格边框的设置。按【Esc】键取消所选对象，结果如图 4-61 所示。

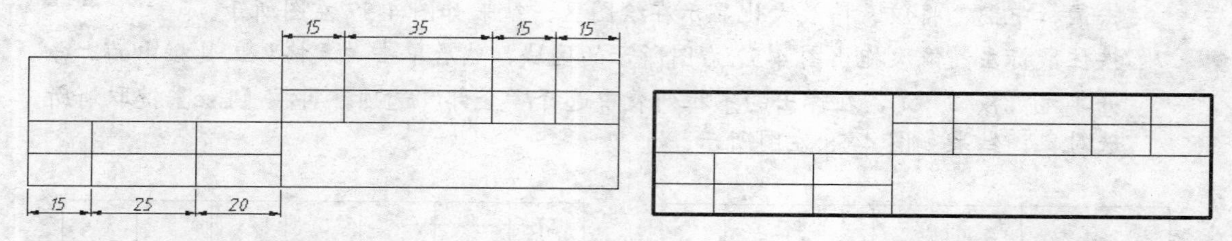

图 4-60 调整表格单元的列宽　　图 4-61 调整表格边框

步骤 13 双击图 4-62 左图所示的表格单元，然后在出现的文本框中输入相应文字，接着按【Tab】键或按【←】、【↑】、【↓】、【→】键依次填写其他内容，结果如图 4-62 右图所示。

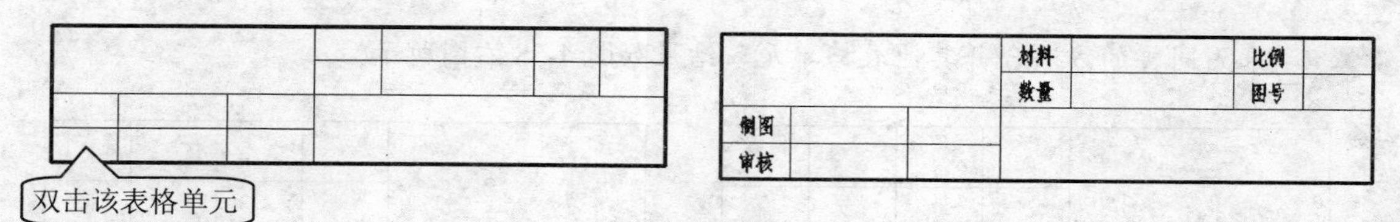

图 4-62 输入标题栏内容

步骤 14 至此，标题栏已经创建完毕。按【Ctrl+S】快捷键，保存该文件。

项目总结

要为图形添加文字注释与表格，应首先设置好文字样式和表格样式，然后再借助“单行文字”、“多行文字”和“表格”命令创建文字和表格。通过学习本项目，读者应重点注意以下几点。

- 了解字体和文字高度设置对文字的影响。例如，如果“文字样式”对话框中的文字高度值不为 0，则执行“单行文字”命令时系统将不再提示设置文字高度，否则，系统将提示用户设置文字高度。
- 当要注写的对象中包含特殊符号时，最好使用“多行文字”命令进行注写。因为使用“多行文字”命令时，可借助“文字格式”工具栏中的“符号”按钮 @ 方便地插入所需符号。
- 无论是使用“单行文字”命令还是“多行文字”命令所注写的文字，均可通过双击或使用“ed”命令对其进行编辑修改。但是，使用这两种方法只能修改单行文字的内容，不能修改其文字高度、旋转角度及对正方式等。要对单行文字的格式进行修改，需先选中要修改的文字，然后在“特性”选项板中进行操作。
- 绘制表格前，首先应设置表格样式。绘制表格时，必须设置表格单元第一行和第二行的单元样式。如果要绘制的表格不包含表头和标题，那么，可将表格单元的第一行和第二行的样式均设置为数据。
- 要插入、删除、合并表格单元，或调整表格内容的对齐方式，除了使用“表格”工具栏中的相关命令进行操作外，还可以先选中所需表格单元，然后在绘图区右击，从弹出的下拉列表中选择所需命令进行操作。

课后操作

1．利用本项目所学知识绘制图 4-63 左图所示的明细表，其汉字的字体类型设置为“仿宋_GB2312”，宽度设置为“0.7”，数字的字体设置为“gbeitc.shx”，宽度设置为“1”，字高为 3.5，然后利用公式计算出各零件的总和并填写在相应表格中，其最终效果如图 4-63 右图所示。

序号	合页	把手	门锁	灯
1	32	33	44	34
2	37	65	26	45
3	43	39	37	28
小计				

8×5(40)　20×5(100)

序号	合页	把手	门锁	灯
1	32	33	44	34
2	37	65	26	45
3	43	39	37	28
小计	112	137	107	107

图 4-63　练习一

2．利用本项目所学知识绘制图 4-64 所示的标题栏。

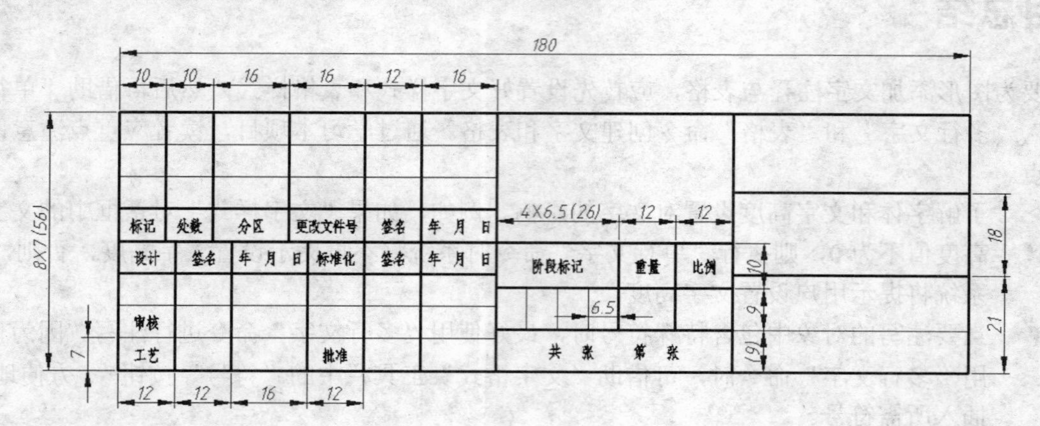

图 4-64 练习二

提示:

由于该标题栏中的同一位置处存在部分线条不对齐的情况，因此，我们可以将该标题栏分为图 4-65 所示的四部分，然后分别进行绘制。在绘制每部分表格时，应根据该部分的特点设置其列数、列宽和行数值。此外，由于图 4-65 左图所示的上、下两个表格的列数和行数相等，因此我们可以先绘制其中的一个，然后利用“复制”命令创建另一个。最后使用“移动”命令将这四个表格移动到其所在位置，并填写其内容（字高为 2.5）。

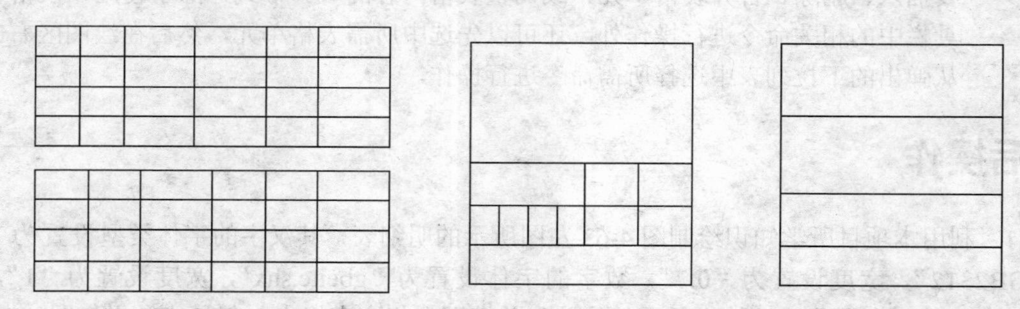

图 4-65 将标题栏进行拆分绘制

项目五　尺寸标注

项目导读

尺寸是零件图的重要图形信息之一，它不仅能够为我们描述零件的真实大小以及零件间的相对位置关系，还是实际生产中的重要加工依据。AutoCAD 为我们提供了非常完整的尺寸标注体系，其中包括标注样式的设置与管理，各种线性尺寸、角度尺寸、半径和直径尺寸命令等，使我们可以轻松地完成图样的标注任务。

知识目标

- 了解尺寸标注的组成，并掌握尺寸标注的一般原则。
- 掌握尺寸标注样式的设置方法，并了解用于设置标注样式的对话框中各选项卡的主要功能。
- 掌握基本尺寸标注命令，以及标注连续尺寸和基线尺寸的操作方法。
- 掌握多重引线和几何公差的组成、样式设置及标注方法。

能力目标

- 能够根据要标注尺寸的特点创建合适的尺寸标注样式。
- 能够熟练掌握基本尺寸标注命令的操作方法，并结合尺寸标注的基本原则合理地标注尺寸。
- 能够利用尺寸标注上的夹点调整其位置，并掌握尺寸文本的编辑方法。
- 能够灵活运用“多重引线”和“公差”命令为图形标注倒角尺寸和几何公差。

任务一　创建标注样式

任务说明

在 AutoCAD 中进行尺寸标注时，尺寸的外观是由当前标注样式控制的。因此，在标注尺寸前一般都要先创建好尺寸标注样式，然后再标注尺寸。此外，为了使标注的尺寸符合国家制图标准，在进行尺寸标注前，有必要先了解尺寸标注的组成和基本原则。

预备知识

一、尺寸标注的组成

在机械制图中，一个完整的尺寸标注由尺寸界线、尺寸线、尺寸文本和箭头4部分组成，如图5-1所示。

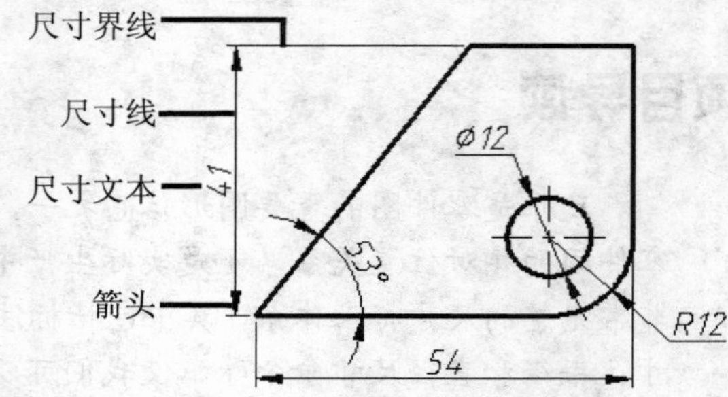

图5-1　尺寸标注的组成

尺寸标注各组成元素的主要作用如下。

- **尺寸界线**：应从图形的轮廓线、轴线或对称中心线处引出。必要时，轮廓线、轴线和对称中心线也可作为尺寸界线。
- **尺寸线**：用于表明尺寸标注的范围。通常情况下，AutoCAD将尺寸线放置在测量区域内，如果空间不足，则将尺寸线和尺寸文本延伸到测量区域的外部，这主要取决于标注样式的设置。在角度标注中，尺寸线是一段圆弧。
- **尺寸文本**：位于尺寸线上方或中断处，用于表达零件的大小。尺寸文本应按标准字体书写，且同一张图纸上的字高要一致。

尺寸文本中的值不一定是图中两尺寸界线间的距离，但一定是零件的实际尺寸。例如，要按1：5的比例绘图，若零件的实际尺寸为100，则图形的尺寸应为20（即100／5），但尺寸文本中的值应标100。

- **箭头**：箭头显示在尺寸线的两端，用于表示尺寸线的起止位置。AutoCAD提供了多种箭头符号，如空心箭头、建筑标记、斜线和点等，但系统默认使用闭合的实心箭头符号，如图5-1所示。

二、尺寸标注的基本原则及一般流程

为了便于管理和技术交流，国家制图标准对尺寸标注的箭头、尺寸文字和尺寸线等做了统一规定，标注时应遵照执行。

（1）基本原则

① 机件的真实大小应以图样上所标注的尺寸为依据，与图形的大小和绘图的准确度无关。

② 在没有特殊说明的情况下，图样（包括技术要求和其他说明）中的尺寸单位默认为“毫米”。

③ 图样中所标注的尺寸为该机件的最后完工尺寸，否则应另加说明。

④ 机件相同位置的尺寸一般只标注一次，并应标注在最能反映该结构的视图中，不得有漏标、错标或重标尺寸。

（2）尺寸标法

在 AutoCAD 中，对于一些特殊图形，尺寸标注不仅要能够表达所注图形的大小，还需要表达该图形的形状。例如，在标注表示圆特征的图形时，尺寸文本前必须加上“Ø”符号；在标注正方形时，尺寸文本前应加上“□”符号，如图 5-2 所示。

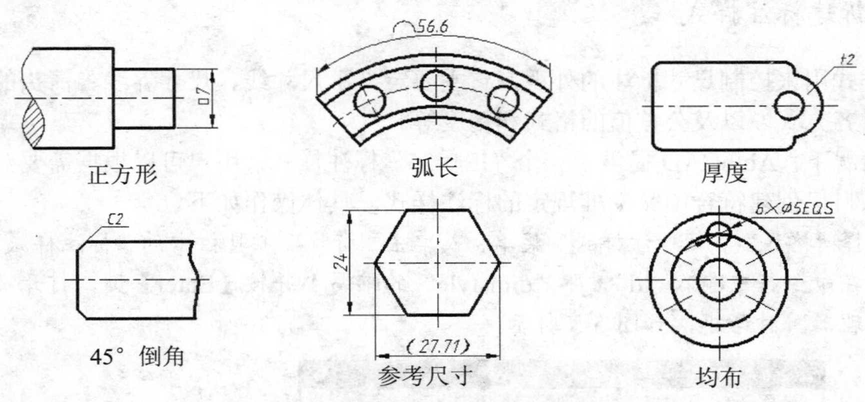

图 5-2　特殊图形的尺寸标注要求

尺寸标注中的一些常用符号和缩写词如表 5-1 表示。

表 5-1　尺寸标注中的常用符号和缩写词

名称	符号或缩写词	名称	符号或缩写词	名称	符号或缩写词
直径	Ø	厚度	t	正方形	□
半径	R	45° 倒角	C	深度	↧
圆球直径	SØ	均布	EQS	埋头孔	∨
圆球半径	SR	沉头或锪平	⌴		

同一张图纸上，所有尺寸文本的高度和箭头的大小应一致，且相互平行的尺寸线的间距应大致相等。

标注尺寸时，需遵守“小尺寸在内，大尺寸在外”的原则，尺寸线的排列应整齐、清楚，并尽可能避免尺寸线与尺寸线相交。此外，尺寸线不得与图形中的中心线、轮廓线和尺寸线等重合。

（3）标注尺寸的一般流程

在 AutoCAD 中，标注尺寸的一般流程如下。

① 创建用于专门放置尺寸标注的图层，以便管理所标注尺寸的线型、颜色和线宽等。

② 为尺寸文本设置标注所需要的文字样式。

③ 创建合适的尺寸标注样式。如果需要的话，还可以为尺寸标注样式创建子标注样式或替代标注样式。

④ 结合对象捕捉功能，并利用各种尺寸标注命令标注图形。

在对图形进行尺寸标注时，AutoCAD 会自动创建一个名为“Defpoints”的图层，该图层上保留了一些标注信息，它是 AutoCAD 图形的一个组成部分。

三、新建标注样式

标注样式用来控制尺寸标注的外观，它主要定义了尺寸线、尺寸界线、箭头的样式、尺寸文本的对齐方式，以及公差值的格式和精度等。

默认情况下，AutoCAD 提供了一个“ISO-25”标注样式，用户可以根据需要对其进行修改，也可以自己创建符合国家标准规定的标注样式，具体操作如下。

步骤 1 选择“格式”>“标注样式”菜单，或单击“标注”工具栏中的“标注样式”按钮，或在命令行中输入“d”（即“dimstyle”的缩写）并按【Enter】键，打开“标注样式管理器”对话框，如图 5-3 所示。

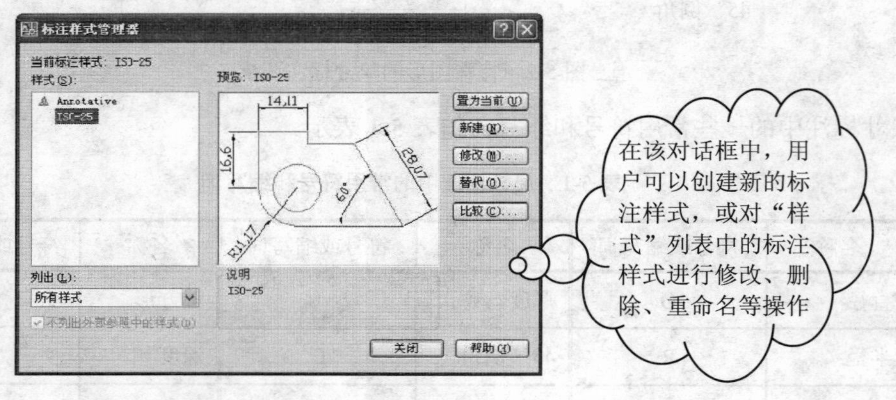

图 5-3 “标注样式管理器”对话框

在“标注样式管理器”对话框中，部分按钮的功能如下。

- **置为当前(U)和修改(M)...按钮**：在“样式”列表框中选择某一标注样式，然后单击置为当前(U)按钮，可将该样式设置为当前样式；单击修改(M)...按钮，可在打开的对话框中对当前所选择的样式进行修改。
- **替代(O)...按钮**：单击该按钮，可为当前标注样式创建临时替代样式。临时替代样式只影响后面标注的尺寸，而对已经标注的尺寸不产生任何影响。

当要标注的某个或某些尺寸的标注要求与已经创建的标注样式的大部分设置相同时，为了节约时间，可为已经创建的标注样式指定临时替代样式（即修改已经创建的标注样式的个别设置，其名称为“<可样式替代>”），然后再标注尺寸。要注意的是，一旦将其他标注样式设置为当前样式，则替代标注样式将被自动删除，但使用该样式标注的尺寸不受影响。

- 比较(C)... 按钮：单击该按钮，可在打开的对话框中比较两个标注样式的异同，如图 5-4 所示。

步骤 2　单击 新建(N)... 按钮，打开“创建新标注样式”对话框。在该对话框中，用户可以为要创建的标注样式指定样式名称、基础样式（选择创建新样式的基础样式）和该样式的标注范围，如图 5-5 所示。

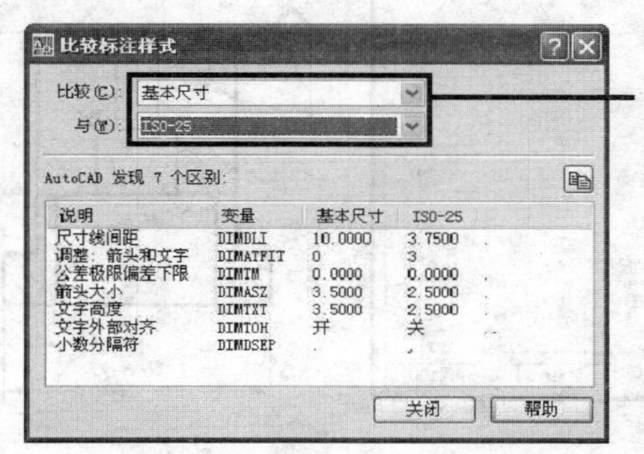

选择用于比较的两个标注样式

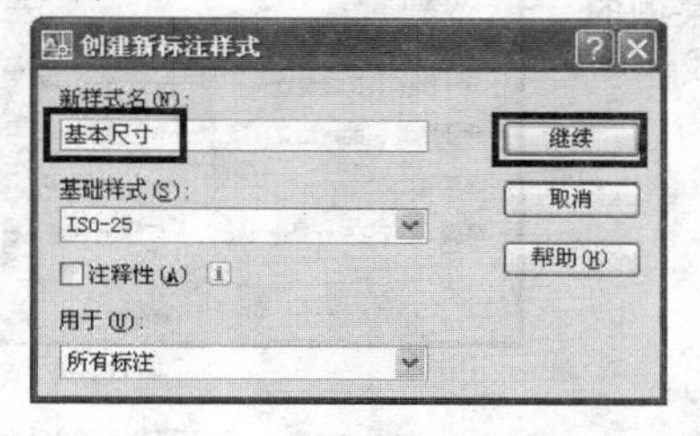

图 5-4　“比较标注样式”对话框　　　　图 5-5　“创建新标注样式”对话框

> 在“用于”下拉列表中，如果选择“所有标注”选项，则创建的新标注样式与基础样式是平行关系，适合于所有尺寸标注命令；如果选择某一特定对象，则创建的新标注样式是基础样式的子样式，仅适用于特定对象的标注。例如，在“用于”列表框中选择“角度”选项时，该标注样式只有在使用“角度”标注命令时才有效。

步骤 3　单击 继续 按钮，打开图 5-6 所示的“新建标注样式：基本尺寸”对话框。在该对话框中，利用“线”、“符号和箭头”、“文字”、“调整”、“主单位”等 7 个选项卡可为新建的标注样式设置尺寸线、箭头、文字等特性。

步骤 4　依次单击 确定 和 关闭 按钮，完成标注样式的创建。

四、设置标注样式

为了能够更好地新建或修改标注样式，下面我们就来学习图 5-6 所示的“新建标注样式：基本尺寸”对话框中各选项卡的功能。

（1）“线”选项卡

在该选项卡中，用户可以控制尺寸线与尺寸界线的外观形式（参见图 5-6），该选项卡包含了下面几方面内容。

◆　**“尺寸线”设置区**

该设置区用于设置尺寸线的颜色、线型、线宽和基线间距等。其中，“基线间距”复选框用于控制使用“基线”命令所标注的两条平行尺寸线之间的距离，即起点相同，而端点不同的一组平行尺寸线之间的距离，如图 5-7 所示；隐藏“尺寸线 1”/“尺寸线 2”复选框用来控制是否显示尺寸文本某侧的尺寸线。

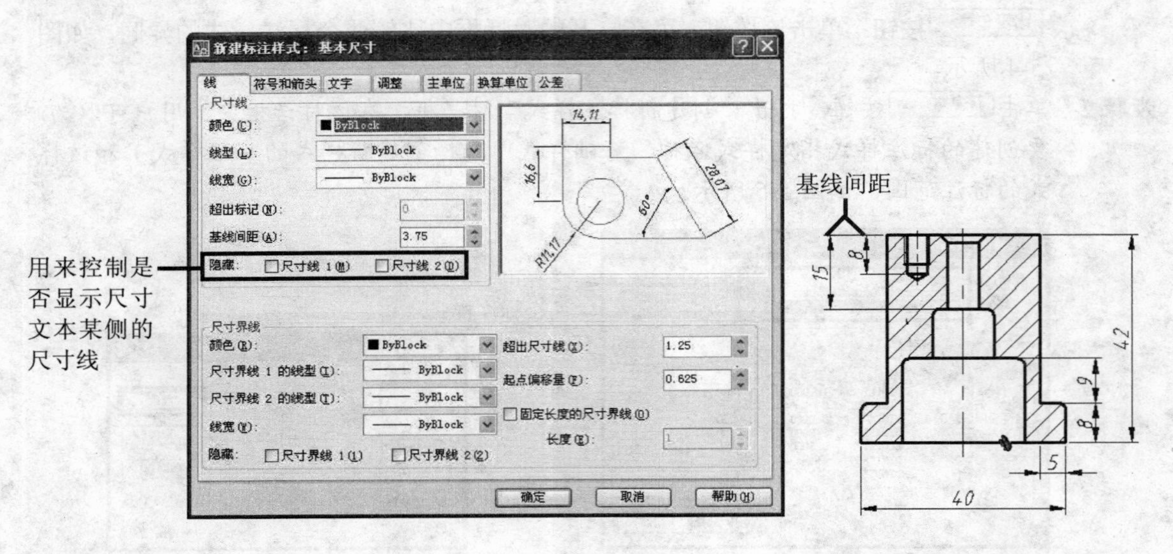

图 5-6 “新建标注样式：基本尺寸”对话框　　图 5-7 基线间距

◆ **“尺寸界线”设置区**

该设置区用于设置尺寸界线的颜色、线型、线宽、尺寸界线超出尺寸线的长度、尺寸界线到定义点的起点偏移量，以及是否隐藏尺寸界线等，其中部分选项的功能如图 5-8 所示。

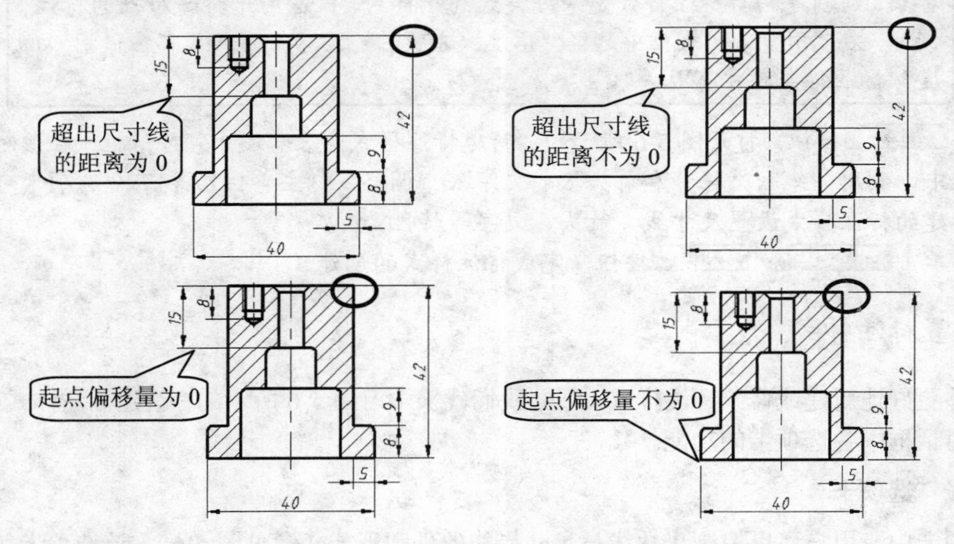

图 5-8 “超出尺寸线”和“起点偏移量”示意图

（2）“符号和箭头”选项卡

利用该选项卡，用户可以设置尺寸线的终端符号、圆心标记、弧长符号等内容，如图 5-9 所示，其中部分选项的功能如图 5-10 和 5-11 所示。

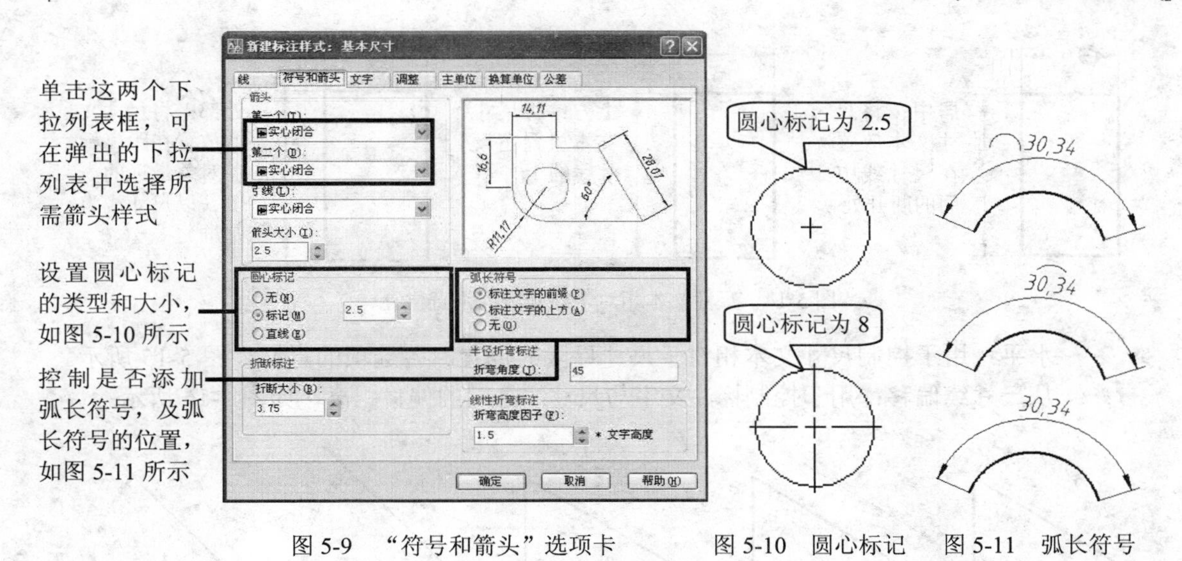

图 5-9　“符号和箭头”选项卡　　　图 5-10　圆心标记　　图 5-11　弧长符号

（3）“文字”选项卡

利用该选项卡可以设置尺寸文本的外观、位置和对齐方式，如图 5-12 所示。

◆　**“文字外观”设置区**

用来控制文字的样式、颜色和高度等。其中，“分数高度比例”复选框来控制分数或公差高度相对于标注文字的比例，只有在“主单位”选项卡中将“单位格式”设置为“分数”或选择了某一公差类型时，该复选框才可使用，其功能如图 5-13 所示。

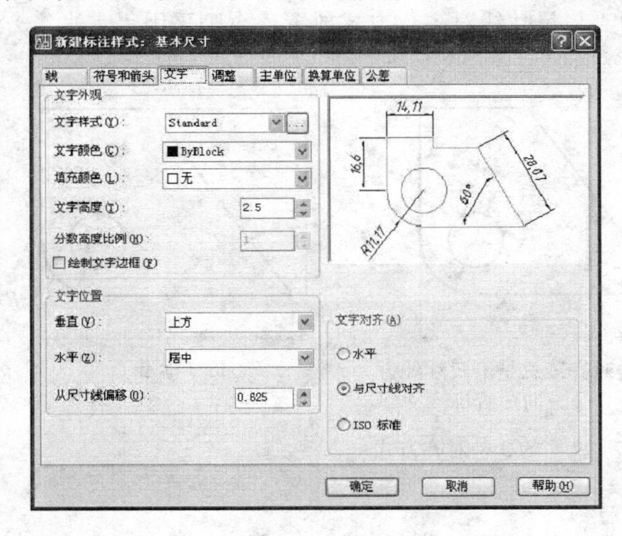

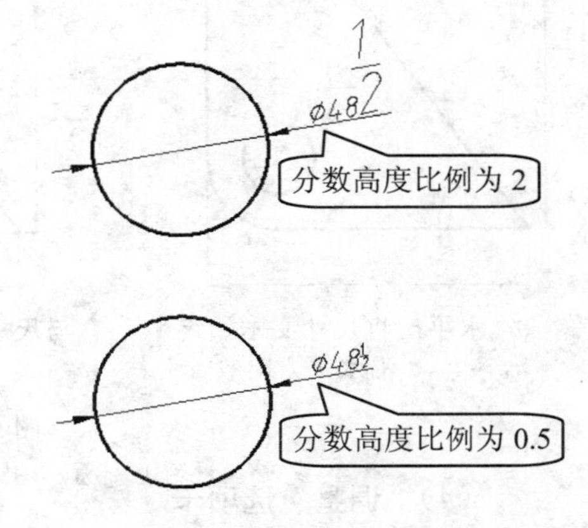

图 5-12　“文字”选项卡　　　　　　　　图 5-13　分数高度比例设置效果

◆　**“文字位置”设置区**

该设置区用来控制尺寸文本相对于尺寸线和尺寸界线的位置。

➢　**垂直**：用于控制尺寸文本相对于尺寸线的垂直位置，其中几个重要选项的功能如图 5-14 所示。

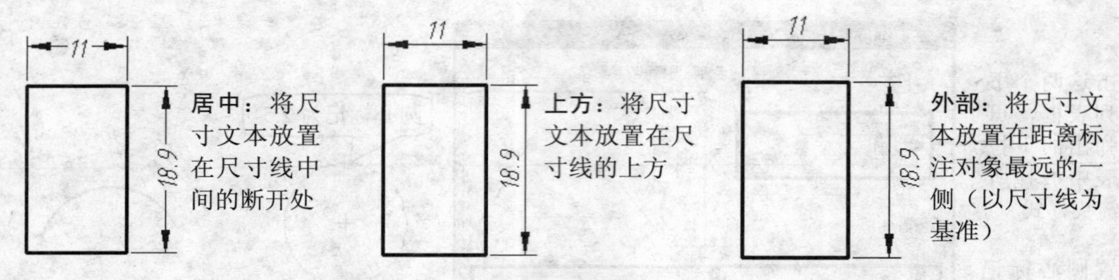

图 5-14　尺寸文本相对于尺寸线的垂直位置

- **水平**：用于控制尺寸文本相对于尺寸界限的位置，各选项的意义如图 5-15 所示。
- **从尺寸线偏移**：用于控制标注文字与尺寸线之间的偏移距离，如图 5-16 所示。

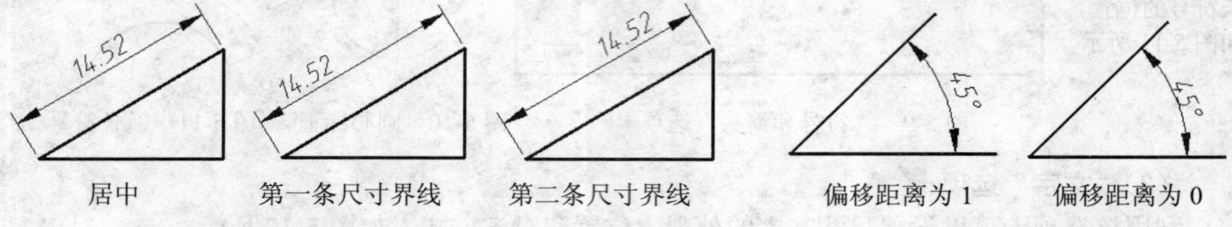

图 5-15　尺寸文本相对于尺寸界限的位置　　图 5-16　设置“从尺寸线偏移”的效果

◆　**“文字对齐”设置区**

该设置区用来控制尺寸文本是沿水平方向还是平行于尺寸线的方向放置，各选项的功能如图 5-17 所示。值得注意的是，“ISO 标准”表示将尺寸文字按照国际标准放置，即当标注文字能够放置在尺寸界线内部时，采用“与尺寸线对齐”方式放置，否则采用“水平”方式放置。

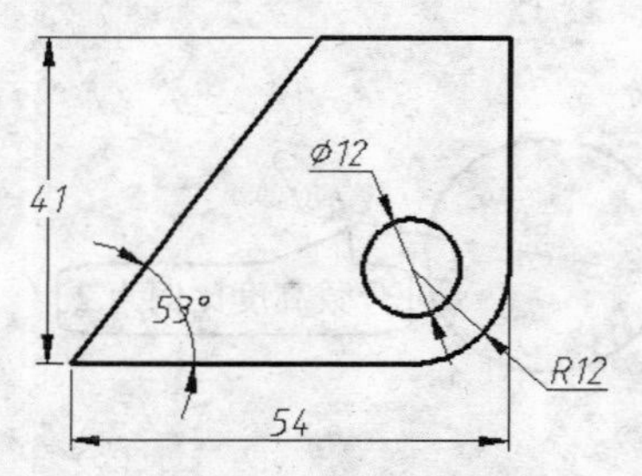

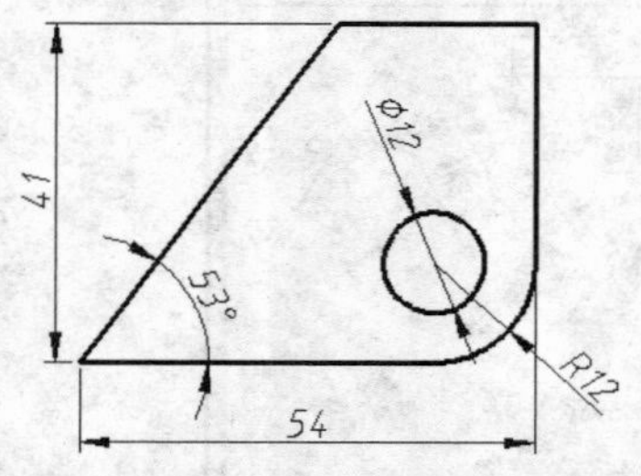

水平：将尺寸文本始终沿水平方向放置

与尺寸线对齐：总是沿尺寸线方向放置标注文字

ISO 标准

图 5-17　文字的 3 种对齐方式

（4）“调整”选项卡

利用该选项卡可以设置尺寸文本和箭头的放置方式，如图 5-18 所示。

◆　**“调整选项”设置区**

在 AutoCAD 中添加标注时，若尺寸界线间的距离足够大，系统默认将尺寸文本和箭头置于尺寸界线内；若尺寸界线间的空间不足，则可利用“调整选项”设置区设置尺寸文本和箭头的放置方式，效果如图 5-19 所示。

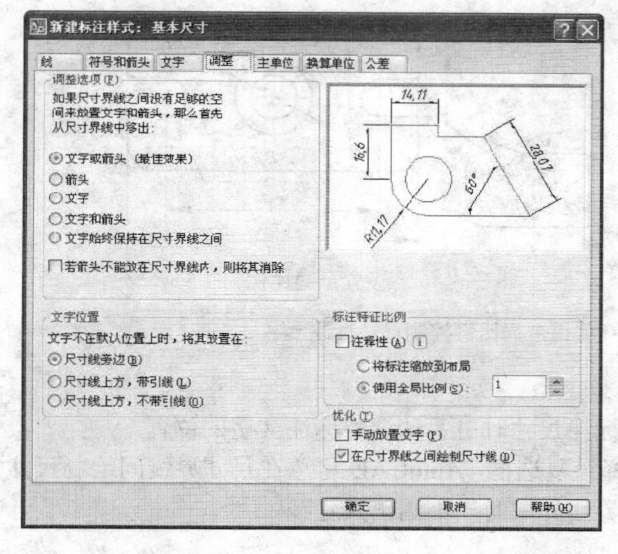

图 5-18 “调整”选项卡

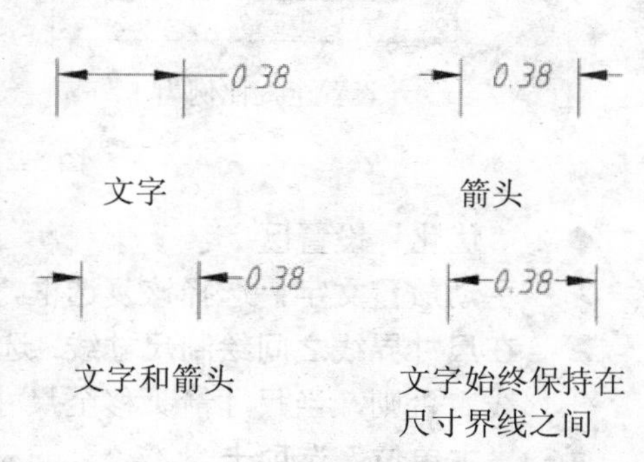

图 5-19 尺寸文本和箭头的相对位置

该设置区中，部分单选钮的功能如下。

- **文字或箭头（最佳效果）**：系统自动按照最佳效果放置文字和箭头。
- **箭头**：若尺寸界线间的空间不足，将箭头放在尺寸界线外；若尺寸界线间的空间非常小，则将文字和箭头都放在尺寸界线外。
- **文字**：若尺寸界线间的空间不足，将文字放在尺寸界线外；若尺寸界线间的空间非常小，则将文字和箭头都放在尺寸界线外。
- **文字和箭头**：若尺寸界线间的空间不足，将文字和箭头都移到尺寸界线外。

◆ **“文字位置”设置区**

尺寸文字默认位于两尺寸界线之间，当文字无法放置在默认位置时，可利用“文字位置”设置区设置尺寸文字的放置位置，如图 5-20 所示。

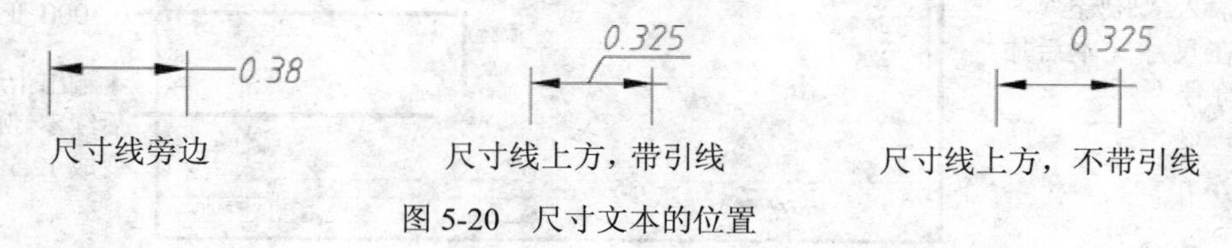

图 5-20 尺寸文本的位置

◆ **“标注特征比例”设置区**

在该设置区中可以设置全局标注比例或图纸空间比例，从而统一缩放尺寸标注的各组成元素。

- **使用全局比例**：用于设置尺寸标注的比例因子，该比例因子将影响该尺寸标注样式下的所有组成元素的大小，如图 5-21 所示。
- **将标注缩放到布局**：选择该单选钮，AutoCAD 将自动根据当前模型空间视图和图纸空间视图之间的比例设置比例因子。

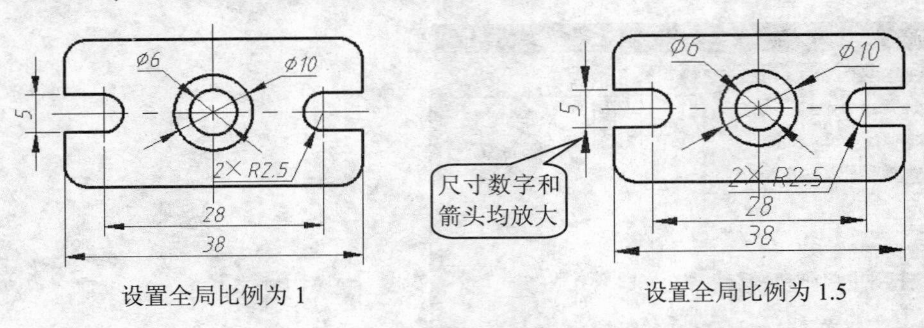

图 5-21　使用全局比例控制尺寸标注

◆　“优化”设置区

➢　**手动放置文字**：选择该复选框，标注尺寸时可手动调整标注文字的位置。

➢　**在尺寸界线之间绘制尺寸线**：选择该复选框，AutoCAD 将总在尺寸界线间绘制尺寸线。否则，当尺寸箭头移至尺寸界线外侧时，不画出尺寸线。

（5）“主单位”选项卡

利用该选项卡可以设置尺寸标注的单位格式、精度、舍入、前缀和后缀等参数。该选项卡中一些常用选项的功能如图 5-22 所示。

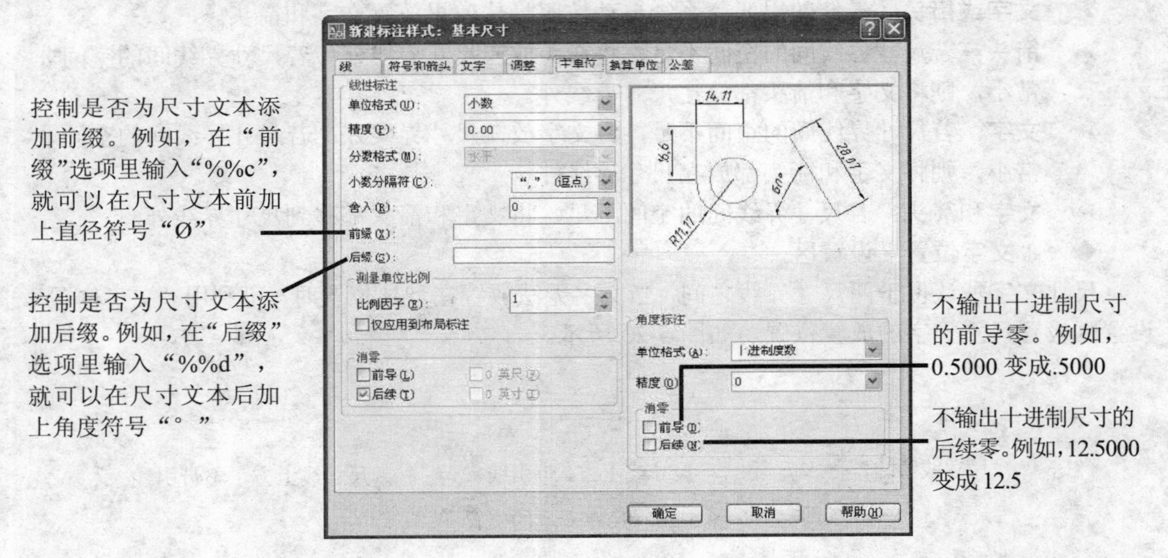

图 5-22　“主单位”选项卡

（6）“换算单位”选项卡

在该选项卡中既可以控制是否在标注中显示换算单位，也可以设置换算单位的格式、精度、倍数、前缀、后缀和消零方法等。

（7）“公差”选项卡

利用该选项卡可以设置公差的类型、精度、上偏差和下偏差值，以及公差的放置位置等，如图 5-23 所示。

➢ **方式**：在该下拉列表中可以选择公差的类型，如极限偏差、对称和极限尺寸等，各选项的功能如图 5-24 所示。机械上大多采用极限偏差和对称两种。

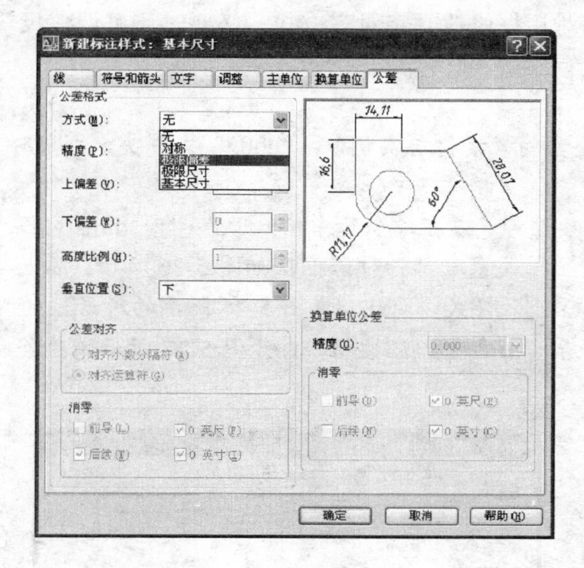

图 5-23　“公差”选项卡

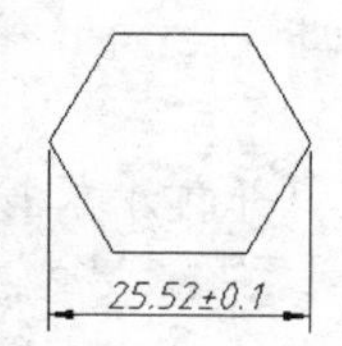

对称：上下极限偏差绝对值相等时的公差标注形式

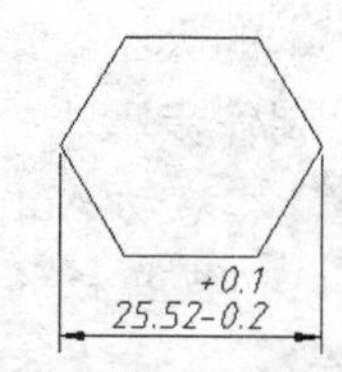

极限偏差：显示基本尺寸的允许误差范围

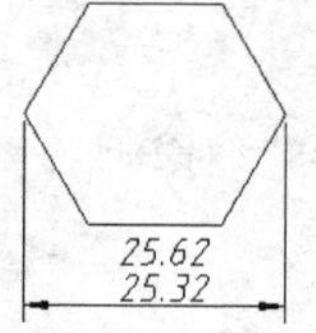

极限尺寸：显示基本尺寸允许的最大值与最小值

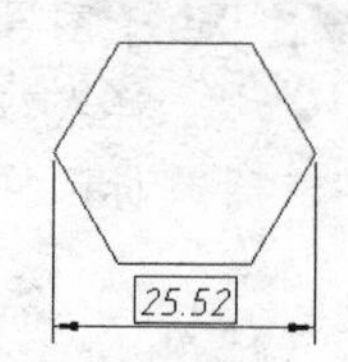

基本尺寸：将基本尺寸用方框框起来

图 5-24　各种公差的标注效果

➢ **上偏差和下偏差**：设置偏差的上界和下界，在对称公差中使用“上偏差”值。

➢ **高度比例**：设置公差文字相对于基本尺寸的高度比例，默认值为 1。

➢ **垂直位置**：设置公差与基本尺寸的相对位置关系，有“上”、“中”和“下”3 种方式，为符合国家标准，建议设置为“中”。

任务实施——调整支撑板图形的尺寸标注

下面，我们将通过调整图 5-25 左图所示的支撑板的尺寸（调整效果如图 5-25 右图所示），来学习尺寸标注样式的设置方法。案例最终效果请参考本书配套素材“素材与实例”>“ch05”文件夹>“调整支撑板的尺寸 ok.dwg”文件。

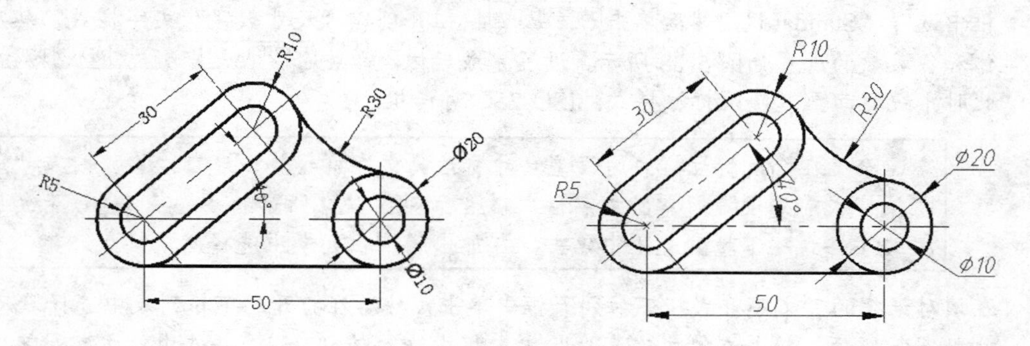

图 5-25　调整支撑板图形的尺寸

制作思路

观察图 5-25 左图可知，该图形的文字样式和文字对齐方式都不合理。因此，我们可先修改文字样式，然后再通过“标注样式管理器”对话框修改文字对齐方式，必要时还可调整尺寸文本的大小，或利用夹点调整尺寸标注的位置。

制作步骤

步骤 1 启动 AutoCAD 2008，并打开本书配套素材“素材与实例” > “ch05” 文件夹> “调整支撑板的尺寸.dwg” 文件。

步骤 2 单击“标注”工具栏中的“标注样式”按钮，或在命令行中输入“d”(即“dimstyle”的缩写)并按【Enter】键，打开“标注样式管理器”对话框，如图 5-26 所示。

步骤 3 由于图 5-25 左图所示的尺寸位于“ISO-25”样式，因此，在图 5-26 所示的对话框的“样式”设置区中选择“ISO-25”，然后单击 修改(M)... 按钮，打开图 5-27 所示的“修改标注样式：ISO-25”对话框。

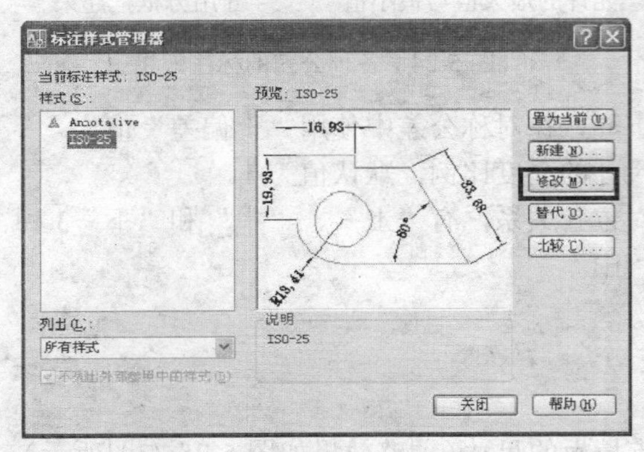

图 5-26 “标注样式管理器”对话框

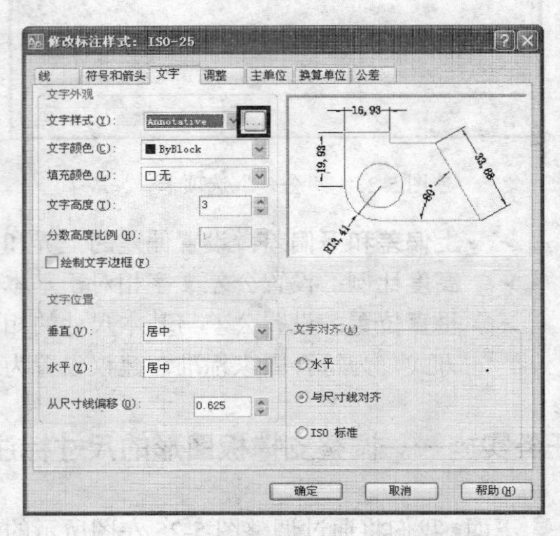

图 5-27 “修改标注样式：ISO-25”对话框

步骤 4 单击图 5-27 所示的“文字样式”列表框后的 ... 按钮，在打开的“文字样式”对话框中选择“Standard”，然后单击 新建(N)... 按钮并创建“尺寸数字”文字样式，其字体和各参数的设置如图 5-28 所示。设置完成后依次单击 应用(A) 和 关闭(C) 按钮，此时系统返回至“修改标注样式：ISO-25”对话框。

除了在修改标注样式时设置尺寸标注的文字样式外，还可以在修改尺寸标注样式前先设置所需的文字样式，然后在图 5-27 所示的“文字”选项卡的“文字样式”下拉列表框中单击，在弹出的下拉列表中选择所需样式即可。

步骤 5 在该对话框的“文字样式”下拉列表框中单击，然后在打开的下拉列表中选择“尺寸数字”选项，接着在“文字高度”文本框中输入值“3.5”，并选中“文字对齐”设置区中的“ISO 标准”单选钮。

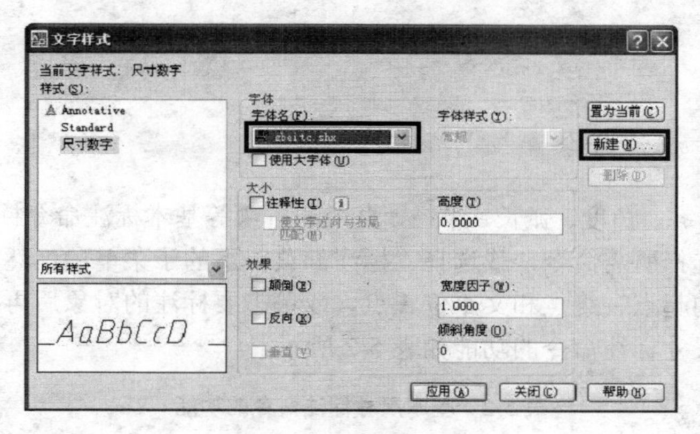

图 5-28　设置“尺寸数字”文字样式

步骤 6　单击“符号和箭头”选项卡，然后在“箭头”设置区的“箭头大小”编辑框中输入值“3.5”，最后依次单击 确定 和 关闭 按钮，完成标注样式的修改。此时绘图区中的尺寸标注如图 5-29 所示。

步骤 7　由于图中尺寸文本的位置不合理。因此按【Enter】键重复执行“标注样式”命令，在打开的“标注样式管理器”对话框中单击 修改(M)... 按钮，然后在打开的对话框中选择“文字”选项卡，接着在“文字位置”设置区的“垂直”列表框中单击，在弹出的下拉列表中选择“上方”选项，其他设置如图 5-30 所示。

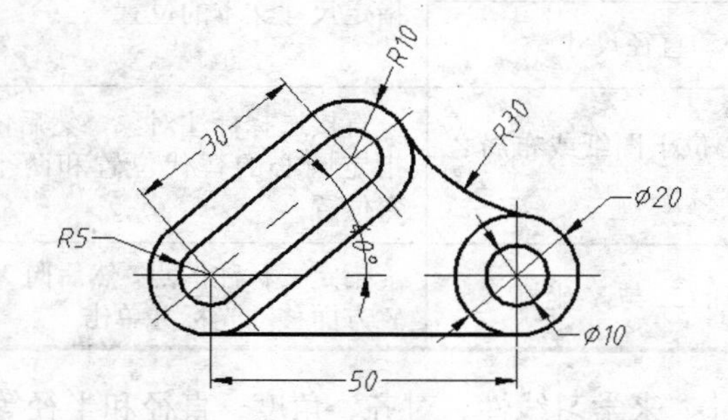

图 5-29　修改字体及文字对齐方式效果图

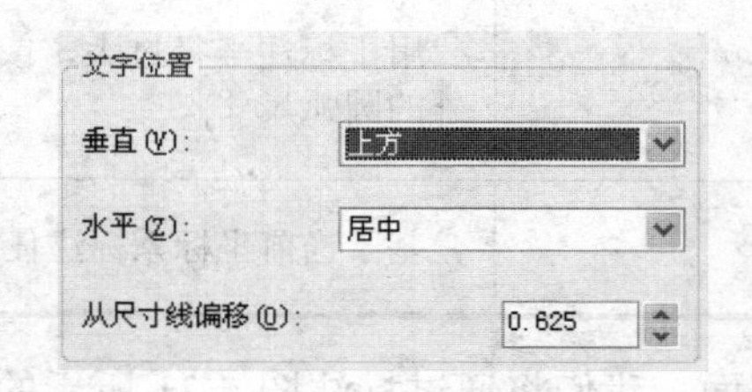

图 5-30　调整尺寸文本的位置

步骤 8　依次单击 确定 和 关闭 按钮，完成尺寸文本位置的修改。此时，绘图区如图 5-25 右图所示。

步骤 9　至此，支撑板图形的尺寸已经调整完毕。按【Ctrl+S】快捷键，将该文件保存。

任务二　常用尺寸标注命令

任务说明

设置好标注样式后，就可以利用相应的标注命令进行尺寸标注了。在 AutoCAD 中，要标注长度、弧长、半径，以及连续标注和基线标注等尺寸，应选择不同的标注命令进行操作。

预备知识

一、基本尺寸标注命令

要使用线性、对齐、角度、弧长、半径、直径和折弯等基本标注命令标注图形，可在“标注”工具栏中单击选择所需命令，或选择“标注”菜单下的子菜单项，然后根据命令行提示依次单击尺寸界线的起点、终点和文本位置点，或单击要标注的对象后再指定尺寸文本的放置位置。这些基本尺寸标注命令的功能如表 5-2 所示。

表 5-2 基本尺寸标注命令的功能

命令	功　能	标注方法
线性	用于标注两点之间的水平或垂直方向的距离	依次单击尺寸界线的起点、终点和尺寸文本的位置
对齐	用于标注两点间的直线距离，且标注的尺寸平行于标注点之间的连线	
角度	用于标注圆弧的角度、两条直线间的角度和三点间的夹角	单击角度的两个边界对象，然后指定尺寸文本的位置
弧长	用于标注圆弧的长度。弧长标注包含一个弧长符号，以便与其他标注区分开来	直接选择要标注的对象，然后指定尺寸文本的位置
半径 /直径	可分别标注圆弧或圆的半径和直径尺寸	
折弯	用于标注半径过大，或圆心位于图纸或布局之外的圆弧尺寸	直接选择标注对象，然后依次指定圆心的替代位置和两个折弯位置
坐标	基于当前坐标系标注任意点的 X 与 Y 坐标	指定要标注的点，然后向 X 或 Y 方面移动光标并单击

下面，我们将通过标注图 5-31 所示的尺寸，来学习线性、对齐、角度、直径和半径等标注命令的具体操作方法。

步骤 1 打开本书配套素材“素材与实例”>“ch05”文件夹>“线性标注.dwg”文件，然后单击“标注”工具栏中的“线性”按钮。

步骤 2 依次捕捉并单击图 5-32 左图所示的竖直中心线 AB 和 CD 的下端点，以指定尺寸界线的起点和终点，然后向下移动光标，并在合适位置单击以指定标注方向和位置，结果如图 5-32 右图所示的尺寸 37。

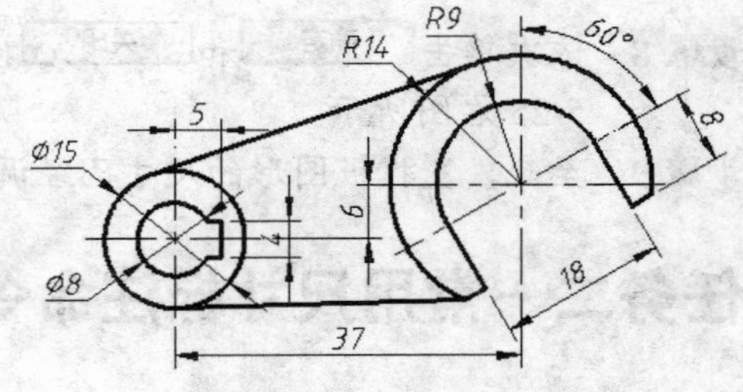

图 5-31 标注图形的尺寸

步骤 3 按【Enter】键重复执行“线性”命令，采用同样的方法在要标注尺寸的对象的端点处单击，然后通过向上、下、左、右等方向移动光标来确定标注水平尺寸或垂直尺寸，最后在合适位置单击以指定尺寸文本的位置，结果如图 5-32 右图所示。

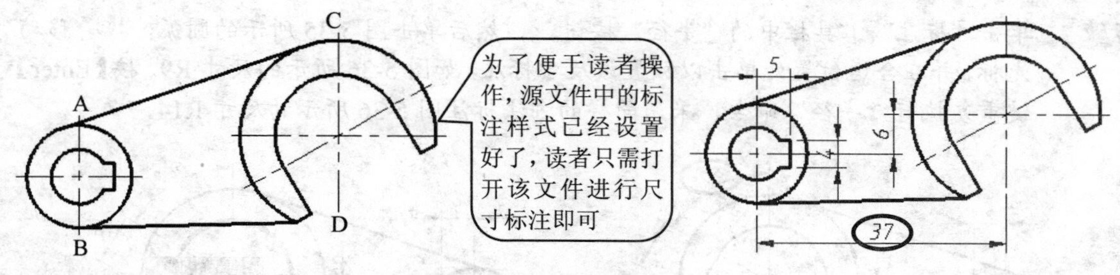

图 5-32　使用“线性”命令标注尺寸

使用“线性”命令标注尺寸时，既可以通过上、下、左、右移动光标来标注水平或竖直尺寸，也可以根据命令行提示，输入 H 或 V 来标注。此外，也可以根据命令行提示输入 M 或 T 来编辑尺寸文本中的数值。

步骤 4　单击“标注”工具栏中的“对齐”按钮，然后单击图 5-33 左图所示的端点 A，接着在绘图区单击鼠标右键，从弹出的快捷菜单中选择“垂足”选项，移动光标，待出现图中所示的“垂足”提示时单击，接着向右上方移动光标，并在合适位置单击以放置尺寸标注，结果如图 5-33 右图所示的尺寸 8。

步骤 5　按【Enter】键重复执行“对齐”命令，依次捕捉并单击图 5-33 左图所示的 B、C 两个端点，采用同样的方法标注图 5-33 右图所示的尺寸 18。

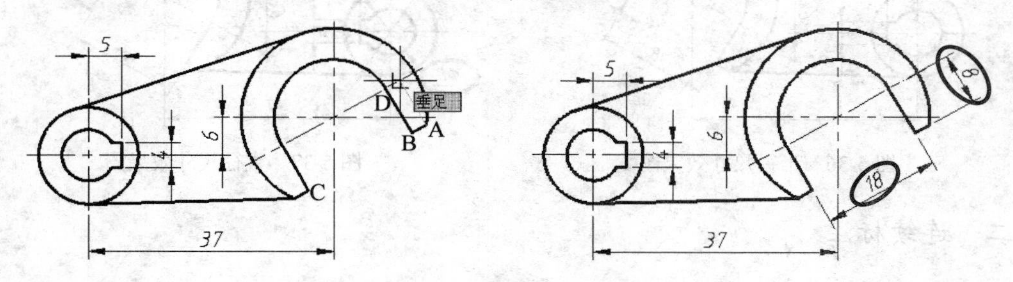

图 5-33　使用“对齐”命令标注尺寸

使用“对齐”命令标注图形时，由于系统测量所得到的尺寸文本中的数值始终为两个标注点间的连线距离，因此，标注时常需要借助“垂足”功能确定另一标注点。

执行“对齐”命令后，也可以根据命令行提示直接按【Enter】键，然后选取要标注的对象进行尺寸标注，如图 5-33 左图所示的直线 BD。

步骤 6　单击“标注”工具栏中的“角度”按钮，依次在竖直中心线的上端和倾斜中心线的右端单击，然后向右上方移动光标，并在合适位置单击以放置尺寸标注，结果如图 5-34 所示。

使用“角度”命令可以标注任意两条不平行的直线间的角度。此外，执行“角度”命令后，用户还可以直接选择要标注的圆弧对象，则系统将自动生成该圆弧的角度。

步骤 7 单击“标注”工具栏中的“半径”按钮，然后单击图 5-35 所示的圆弧，接着移动光标，并在合适位置处单击以放置该尺寸标注，如图 5-36 所示的尺寸 R9。按【Enter】键重复执行“半径”命令，采用同样的方法标注图 5-36 所示的尺寸 R14。

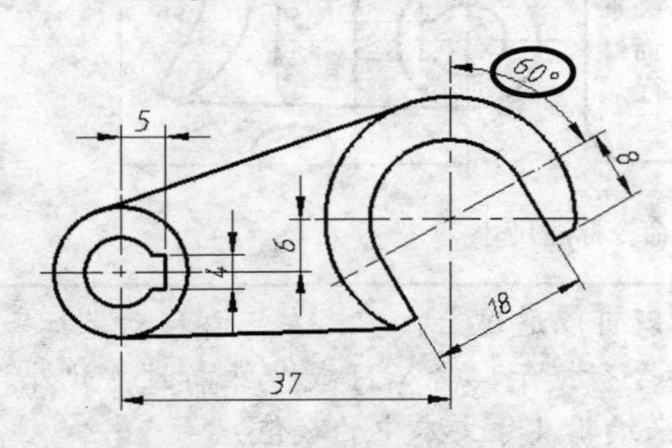

图 5-34　角度尺寸效果图

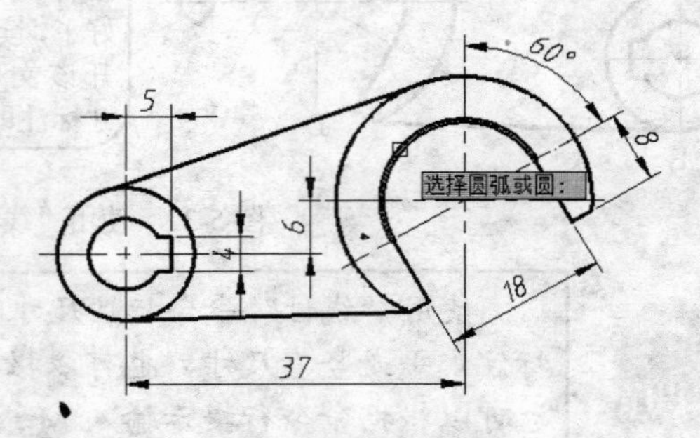

图 5-35　选择要标注的圆弧

步骤 8 单击“标注”工具栏中的“直径”按钮，然后在要标注直径的圆上单击，接着移动光标并在合适位置处单击，以放置直径尺寸标注，标注结果如图 5-37 所示。

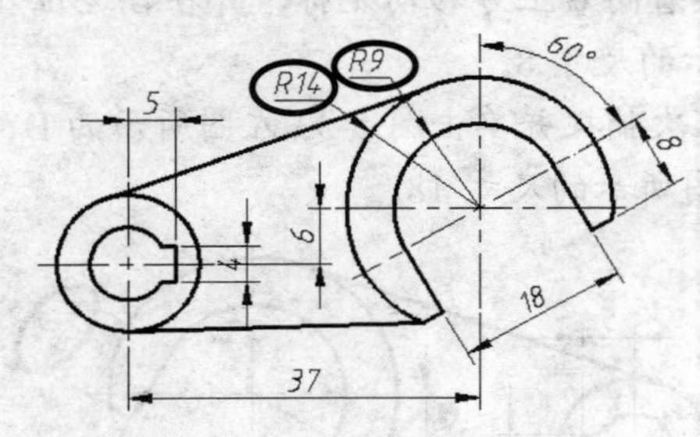

图 5-36　半径尺寸效果图

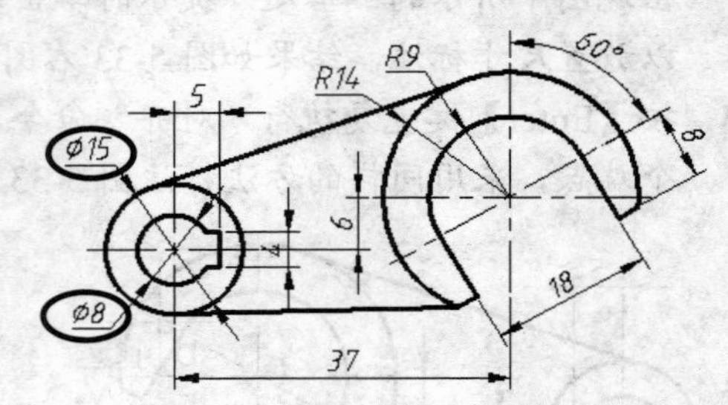

图 5-37　直径尺寸效果图

二、连续标注

使用“连续”命令可以创建与前一个或指定标注首尾相连的一系列线性尺寸或角度尺寸。要使用该命令标注尺寸，必须先创建（或选择）一个尺寸作为第一条尺寸界线的起点，然后根据命令行提示，依次选择其他点作为第二条尺寸界线的原点。

下面，我们以标注图 5-38 右图所示的连续尺寸为例，来讲解“连续”命令的具体操作方法。

步骤 1 打开本书配套素材“素材与实例”>“ch05”文件夹>“连续标注.dwg”文件，然后单击“标注”工具栏中的“连续”按钮。

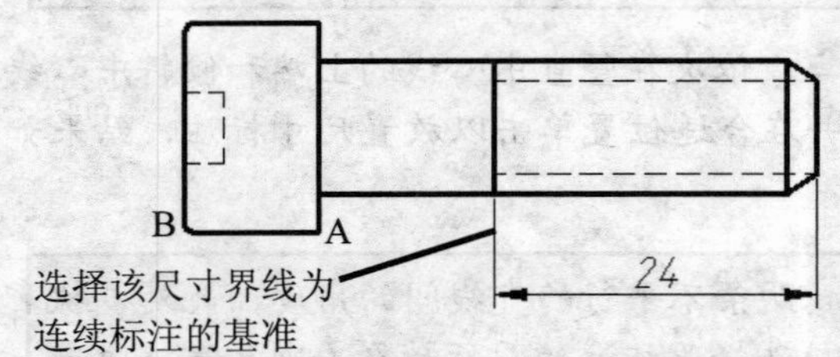

图 5-38　标注连续尺寸

步骤 2 单击图 5-38 左图所示的尺寸标注的左侧尺寸界线，以指定连续标注的基准线，接着移动光标，依次单击 A、B 两端点以指定第二条尺寸界线的起点。

步骤 3 连续按两次【Enter】键结束该命令，结果如图 5-38 右图所示。

> 若在标注某个线性或角度尺寸后执行“连续”命令，系统会自动将最后一次创建的尺寸标注的第二条尺寸界线作为连续尺寸的第一条尺寸界线。若要重新指定连续尺寸的第一条尺寸界线，可在执行“连续”命令后，直接按【Enter】键，然后在绘图区单击选择所需尺寸界线。

三、基线标注

使用“基线”命令可以创建一系列由同一基线处引出的多个相互平行，且间距相等的线性标注或角度标注。在进行基线标注前，必须先创建（或选择）一个尺寸界线作为基准线。

要使用“基线”命令标注尺寸，可单击“标注”工具栏中的“基线”按钮。此时，系统会自动将最后一次创建的尺寸标注的第一条尺寸界线作为基准线（用户也可直接按【Enter】键，然后选择所需基准线），然后根据需要依次单击其他点（如图 5-39 左图所示的端点 A、B），以指定第二条尺寸界线的起始点，结果如图 5-39 右图所示。

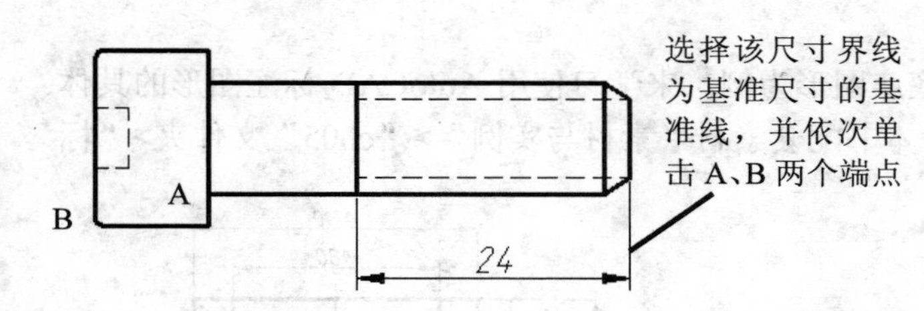

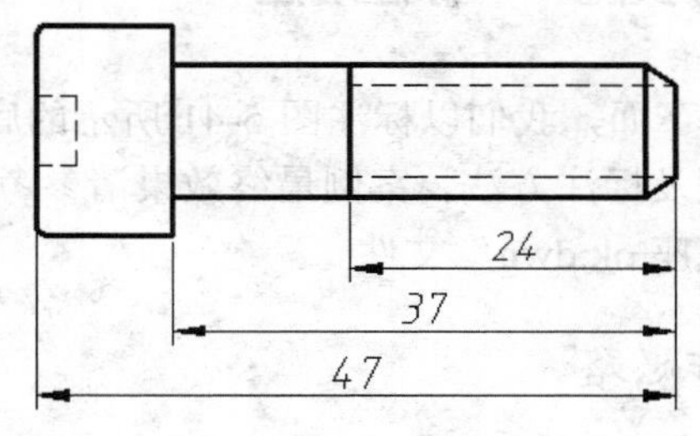

图 5-39 标注基线尺寸

> 要修改两条平行尺寸线间的间距，可在使用“基线”命令标注尺寸前，先在“修改标注样式”对话框中选择“线”选项卡，然后修改“基线间距”编辑框中的数值。

四、快速标注

使用“快速标注”命令（“qdim”）可以快速地创建一系列连续、并列和基线等标注，还可以一次性为多个圆或圆弧标注直径或半径尺寸。

例如，要使用“快速标注”命令快速标注图 5-40 右图所示的尺寸，具体操作步骤如下。

步骤 1 单击“标注”工具栏中的“快速标注”按钮，然后依次单击选取图 5-40 左图所示的直线 1、直线 2、直线 3 和直线 4，并按【Enter】键结束选取。

步骤 2 在命令行“指定尺寸线位置或 [连续(C)/并列(S)/基线(B)/坐标(O)/半径(R)/直径(D)/基准点(P)/编辑(E)/设置(T)] <连续>:”的提示下输入“b”并按【Enter】键，以选择“基线”模式。

步骤 3 接着移动光标，并在合适位置单击，结果如图 5-40 右图所示。

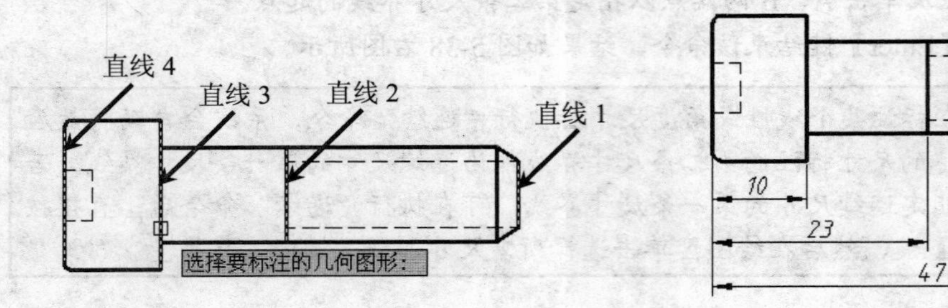

图 5-40 使用“快速标注”命令快速标注图形

使用“快速标注”命令标注基线尺寸时，系统会自动将最后一次选取的对象作为基准进行基线标注。

确定快速标注模式（如连续、并列和基线）后，通过向上（下）或左（右）等方向移动光标，可分别生成水平或竖直尺寸。

任务实施——标注底座

下面，我们以标注图 5-41 所示的底座图形为例，来学习使用 AutoCAD 标注图形的具体流程及标注方法。案例最终效果请参考本书配套素材“素材与实例”>“ch05”文件夹>“标注底座 ok.dwg”文件。

制作思路

由于该底座图形是一个左右完全对称图形，为了防止出现漏标或重标尺寸，我们可将每个图框近似看作成一个矩形，然后自底向上逐个图框进行标注，且每个图框都应考虑其长度和高度两个方向尺寸。

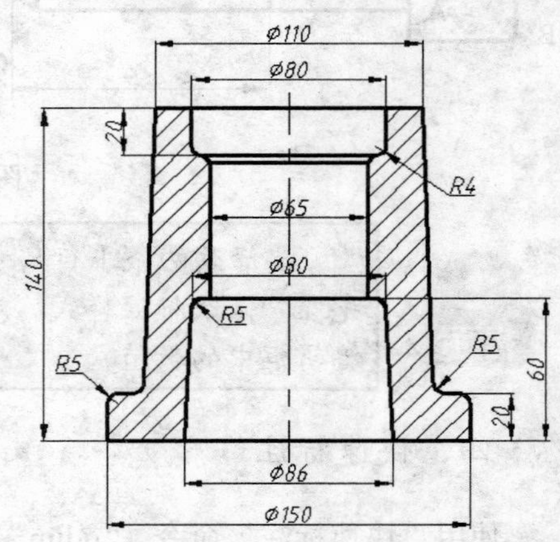

图 5-41 标注底座

制作步骤

步骤 1 打开本书配套素材“素材与实例”>“ch05”文件夹>“标注底座.dwg”文件，并将“尺寸线”图层置于当前图层。

步骤 2 单击“标注”工具栏中的“标注样式”按钮，在打开的“标注样式管理器”对话框中选择“ISO-25”样式，接着单击 修改(M)... 按钮，打开“修改标注样式：ISO-25”对话框。

步骤 3 在该对话框中选择“符号和箭头”选项卡，将箭头大小设置为 10；选择“文字”选项卡，然后单击“文字样式”列表框后的 ... 按钮，打开“文字样式”对话框。取消已选中的“使用大字体”复选框，然后将“Standard”文字样式的字体设置为

“gbeitc.shx”，如图 5-42 所示，最后依次单击应用(A)和关闭(C)按钮。

步骤 4 选择“线”选项卡，然后在“基线间距”编辑框中输入值“20”，在“超出尺寸线”编辑框中输入“3”，在“起点偏移量”编辑框中输入“2.5”。

步骤 5 选择“文字”选项卡，然后在“文字高度”编辑框中输入值“10”并选中“文字对齐”设置区中的“ISO 标准”单选钮，其他设置均采用默认设置，如图 5-43 所示。

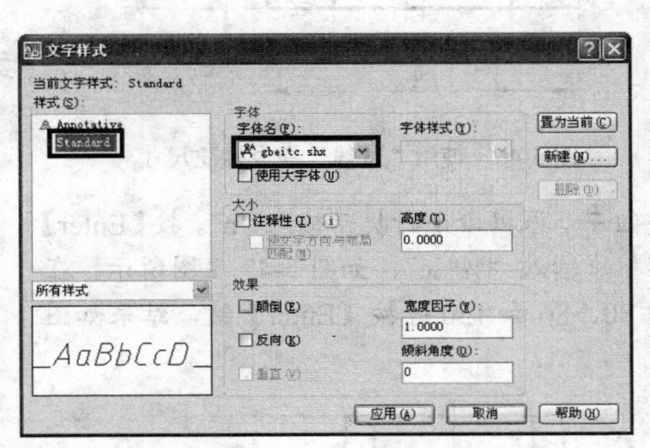

图 5-42　“文字样式”对话框

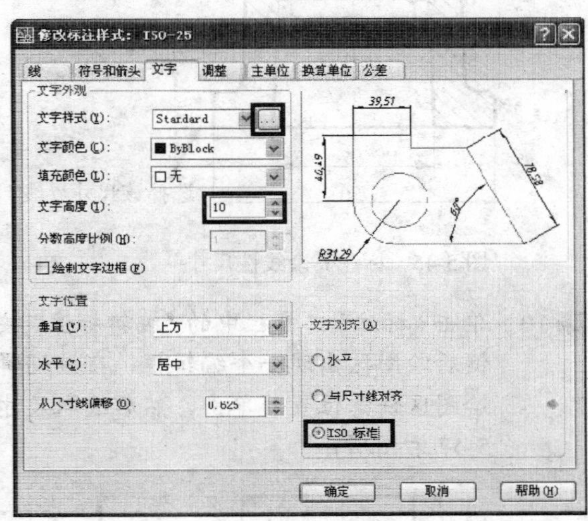

图 5-43　“文字”选项卡

步骤 6 单击该对话框中的确定按钮，然后单击“标注样式管理器”对话框中的关闭按钮，完成标注样式的修改。

步骤 7 单击“标注”工具栏中的“线性”按钮，依次捕捉并单击图 5-44 左图所示的两个端点，然后竖直向下移动光标，并在合适位置处单击以放置尺寸标注，结果如图 5-44 右图所示。

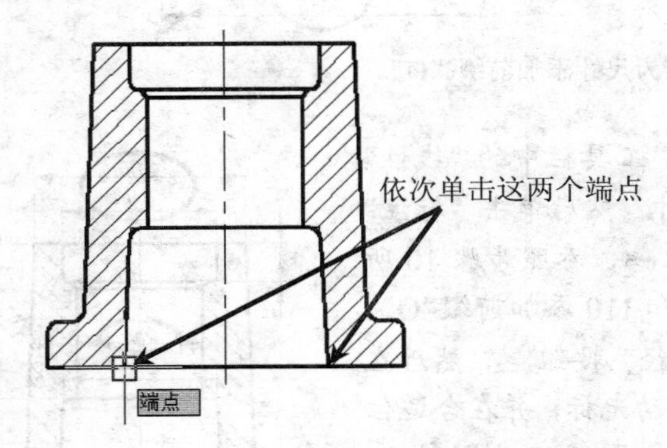

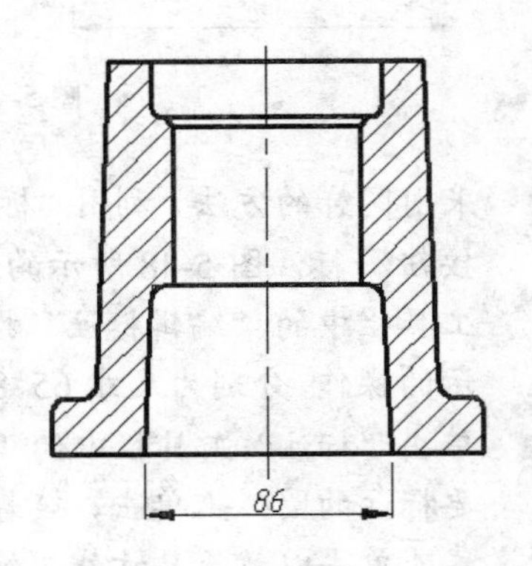

图 5-44　标注线性尺寸

步骤 8 按【Enter】键重复执行“线性”命令，采用同样的方法标注图 5-45 所示的其他尺寸。

步骤 9 单击“标注”工具栏中的“基线”按钮，按【Enter】键后选择图 5-45 所示的尺寸 20 的尺寸界线，然后依次捕捉并单击端点 A 和端点 B，最后按两次【Enter】键结束命令，结果如图 5-46 所示。

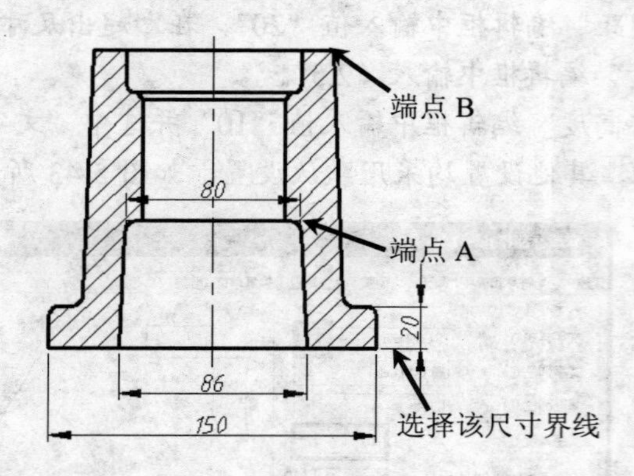

图 5-45　标注其余线性尺寸

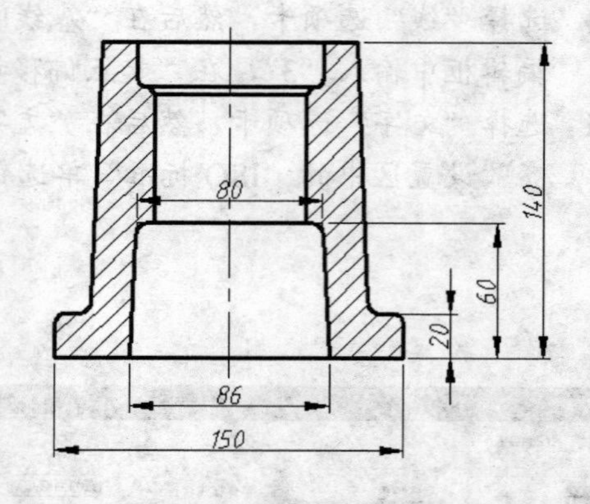

图 5-46　使用“基线”命令标注尺寸

步骤 10　单击“标注”工具栏中的“编辑标注”按钮，根据命令行提示输入“n”，按【Enter】键后绘图区出现一个编辑框，在该编辑框中输入“%%c”，如图 5-47 左图所示。在绘图区任意位置处单击，然后选取尺寸 80、86 和 150 并按【Enter】键，结果如图 5-47 右图所示。

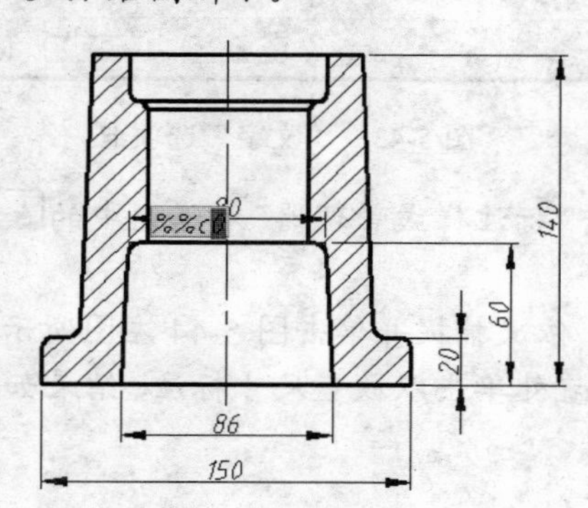

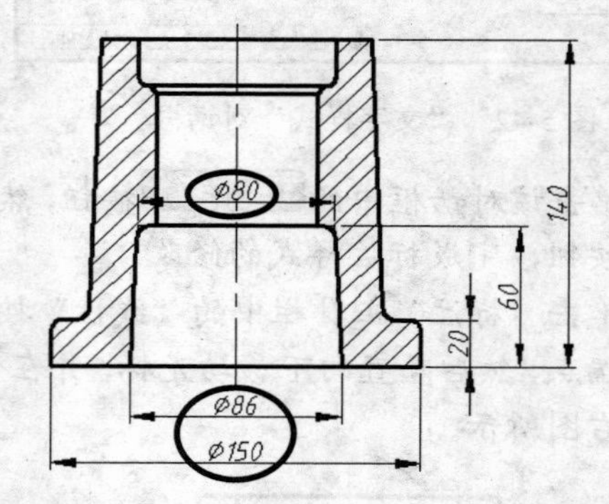

图 5-47　为尺寸添加前缀“Ø”

步骤 11　采用同样的方法，利用“标注”工具栏中的“线性”按钮标注图 5-48 所示的尺寸。然后单击“标注”工具栏中的“编辑标注”按钮，参照步骤 10 所示的操作，分别为尺寸 65、80 和 110 添加前缀“Ø”。

步骤 12　单击“标注”工具栏中的“半径”按钮，然后在要标注的圆弧上单击，接着移动光标，并在合适位置处单击以放置尺寸线，结果如图 5-49 左图所示。

步骤 13　按【Enter】键重复执行“半径”命令，采用同样的方法标注其他半径，结果如图 5-49 右图所示。

步骤 14　至此，底座图形的尺寸已经标注完毕。选择“文件”>“另存为”菜单，保存文件。

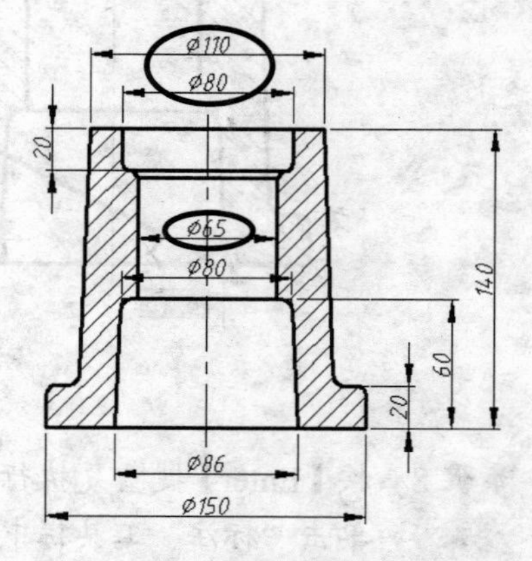

图 5-48　标注并编辑尺寸

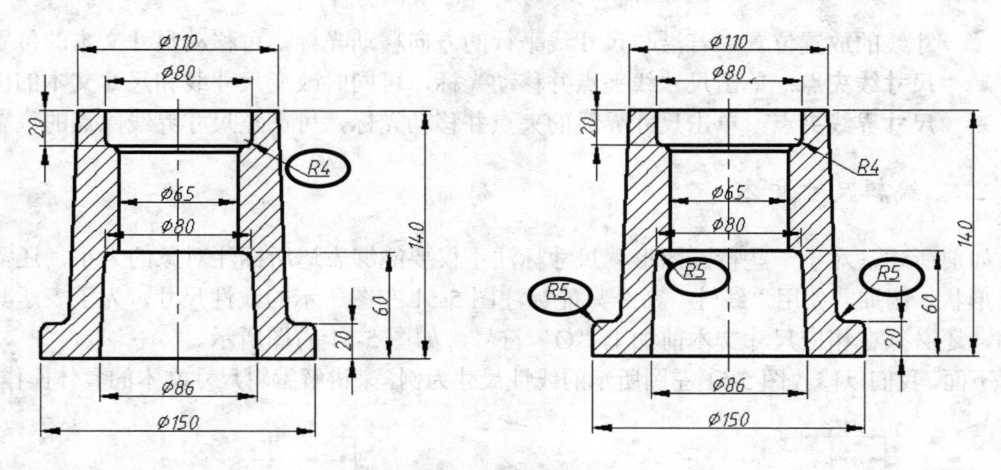

图 5-49　标注半径尺寸

任务三　编辑尺寸标注

任务说明

对于已经标注的尺寸，我们既可以使用该尺寸上的夹点调整尺寸的标注位置，也可以根据绘图需要修改其尺寸文字。下面，我们就来学习调整尺寸线的位置及编辑尺寸文本的方法。

预备知识

一、使用夹点调整尺寸标注

在 AutoCAD 中，选中某尺寸标注后，可显示该尺寸标注上的所有夹点，如图 5-50 所示。

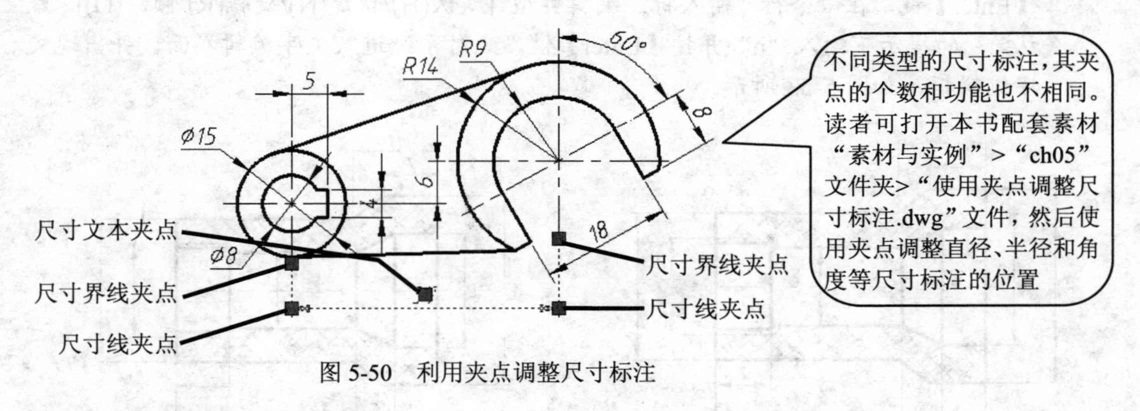

图 5-50　利用夹点调整尺寸标注

尺寸标注中各夹点的功能如下：

➢　**尺寸文本夹点**：单击尺寸文本的夹点并沿与尺寸线垂直的方向移动光标，可改变尺寸线的放置位置，若沿与尺寸线平行的方向移动光标，可移动尺寸文本的位置。

- **尺寸线夹点**：单击尺寸线夹点并移动光标，可同时改变尺寸线和尺寸文本的位置。
- **尺寸界线夹点**：单击尺寸界线的夹点并移动光标，可调整尺寸界线原点的位置。

二、编辑尺寸文本

如前所述，对于一些特殊图形，尺寸标注不仅要能够表达所标注对象的大小，还需要表达其形状。例如，使用“线性”命令只能标注图 5-51 左图所示的线性尺寸，为了表达其圆柱结构，还必须在相应尺寸文本前加上“Ø”符号，如图 5-51 右图所示。

下面，我们以修改图 5-51 左图所示的线性尺寸为例，来讲解编辑尺寸文本的具体操作方法。

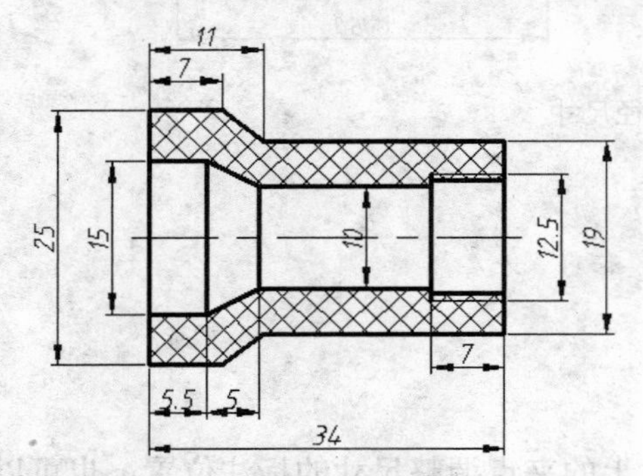

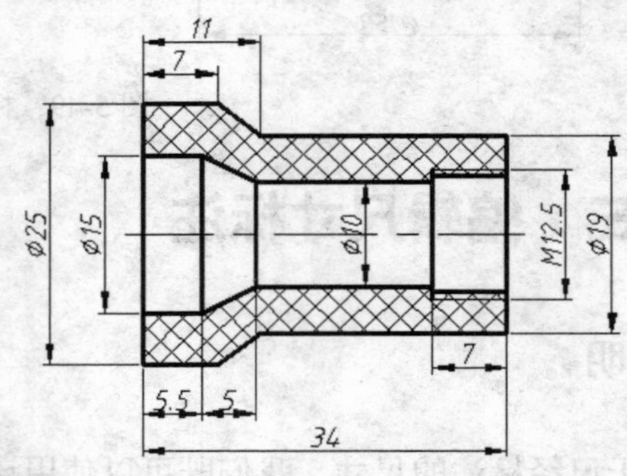

图 5-51 编辑尺寸标注效果

步骤 1 打开本书配套素材“素材与实例”>“ch05”文件夹>“编辑尺寸标注.dwg”文件。在命令行中输入“ed”并按【Enter】键，然后选取图 5-51 左图所示的尺寸 12.5，接着在出现的文本框中输入“M”，如图 5-52 所示。

步骤 2 在绘图区任意位置单击以退出该尺寸的编辑状态。此时，可接着单击其他尺寸标注，并采用同样的方法为其添加前缀或后缀，否则，直接按【Enter】键结束命令。

步骤 3 单击“标注”工具栏中的“编辑标注”按钮，或在命令行中输入“dimedit”并按【Enter】键，在命令行“输入标注编辑类型 [默认(H)/新建(N)/旋转(R)/倾斜(O)] <默认>:”的提示下输入“n”并按【Enter】键，此时系统进入文字编辑界面，并出现文字编辑框，如图 5-53 所示。

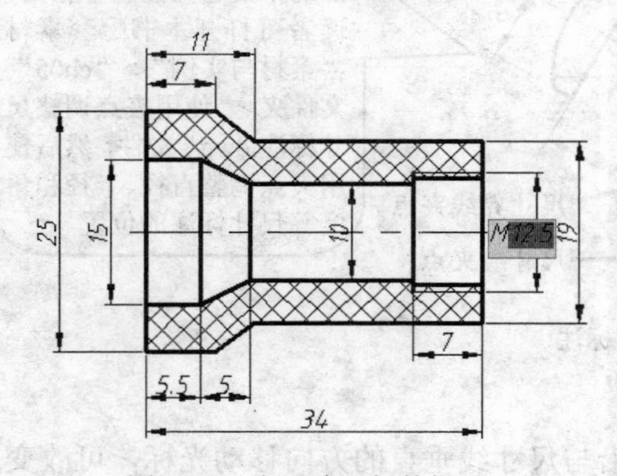

图 5-52 为尺寸添加前缀“M”

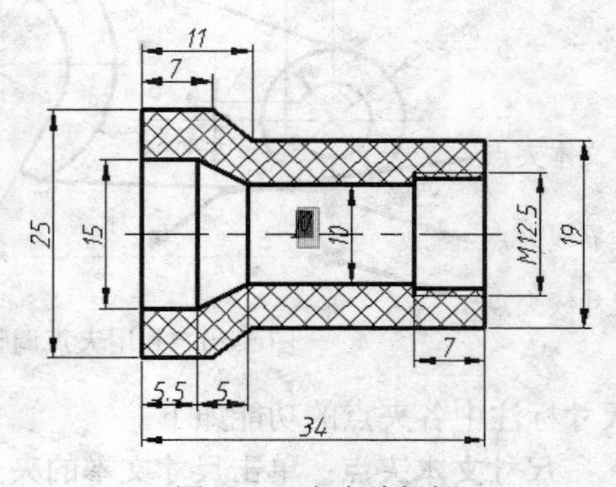

图 5-53 文字编辑框

步骤 4 在该文字编辑框中输入“%%c”，然后在绘图区任意位置单击，并依次选取希望在尺寸文本前添加“Ø”符号的尺寸标注，最后按【Enter】键结束命令，结果如图 5-51 右图所示。

任务实施——标注套筒（上）

下面，我们以标注图 5-54 所示的套筒图形（暂不标注倒角和几何公差）为例，继续学习 AutoCAD 所提供的尺寸标注样式的设置方法和基本标注命令的操作方法。案例最终效果请参考本书配套素材“素材与实例”>“ch05”文件夹>“标注套筒（上）.dwg”文件。

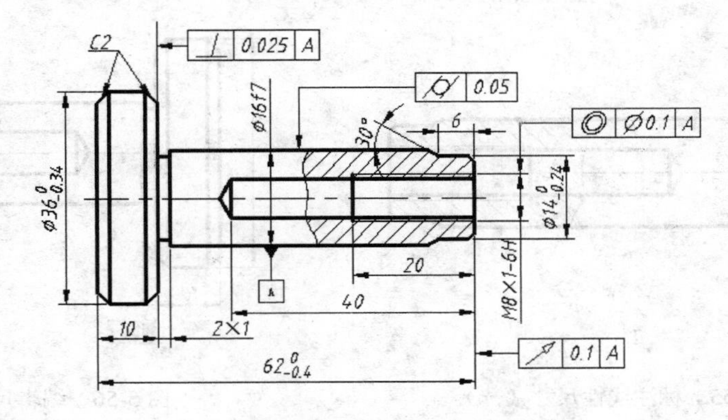

图 5-54　标注套筒

制作思路

除倒角尺寸和几何公差外，图 5-54 所示的图形中还包含基本尺寸和极限偏差尺寸，因此我们需要创建两种尺寸标注样式。此外，为了避免出现重标、漏标尺寸，我们可按照从左向右的顺序逐个线框标注基本尺寸，然后再将部分尺寸置于“尺寸公差”标注样式，最后修改其公差值。

制作步骤

（1）标注基本尺寸

步骤 1 打开本书配套素材“素材与实例”>“ch05”文件夹>“标注套筒.dwg”文件，并将“尺寸线”图层置于当前图层。

步骤 2 在命令行中输入“d”并按【Enter】键，在打开的“标注样式管理器”对话框中选择“ISO-25”样式，接着单击 修改(M)... 按钮，打开“修改标注样式：ISO-25”对话框。

步骤 3 在该对话框中选择“文字”选项卡，然后单击“文字样式”列表框后的 ... 按钮，在打开的“文字样式”对话框中选择“Standard”文字样式，取消已选中的“使用大字体”复选框，并将字体设置为“gbeitc.shx”，最后单击 应用(A) 和 关闭(C) 按钮。

步骤 4 接着在“修改标注样式：ISO-25”对话框中将文字高度设置为 2.5，文字对齐方式设置为“与尺寸线对齐”；选择“符号和箭头”选项卡，然后将箭头大小设置为 2.5；

选择“线”选项卡，将基线间距设置为 6，并单击 确定 按钮。

步骤 5 依次单击“标注样式管理器”对话框中的 置为当前(U) 和 关闭 按钮，完成“ISO-25”样式的设置。

步骤 6 单击“标注”工具栏中的“线性”按钮，标注图 5-55 所示的尺寸。接着单击“标注”工具栏中的“连续”按钮，按【Enter】键后单击尺寸 10 的右侧尺寸界线，接着单击端点 A 以指定第二条尺寸界线，最后按【Esc】键结束命令。

步骤 7 在命令行中输入“ed”并按【Enter】键，然后选择上步所标注的连续尺寸 2，接着按“→”方向键将光标移至该尺寸文本的右侧，并在编辑框中输入“× 1”，如图 5-56 所示，最后在绘图区其他位置单击以退出尺寸编辑状态，按【Esc】键结束命令。

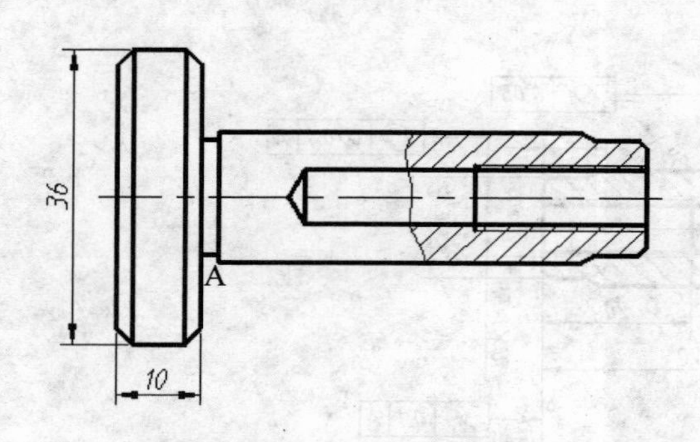

图 5-55 标注线性尺寸（一）

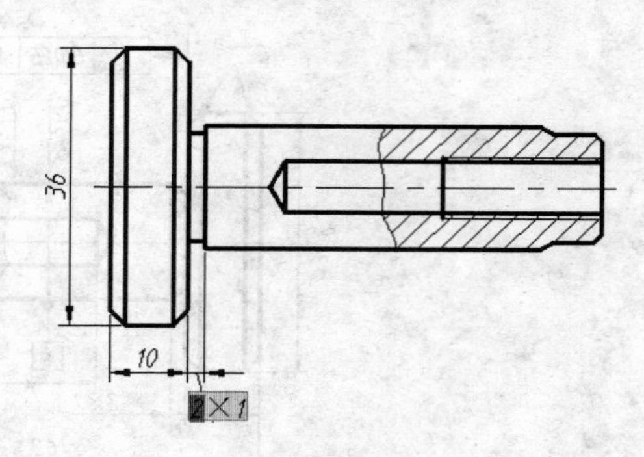

图 5-56 编辑尺寸文本

在 AutoCAD 中，尺寸标注中的大多数特殊符号都可以借助各种输入法所提供的软键盘来输入，如图 5-57 所示。

步骤 8 选取上步所编辑的尺寸，然后单击图 5-58 所示的尺寸文本夹点并移动光标，使该尺寸文本位于尺寸线的右上方，最后按【Esc】键取消所选对象，结果如图 5-59 所示。

图 5-57 利用软键盘来输入特殊符号

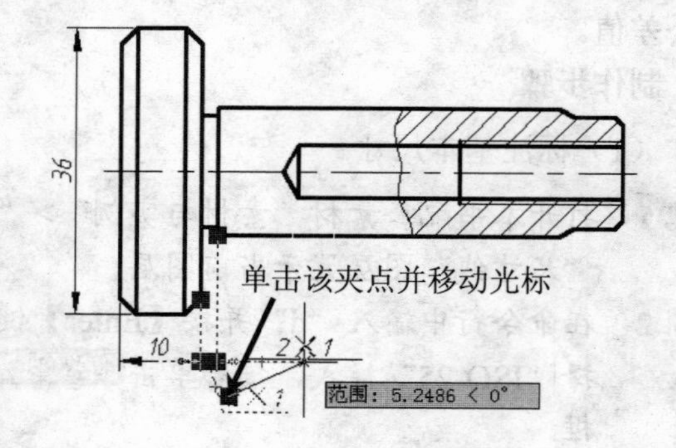

图 5-58 选择尺寸文本的夹点

步骤 9 分别利用“标注”工具栏中的“线性”和“角度”命令标注图 5-60 所示的线性尺寸和角度尺寸。

步骤 10 单击“标注”工具栏中的“基线”按钮，按【Enter】键后选择尺寸 20 的右尺寸界线，然后单击图 5-61 左图所示的端点，最后按【Esc】键结束命令。

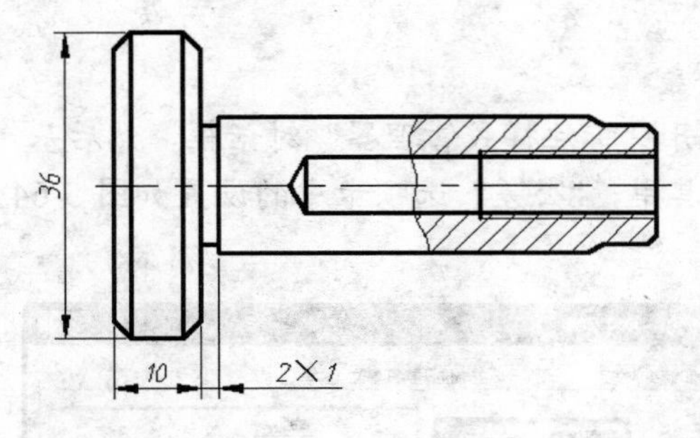

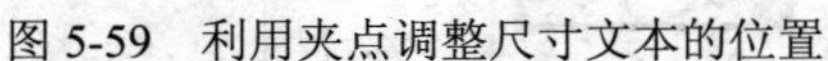

图 5-59　利用夹点调整尺寸文本的位置

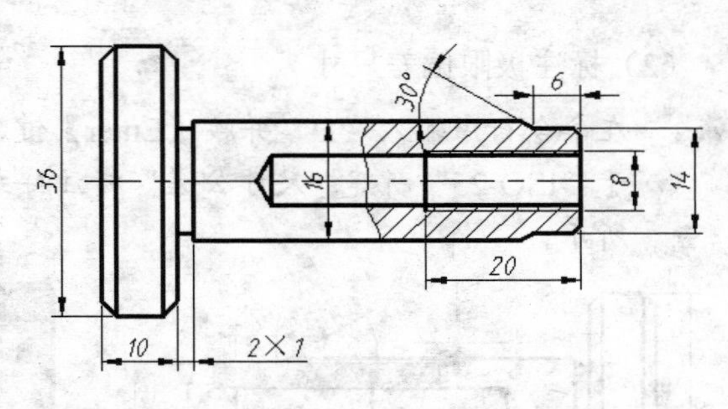

图 5-60　标注线性和角度尺寸

步骤 11　按【Enter】键后重复执行“基线”命令，然后按【Enter】键并单击尺寸 10 的左侧尺寸界线，接着单击图 5-61 右图所示的端点，最后按【Esc】键结束命令。

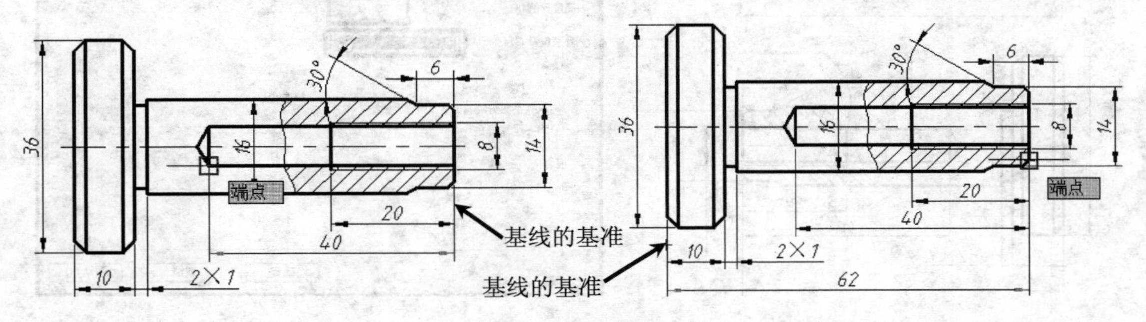

图 5-61　标注基线尺寸

步骤 12　在命令行中输入“ed”并按【Enter】键，然后选取图 5-60 所标注的尺寸 8，输入“M”后将光标移至该文本框的右侧，接着输入“× 1-6H”，如图 5-62 左图所示。最后在绘图区其他位置单击，以退出尺寸编辑状态。

步骤 13　选取尺寸 16，输入“%%c”后将光标移至该文本框的右侧，接着输入“f7”，最后在绘图区其他位置单击并按【Esc】键，以退出尺寸编辑状态，结果如图 5-62 右图所示。

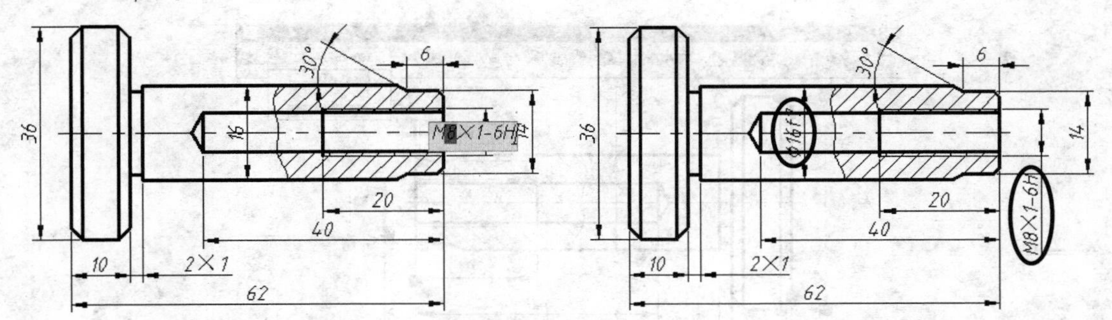

图 5-62　编辑尺寸文本

步骤 14　选取上步所编辑的尺寸“φ16f7”，然后单击尺寸文本夹点并向上移动光标，如图 5-63 上图所示，接着在合适位置单击以放置文本，最后按【Esc】键取消所有选择对象，结果如图 5-63 下图所示。

（2）标注极限偏差尺寸

步骤 1 在命令行中输入“D”并按【Enter】键，打开“标注样式管理器”对话框，然后基于“ISO-25”新建“尺寸公差”标注样式。其中，“公差”选项卡中的设置如图 5-64 所示。

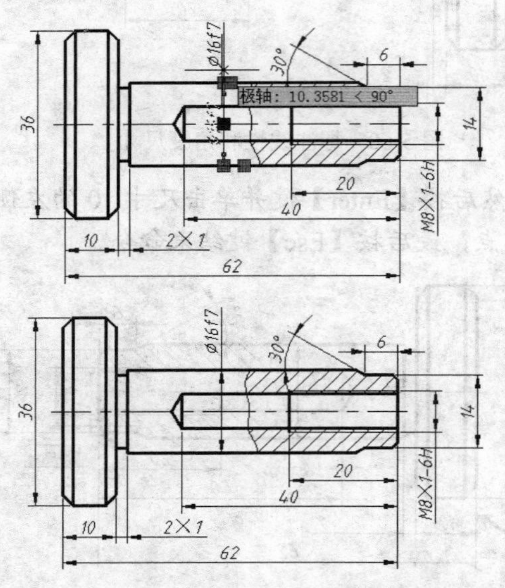

新建标注样式：尺寸公差
线 符号和箭头 文字 调整 主单位 换算单位 公差
公差格式
方式(M): 极限偏差
精度(P): 0.00
上偏差(V): 0
下偏差(W): 0.24
高度比例(H): 0.75
垂直位置(S): 中
公差对齐
对齐小数分隔符(A)
对齐运算符(G)
消零
前导(L) 0 英尺(F)
后续(T) 0 英寸(I)
换算单位公差
精度(O): 0.000
消零
前导(D) 0 英尺(E)
后续(N) 0 英寸(C)
确定 取消 帮助(H)

图 5-63 利用夹点调整尺寸文本的位置　　　　图 5-64 设置“尺寸公差”标注样式

步骤 2 选择“主单位”选项卡，然后在“小数分隔符”列表框中单击，在弹出的下拉列表中选择““.（句号）””选项。最后依次单击 确定 和 关闭 按钮，完成“尺寸公差”样式的设置。

步骤 3 在绘图区选取尺寸 14、36 和 62，然后在图 5-65 所示的“标注”工具栏中的“标注样式”列表框中单击，在弹出的下拉列表中选择“尺寸公差”选项，最后按【Esc】键退出对象的选择状态。

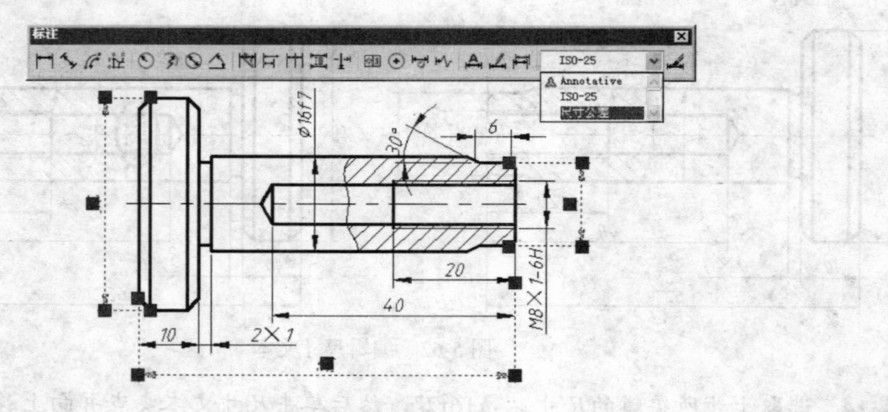

图 5-65 修改对象的标注样式

步骤 4 单击“标注”工具栏中的“编辑标注”按钮，然后根据命令行提示输入“n”，按

【Enter】键以选择“新建”选项，然后在出现文字编辑框中输入“%%c”，如图 5-66 左图所示，接着在绘图区其他任意位置单击，最后选取基本尺寸为 36 和 14 的尺寸公差标注，结果如图 5-66 右图所示。

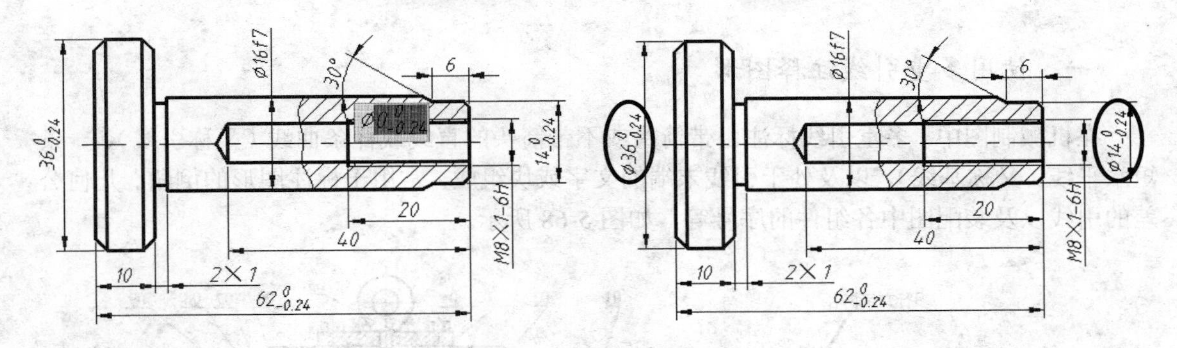

图 5-66　为公差尺寸添加前缀

步骤 5　选取基本尺寸为 36 的尺寸公差标注，然后在绘图区右击，在出现的快捷菜单中选择“特性”选项，接着在“特性”选项板的“公差”设置区的“公差下偏差”编辑框中输入值“0.34”，并在其他任意位置单击，最后按【Esc】键退出对象的选择状态，结果如图 5-67 右图所示。

步骤 6　选取基本尺寸为 62 的尺寸公差标注，采用同样的方法在“特性”选项板中将“公差下偏差”设置为 0.4，结果如图 5-67 右图所示。

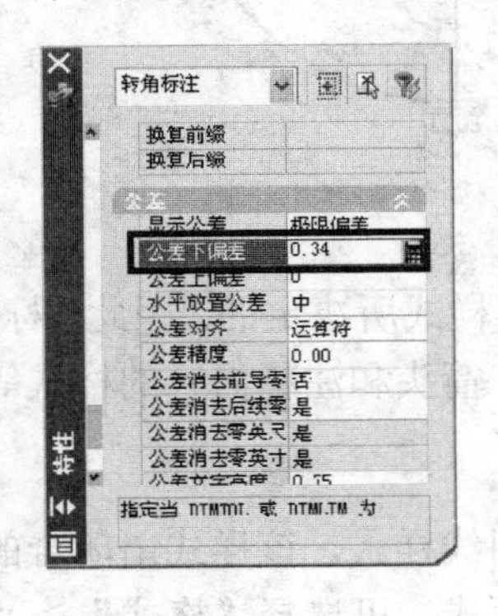

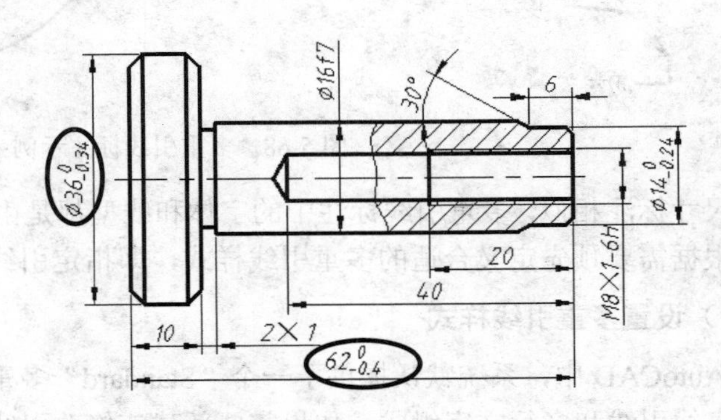

图 5-67　修改尺寸公差值

步骤 7　至此，套筒图形的基本尺寸已经标注完毕。关于该图形中多重引线和几何公差的标注方法，我们将在任务四中详细讲解。按【Ctrl+S】快捷键保存文件。

任务四　添加多重引线和几何公差

任务说明

通过前面的学习，相信大家都已经能够利用基本尺寸标注命令为图形标注尺寸了。在本任务中，我们将学习利用多重引线为图形添加注释信息，利用公差命令为图形标注各种公差。

预备知识

一、使用多重引线注释图形

在机械制图中，多重引线标注由带箭头或不带箭头的直线或样条曲线（又称引线）、一条短水平线（又称基线），以及处于引线末端的文字或块组成，常用于标注图形的倒角、几何公差的引线以及装配图中各组件的序号等，如图 5-68 所示。

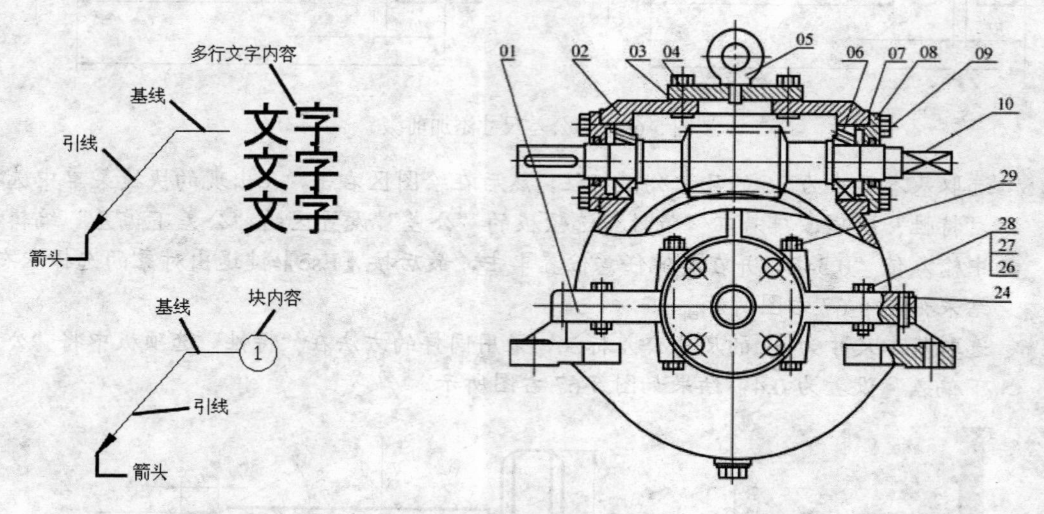

图 5-68　多重引线标注示例

与尺寸标注相似，多重引线标注中的字体和线型都是由其样式所决定的。因此，标注前，我们可根据需要预先定义合适的多重引线样式，即指定引线、箭头和注释内容的格式等。

（1）设置多重引线样式

在 AutoCAD 中，系统默认提供了一个“Standard”多重引线样式，该样式由闭合的实心箭头、直线引线和多行文字组成。如果需要新建或修改引线样式，可选择“格式”＞“多重引线样式”菜单，或单击“多重引线”工具栏中的“多重引线样式”按钮，然后在打开的“多重引线样式管理器”对话框中进行操作。

下面，我们将以标注图 5-69 所示的多重引线为例，讲解多重引线样式的设置及其标注方法，具体操作步骤如下。

步骤 1　打开本书配套素材“素材与实例”＞“ch05”文件夹>“多重引线.dwg”文件，然后单击“多重引线”工具栏中的“多重引线样式”按钮，打开图 5-70 所示的“多重引线样式管理器”对话框。

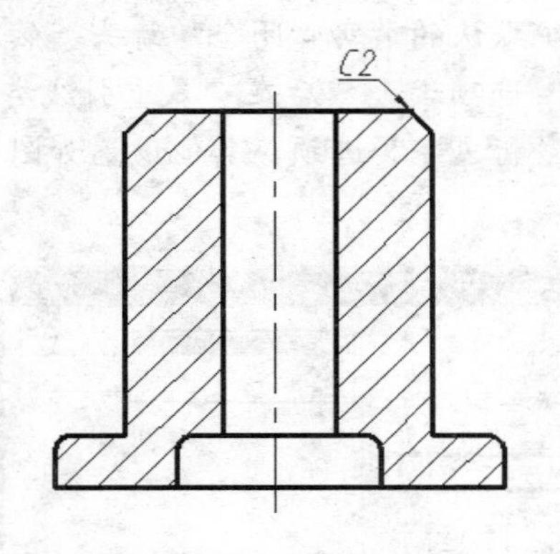

图 5-69　使用多重引线标注图形

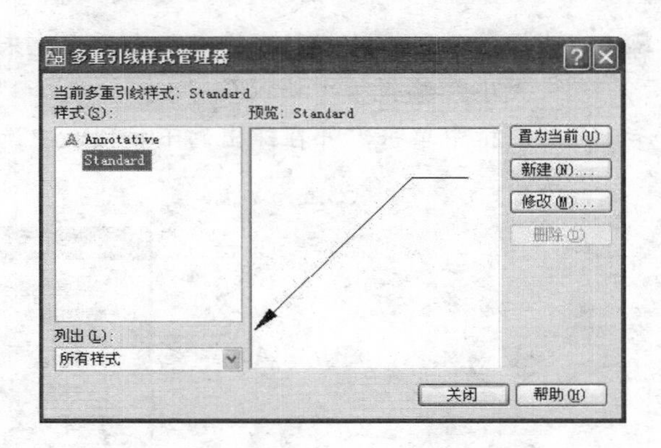

图 5-70　“多重引线样式管理器”对话框

图 5-70 所示的对话框用于新建、修改和删除多重引线样式，并且还可以将所选定的多重引线样式设置为当前样式。该对话框中各按钮的功能与设置尺寸标注样式时的“标注样式管理器”对话框中的类似，此处不再赘述。

步骤 2　单击此对话框中的修改(M)...按钮，打开图 5-71 所示的“修改多重引线样式: Standard”对话框。

此对话框用于设置多重引线的引线格式、引线结构和内容样式，其各选项卡的功能如下。

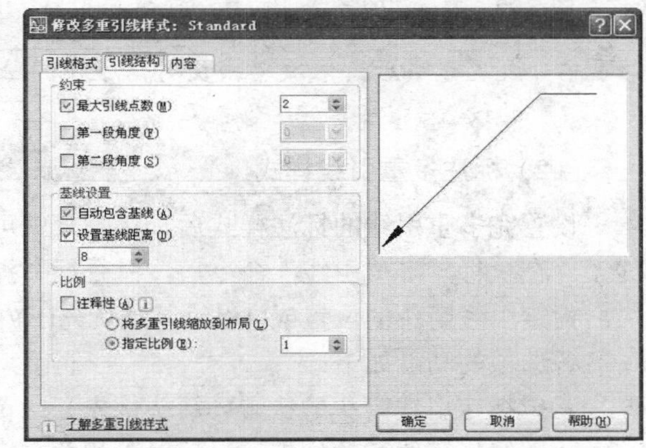

图 5-71　“修改多重引线样式：Standard”对话框

- **引线格式**：此选项卡的“基本”设置区用于设置引线的类型、颜色、线型和线宽；“箭头”设置区用于设置箭头的形状及其大小；“引线打断”设置区用于设置引线的打断大小。
- **引线结构**：此选项卡用于设置引线的段数、引线每一段的倾斜角度，以及是否包含基线和基线的距离等。

“最大引线点数”编辑框中的数值用于确定引线的折弯次数，即数值 2 或 3 均表示引线折弯一次（即一条引线），数值 4 表示折弯两次（即两条引线），数值 5 表示折弯三次，依此类推。

- **内容**：此选项卡主要用于设置引线末端的文字属性。通过在“多重引线类型”下拉列表中选择不同选项，可以为引线添加多行文字、块，或不添加内容。

步骤 3　由图 5-72 可知，要标注的多重引线是由带箭头的引线 AB 和带下划线的文字 C2 组成的，因此，应在“引线结构”选项卡中采用默认设置的引线点数 2，然后取消“基线设置”设置区中的“自动包含基线”和“设置基线距离”复选框。

步骤 4 选择该对话框的“引线格式”选项卡，采用系统默认的“实心闭合”箭头，然后在“大小”编辑框中输入值“3.5”；选择“内容”选项卡，然后在“多重引线类型”列表框中单击，并在弹出的下拉列表中选择“多行文字”选项，其他设置如图 5-73 所示。

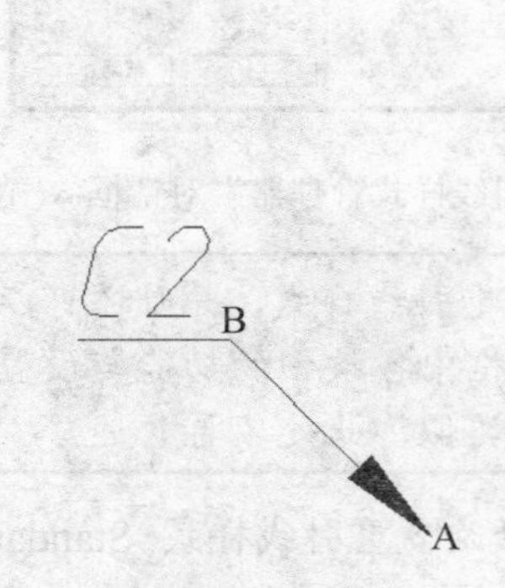

图 5-72　要标注的多重引线

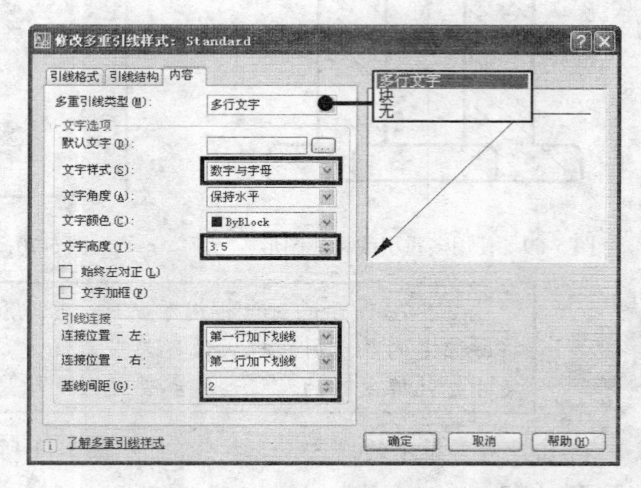

图 5-73　设置多重引线的文字样式

步骤 5 设置完成后，依次单击该对话框中的 确定 和 关闭 按钮，完成多重引线样式的设置。

（2）标注多重引线样式

设置完多重引线的标注样式后，接下来就可以使用“多重引线”命令为图形标注多重引线了。在执行“多重引线”命令后，命令行会提示如下信息：

指定引线箭头的位置或 [引线基线优先(L)/内容优先(C)/选项(O)]<选项>:

各选项的功能如下：

- **指定引线箭头的位置（箭头优先）**：首先指定多重引线中箭头的位置，然后指定引线（基线）的位置，最后输入相关文字。
- **引线基线优先（L）**：首先指定多重引线对象的基线的位置，然后指定箭头的位置，最后输入相关文字。
- **内容优先（C）**：首先指定与多重引线对象相关联的文字或块的位置，然后输入文字，最后指定引线箭头的位置。

在执行“多重引线”命令后，系统默认按“指定箭头位置→引线（基线）位置→文字或块”的顺序标注多重引线。如果重新设置了多重引线的绘制顺序，则以后标注的多重引线时，系统会自动继承前一次设置的顺序。因此，使用“多重引线”命令时，读者一定要根据命令行中的提示进行操作。

- **选项（O）**：用于设置多重引线的引线类型、是否包含基线，以及内容类型等，相当于重新设置多重引线的引线样式。

步骤 6 单击“多重引线”工具栏中的“多重引线”按钮，采用系统默认的“指定箭头位置→引线（基线）位置→文字或块”顺序，依次在图 5-74 所示的 A、B 两点处单击，以指定箭头位置和引线位置，然后在出现的编辑框中输入值 C2，最后在绘图区任意位置处单击，完成多重引线的标注，结果如图 5-69 所示。

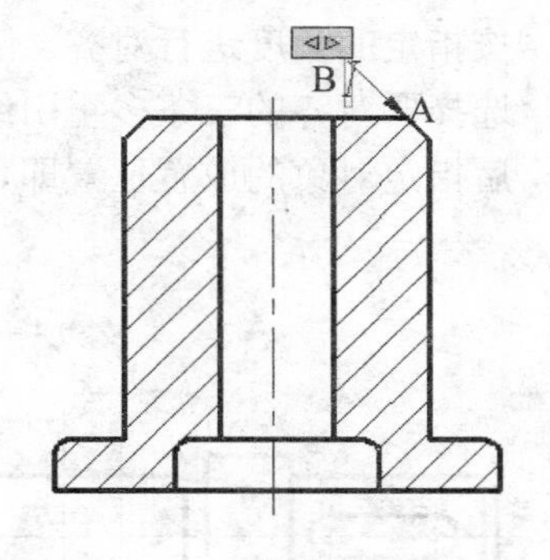

图 5-74 添加多重引线

二、编辑多重引线

标注多重引线后，我们既可以修改多重引线中所注释的文字内容，还可以为现有的多重引线添加或删除引线，也可以对齐或合并多重引线的内容。

（1）修改注释文字

要修改多重引线中的文字内容，可在命令行中输入“ed”并按【Enter】键，然后在绘图区选择要修改的多重引线，最后在出现的文本编辑框中进行修改。

此外，若要修改多重引线中箭头的大小、基线距离或文字的高度等特性，可以通过修改多重引线的样式进行修改，也可以双击要修改的多重引线，然后在打开的“特性”选项板中进行修改，如图 5-75 所示。

（2）添加与删除多重引线

当零件图中具有多个大小相同的倒角对象时，为了便于读图，可用一个具有多条引线的多重引线来注释这些对象。

标注时，可先利用“多重引线”命令标注一个倒角尺寸，然后单击“多重引线”工具栏中的“添加引线”按钮，接着选择已标注的多重引线，如图 5-76 上图所示，移动光标并在合适位置依次单击，以指定引线箭头的位置，结果如图 5-76 下图所示。

如果添加的多重引线不符合设计要求，可单击“多重引线”工具栏中的“删除引线”按钮，然后根据命令行提示依次指定要删除的引线，最后按【Enter】键即可。

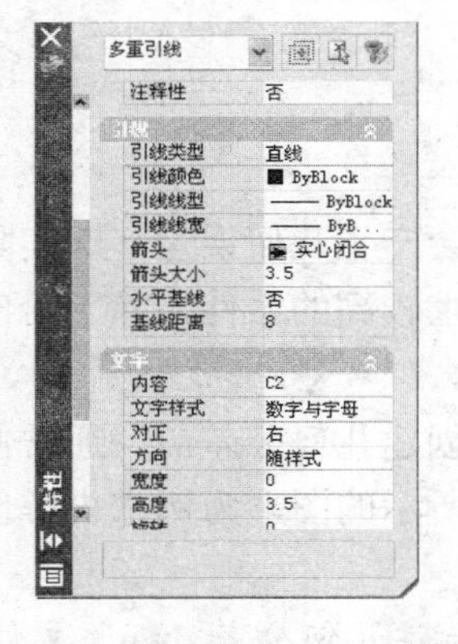

图 5-75 “特性”选项板

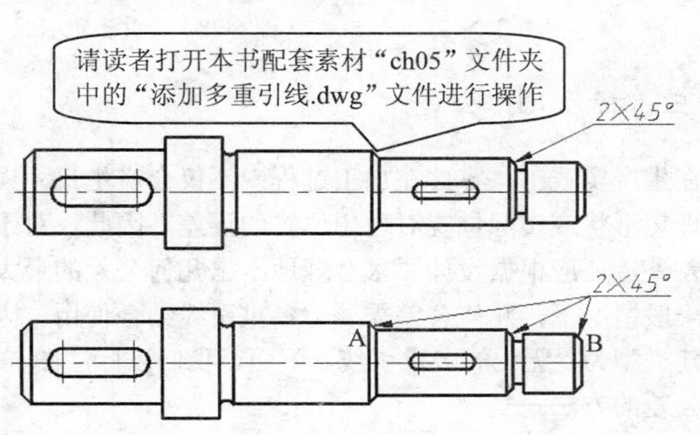

图 5-76 添加多重引线

（3）对齐与合并多重引线

单击“多重引线”工具栏中的“多重引线对齐”按钮，可将选定的多个多重引线对象按指定的角度进行对齐。例如，要使图 5-77 左图所示的多重引线对齐，可在执行该命令后先选择要对齐的三条多重引线，然后再选择要对齐到的多重引线，如编号为①的多重引线，最后指定对象的放置位置即可，效果如图 5-77 右图所示。

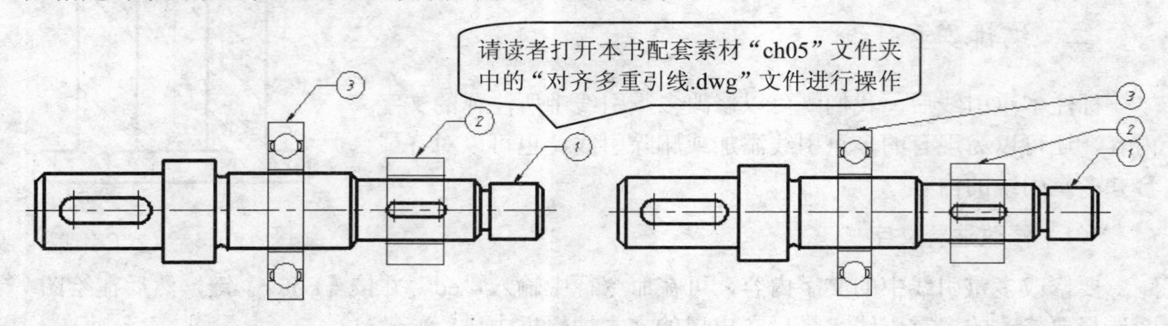

图 5-77　对齐多重引线

另外，如果要将图 5-77 左图所示的多重引线合并，可单击“多重引线”工具栏中的“多重引线合并”按钮，然后依次选取序号分别为①、②、③的多重引线并按【Enter】键，此时系统将按所选引线的先后顺序依次排列其序号，并以最后一次选择的引线为基准放置各序号，最后移动光标，并在合适位置单击即可完成多重引线的合并，结果如图 5-78 所示。

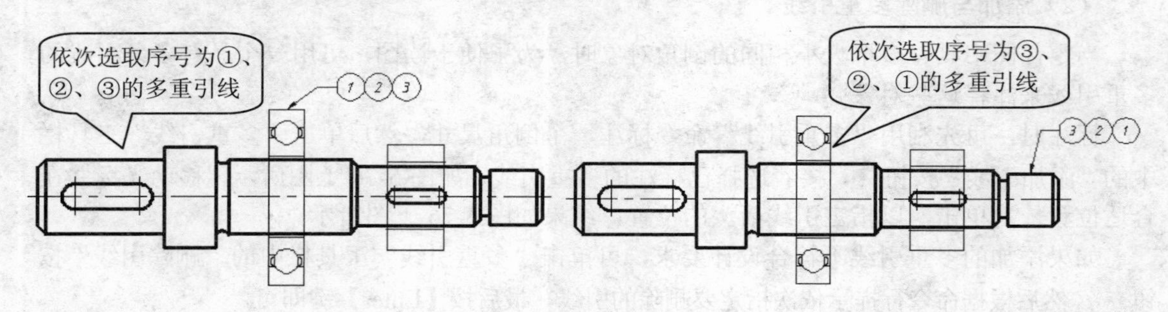

图 5-78　合并多重引线

三、标注几何公差

在生产实践中，零件在加工过程中不仅会产生尺寸误差，还会产生几何误差，即实际形状对理想形状或实际位置对理想位置的误差。因此，对于精度要求较高的零件，除了给出尺寸公差外，还应根据设计要求合理地给出几何公差的最大允许值。

一般情况下，几何公差需要与多重引线结合使用。因此，在创建几何公差前，通常需要先创建类型为“无”的多重引线。下面，我们以标注图 5-79 右图所示的图形为例来讲解创建几何公差的方法。

步骤 1 打开本书配套素材“素材与实例”>“ch05”文件夹>“标注几何公差.dwg”文件，如图 5-79 左图所示，然后单击“标注”工具栏中的“公差”按钮，打开“形位公差”对话框。

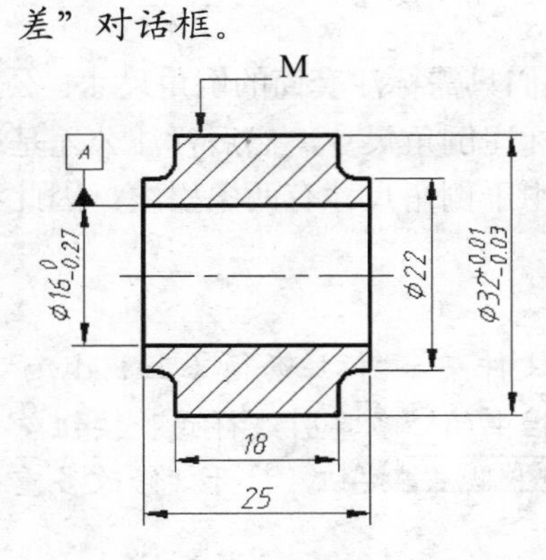

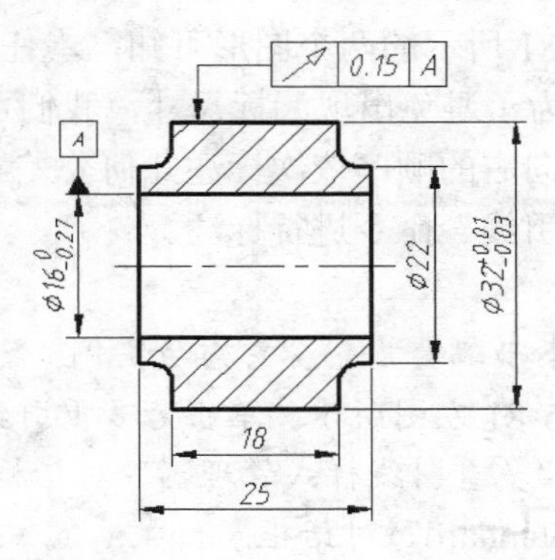

图 5-79　标注几何公差

步骤 2　单击该对话框中的“符号”设置区中的小黑框，然后在打开的“特征符号”对话框中单击“圆跳动”符号，其他设置如图 5-80 所示。

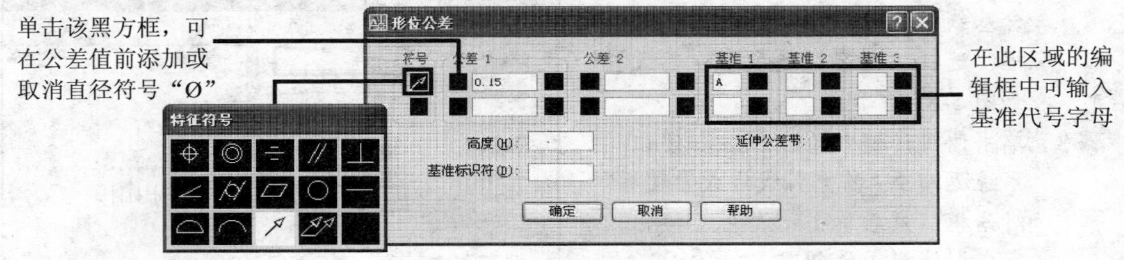

图 5-80　设置几何公差符号

步骤 3　单击“形位公差”对话框中的 确定 按钮，然后在图 5-79 左图所示的端点 M 处单击，以放置几何公差，结果如图 5-79 右图所示。

任务实施——标注套筒（下）

在了解了多重引线的使用场合、标注方法，以及几何公差的相关操作后，接下来，我们将继续通过标注图 5-81 左图所示的套筒图形（效果如图 5-81 右图），来进一步学习这些命令的具体操作方法和技巧。

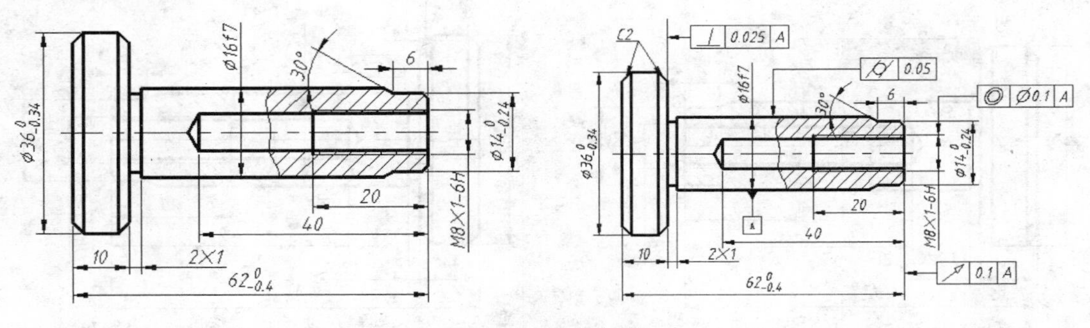

图 5-81　标注套筒

制作思路

对比图 5-81 所示的两个图形可知，本任务中，我们只需标注套筒的倒角尺寸、公差基准和几何公差。为了避免出现漏标尺寸，我们可采用先标注倒角尺寸，然后标注公差基准，最后再按照由左向右的顺序依次标注几何公差。此外，由于倒角尺寸有两条引线，因此我们只能使用“多重引线”命令进行标注。

制作步骤

步骤 1 打开本书配套素材“素材与实例”>“ch05”文件夹>“标注套筒（上）.dwg”文件，如图 5-81 左图所示。单击“多重引线”工具栏中的“多重引线样式”按钮，在打开的“多重引线样式管理器”对话框中单击 修改(M)... 按钮，打开“修改多重引线样式：Standard”对话框。

步骤 2 在该对话框中选择“引线格式”选项卡，然后在“箭头”设置区的“大小”编辑框中输入值“2.5”；选择“引线结构”选项卡，采用系统默认的引线点数 2，然后取消“基线设置”设置区中的“自动包含基线”和“设置基线距离”复选框；选择“内容”选项卡，其设置如图 5-82 所示。

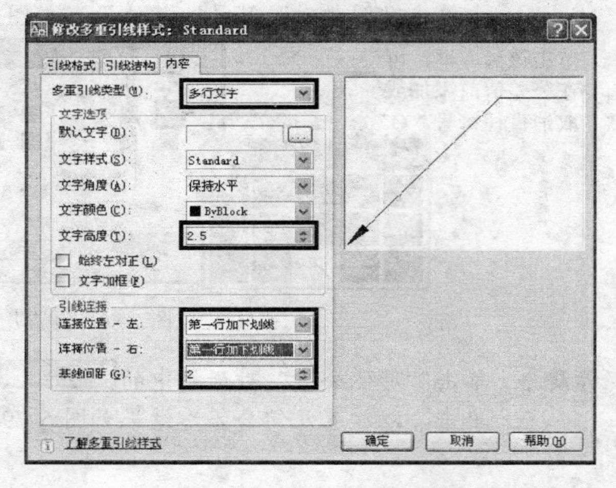

图 5-82　修改“Standard”引线样式

步骤 3 单击该对话框中的 确定 按钮，系统返回至“多重引线样式管理器”对话框。然后单击 关闭 按钮，完成引线样式的创建。

步骤 4 单击“多重引线”工具栏中的“多重引线”按钮，然后单击图 5-83 所示的端点 A 并移动光标，待出现图中所示的极轴追踪线时在合适位置单击，接着在出现的编辑框中输入“C2”，最后在绘图区任意位置单击，完成多重引线的标注。

步骤 5 单击“多重引线”工具栏中的“添加引线”按钮，然后选择上步所标注的多重引线，接着在图 5-84 所示的中点处单击，最后按【Enter】键结束命令。

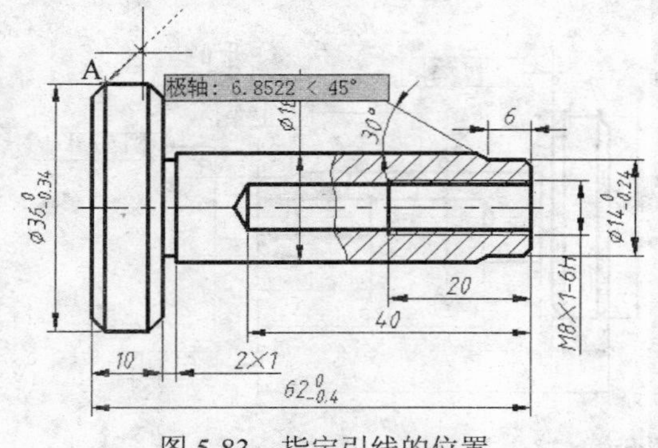

图 5-83　指定引线的位置

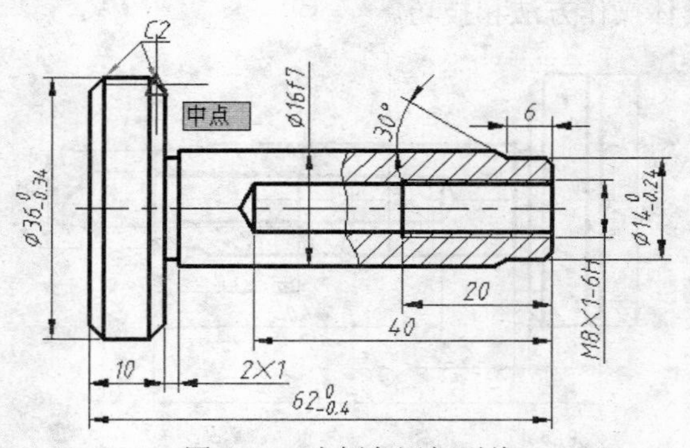

图 5-84　为倒角添加引线

步骤 6　单击“多重引线”工具栏中的“多重引线样式”按钮，然后在打开的“多重引线样式管理器”对话框中单击新建(N)...按钮，基于“Standard”创建“基准符号”引线样式并单击继续(O)按钮。

步骤 7　在打开的对话框中选择“引线格式”选项卡，将箭头符号设置为“实心基准三角形”，大小设置为“2”；选择“内容”选项卡，将引线类型设置为“块”，其他设置如图 5-85 所示。最后依次单击确定和关闭按钮，完成引线样式的创建。

步骤 8　单击“多重引线”工具栏中的“多重引线”按钮，单击图 5-86 所示的端点 A，然后竖直向下移动光标，待基准三角形符号出现后在合适位置单击，接着在出现的编辑框中输入“A”并按【Enter】键，结果如图 5-86 所示。

图 5-85　设置“基准符号”引线样式

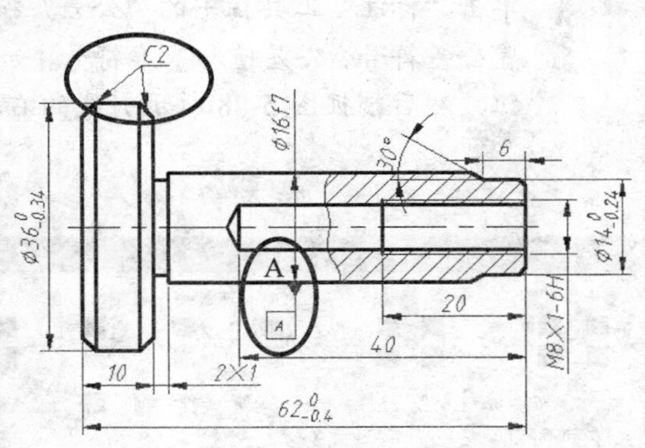

图 5-86　标注基准符号

步骤 9　选取上步所绘制的基准符号，然后单击“修改”工具栏中的“分解”按钮，接着使用“移动”命令将基准框格进行移动，其移动结果如图 5-87 所示。

步骤 10　在命令行中输入“L”并按【Enter】键，然后绘制图 5-87 所示的竖直直线 AB（长度合适即可）。

> 若所绘制的直线 AB 与倒角尺寸相交，那么可选中倒角尺寸，然后利用出现的文本夹点调整该尺寸的位置，调整结果如图 5-87 所示。

步骤 11　单击“多重引线”工具栏中的“多重引线样式”按钮，然后在打开的“多重引线样式管理器”对话框中选择“Standard”样式，单击新建(N)...按钮创建“公差引线”样式。其中，在“引线结构”选项卡中选中“自动包含基线”和“设置基线距离”复选框，并将基线距离设置为 8；在“内容”选项卡的“多重引线类型”列表框中单击，在弹出的下拉列表中选择“无”选项。

步骤 12　单击“多重引线”工具栏中的“多重引线”按钮，捕捉图 5-87 所示直线的端点 B，然后竖直向下移动光标并在合适位置单击，接着水平向右移动光标并在合适位置单击，结果如图 5-88 所示。

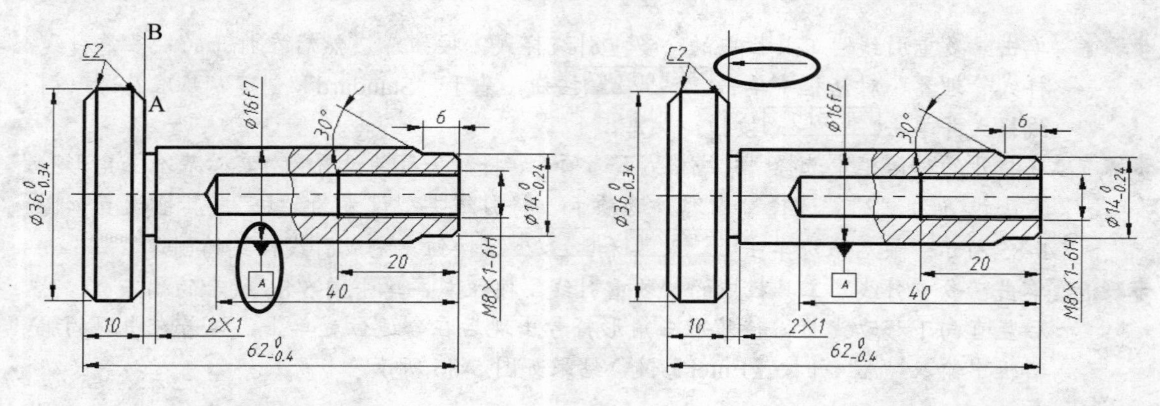

图 5-87　绘制直线　　　　图 5-88　绘制多重引线

步骤 13　单击“标注”工具栏中的“公差”按钮，然后在打开的“形位公差”对话框中设置公差符号、公差值和基准符号，如图 5-89 左图所示。设置完成后单击 确定 按钮，然后捕捉图 5-88 所示引线的右端点并单击，结果如图 5-89 右图所示。

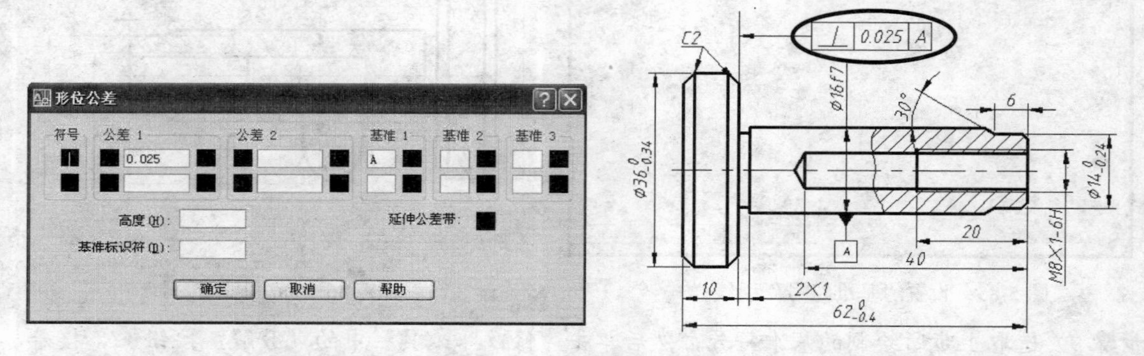

图 5-89　设置公差符号、公差值和基准符号并标注公差

步骤 14　单击“多重引线”工具栏中的“多重引线”按钮，在图 5-90 左图所示的 A 点处单击，接着向左上或右上角移动光标以调整基线的方向，最后竖直向上移动光标并在合适位置单击。

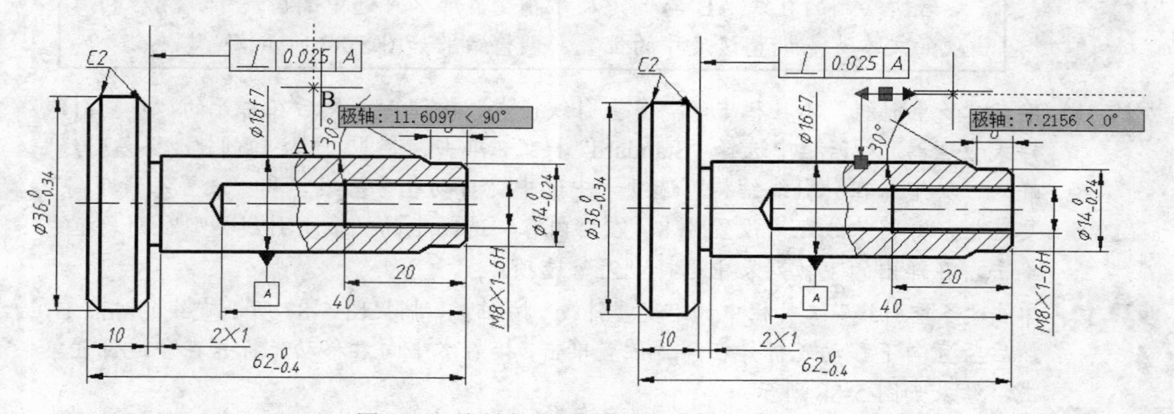

图 5-90　绘制多重引线并使用夹点将其拉长

步骤 15 选取上步所绘多重引线，然后单击基线右端的▶夹点并水平向右移动光标，待出现图 5-90 右图所示水平极轴线时在合适位置单击。最后按【Esc】键取消所选对象，结果如图 5-91 左图所示。

步骤 16 单击“标注”工具栏中的“公差”按钮，然后在打开的“形位公差”对话框中设置公差符号、公差值和基准符号。设置完成后单击 确定 按钮，然后捕捉图 5-91 左图所示引线的端点 A 并单击，结果如图 5-91 右图所示。

步骤 17 采用同样的方法分别利用“多重引线”和“公差”命令标注图 5-91 右图所示的其余引线和公差。

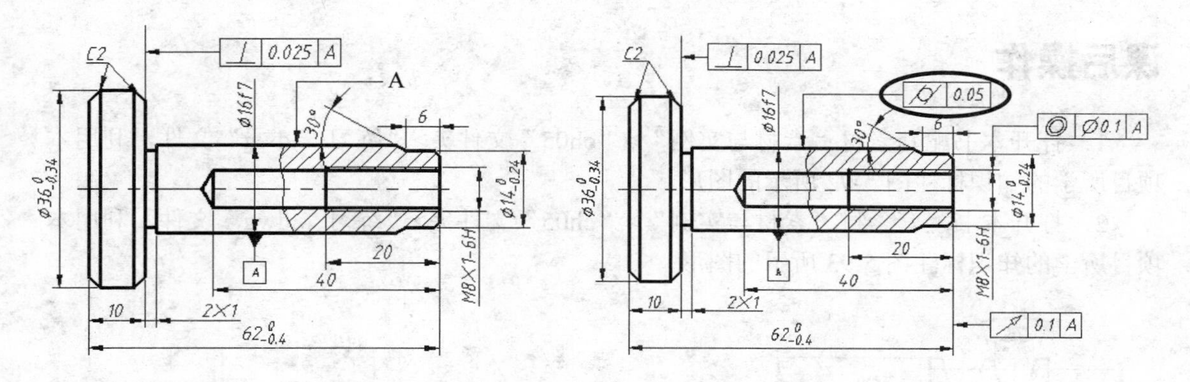

图 5-91　标注多重引线及几何公差

步骤 18 至此，套筒图形的尺寸已经标注完毕。选择“文件”>“另存为”菜单，将该文件保存。

项目总结

本项目主要讲解了使用 AutoCAD 标注图形的基本流程、标注样式的设置，以及常用尺寸标注命令的具体操作方法。读者在学完本项目内容后，还应注意以下几点。

- 为保证尺寸标注的准确性和合理性，在 AutoCAD 中标注尺寸时，一定要严格遵循国家制图标准对尺寸标注的具体规定和一些特殊图形的标注方法。
- AutoCAD 中的尺寸与尺寸标注样式相关联，通过调整尺寸标注样式，可以控制位于该样式下的所有尺寸标注的外观效果。但是，在“特性”选项板中修改尺寸的箭头样式、文字大小或文字样式等特性后，这些已经被修改过的特性不再随该标注样式的改变而改变。
- 标注图形时，一定要先理清思路，然后再进行标注。标注前，要先根据要标注图形的特点，按一定方向（由内而外、从左向右或从上而下等）逐个图框进行标注。
- 常用的图形编辑类命令有“编辑标注”按钮和“ed”命令两种。使用“ed”命令一次只能编辑一个对象，而使用“编辑标注”命令可以同时为多个对象添加相同的前缀或后缀。但是，使用“编辑标注”命令只能对具有相同标注样式的对象进行操作。

- 要使用“多重引线”命令标注图形，首先应创建合适的引线样式，然后再进行标注。若要修改多重引线中的文字内容，可使用“ed”进行编辑修改。当图形中具有多个相同大小的圆角或倒角对象时，还可以用一个具有多条引线的多重引线来注释。
- 标注几何公差前，一般都需要先创建一个带箭头的引线，以表示该公差的位置，然后再进行公差设置。几何公差的标注方法比较简单，但读者一定要明白公差中各种符号的意义，弄清楚哪些几何特征有基准符号，哪些特征无基准符号。

课后操作

1．打开本书配套素材“素材与实例”>“ch05”文件夹>“练习一.dwg”文件，利用本项目所学的知识标注图 5-92 所示的图形。

2．打开本书配套素材“素材与实例”>“ch05”文件夹>“练习二.dwg”文件，利用本项目所学的知识标注图 5-93 所示的图形。

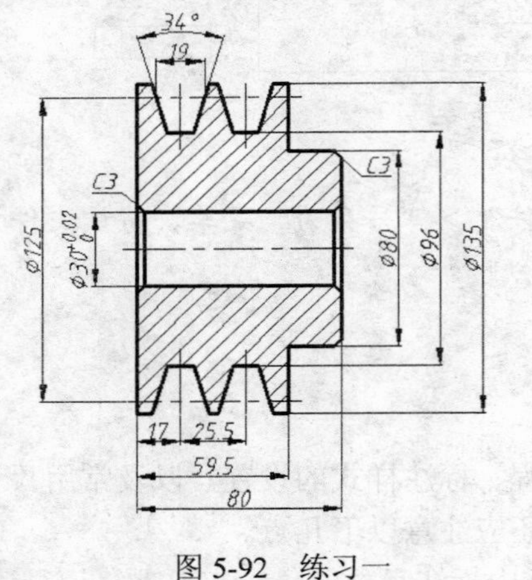

图 5-92　练习一

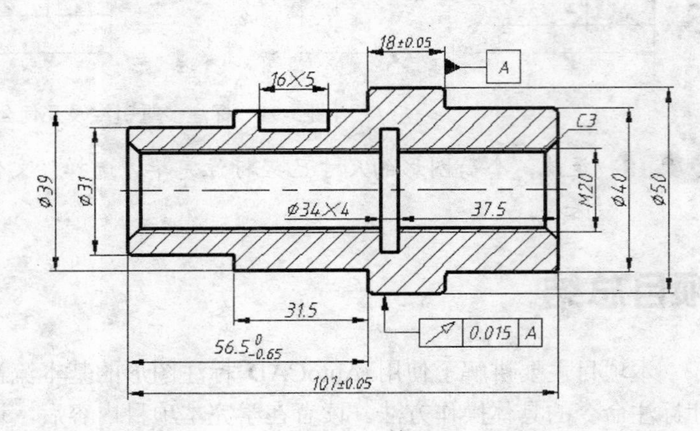

图 5-93　练习二

提示：

为了避免出现漏标或重标尺寸，在标注图 5-93 所示的图形时，应按照从左向右的顺序逐个线框标注其基本尺寸，然后再为所标尺寸添加前缀或后缀，接着创建“尺寸公差”样式，将相应尺寸置于该样式下后修改其公差值。最后根据需要标注基准符号、多重引线和几何公差。

项目六　创建与应用块

项目导读

绘制机械图时，有许多图形是需要经常使用的，如各种规格的螺栓、螺母、螺钉和轴承等。为了减少重复工作，我们可将这类需要经常使用的图形定义为块，以便重复使用。此外，我们还可以将一些图形相同而文字不同的图形定义为带属性的块，使用时，只需将该图块直接插入所需位置并修改文字即可。

知识目标

- 掌握“工具选项板”和“设计中心”中的一些常用块的使用方法。
- 掌握创建、存储、插入和编辑普通块的方法。
- 掌握创建和使用带属性块的方法。

能力目标

- 能够根据绘图需要，合理地使用“工具选项板”和“设计中心”中的块。
- 能够将一些常用图形创建为块并储存，然后将其插入到所需位置。对于已经插入的图块，能够根据绘图需要修改其形状。
- 能够为图形添加属性文字，并将形状相同而文字不同的图形设置为带属性的块。

任务一　绘制和使用普通块

任务说明

块是由一个或多个图形对象组成的图形单元，可以作为一个独立、完整的对象来操作。无论是系统内置的块还是自定义的块，都可以将其以指定的比例和旋转角度插入到当前视图中，还可以对插入的块进行复制、缩放、旋转、分解和镜像等操作。下面，我们便来学习使用系统内置的块，以及创建、储存、插入和编辑块等操作。

预备知识

一、使用系统内置的块

为了方便用户使用，AutoCAD 的“工具选项板”和“设计中心”中内置了螺钉、螺母、轴承等一些常用的机械零件块，用户可根据绘图需要方便地使用这些图块。

1．使用“工具选项板”中的图块

要使用“工具选项板”中的图块，可单击“标准注释”工具栏中的“工具选项板窗口”按钮，或按【Ctrl+3】组合键，可在打开的“工具选项板”面板中进行操作。

例如，要在绘图区插入“六角圆柱头立柱”图块，首先应在打开的“工具选项板”面板的控制条中单击鼠标右键，在弹出的快捷菜单中选择“注释和设计”选项，然后在打开的面板中单击选择“机械”选项卡标签，并单击选择要插入的图块，如图 6-1 左图所示。

此时，可直接在绘图区单击，以插入该图块，或者根据命令行中的提示，分别设置该图块的比例、旋转角度或 X、Y、Z 轴方向上的比例因子，然后再指定块的插入点，结果如图 6-1 右上图所示。

> “工具选项板”中提供的块大多数都是动态块。如果选择已插入的动态块，然后单击出现的▼夹点，可在弹出的快捷菜单中选择该图块的型号；若单击▶符号并移动光标，可修改该图块的参数；若单击■符号并移动光标，可移动该图块的位置，如图 6-1 右下图所示。

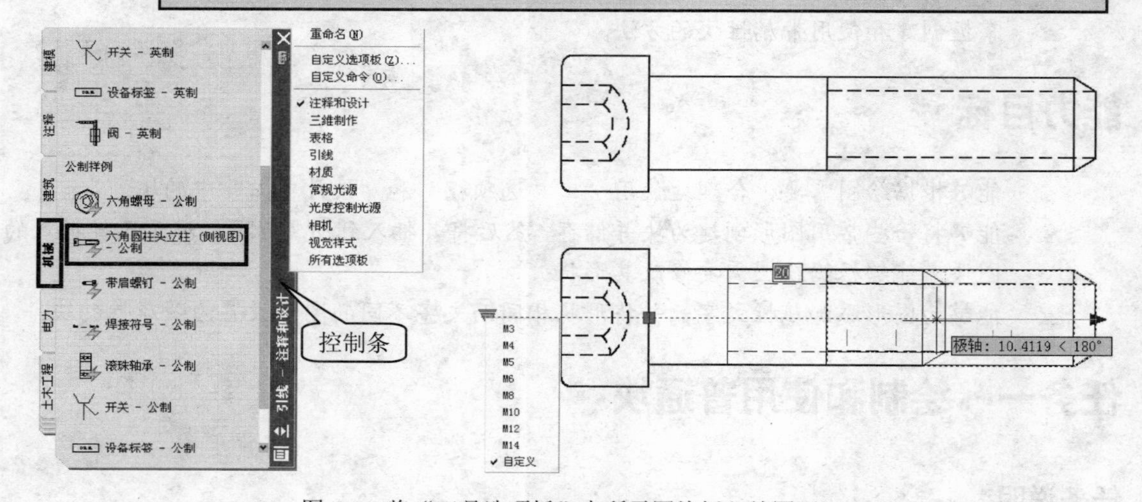

图 6-1　将“工具选项板”中所需图块插入绘图区

2．使用“设计中心”中的图块

图 6-2 所示的“设计中心”选项板中包含了机械、建筑、电子、管道等多种行业中经常使用的一些零件块。要使用这些图块，可单击“标准注释”工具栏中的“设计中心”按钮，或按快捷键【Ctrl+2】，在打开的选项板中选择所需图块并右击，然后在弹出的快捷菜单中

选择“插入块”选项，接着在打开的“插入”对话框中可设置旋转角度，以及 X、Y 或 Z 轴方向的比例，最后在绘图区单击以指定插入位置即可。

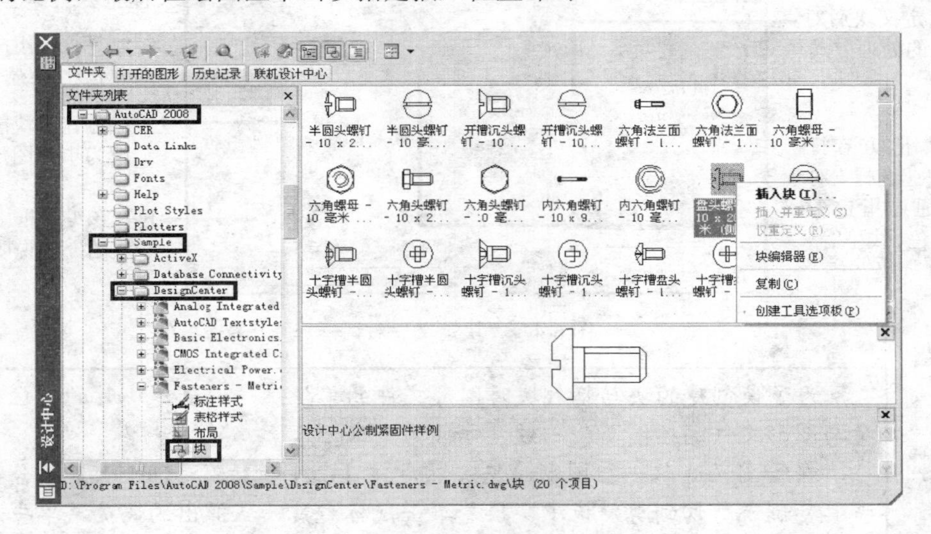

图 6-2　使用“设计中心”中的图块

> 选中“工具选项板”或“设计中心”中要插入的图块，并按住鼠标左键将其拖到绘图区中，松开鼠标左键，均可将该图块按 1:1 的比例插入绘图区。

二、创建和储存块

除了使用系统提供的图块外，我们还可以将一些常用的图形或符号制作成块，然后将其储存在合适的文件夹中，以便绘图过程中随时使用。

1. 创建块

创建块时，需要指定块的名称、组成块的图形对象、插入时需要使用的基点及块的单位等。例如，要将图 6-3 所示的六角螺母定义为块，具体操作方法如下。

步骤 1　打开本书配套素材“素材与实例”>“ch06”文件夹>“六角螺母.dwg”文件，然后单击“绘图”工具栏中的“创建块”按钮，打开“块定义”对话框。

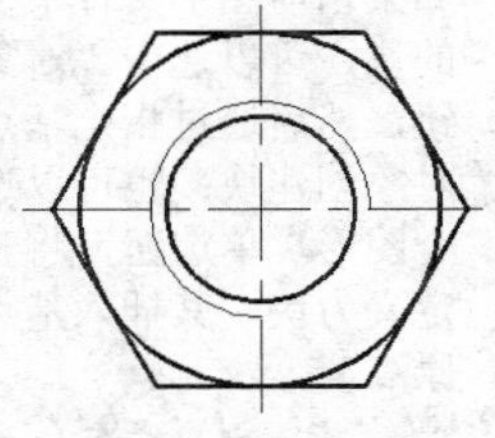

图 6-3　六角螺母

步骤 2　在“名称”编辑框中输入块的名称，如“六角螺母”，在“基点”设置区中单击“拾取点”按钮，然后在绘图区捕捉同心圆的圆心并单击，以指定插入基点，此时系统将自动返回至“块定义”对话框，如图 6-4 所示。

步骤 3　在“对象”设置区中单击“选择对象”按钮，然后选取图 6-3 所示的整个图形，按【Enter】键结束对象选取。

步骤 4　采用默认选中的“转换为块”单选钮，并在“块单位”下拉列表中使用系统默认的单位“毫米”，单击 确定 按钮，完成块的创建。

利用这三个单选钮可设置定义块后对源对象的处理方式

单击此按钮，可在打开的“快速选择”对话框中通过指定条件（如颜色、线型等）来过滤选择集

是否创建带有注释属性的块

控制是否将组成块的对象按比例统一缩放

控制创建的块能否被分解为单个图形元素

可在该编辑框中输入关于块的一些说明文字

图 6-4　“块定义”对话框

为了使创建的块与插入块时图形文件的单位统一，创建块时的单位应尽量与图形文件的绘图单位一致，一般为毫米。

在绘图区选取一组图形对象，然后按【Ctrl+C】或【Ctrl+X】组合键，将其复制或剪切到剪贴板中，接着单击鼠标右键，从弹出的快捷菜单中选择“粘贴为块”选项，也可以将所选对象转换为块，此时，该块的名称由系统自动产生。

2．储存块

创建块后，便可在当前图形文件中使用它了（使用方法可参见后面的内容）。但是，如果希望在其他图形文件中也能使用该图块，则需要先将该块保存为独立的图形文件（称为外部块），然后在其他图形文件中直接调用。

要将块、对象选择集或整个图形写入一个图形文件中，可使用“wblock”命令。例如，要将创建的“六角螺母”块进行存储，可按如下方法操作。

步骤 1　在命令行中输入“wblock”并按【Enter】键，打开“写块”对话框，如图 6-5 所示。

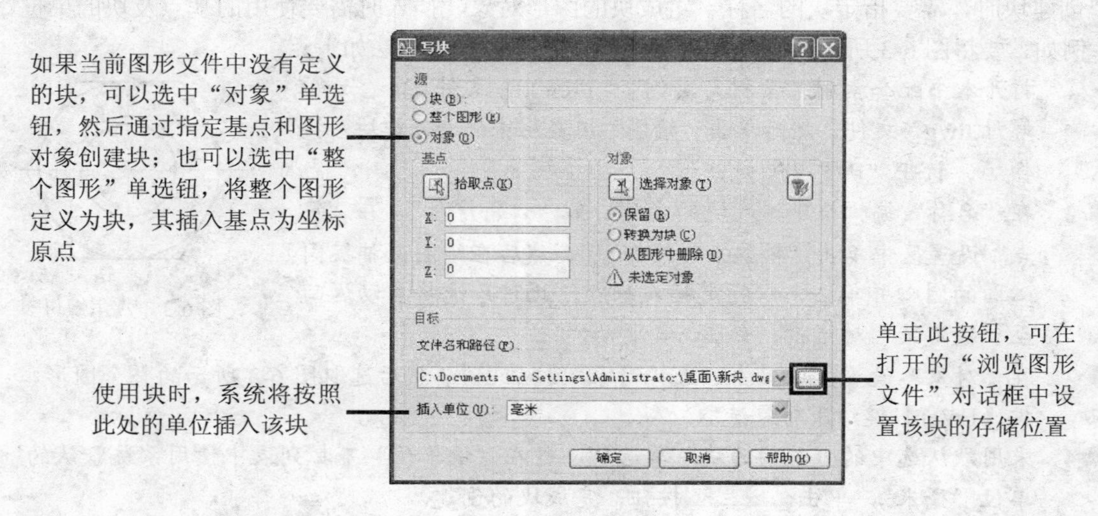

图 6-5　“写块”对话框

步骤 2　选中该对话框中的“块”单选钮，然后在该单选钮后的下拉列表框中选择当前图形文件中已经定义的块，如“六角头螺钉”；在“目标”设置区的“文件名和路径”编辑框中输入块的存储位置，或通过单击其后的“浏览”按钮设置块的保存位置。

步骤 3　采用系统默认的插入单位“毫米”，并单击确定按钮，即可将该块存储起来。

三、插入块

要在当前图形文件中插入所需图块，可单击“绘图”工具栏中的“插入块”按钮，或在命令行中输入“I”并按【Enter】键，执行“insert”命令，具体操作步骤如下。

步骤 1　打开本书配套素材“素材与实例”>“ch06”文件夹>“插入六角螺母.dwg”文件，如图 6-6 所示。单击“绘图”工具栏中的“插入块”按钮，打开“插入”对话框。

步骤 2　要插入在当前文件中创建的块（称为内部块），只需在“插入”对话框的“名称”下拉列表框中选择要插入块的名称。否则，需要单击浏览(B)...按钮，在打开的“选择图形文件”对话框中选择要插入的块，如图 6-7 所示。

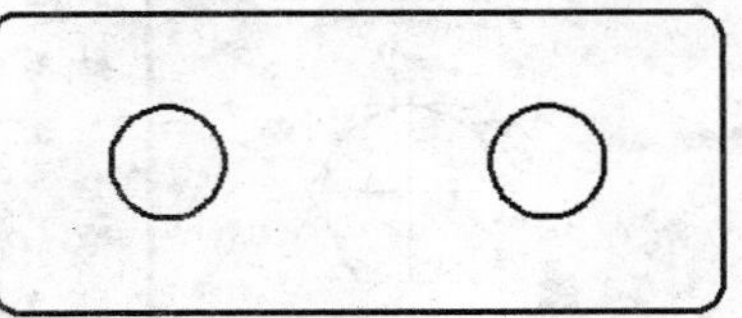

图 6-6　素材图形

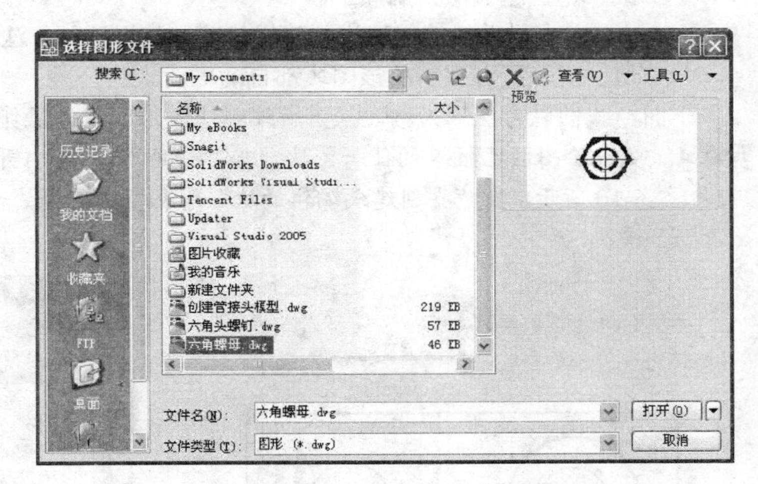

图 6-7　选择要插入的图块

步骤 3　单击打开(O)按钮，然后在“插入”对话框的“插入点”设置区中选择“在屏幕上指定”复选框，表示采用在绘图区指定块的插入点的方式插入该图块，其他采用系统默认设置，如图 6-8 所示。

步骤 4　单击确定按钮，捕捉图 6-6 所示的任一圆的圆心并单击，即可完成块的插入，结果如图 6-9 所示。

步骤 5　按【Enter】键重复执行“插入”命令，或使用“复制”、“镜像”等命令将六角螺母插入到另一孔中。

四、编辑块

一般情况下，组成块的图形对象是不能被编辑修改的。若要修改块图形的形状，有两种方法。

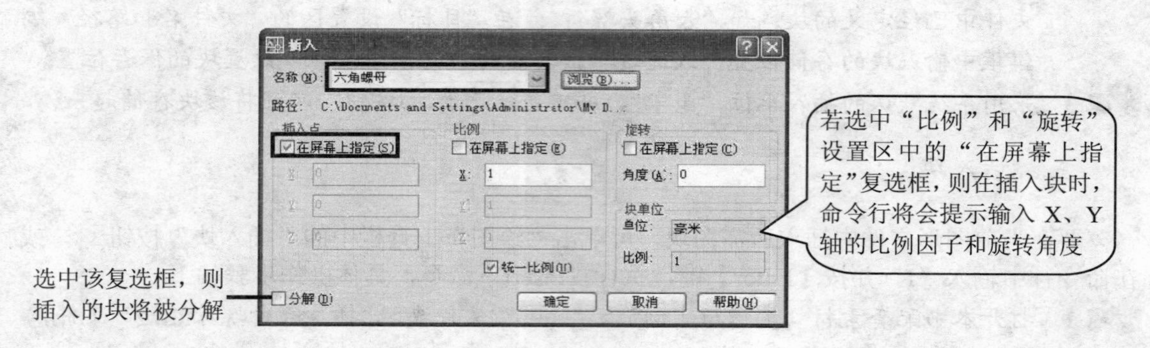

图 6-8　设置要插入块的参数

- **方法一**：将其分解为单独的对象，然后再进行编辑修改。使用这种方法只能编辑某个特定对象，也就是说，如果我们在一幅图形中插入了多个同样的块，一次只能修改一个，这显然太麻烦了。
- **方法二**：借助块编辑器进行编辑修改。使用这种方法的优点是，只要编辑任何一个块引用，所有引用的该图块都自动更新。

下面，我们以方法二为例，来讲解编辑块图形的具体操作方法。

步骤 1　双击绘图区已插入的任一图块，如“六角螺母”，打开“编辑块定义”对话框，如图 6-10 所示。在“要创建或编辑的块”列表框中选择“六角螺母”，然后单击 确定 按钮。

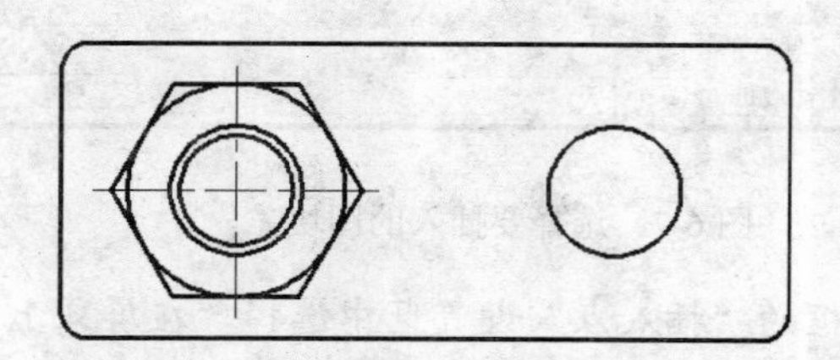

图 6-9　插入六角螺母效果图

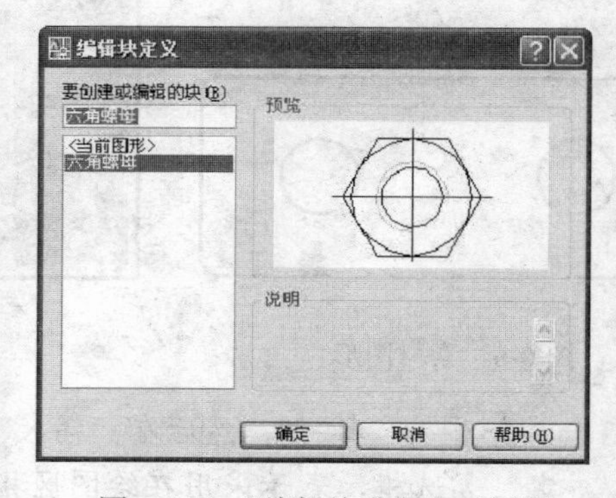

图 6-10　“编辑块定义”对话框

步骤 2　进入块编辑界面后，系统首先给出一个提示对话框，询问用户是否希望了解创建动态块的方法，此时单击 否(N) 按钮，将出现 6-11 所示的操作界面。

步骤 3　该界面不仅显示了“块编辑”工具栏和块编写选项板（用于创建动态块），还保留了绘图界面中设置的其他工具栏，如“绘图”、“修改”和“标注”等。此时，我们可以借助这些工具栏中的相关命令对绘图区中的块图形进行编辑修改。

步骤 4　修改结束后，单击“块编辑”工具栏中的 关闭块编辑器(C) 按钮，在打开的“AutoCAD”对话框中单击 是(Y) 按钮，即可保存对该图块的修改结果并退出块编辑状态。

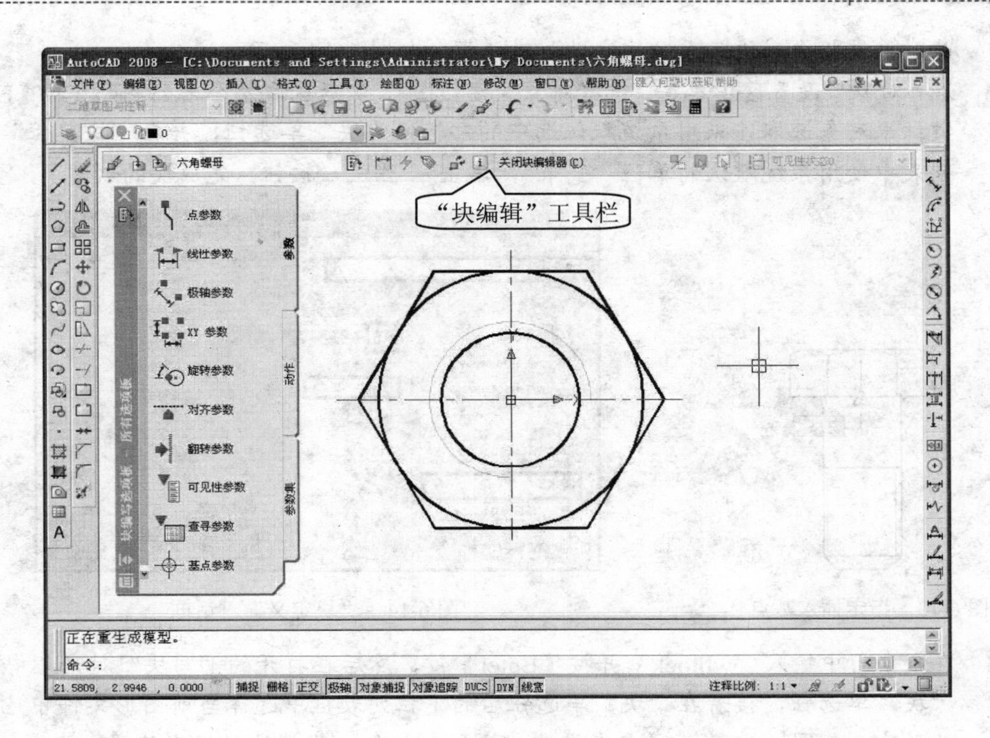

图 6-11　块编辑界面

任务实施——利用图块功能将螺钉插入图形中

下面，我们通过将图 6-12 左图所示的六角头螺钉定义为块，然后再将其插入右图所示的孔中，来学习创建块、存储块和插入块操作在实践中的应用。案例最终效果请参考本书配套素材“素材与实例”>“ch06”文件夹>“插入六角头螺钉 ok.dwg”文件。

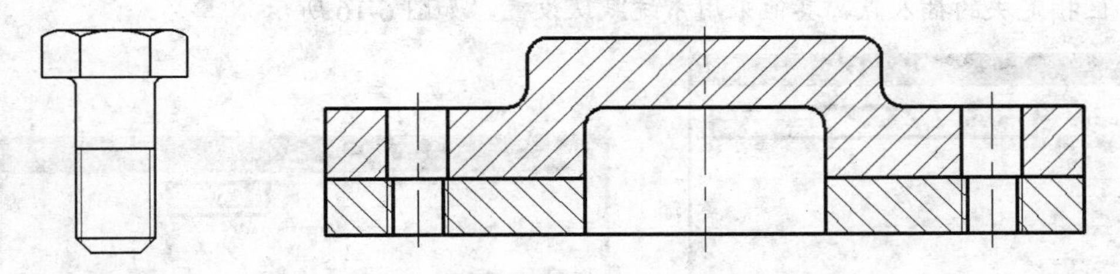

图 6-12　将六角头螺钉定义为块，并插入图形中

制作步骤

步骤 1　打开本书配套素材“素材与实例”>“ch06”文件夹>“六角头螺钉.dwg”文件，如图 6-12 左图所示。单击“绘图”工具栏中的“创建块”按钮，打开“块定义”对话框。

步骤 2　在“名称”列表框中输入块的名称，如“六角头螺钉”，在“基点”设置区中单击“拾取点”按钮，然后在绘图区捕捉图 6-13 所示的中点并单击，以指定插入基点，此时系统将自动返回至“块定义”对话框，如图 6-14 所示。

步骤 3 在“对象”设置区中单击“选择对象”按钮，然后选取整个螺钉图形，按【Enter】键结束对象选取，采用系统默认选中的“转换为块”单选钮，并在“块单位”下拉列表中使用系统默认的单位“毫米”，单击 确定 按钮，完成块的创建。

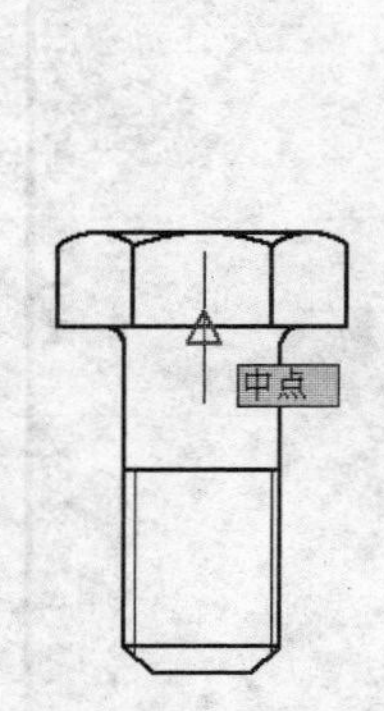

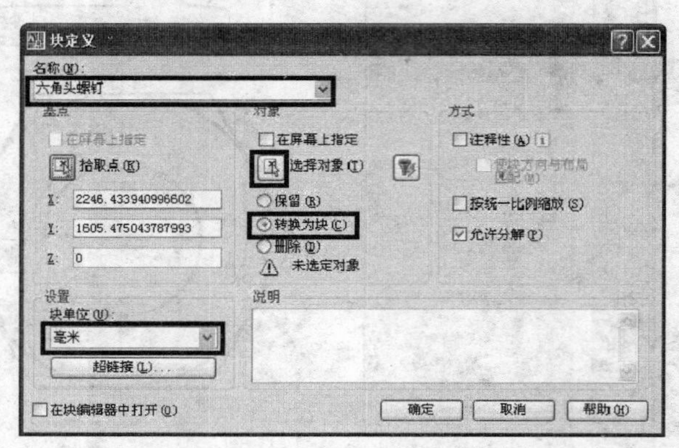

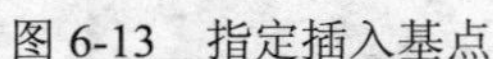

图 6-13　指定插入基点　　　　图 6-14　“块定义”对话框

步骤 4 在命令行中输入“wblock”并按【Enter】键，然后在打开的“写块”对话框中选中“块”单选钮，接着在“块”单选钮后的下拉列表框中选择当前图形文件中已经定义的块，如图 6-15 所示，最后单击“浏览”按钮设置块的保存位置。

步骤 5 采用系统默认的插入单位“毫米”并单击 确定 按钮，即可将该块存储起来。

步骤 6 打开本书配套素材“素材与实例”>“ch06”文件夹>“插入六角头螺钉.dwg”文件。单击“绘图”工具栏中的“插入块”按钮，然后在打开的“插入”对话框中单击 浏览(B)... 按钮，在打开的“选择图形文件”对话框中选择要插入的块并单击 打开(O) 按钮。

步骤 7 在“插入”对话框的“插入点”设置区中选择“在屏幕上指定”复选框，表示在绘图区指定块的插入点，其他采用系统默认设置，如图 6-16 所示。

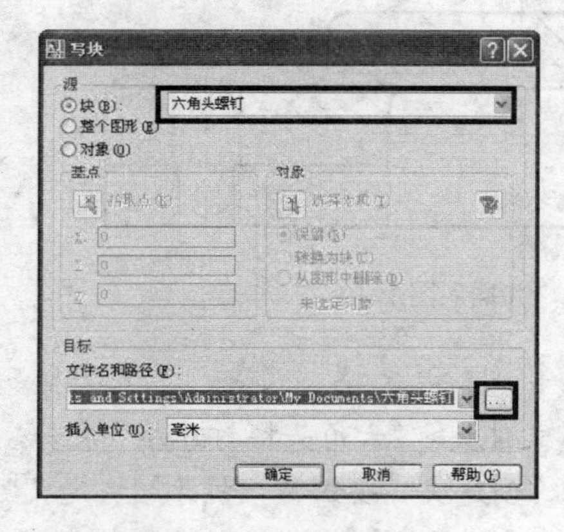

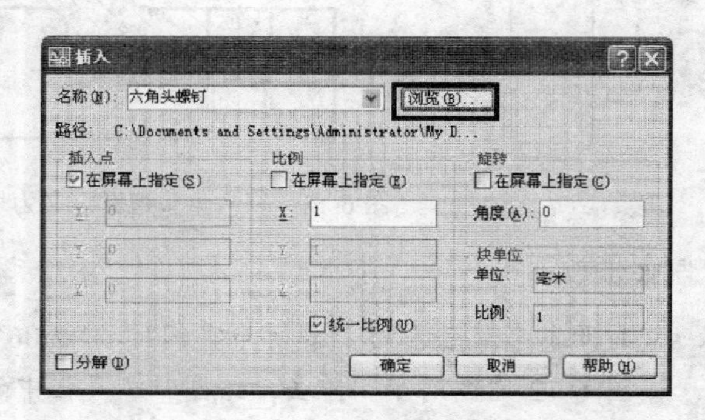

图 6-15　“写块”对话框　　　　图 6-16　“插入”对话框

步骤 8 单击 确定 按钮，然后捕捉图 6-17 左图所示的交点并竖直向上移动光标，待出现竖直极轴追踪线时输入值“0.3”并按【Enter】键，结果如图 6-17 右图所示。

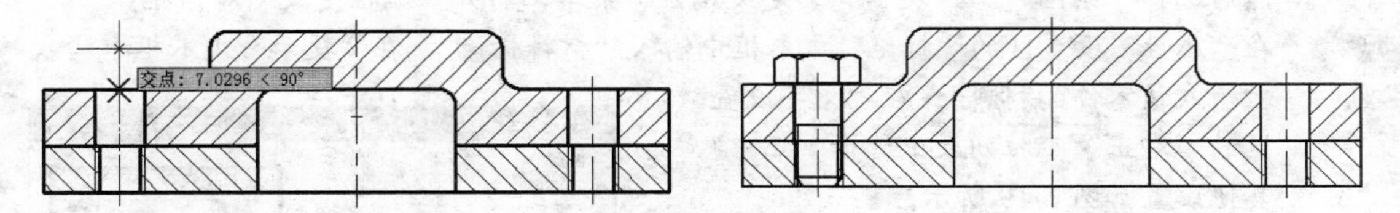

图 6-17　插入“六角头螺钉”块（一）

实际生产中，用于装配的零件的各配合面间有 0.1～0.3mm 的装配间隙，故在效核或绘制装配图时，两零件的配合面间也需留有安装间隙。

步骤 9　按【Enter】键重复执行“插入”命令，或使用“复制”、“镜像”等命令将六角头螺钉插入右侧孔中。

任务二　创建和使用带属性的块

任务说明

在 AutoCAD 中，除了可以创建普通块外，还可以创建带有附加信息的块（如表面粗糙度符号），这些附加信息被称为属性。这些属性好比附于商品上面的标签，它包含块中的所有可变参数，从而方便用户进行修改。下面，我们就来学习创建和使用带属性的块的操作方法。

预备知识

一、创建带属性的块

带属性的块实际上是由图形和属性组成的。利用“绘图”＞“块”＞“定义属性”菜单，可为图形附加一些可更改的说明性文字，即属性。

例如，要将图 6-18 所示的标题栏中的材料标记、单位名称、图样名称和图样代号等需要经常填写的内容设置为带属性的文字，并将该标题栏创建为块，其具体操作步骤如下。

						材料标记			单位名称
标记	处数	分区	更改文件号	签名	年 月 日				图样名称
设计	签名	年 月 日	标准化	签名	年 月 日	阶段标记	重量	比例	图样代号
审核									
工艺			批准			共　张　第　张			

图 6-18　带属性的标题栏块

步骤 1 打开本书配套素材“素材与实例”>“ch06”文件夹>“创建带属性的块.dwg”文件，然后选择“绘图”>“块”>“定义属性”菜单，打开“属性定义”对话框。

步骤 2 在“属性”设置区的“标记”文本框中输入“材料标记”，在“提示”文本框中输入“输入该零件的材料”；在“文字设置”区的“对正”下拉列表中选择“正中”，其他设置如图 6-19 所示。

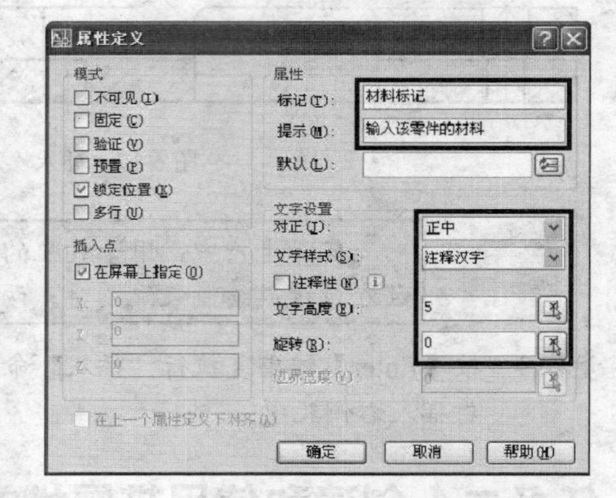

图 6-19 设置属性

“属性定义”对话框的“模式”设置区中，各复选框的功能如下。

- **不可见**：选择该复选框，表示该属性不可见。
- **固定**：选择该复选框，表示该属性不可更改，属性的内容由“属性”设置区中的“默认”编辑框中的值确定。
- **验证**：选择该复选框，表示插入块时系统将提示检查该属性值的正确性。
- **预置**：选择该复选框，表示插入块时系统不再提示输入该属性值，而是使用属性的“默认”值。但是，用户仍可在插入块后更改该属性值。
- **锁定位置**：选择该复选框，表示锁定块参照中属性的位置。
- **多行**：选择该复选框，表示属性值可以包含多行文字。

步骤 3 单击 确定 按钮，然后借助“极轴追踪”和“对象捕捉”功能在图 6-20 所示的表格单元的中心位置处单击，以指定属性的放置位置。

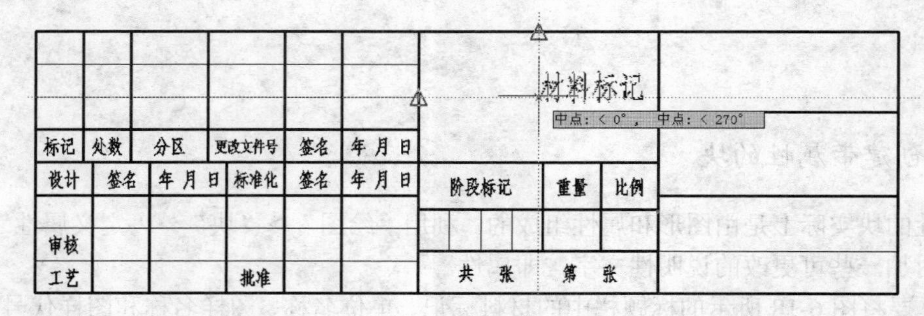

图 6-20 放置属性

步骤 4 按【Enter】键重复执行“定义属性”命令，参照图 6-18 所示的文字为标题栏添加其他属性。

要为图形添加多个属性文字，除了上述方法外，还可以利用“复制”命令将图 6-20 所创建的属性文字复制到其他编辑框中，然后再双击该属性，在打开的图 6-21 所示的“编辑属性定义”对话框中修改属性名称和提示内容。

步骤 5 单击“绘图”工具栏中的“创建块”按钮，在打开的“块定义”对话框的“名称”

编辑框中输入“标题栏”，在“基点”设置区中单击“拾取点”按钮，捕捉标题栏的右下角，当出现“端点”提示时单击。

步骤 6　单击“对象选择”按钮，采用窗交方式选取所有对象，并按【Enter】键结束选取，其他设置如图 6-22 所示。单击对话框中的 确定 按钮，即可完成块的创建，并将块的源对象删除。

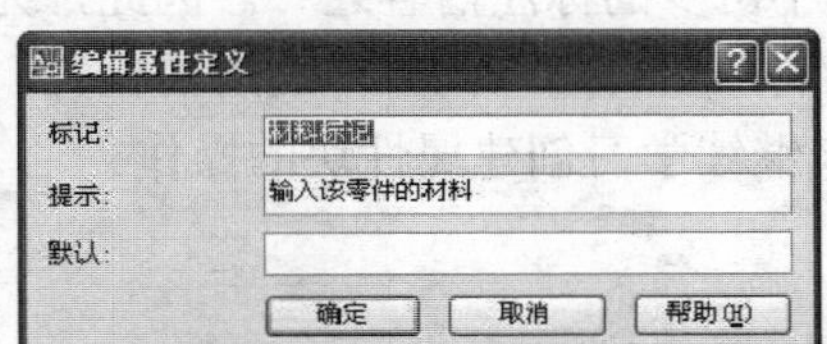

图 6-21　“编辑属性定义”对话框

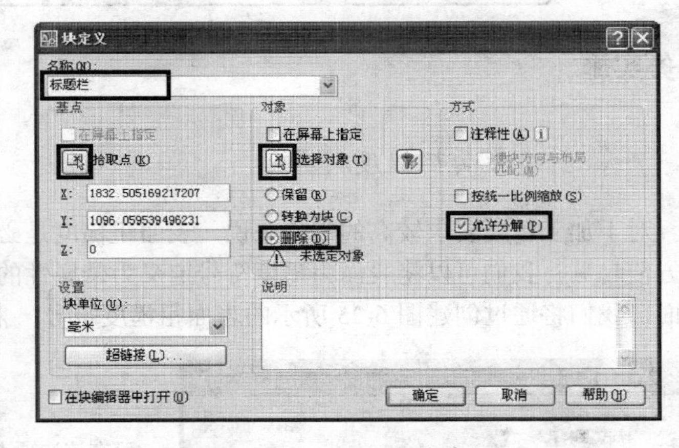

图 6-22　“块定义”对话框

由于标题栏在绘图过程中需要经常使用，因此建议大家使用“wblock”命令将上述所创建的“标题栏”图块进行存储，以备后用。

二、使用带属性的块

插入带属性的块的方法与普通块相同，只是在插入结束时需要指定其属性值。例如，要将所创建的“标题栏”块插入到某个图形中，具体操作步骤如下。

步骤 1　单击“绘图”工具栏中的“插入块”按钮，在打开的“插入”对话框的“名称”列表框中单击，在弹出的下拉列表中选择所需块的名称，或单击 浏览(B)... 按钮，在打开的对话框中选择要插入的图块。

步骤 2　采用系统默认的插入比例和旋转角度，单击 确定 按钮，并在绘图区合适位置单击以放置该标题栏，然后根据提示依次填写图样代号、图样名称、单位名称等属性值，结果如图 6-23 所示。

						HT150			沧州兴华
标记	处数	分区	更改文件号	签名	年 月 日				端盖
设计	签名	年 月 日	标准化	签名	年 月 日	阶段标记	重量	比例	HT-DG2012-05
审核									
工艺			批准			共 张		第 张	

图 6-23　插入带属性的块并填写属性文字

当不需要填写某一属性值时，可直接按【Enter】键；若要重新编辑块中的某个属性值，或修改某个属性值的文字样式、对正方式和大小等特性，可双击该块，在弹出的图 6-24 所示的“增强属性编辑器”对话框中进行操作。

若要修改属性块的形状，可先选中要修改的属性块，然后在绘图区右击，从弹出的下拉列表中选择“块编辑器”选项，在打开的界面中进行修改。

任务实施

一、创建表面粗糙度符号

对于加工精度要求较高的零件来说，表面粗糙度是必不可少的标注内容之一。因此，为了方便起见，我们可以将表面粗糙度符号定义为带属性的块，然后插入到零件的所需位置。下面，我们将通过创建图 6-25 所示的表面粗糙度符号，来继续学习创建属性块的操作。

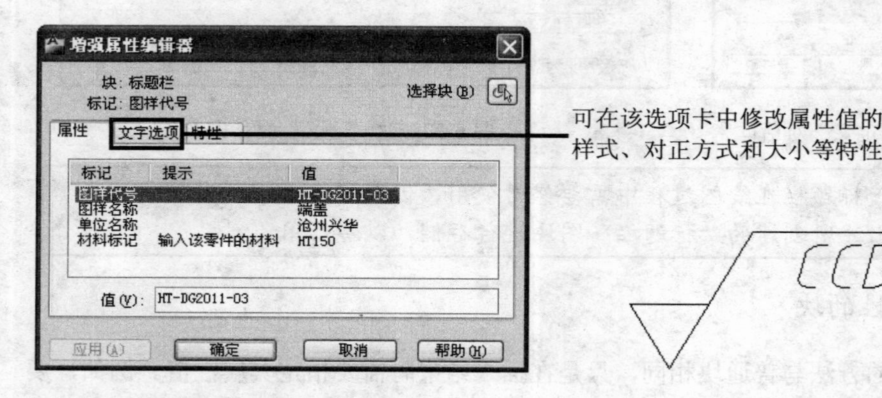

图 6-24 “增强属性编辑器”对话框　　图 6-25 创建表面粗糙度符号

制作思路

首先绘制图 6-25 左图所示的表面粗糙度符号，然后为其添加属性文字 CCD，并将该图形及属性定义为带属性的块。接着在源对象的基础上进行修改，以创建图 6-25 右图所示的块。需要注意的是，国家标准对粗糙度符号的尺寸有明确的规定，读者可参考图 6-26 所示的标准进行绘制。

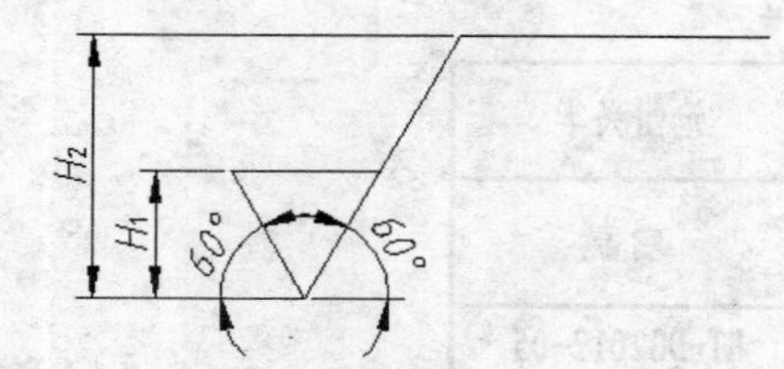

数字和字母高度 h	2.5	3.5	5	7	10	14	20
高度 H_1	3.5	5	7	10	14	20	28
高度 H_2（最小值）	7	10.5	15	21	30	42	60

图 6-26 国家标注规定的粗糙度符号的尺寸

制作步骤

步骤 1　启动 AutoCAD，打开状态栏中的极轴、对象捕捉、对象追踪和DYN按钮，然后将极轴增量角设置为“30”。

步骤 2　在命令行中输入“L”，按【Enter】键后绘制一条长度约为 27 的水平直线，然后单击“修改”面板中的“偏移”按钮，将该直线向其上方偏移，其偏移距离分别为 7 和 15，结果如图 6-27 所示。

步骤 3　执行“直线”命令，捕捉图 6-28 左图所示的直线 AB 的左端点并单击，然后移动光标，待出现图 6-28 左图所示的光标提示时单击，再次移动光标，待出现图 6-28 右图所示的光标提示时单击，最后按【Enter】键结束命令，结果如图 6-29 上图所示。

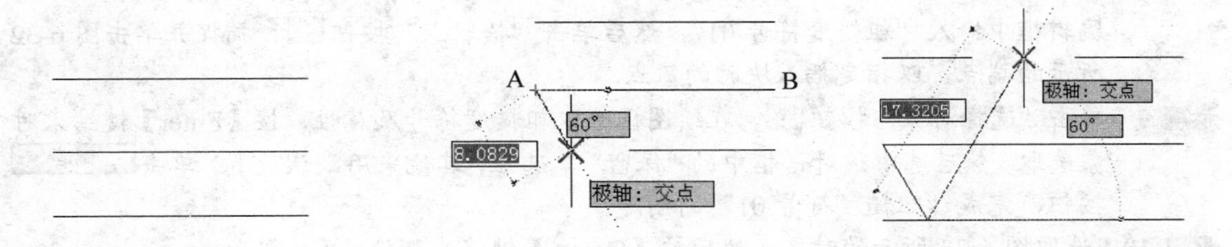

图 6-27　绘制平行直线　　图 6-28　绘制两条斜线

步骤 4　利用“修改”工具栏中的“修剪”按钮和“删除”命令，修剪并删除图中多余的线段，结果如图 6-29 下图所示。

步骤 5　选择“格式”>“文字样式”菜单，在打开的“文字样式”对话框中选择“Standard”文字样式，取消已选中的“使用大字体”复选框，并将字体设置为“gbeitc.shx”，宽度比例因子设置为 1，并依次单击应用(A)和关闭(C)按钮。

步骤 6　选择“绘图”>“块”>“定义属性”菜单，打开“属性定义”对话框，并参照图 6-30 所示设置属性的标记、提示内容，以及文字的对齐方式、文字样式和文字高度等。

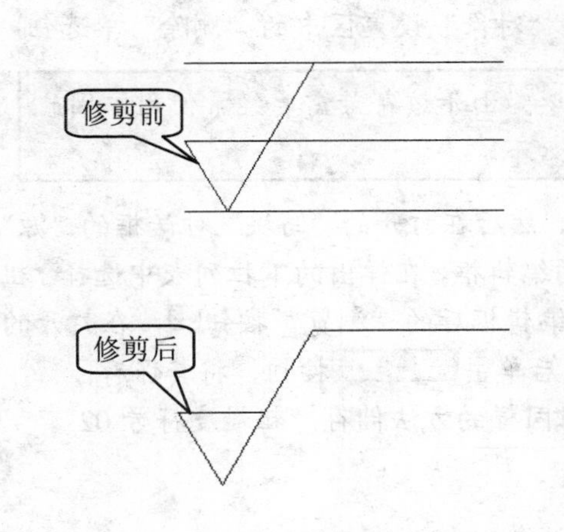

图 6-29　修剪图形对象

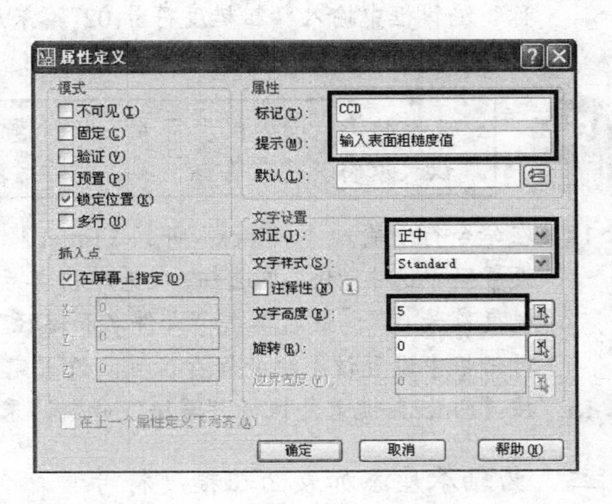

图 6-30　设置属性内容及文字样式

步骤 7 设置完成后单击 确定 按钮，然后在图形中的合适位置处单击，以指定属性的插入点，结果如图 6-31 右图所示。

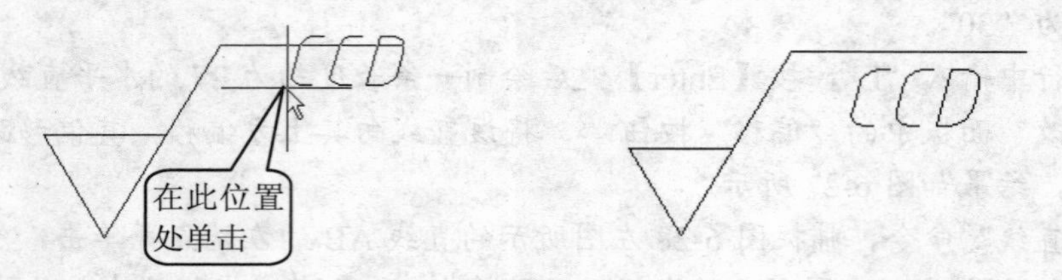

图 6-31　为图形添加块属性

步骤 8 单击“绘图”工具栏中的“创建块”按钮，在打开的“块定义”对话框的“名称”编辑框中输入“粗糙度符号 01”，然后单击“拾取点”按钮，捕捉并单击图 6-32 所示的端点，以指定插入块时的基点。

步骤 9 单击“选择对象”按钮，在绘图区选取粗糙度符号及属性，按【Enter】键结束对象选取，然后选中该对话框中的“保留”单选钮，其他采用默认设置。单击 确定 按钮，完成“粗糙度符号 01”的创建。

步骤 10 选取图 6-33 所示的对象，然后按【Delete】键将其删除。

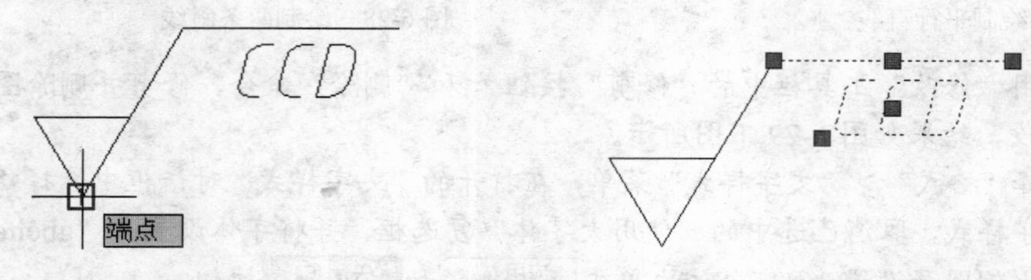

图 6-32　指定块的基点　　　　图 6-33　删除所选对象

步骤 11 单击“绘图”工具栏中的“创建块”按钮，然后在打开的“块定义”对话框的“名称”编辑框中输入“粗糙度符号 02”，采用同样的方法将该图形定义为块。其中，块的基点为粗糙度符号的下方角点，并选中“对象”设置区中的“删除”单选钮。

至此，表面粗糙度符号已经创建完毕。由于该符号需要经常使用，因此建议大家将其进行存储，具体操作方法如下。

步骤 12 在命令行中输入“wblock”并按【Enter】键，然后在打开的“写块”对话框的“源”设置区中选中“块”单选钮，接着单击其后的编辑框，在弹出的下拉列表中选择“粗糙度符号 01”，最后单击“文件名和路径”编辑框后的“浏览”按钮，在打开的对话框中设置该图块的保存位置。设置完成后单击 确定 按钮，将其保存。

步骤 13 按【Enter】键重复执行“写块”命令，采用同样的方法储存“粗糙度符号 02”。

二、为轴承座添加表面粗糙度符号

本任务中，我们将通过为图 6-34 所示的轴承座标注表面粗糙度（为了提高绘图效率，我们直接插入任务一中所创建的块），来进一步学习普通块和带属性块的使用方法。案例最终效果请参考本书配套素材“素材与实例”>“ch06”文件夹>“为轴承座添加表面粗糙度符号ok.dwg”文件。

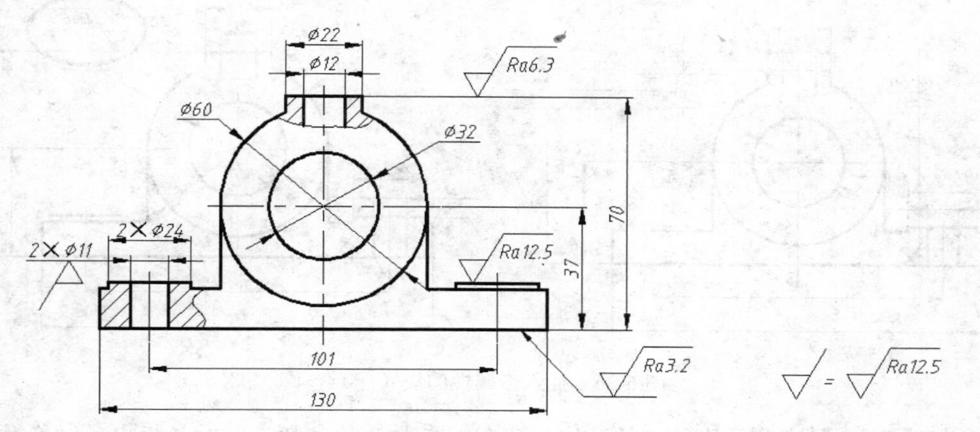

图 6-34 为轴承座添加表面粗糙度符号

制作步骤

步骤 1 打开本书配套素材“素材与实例”>“ch06”文件夹>“为轴承座添加表面粗糙度符号.dwg”文件。单击“绘图”工具栏中的“插入块”按钮，打开“插入”对话框。

步骤 2 单击该对话框中的 浏览(B)... 按钮，在打开的“选择图形文件”对话框中选择任务一中所创建的“粗糙度符号 02”，然后单击 打开(O) 按钮。

步骤 3 在“旋转”设置区的“角度”编辑框中输入旋转角度“180”，其他采用默认设置，如图 6-35 左图所示。单击 确定 按钮，捕捉图 6-35 右图所示的尺寸线的左端点并水平向右移动光标，接着在合适位置单击。

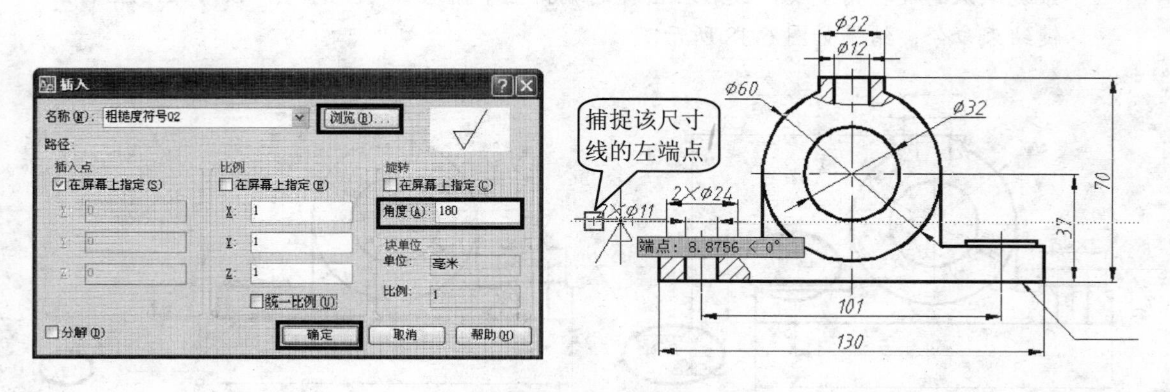

图 6-35 插入普通块

步骤 4 按【Enter】键重复执行“插入块”命令，在打开的“插入”对话框中单击 浏览(B)... 按钮，采用同样的方法选取“粗糙度符号 01”为插入对象，其他采用默认设置并单击该对话框中的 确定 按钮。

步骤 5 捕捉图 6-36 左图所示的中点后水平向左移动光标并单击，然后在命令行或在出现的编辑框中输入“Ra6.3”并按【Enter】键，结果如图 6-36 右图所示。

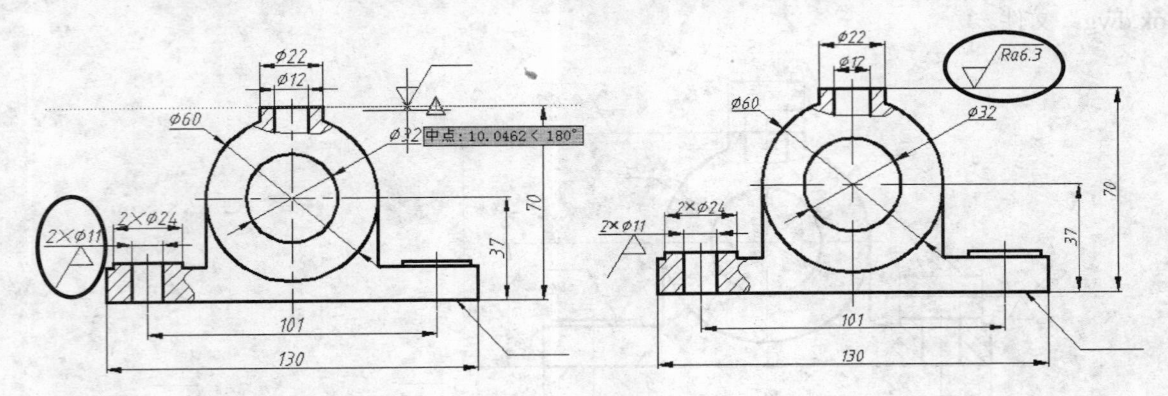

图 6-36 插入带属性的块（一）

步骤 6 按【Enter】键重复执行“插入块”命令，在打开的“插入”对话框中的“名称”编辑框中单击，在弹出的下拉列表中选取“粗糙度符号 01”，然后参照图 6-37 标注其他粗糙度符号。

除了使用“插入”命令标注图 6-37 所示的两处带属性的块外，我们还可以使用“复制”命令将图 6-36 右图所标注的属性块复制到所需位置，然后双击该块，在打开的“增强属性编辑器”对话框中修改其参数值即可，具体操作方法我们将稍后讲解。

步骤 7 选择“绘图”>“文字”>“单行文字”菜单，然后在绘图区合适位置单击以指定文本的起点，接着输入文字高度值“5”并按【Enter】键，再次按【Enter】键采用系统默认的旋转角度 0，最后在出现的编辑框中输入“=”符号，按两次【Enter】键结束命令，结果如图 6-38 所示。

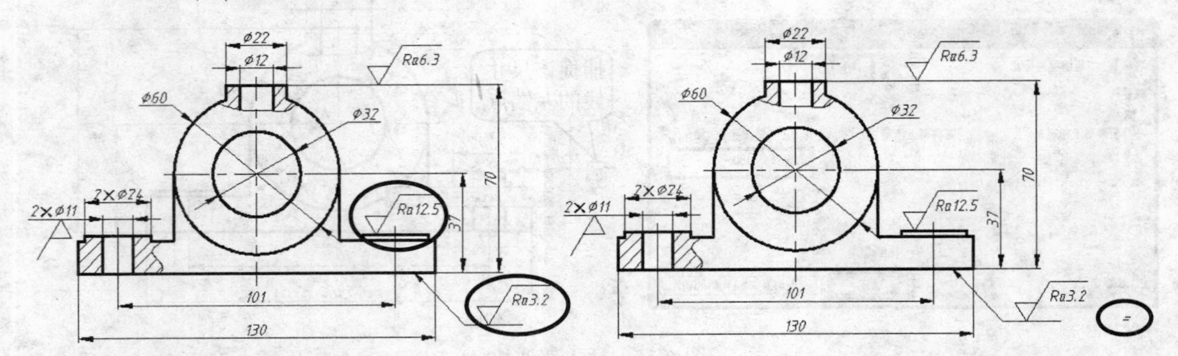

图 6-37 插入带属性的块（二）　　图 6-38 使用“单行文字”命令注释图形

步骤 8 单击“绘图”工具栏中的“插入块”按钮，采用同样的方法在“=”符号的左侧插入“粗糙度符号 02”，然后单击“修改”工具栏中的“复制”按钮，将任一带属性的块复制到“=”符号的右侧，结果图 6-39 所示。

步骤 9　双击上步复制所得到的带属性的块，然后在打开的“增强属性编辑器”对话框的“值”编辑框中输入“Ra12.5”，如图 6-40 所示。最后单击 确定 按钮，结果图 6-34 所示。

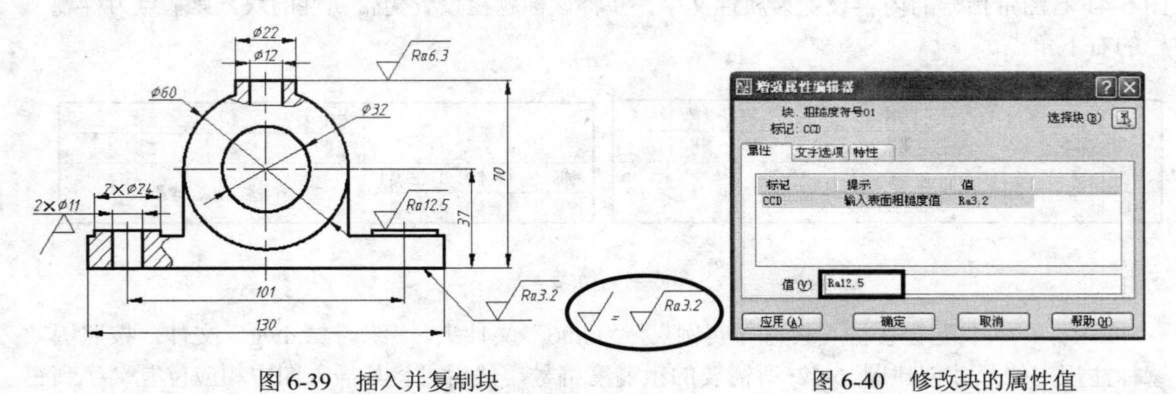

图 6-39　插入并复制块　　　　图 6-40　修改块的属性值

步骤 10　至此，轴承座图形的表面粗糙度符号已经创建完毕。按【Ctrl+S】快捷键，保存该文件。

项目总结

块的最大作用就是能够减少重复劳动，加快绘图速度。因此，在使用 AutoCAD 绘图时，建议读者将常用的图形及符号制作成块，并将其分类保存。在学习完本项目内容后，读者应注意以下几点。

- 在 AutoCAD 中，对于一些常用的机械零件（如螺钉、螺母、轴承等），我们可直接调用“工具选项板”和“设计中心”中的图块。若该图块的部分结构不能满足绘图需要，我们还可以双击该块，在打开的块编辑界面中对其进行修改。
- 对于“工具选项板”和“设计中心”中没有的图块，我们还可以先绘制图形，然后将其创建为块。创建块时，必须指定块的名称、组成块的对象和插入时要使用的基点。
- 对于绘图区已经存在的块（除带属性的块外），我们还可以通过双击该块，然后在打开的界面中对其形状进行编辑修改。修改完成后，该文件中所有该块的引用都将被自动更新。
- 要创建带属性的块，首先必须为要创建的对象添加属性，然后再将图形及添加的属性定义为块。在插入带属性的块时，系统会提示输入属性值。此时，若直接按【Enter】键，可不填写内容。
- 若要修改带属性的块中的某个属性值，可双击该块，在打开的对话框中修改该值；若要修改该属性块的形状，可先选择该块，然后在绘图区右击，从弹出的快捷菜单中选择“块编辑器”选项，在打开的界面中可进行修改。

课后操作

1．打开本书配套素材“素材与实例”>“ch06”文件夹>“练习一.dwg”文件，然后将图 6-41 右图带括号的内容设置为属性文字，并将该标题栏设置为带属性的块，其基点为标题栏的右下角点。

			材料		比例	
			数量		图号	
制图						
审核						

（图名）			材料		比例	
			数量		图号	
制图	（姓名）	（日期）	（校名、班级、学号）			
审核	（姓名）	（日期）				

图 6-41　练习一

2．打开本书配套素材“素材与实例”>“ch06”文件夹>“练习二.dwg”文件，按照国家标注规定的尺寸创建图 6-42 所需要的粗糙度符号，然后再将其插入图中相应位置（字高 3.5）。

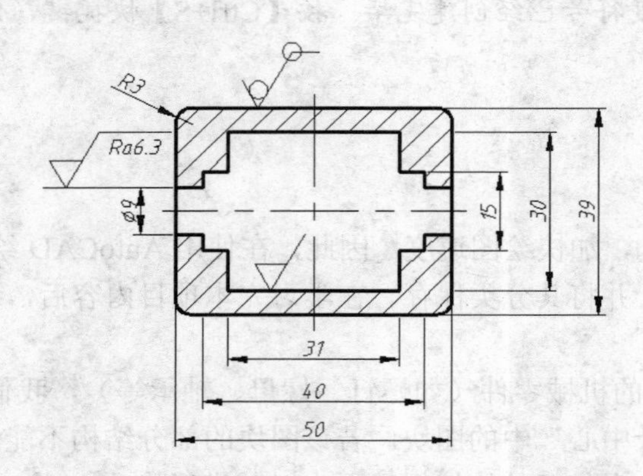

图 6-42　练习二

提示：

首先绘制图中几种表面粗糙度符号，其中， 符号的画法如图 6-43 所示。在插入表面粗糙度符号时，可先使用“分解”命令将尺寸为 9 的尺寸标注分解，然后利用夹点将所需对象拉长，最后再标注表面粗糙度值为 Ra6.3 的属性块。

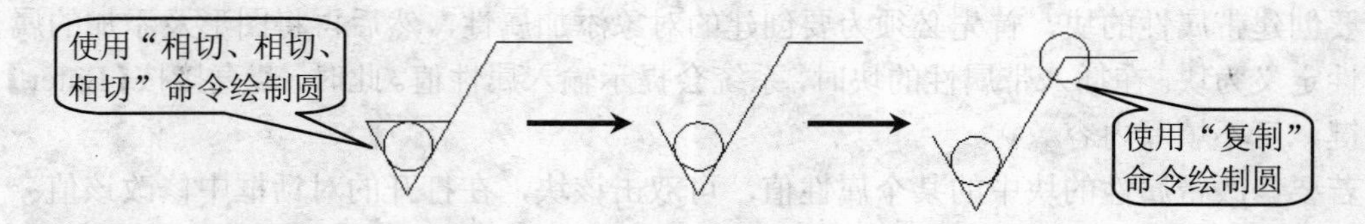

图 6-43　绘制表面粗糙度符号

项目七　创建三维模型

项目导读

利用 AutoCAD 不仅可以绘制平面图形，还可以绘制三维立体图形。学好三维绘图的关键主要有三点：第一，用户必须建立良好的空间概念，能够根据平面图形想象其立体形状；第二，用户必须熟悉三维模型的各种显示样式、观察方法以及三维空间坐标系的调整等。最后，用户还必须熟练掌握用于绘制三维图形的各种命令的操作方法。

知识目标

- 掌握三维空间中定位点、设置模型的视觉样式及观察模型的方法。
- 掌握创建三维模型的各种常用命令的操作方法。
- 掌握三维模型的旋转、移动、镜像、阵列以及尺寸标注等命令的操作方法。

能力目标

- 能够根据建模需要灵活地切换三维模型的显示样式，并查看其外观形状和内部结构。
- 能够利用各种基本三维实体命令，并结合三维空间坐标系创建三维实体模型。
- 能够使用拉伸、旋转等命令将二维图形转换为所需要的三维模型，并根据建模需要对生成的对象进行并集、差集和交集等布尔运算。
- 能够对三维模型进行移动、旋转、镜像和阵列等操作，并对实体模型进行尺寸标注。

任务一　三维建模基础

任务说明

要在 AutoCAD 中创建三维模型，首先必须将工作空间切换到“三维建模”空间，即在“工作空间”工具栏的列表框中单击，然后在打开的下拉列表中选择“三维建模”选项。在该工作空间中，我们既可以直接使用操作界面右侧的面板中的三维绘图命令，也可以像在“二维草图与注释”空间中那样，根据绘图需要调出一些常用的工具栏，如“绘图”、“修改”、“建模”和“视觉样式”等。

下面，我们就来学习三维建模的一些基础知识，如三维模型的类型、视觉样式、观察方法，以及在三维空间定位点的方法等。

预备知识

一、三维建模概述

在 AutoCAD 中，我们可以创建 3 种三维对象，即线框模型、曲面模型和实体模型，如图 7-1 所示。

- **线框模型**：线框模型是用物体的边界轮廓线来表达立体的，即使用直线、圆、圆弧等单个线条表达立体的轮廓。这类模型没有表面和体特征，只有描述对象边界的顶点、直线和曲线。由于构成立体的每个对象都必须单独绘制和定位，因而使用这种建模方式非常耗时。
- **曲面模型**：只有面信息，而没有体信息。在 AutoCAD 中，我们可以通过拉伸或旋转非封闭平面图形创建曲面模型。对于创建好的曲面，我们还可以对其进行加厚，使其成为实体。
- **实体模型**：具有线、面、体特征，其内部是实心的，可进行渲染和着色等操作。用户可以直接创建长方体、球体、锥体等基本立体，也可以通过将封闭的二维对象进行旋转、拉伸等操作创建三维实体，且各实体对象间还可以执行布尔运算（如对象相加、相减和求交集）。在本书中，我们重点讲解实体模型的创建方法。

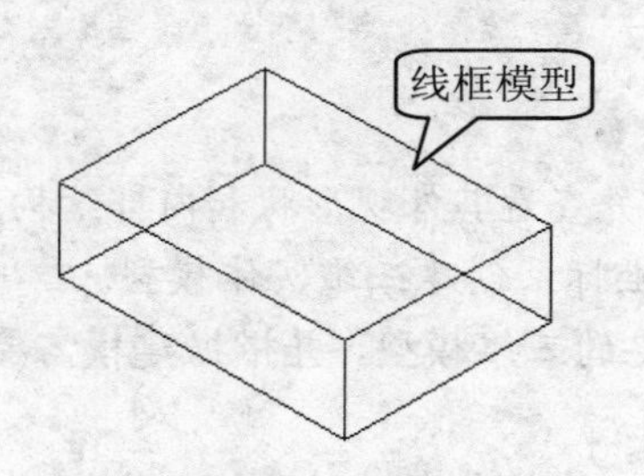

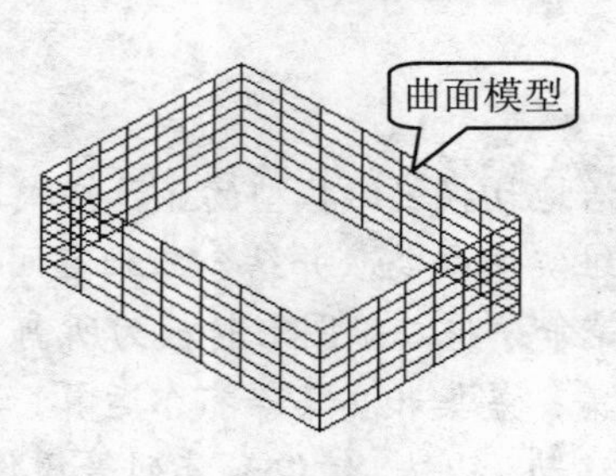

图 7-1　3 种三维模型

> 要判断三维对象的类型，我们可以选中三维模型，然后通过模型上的夹点来判断。

二、模型的视觉样式及观察方法

为了能够使三维对象看起来更加清晰、逼真，AutoCAD 为我们提供了多种视觉样式，如消隐、二维线框、三维隐藏、真实和概念等。要切换模型的视觉样式，可在“视觉样式”工具栏中选择所需命令按钮，或选择“视图”>“视觉样式”菜单下的子菜单项，如图 7-2 左图所示。这些菜单的功能如图 7-2 其他图形所示。

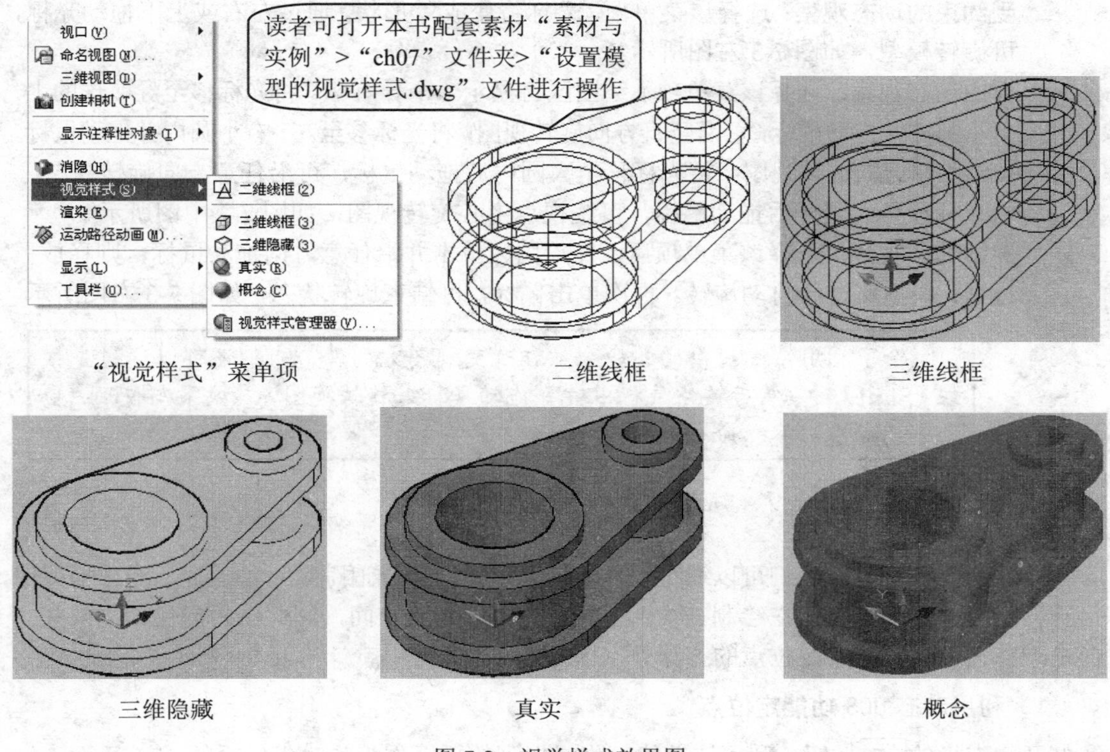

图 7-2　视觉样式效果图

当模型的视觉样式为“真实”和“概念”时，其颜色由该模型所在图层的颜色决定。因此，用户可以通过改变图层的颜色来改变模型对象的颜色。

若要修改三维模型的视觉背景颜色（如“概念”视觉样式），可在绘图区单击，从弹出的快捷菜单中选择“选项”，然后单击“选项”对话框中的 颜色(C)... 按钮，在打开的对话框中选择“三维平行投影”选项，然后修改其背景颜色。

除此之外，选择“视图”>“动态观察”菜单下的各子菜单项，还可以查看模型在任意方位的结构形状，如图 7-3 所示。

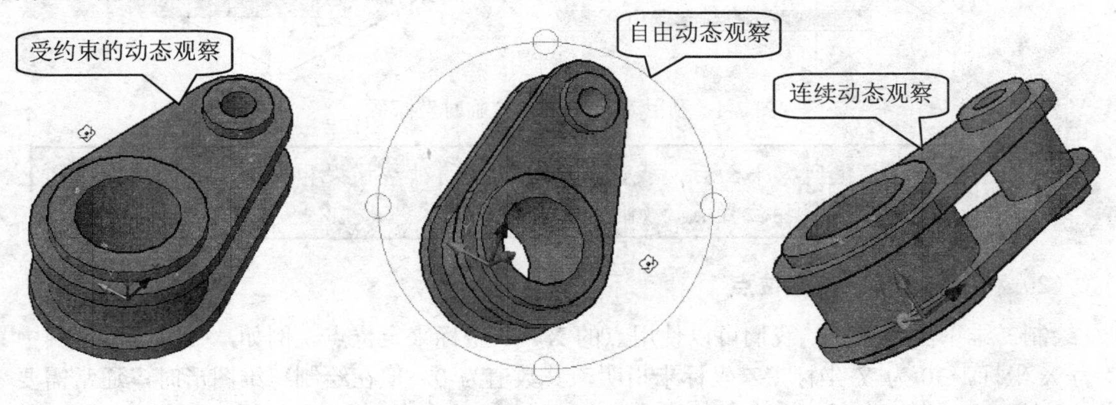

图 7-3　在三维空间中动态观察对象

- **受约束的动态观察**：选择该菜单项，光标将变成⊕形状。通过左右或上下拖动光标，可旋转模型，如图 7-3 左图所示。
- **自由动态观察**：选择该菜单项，绘图区将显示一个导航球。将光标移至导航球的上、下小圆内并拖动鼠标，可沿竖直方向旋转视图；将光标移至左、右小圆内并拖动鼠标，可沿水平方向旋转视图；将光标移至大圆内后拖动鼠标，可沿任意方向旋转视图；将光标移至大圆外后拖动鼠标，可绕视点中心旋转视图，如图 7-3 中图所示。
- **连续动态观察**：选择该菜单项后，在绘图区单击并沿任意方向拖动鼠标，则释放鼠标后，模型将连续自动旋转。再次单击鼠标，可结束旋转状态，如图 7-3 右图所示。

除了利用系统提供的各命令按钮改变视图方向外，我们还可以通过先按住【Shift】键，然后按住鼠标中键并拖动鼠标来旋转视图，其效果与使用“受约束的动态观察”命令相同。

三、在三维空间中定位点的方法

在绘制平面图形时，我们可以通过输入坐标，或借助极轴追踪、对象捕捉、对象捕捉追踪等辅助功能来定位点。但在绘制三维图形时，由于涉及到空间，因此点的定位稍复杂些。下面是一些在三维空间中定位点的方法。

（1）利用动态 UCS 功能定位点

打开状态栏的DUCS按钮，利用该功能可将捕捉到的平面作为临时坐标系的 XY 平面。例如，要在长方体的侧平面上绘制一个圆，可首先执行“圆”命令，然后将光标移至要放置该圆的平面上（不单击），此时系统将自动选中该平面，如图 7-4 左图所示，然后在该平面上的任意位置单击，指定圆心位置后输入半径值即可，如图 7-4 右图所示。

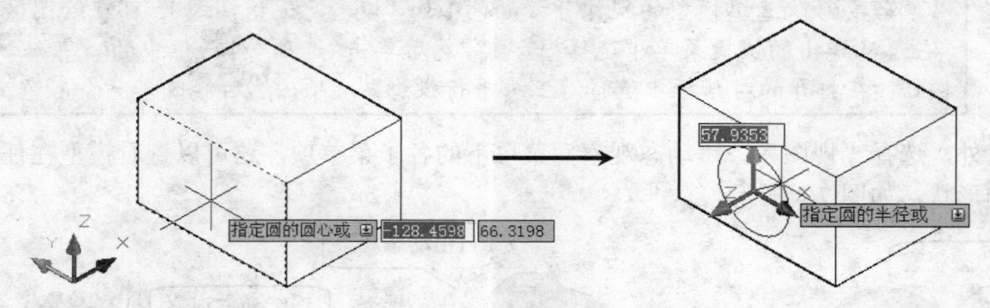

图 7-4 利用动态 UCS 确定临时坐标系

在指定所需平面后，我们可借助极轴、对象捕捉和对象追踪等功能指定该平面上的某些位置点，如图 7-5 所示。

（2）利用三维坐标来定位点

绘制二维平面图形时，我们可以使用点的 X、Y 坐标来定位点。例如，（20，30），其中 20 为 X 坐标，30 为 Y 坐标，Z 坐标未指明，其数值为 0。但在绘制三维图形时，通常需要给出三个数值以指明点的 X、Y 和 Z 坐标，如（20，30，40）。如果不给出 Z 坐标，其默认值为 0，表示该点位于当前 XY 平面内。

如果点的 Z 坐标为 0，表示在当前坐标系的 XY 平面上画图；如果点的 Z 坐标不为 0，表示在平行于当前坐标系的 XY 平面上画图。

此外，绘制三维图形时，由于默认情况下所绘图形将位于当前坐标系的 XY 平面上，因此，在创建一些复杂模型时，需要经常变换坐标系，这时世界坐标系 WCS 将变为用户坐标系 UCS。要变换坐标系，可在“UCS”工具栏中单击所需要的命令按钮，或选择“工具”＞“新建 UCS”菜单下的子菜单项，如图 7-6 所示。

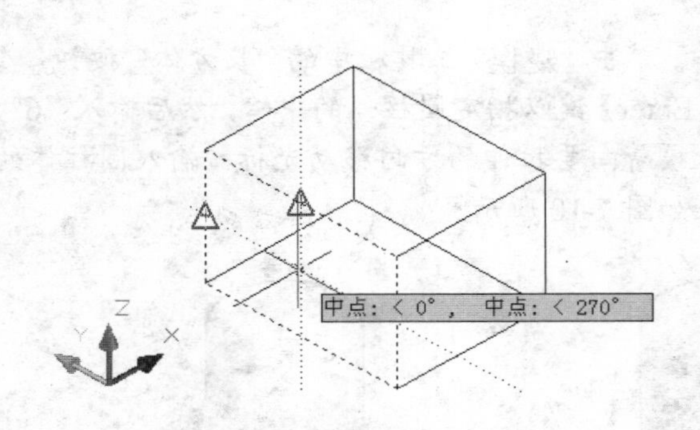

图 7-5　指定临时坐标系的位置

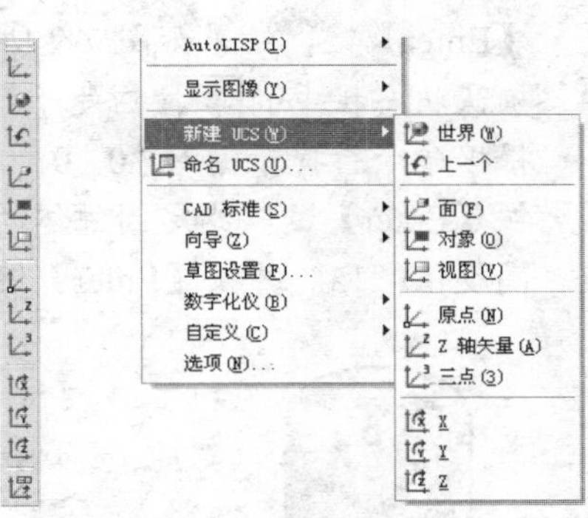

图 7-6　坐标系命令

下面，我们简要介绍一些常用坐标命令的基本功能，具体如下。

- **世界**：从当前的用户坐标系恢复到世界坐标系。
- **原点**：设置坐标原点。新建坐标系将平行于原坐标系，且所有坐标轴的方向不变。
- 、、：将当前坐标系按指定的角度绕 X、Y、Z 轴旋转，以便建立新的 UCS 坐标系。
- **上一个** UCS：将坐标系恢复至上一次变换前的状态。
- **三点**：通过在三维空间的任意位置指定三点来定义坐标系。其中，第一点定义了坐标系的原点，第二点定义了 X 轴的正向，第三点定义了 Y 轴的正向。
- **面** UCS：使坐标系的 XY 平面位于指定的实体面的某一角点处。

例如，要绘制图 7-7 右图所示的直径为 12 的圆柱体，使其与图 7-7 左图所示的圆柱体垂直相交，其操作方法具体如下。

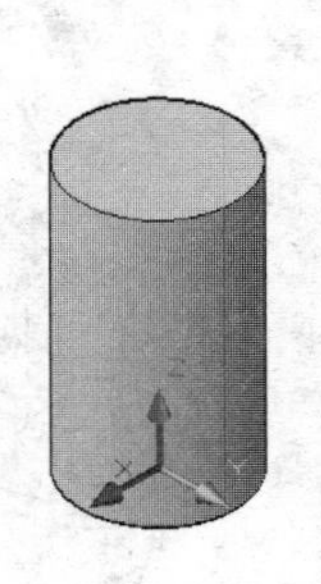

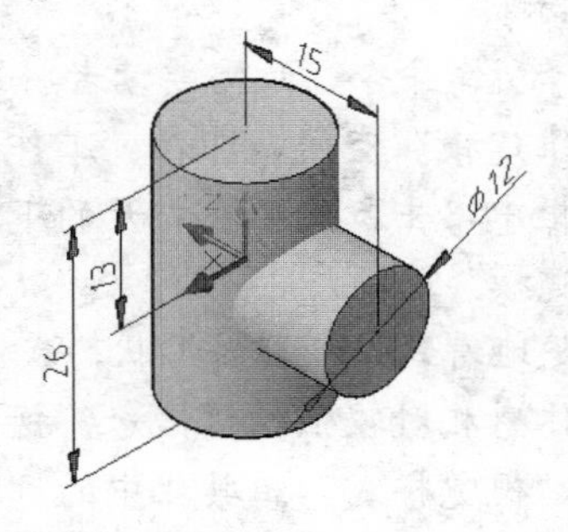

图 7-7　变换坐标系，并绘制图形

步骤 1 打开本书配套素材“素材与实例”>“ch07”文件夹>“利用三维坐标系定位.dwg”文件，然后单击“UCS”工具栏中的按钮，采用系统默认的旋转角度，并按【Enter】键，结果如图 7-8 所示。

> 在旋转坐标轴时，我们可采用“右手定则”来判断坐标系的旋转方向。即伸出右手，将大拇指指向旋转轴的正向，其余四指弯曲，则弯曲四指所指的方向即为旋转方向。

步骤 2 单击“UCS”工具栏中的“原点”按钮，根据命令行提示输入“0，13，0”并按【Enter】键，结果如图 7-9 所示。

步骤 3 确认状态栏中的DYN按钮处于打开状态。单击“建模”工具栏中的“长方体”按钮，根据命令行提示输入“0，0，0”，按【Enter】键以指定圆柱体的中心，然后输入“6”，按【Enter】键以指定圆柱体的半径，接着向要拉伸的方向移动光标，输入圆柱体的高度值“15”并按【Enter】键，结果如图 7-10 所示。

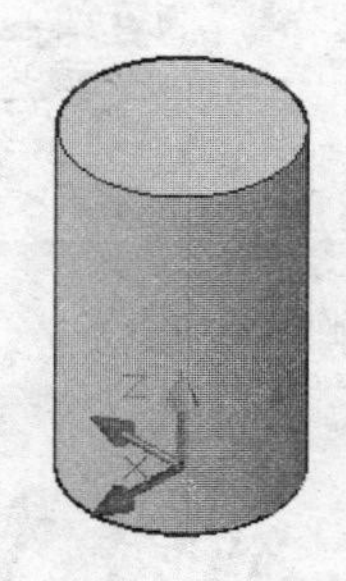
图 7-8 旋转 X 轴

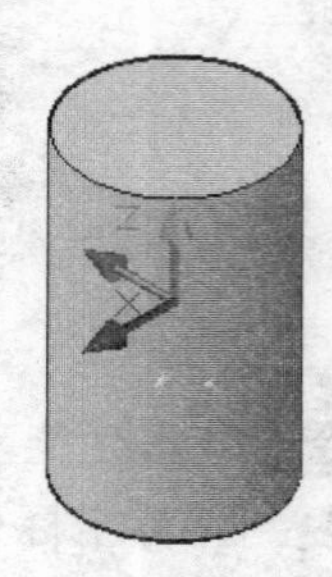
图 7-9 移动坐标系

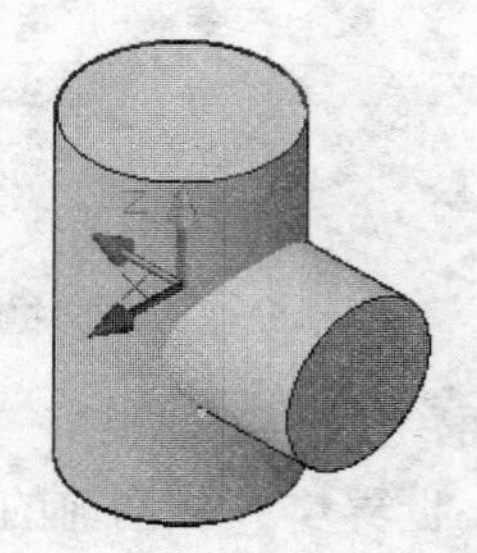
图 7-10 创建圆柱体

任务实施——查看摇臂模型

为了更好地观察和编辑模型，在创建三维模型的过程中，经常需要对模型进行旋转，或将模型以不同的视觉样式显示。下面，我们将通过查看图 7-11 所示的摇臂模型，来学习观察和调整三维模型的视觉样式的具体操作方法。

步骤 1 打开本书配套素材“素材与实例”>“ch07”文件夹>“查看摇臂模型.dwg”文件，如图 7-11 所示。

步骤 2 为了便于选择所需命令，故需要读者将工作空间切换至“三维建模”空间，即在“工作空间”工具栏的列表框中单击，然后在打开的下拉列表中选择“三维建模”选项。

步骤 3 为了能够清楚地看到该模型的形状，我们可先将该模型以立体感相对较强的“概念”视觉样式显示。即单击“视觉样式”工具栏中的“概念视觉样式”按钮，如图 7-12 左图所示，模型的显示

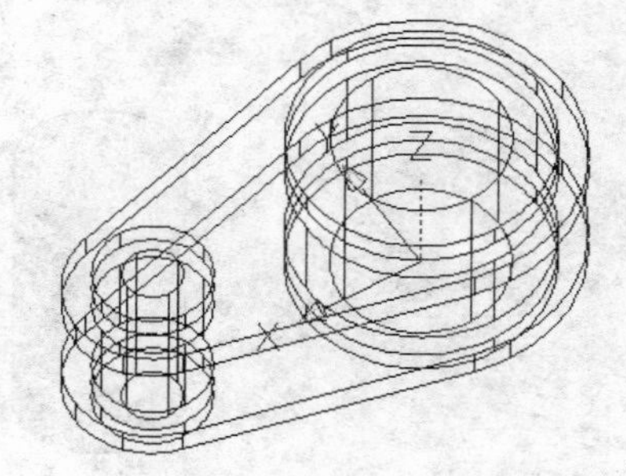
图 7-11 源文件

效果如图 7-12 右图所示。

步骤 4 由图 7-12 右图所示的坐标系的方向可以看出，该模型不处于等轴测显示状态。故选择“视图” > “三维视图” > “西南等轴测”菜单，将视图切换为西南等轴测显示模式，结果如图 7-13 所示。

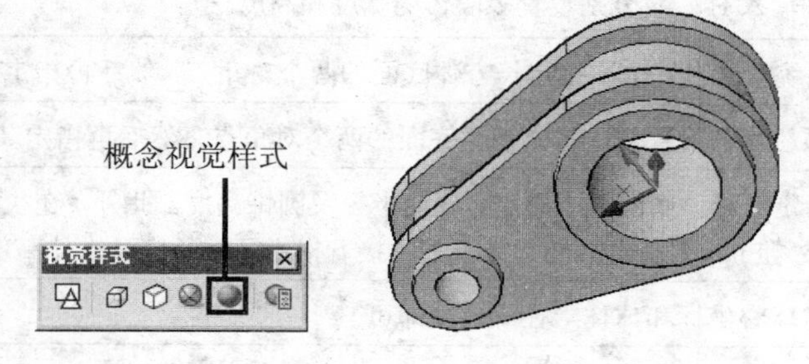

图 7-12　更改模型的视觉样式

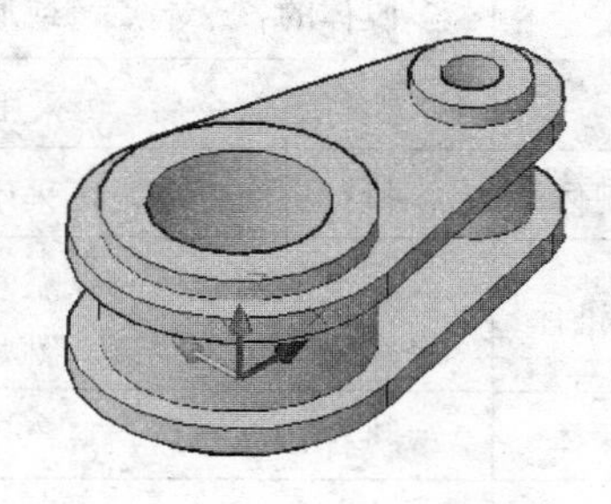

图 7-13　西南等轴测方向

步骤 5 要查看该摇臂模型的内部结构，可选择“视图” > “动态观察” > “自由动态观察”菜单，此时绘图区将出现一个导航球。将光标移至导航球大圆内后拖动鼠标，可沿任意方向旋转模型，从而动态地观察模型，如图 7-14 所示。

步骤 6 若要退出动态观察状态，可按【Enter】键或【Esc】键。

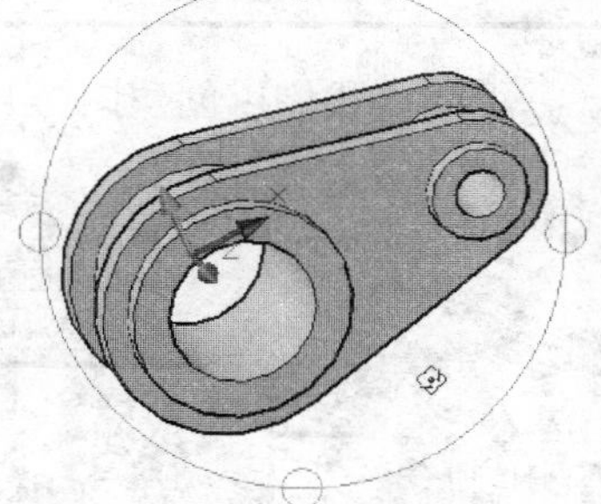

图 7-14　动态观察模型

任务二　创建三维实体或曲面模型

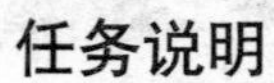

任务说明

在 AutoCAD 2008 中创建三维模型时，除了使用“长方体”、“圆锥体”、“圆柱体”等基本建模命令外，还可以使用“拉伸”、“旋转”等命令将二维对象转换为所需要的三维模型。但是，在对二维对象进行操作时，系统会根据所指定的二维对象是否为封闭或面域图形，来决定是生成实体还是曲面模型。

预备知识

一、基本三维实体命令

要创建基本三维实体模型，如长方体、圆柱体、球体、楔体等，可单击“建模”工具栏中的相关命令按钮，或选择“工具”＞“选项板”＞“面板”菜单，在打开的“面板”选项板中选择所需按钮，如图 7-15 所示。其中，一些基本三维实体命令的功能及操作方法如表 7-1 所示。

表 7-1 基本三维实体命令

命令	功能及操作方法
多段体	多段体实际上是具有一定宽度和高度的多段线。执行该命令后，可根据命令行提示依次指定多段体的各个端点，或通过输入 H、W 分别设置多段体的宽度和高度
长方体	执行该命令后，可采用系统默认设置依次指定长方体底面的两个对角点，然后再指定其高度
楔体	执行该命令后，可采用系统默认设置依次指定楔体底面的两个对角点，然后再指定其高度
圆锥体	在绘制圆锥体时，需要指定圆锥体底面的中心点、底面半径及圆锥高度。此外，在执行该命令后可先输入“E”，然后按【Enter】键进入椭圆锥模式，接着指定各轴长度及锥体高度
球体	执行该命令后，只需指定球心坐标和球体半径或直径即可
圆柱体	执行该命令后，可根据命令行提示，采用默认方式依次指定圆柱体底面的中心点、底面半径及其高度。此外，使用该命令还可以绘制椭圆柱体
圆环体	执行该命令后，需要指定圆环体的中心位置、圆环体的半径或直径，以及圆管半径或直径
棱锥面	执行该命令后，需要指定棱锥体的侧面个数、底面的中心点、底面半径和棱锥体高度。此外，在指定侧面个数、底面中心点和底面半径后，还可以通过指定顶面半径创建棱锥台

下面，我们以创建图 7-16 所示的图形为例，来学习这些基本绘图命令的具体操作方法。

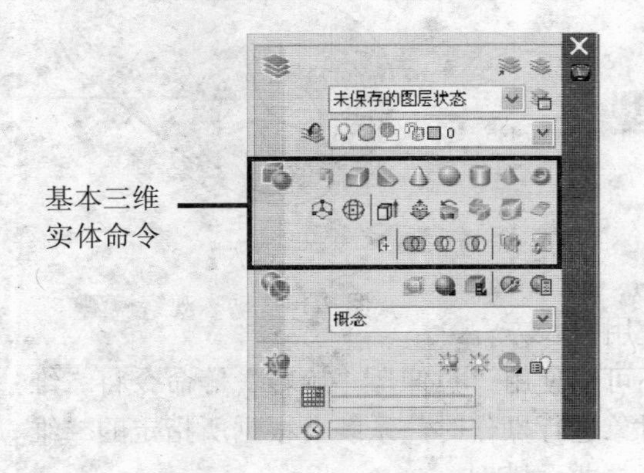

图 7-15 “面板”选项卡

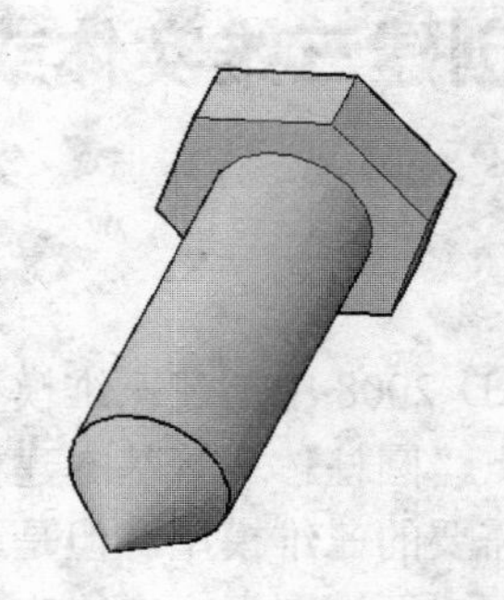

图 7-16 创建三维实体模型

步骤 1 为了使读者所绘制的图形效果与下述相同，故在创建模型前，需要先设置视图的显示方向，即选择“视图” > “三维视图” > “西南等轴测”菜单。

步骤 2 单击状态栏中的极轴、对象捕捉、对象追踪、DUCS和DYN按钮，使其处于打开状态，并将极轴增量角设置为 30。

步骤 3 单击“建模”工具栏中的“棱锥面”按钮，根据命令行提示输入“s”，按【Enter】键后输入侧面个数 6，然后在绘图区任一位置单击以指定底面的中心点。

步骤 4 输入底面半径值“43”并按【Enter】键，根据命令行提示输入“t”，按【Enter】键以选择“顶面半径”选项，然后输入顶面半径值“43”并按【Enter】键，接着输入棱锥高度值“25”并按【Enter】键，结果如图 7-17 所示。

步骤 5　单击“建模”工具栏中的“圆柱体”按钮，然后捕捉图 7-17 所示六棱锥台的上表面，接着捕捉追踪图 7-18 所示的端点和中点，待出现图中所示的极轴追踪线时单击，然后输入底面半径值“28”，按【Enter】键后竖直向上移动光标，输入高度值“120”并按【Enter】键，结果如图 7-19 所示。

图 7-17　创建正六棱锥台

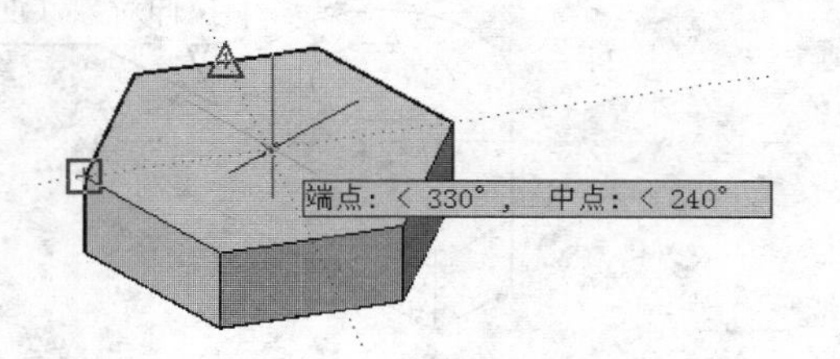

图 7-18　捕捉平面的中心点

步骤 6　单击“建模”工具栏中的“圆锥体”按钮，然后捕捉圆柱体上表面，待出现图 7-20 左图所示的“圆心”提示时单击，输入底面半径值“28”并按【Enter】键，接着向上移动光标，输入高度值“40”并按【Enter】键，结果如图 7-20 右图所示。

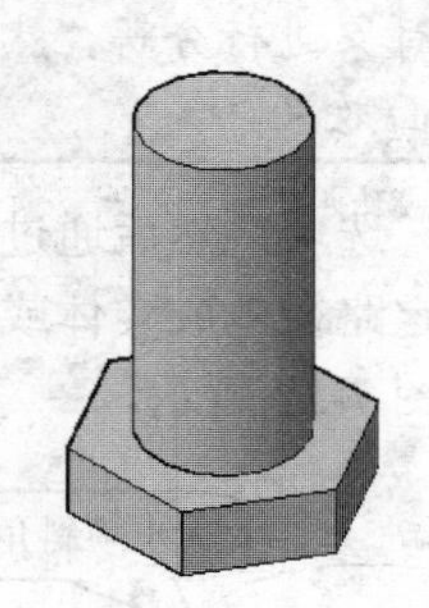

图 7-19　创建圆柱体

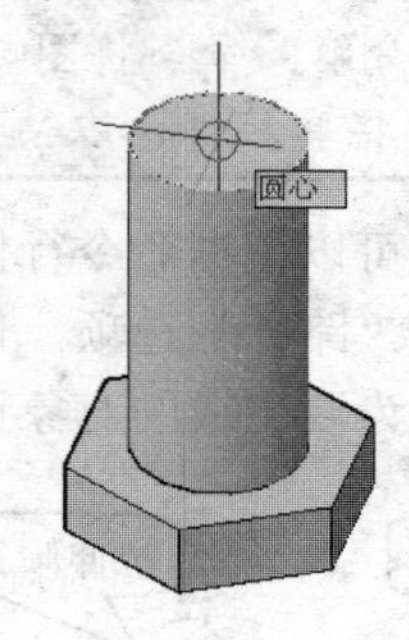

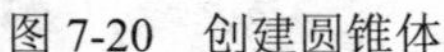

图 7-20　创建圆锥体

二、由二维图形生成实体或曲面

使用基本实体建模命令只能创建一些简单的实体模型，要创建截面比较复杂的模型，单纯地使用这些基本实体建模命令还是远远不够的。为此，AutoCAD 提供了一些可以将二维图形按照各种要求转换为实体或曲面的命令，如拉伸、旋转和扫掠等。

（1）利用“拉伸”命令

使用“拉伸”命令（“extrude”）可以将二维对象沿 Z 轴或某个路径拉伸以生成实体或曲面。这些二维对象称为截面，它可以是直线、矩形、圆弧、圆、椭圆和多段线图形等。如果截面是由基本线条组成的开放图形，则拉伸结果为曲面；如果截面是封闭图形或面域，则拉伸结果为实体。

例如，要将图 7-21 左图所示的图形沿 Z 轴方向进行拉伸，具体操作步骤如下。

步骤 1　打开本书配套素材“素材与实例”>“ch07”文件夹>“拉伸对象.dwg”文件，然后单击“建模”工具栏中的“拉伸”按钮。

步骤 2　根据命令行提示选取图 7-21 左图所示的两个图形对象，按【Enter】键结束对象选取。

步骤 3 输入拉伸高度值“8”并按【Enter】键。此时系统已生成了两个实体模型，一个是由圆拉伸而成的圆柱体，另一个是由首尾相连的轮廓线拉伸而成的复杂实体模型，如图 7-21 右图所示。

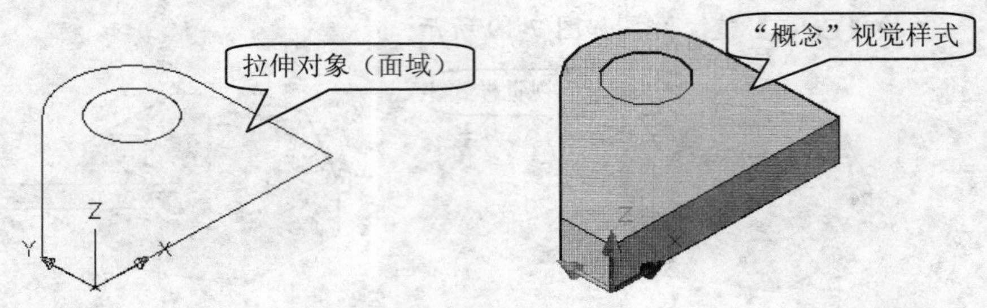

图 7-21 使用“拉伸”命令生成实体模型

若要将由直线、圆和圆弧等组成的开放图形生成实体模型，应先使用“绘图”工具栏中的“面域”按钮将其转换为面域，然后再进行拉伸。否则，直接使用“拉伸”命令将其拉伸，则生成曲面模型。

读者可使用“分解”命令将图 7-21 左图所示的对象进行分解，然后再使用“拉伸”命令将其拉伸，以便查看其生成的曲面效果。

在选择拉伸对象后，我们还可以根据命令行提示选择“方向”选项，然后通过拾取两点指定拉伸方向和距离，也可选择“路径”选项，使所选截面沿指定路径生成实体或曲面，还可以选择“倾斜角”选项，然后为要生成的对象设置倾斜角，如图 7-22 所示。

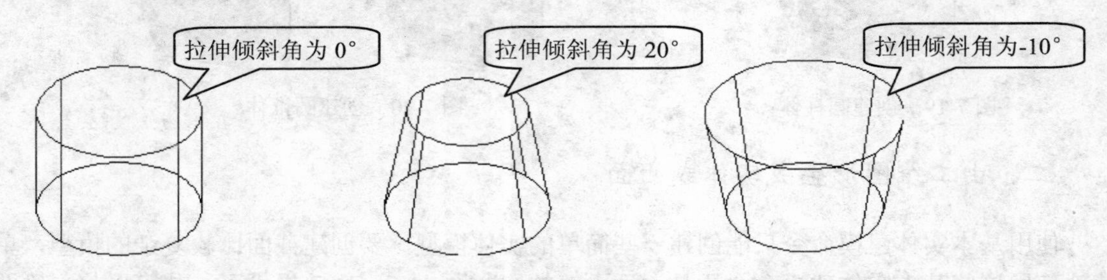

图 7-22 设置拉伸的倾斜角

（2）利用“按住并拖动”命令

使用“按住并拖动”命令可以将面域，或由单个线条组成的封闭区域沿垂直于该区域的方向进行拉伸，从而生成实体模型。

例如，单击“建模”工具栏中的“按住并拖动”按钮，然后将光标移至要拉伸的对象上，此时系统将自动捕捉封闭区域，如图 7-23 左图所示。单击选取要拉伸的区域，接着移动鼠标，以指定拉伸的方向和高度即可，其拉伸结果如图 7-23 右图所示。

使用“拉伸”和“按住并拖动”命令都可以将图形进行拉伸。但是，使用“按住并拖动”命令只能对封闭区域进行拉伸（与被拉伸的对象是否是面域无关），其生成的对象为三维实体模型。

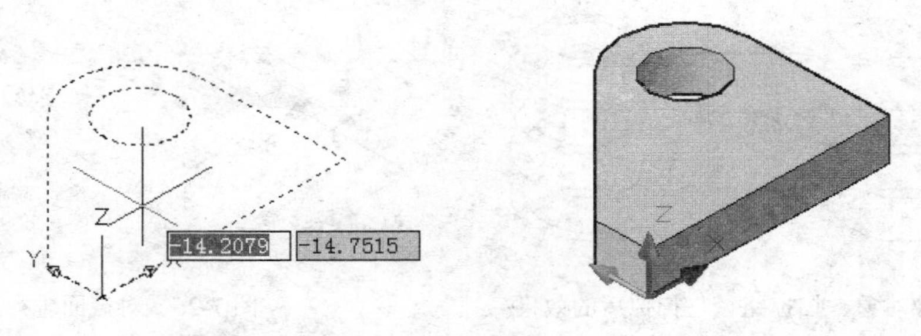

图 7-23　通过“按住并拖动”方式创建实体

（3）利用“旋转”命令

使用“旋转”命令（“revolve”）可以将二维图形绕某一轴旋转生成实体或曲面，用于旋转的二维对象可以是直线、矩形、圆、圆弧、椭圆、样条曲线和多段线图形等。使用该命令可以一次旋转多个对象，但是当用于旋转的对象是封闭图形时，则生成实体；否则，生成曲面。

例如，要将图 7-24 左图所示的二维图形沿图中所示的旋转轴逆时针旋转 180°，使其生成实体模型，可单击“建模”工具栏中的“旋转”按钮，然后选取要旋转的图形对象并按【Enter】键确认，接着依次单击旋转轴的端点 1 和端点 2，并输入旋转角度值 180 即可。

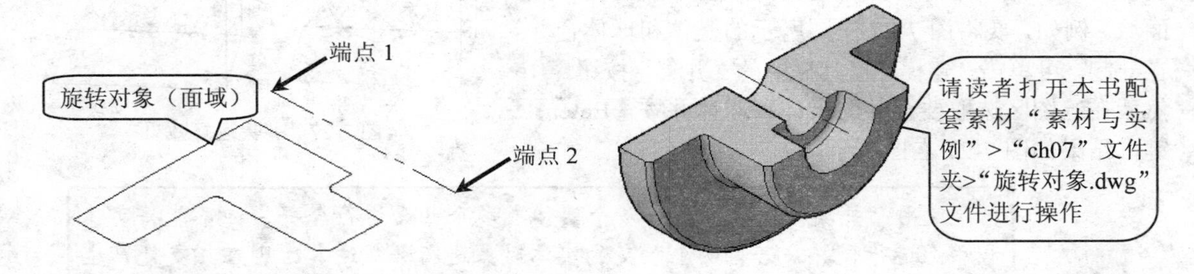

图 7-24　使用“旋转”命令创建的实体

若通过拾取两点指定旋转轴，则旋转轴的正向是从拾取的第一点指向第二点，且旋转方向遵循右手螺旋法则。即让轴线穿过手心，大拇指指向旋转轴的正向，则四指弯曲的方向即为旋转方向。

（4）利用“扫掠”命令

利用“扫掠”命令（“sweep”），可以使开放或闭合的图形对象沿指定的路径扫掠来创建实体（扫掠封闭对象）或曲面（扫掠开放对象），如图 7-25 所示。读者可打开本书配套素材“素材与实例”>“ch07”文件夹> “扫掠对象.dwg”文件进行操作。

（5）利用“放样”命令

利用“放样”命令（“loft”），可以通过对两个或两个以上不同平面上的二维图形进行放样来创建三维实体或曲面，实际上是将一组截面进行平滑过渡，如图 7-26 所示。

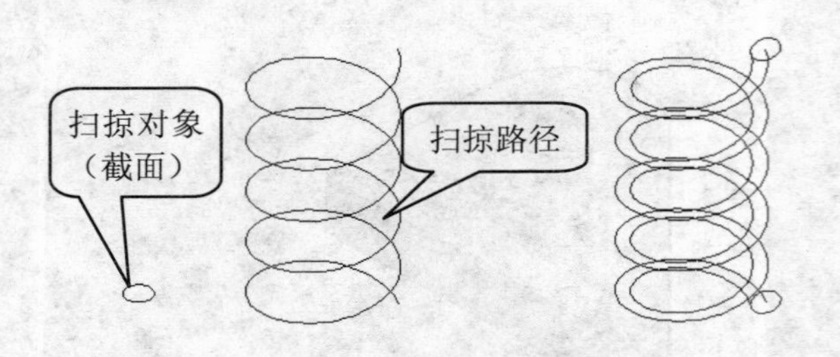

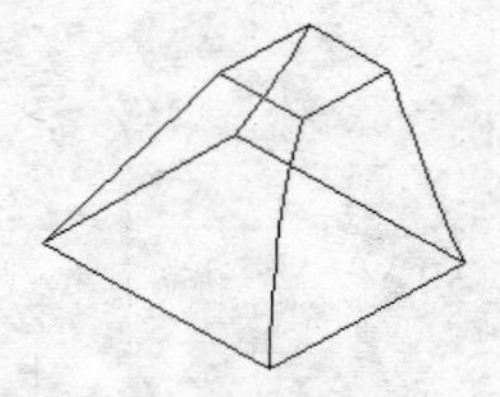

图 7-25　扫掠对象、扫掠路径与扫掠后的效果

图 7-26　对截面进行放样

三、利用布尔运算创建复杂实体

在三维建模过程中，为了得到所需图形，我们经常需要对两个或两个以上的模型进行相加、相减或求其公共部分等运算，这就不得不提及 AutoCAD 所提供的并集、差集和交集运算了（为了便于学习下面内容，请读者打开本书配套素材“素材与实例”>“ch07”文件夹>“布尔运算.dwg”文件进行操作）。

（1）并集运算

使用“并集”命令可以将两个或两个以上的三维实体或二维面域进行合并，使其生成一个新的实体或面域。例如，要将图 7-27 左图所示的楔体和球体合并在一起，可单击“建模”工具栏中的“并集”按钮，然后在绘图区选取要合并的楔体和球体并按【Enter】键，结果如图 7-27 右图所示。

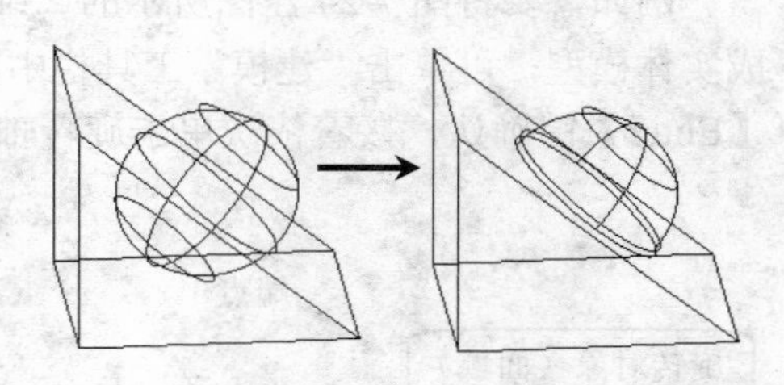

图 7-27　并集运算效果

知识库

使用“并集”命令可以将多个实体或多个曲面进行合并，但不能将实体和曲面进行合并。若对两个相交的实体对象进行并集运算，则在相交处产生交线；若对两个不相交的对象进行并集运算，则生成的模型的外观变化不大。

（2）差集运算

使用“差集”命令可以从一个或多个实体中减去一个或多个实体对象，从而生成一个新的实体。要对实体对象进行求差运算，可单击“建模”工具栏中的“差集”按钮。

在进行差集运算时，对象的选取是有顺序的。例如，要从图 7-28 左图所示的楔体中减去球体，则执行“差集”命令后，应先选取楔体，按【Enter】键后再选取球体，结果如图 7-28 右图所示。否则，将只保留楔体以上的球体部分。

提示

如果进行差集运算的两个实体对象不相交，那么在差集运算时，AutoCAD 将自动删除被减去的实体对象。

（3）交集运算

使用“交集”命令可以创建两个或两个以上实体对象的公共部分。要对实体对象进行交集运算，可单击“建模”工具栏中的“交集”按钮。

例如，要对图 7-29 左图所示的两个实体进行交集运算，可在执行“交集”命令后，在绘图区分别选取楔体和球体，并按【Enter】键结束命令，结果如图 7-29 右图所示。

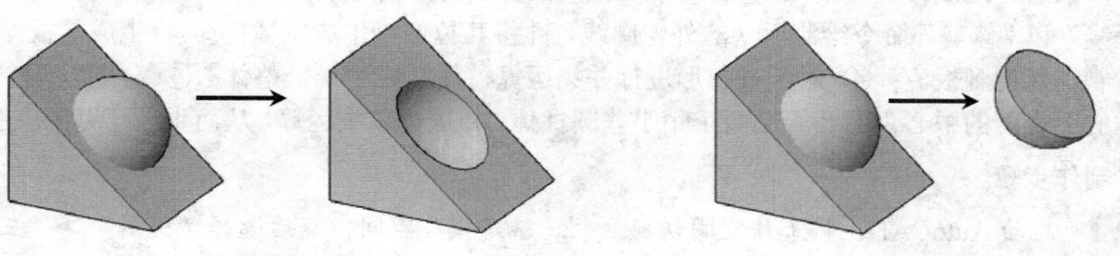

图 7-28　差集运算效果　　　　图 7-29　交集运算效果

若要删除进行并集、差集或交集运算后模型中的任一基本体，可先按住【Ctrl】键，然后将光标移动到要删除的对象上并单击，最后按【Delete】键将其删除，如图 7-30 所示。

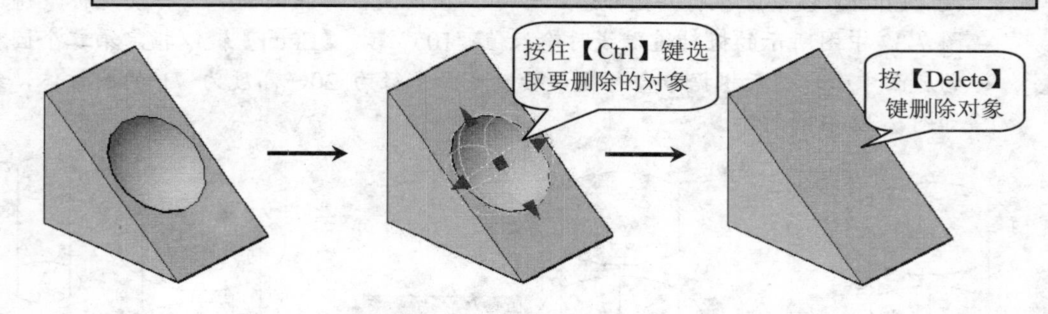

图 7-30　删除基本体

任务实施——创建摇臂模型

下面，我们将通过创建图 7-31 右图所示的摇臂模型，学习在 AutoCAD 中创建三维实体模型的具体操作方法。案例最终效果请参考本书配套素材“素材与实例”>“ch07”文件夹>“创建摇臂.dwg”文件。

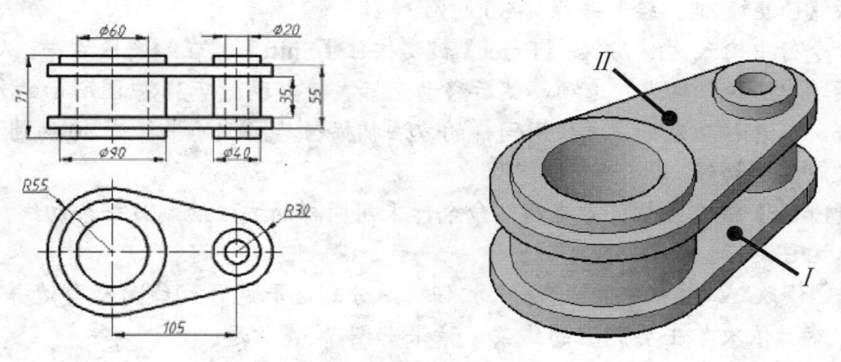

图 7-31　创建摇臂模型

制作思路

该摇臂模型是一个上下完全对称的图形，且左、右两侧均为圆柱筒，因此，我们可按照以下步骤进行绘制：① 分别以左、右两个圆柱筒的外径为直径绘制两个圆柱体；② 使用“圆”、“直线”和“修剪”命令绘制板 *I* 的外轮廓线，并将其拉伸以生成实体；③ 将生成的板 *I* 进行复制，以得到板 *II*；④ 对所有图形进行并集运算，使其成为一个整体；⑤ 分别以两个圆柱体的上表面的中心为圆心绘制两个稍小些圆柱体，并进行差集运算，从而生成摇臂的轴孔。

制作步骤

步骤 1 启动 AutoCAD，将工作空间切换至“三维建模”空间，然后选择“视图”>“三维视图”>“西南等轴测”菜单，将视图切换为西南等轴测模式显示。

步骤 2 单击“建模”工具栏中的“圆柱体”按钮，然后输入坐标（0，0，0），按【Enter】键以指定圆柱体底面的中心点，接着输入底面半径值“45”并按【Enter】键，最后竖直向上移动光标，输入高度值“71”并按【Enter】键，结果如图 7-32 左图所示。

步骤 3 按【Enter】键重复执行“圆柱体”命令，捕捉圆柱体底面圆心并移动光标，待出现图 7-32 中图所示的极轴追踪线时输入值“105”，按【Enter】键以指定第二个圆柱体的底面中心，然后根据命令行提示绘制底面半径为 20，高度为 71 的圆柱体，结果如图 7-32 右图所示。

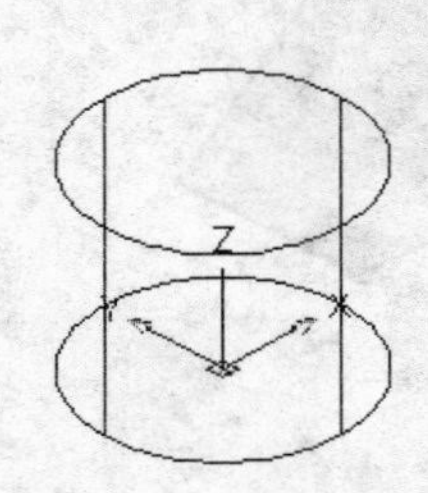

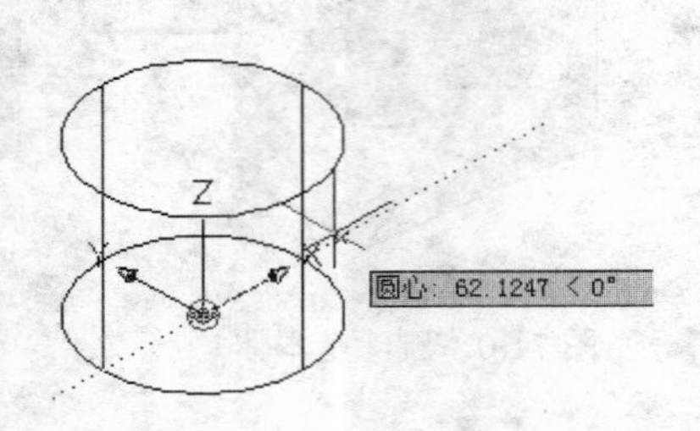

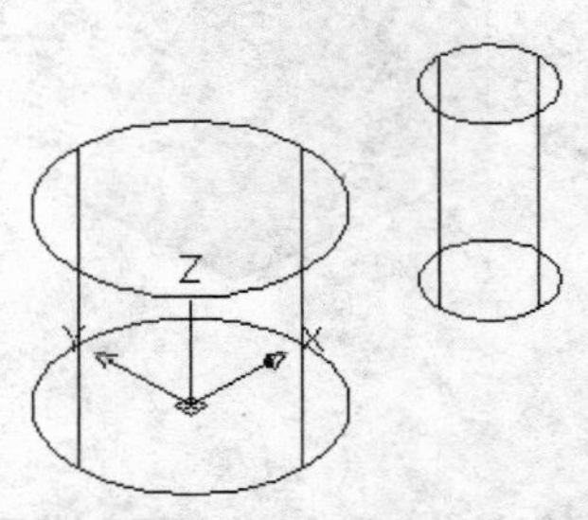

图 7-32　绘制圆柱体

步骤 4 单击“绘图”工具栏中的“圆”按钮，输入圆心坐标值（0，0，8）并按【Enter】键，然后绘制半径为 55 的圆。接着按【Enter】键重复执行“圆”命令，捕捉右侧圆柱体底面的圆心并向上移动光标，待出现图 7-33 左图所示的极轴追踪线时输入值“8”并按【Enter】键，绘制半径为 30 的圆。

步骤 5 在命令行中输入“L”并按【Enter】键，按住【Shift】键在绘图区右击，从弹出的快捷菜单中选择“切点”选项，然后移动光标，待出现图 7-33 中图所示的光标提示时单击，接着移动光标，并使用同样的方法捕捉与其同侧的半径为 30 的圆上的切点，单击以绘制切线。

步骤 6 按【Enter】键重复执行“直线”命令，采用同样的方法绘制另一条切线，结果如图 7-33 右图所示。

步骤 7 单击“修改”工具栏中的“修剪”按钮，分别选取两条切线为修剪边并按【Enter】键，然后依次单击要删除的线条，结果如图 7-34 所示。

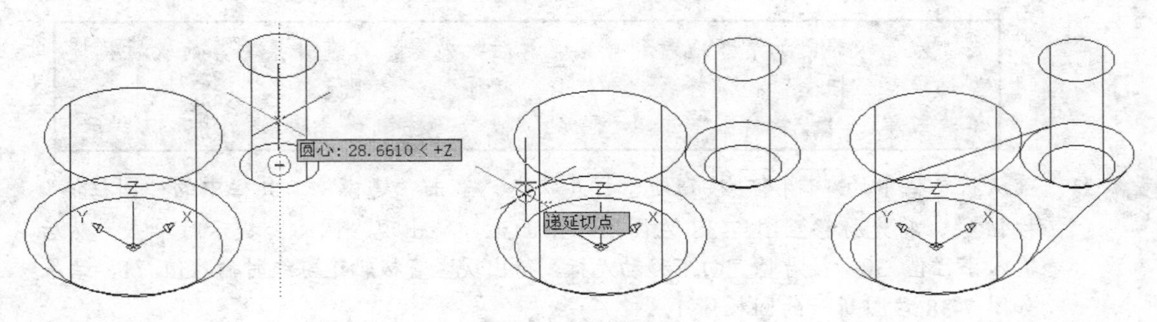

图 7-33 绘制截面

步骤 8 单击“建模”工具栏中的“按住并拖动”按钮，然后将光标移至所绘制的直线或圆弧附近，此时系统将自动捕捉图 7-35 左图所示的封闭区域。单击该区域，然后向上移动光标，输入高度值 10 并按【Enter】键，结果如图 7-35 右图所示。

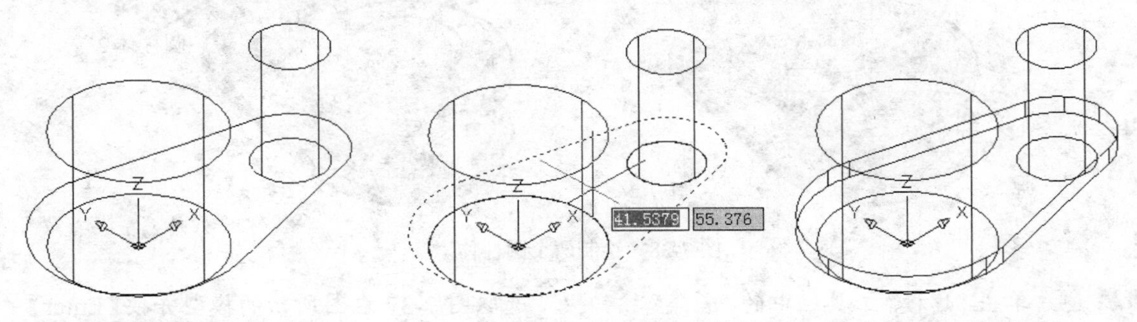

图 7-34 修剪截面图形

图 7-35 使用“按住并拖动”命令拉伸封闭区域

要使用“拉伸”命令将图 7-34 所示的二维图形转换成实体模型，可先使用“面域”命令将所绘制的直线和圆弧转换为封闭区域，然后再对其进行拉伸操作。否则，直接使用“拉伸”命令将生成曲面模型。

步骤 9 单击“修改”工具栏中的“复制”按钮，选取上步所创建的实体模型并按【Enter】键，然后输入（0，0，0），按【Enter】键以指定复制的基点，接着输入（0，0，45），按【Enter】键以指定第二个点，最后按【Enter】键结束命令，结果如图 7-36 所示。

步骤 10 单击“建模”工具栏中的“并集”按钮，采用窗交方式选取所有模型为并集对象，并按【Enter】键确认，结果如图 7-37 右图所示。

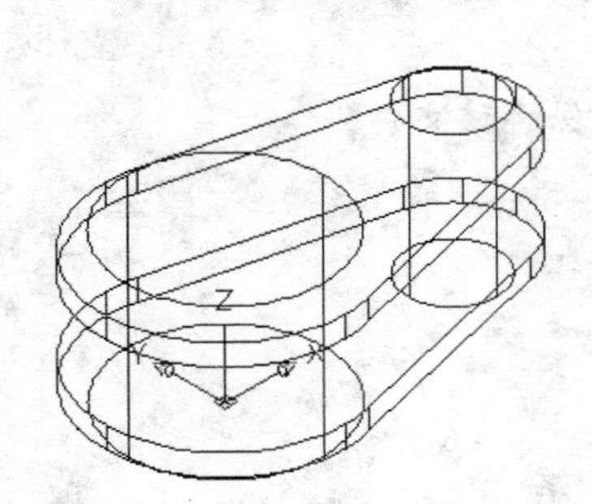

图 7-36 复制对象

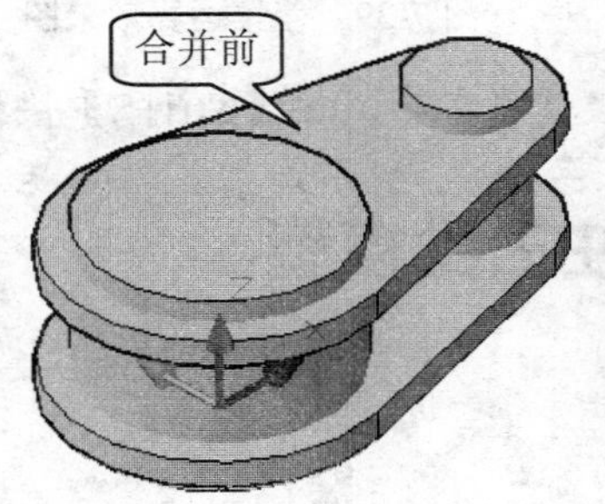

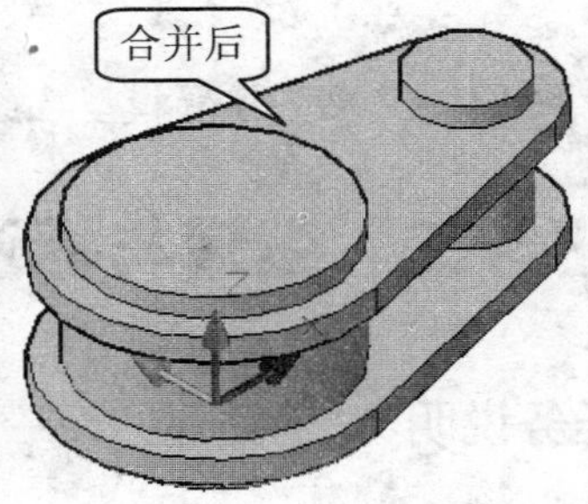

图 7-37 合并前、后效果图

为了能够更加清楚地看到并集运算后的效果，可在并集运算前或后将模型切换至“概念”视觉样式，即选择“视图”>“视觉样式”>“概念”菜单，或单击“视觉样式”工具栏中的“概念”按钮，结果如图 7-37 所示。

步骤 11 确认状态栏中的 DUCS 和 DYN 按钮处于打开状态。单击“建模”工具栏中的“圆柱体”按钮，将光标移至图 7-38 左图所示平面上，待出现“圆心”提示时单击，然后输入半径值 30，接着竖直向下移动光标，待出现竖直极轴追踪线时输入值 71，结果如图 7-38 右图所示的圆柱体 1。

步骤 12 按【Enter】键重复执行“圆柱体”命令，采用同样的方法绘制图 7-38 右图所示的圆柱体 2，此圆柱体的底面半径值为 10，高度为 71。

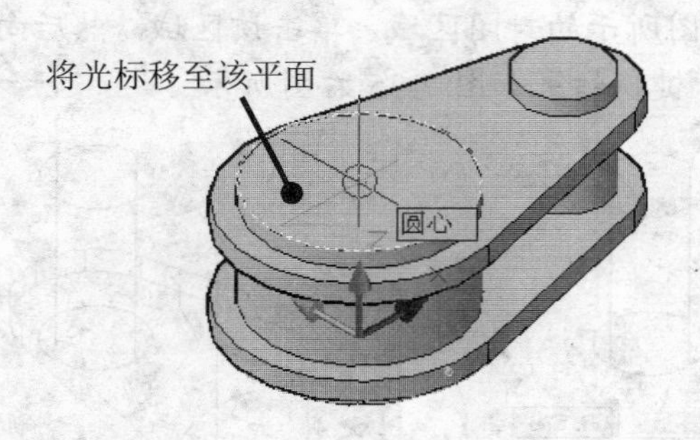

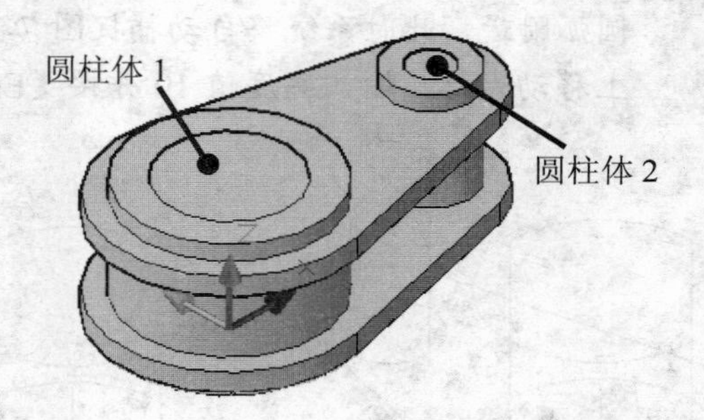

图 7-38　绘制两个圆柱体

步骤 13 单击“建模”工具栏中的“差集”按钮，选取图 7-37 右图所示的模型并按【Enter】键，然后依次选取图 7-39 左图所示的两个圆柱体作为要减去的对象，最后按【Enter】键结束命令，结果如图 7-39 右图所示。

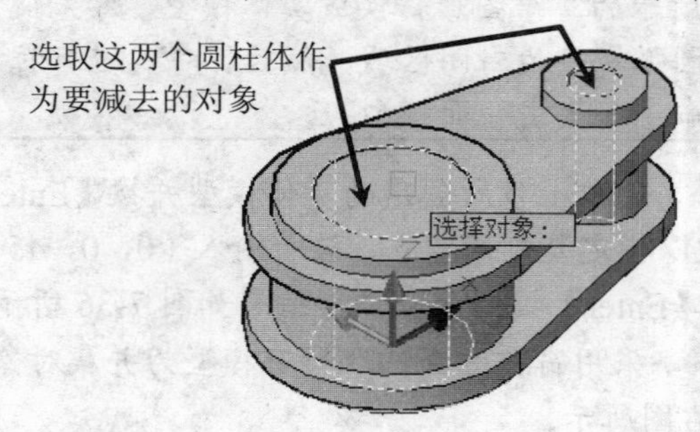

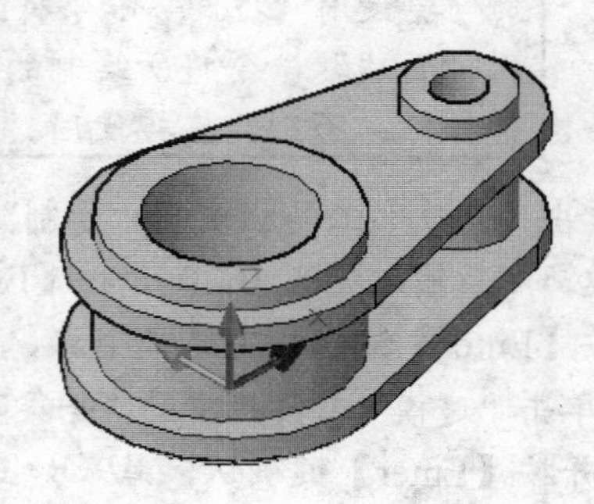

图 7-39　差集运算效果图

步骤 14 至此，摇臂模型已经创建完毕。按【Ctrl+S】快捷键，保存该文件。

任务三　编辑与标注三维模型

任务说明

在三维建模过程中，为了能够快速地创建一些复杂模型，AutoCAD 提供了诸多三维模型的编辑命令，如三维移动、三维旋转、三维镜像和三维阵列等。此外，对于绘制好的三维模型，我们还可以对其进行尺寸标注。

预备知识

一、编辑三维模型

创建三维模型时，虽然使用二维编辑命令也可以将三维对象进行移动、旋转、对齐、镜像和阵列等操作，但是，在三维建模空间中使用二维编辑命令进行操作时，只能将指定的对象在当前坐标系的XY平面内进行操作。为此，AutoCAD提供了三维移动、三维旋转、三维对齐、三维镜像等编辑命令。

要对三维模型进行编辑，可选择“修改”＞“三维操作”菜单下的子菜单项。这些常用的三维编辑命令的功能及操作方法如表7-2所示。

表7-2 常用三维编辑命令

命令	功能及操作方法
三维移动	执行该命令后选择要移动的对象，然后依次指定移动的基点和相对位置值；或在指定移动的基点后将光标移至出现的移动夹点工具的轴句柄上，待出现要移动方向的轴线时单击并输入移动值；或将光标移至两个轴句柄的三角区，待两个轴都变为黄色时单击，然后移动光标或输入值，此时对象将仅沿所指平面移动
三维旋转	执行该命令后选择要旋转的对象，然后指定旋转中心，接着将光标移至出现的旋转小控件的旋转轴上，待出现所需旋转轴线时单击，最后输入旋转角度即可
三维对齐	执行该命令后选择要对齐的对象，然后依次指定该对象上的三个不同基点，接着依次在目标对象上指定与源点对应的三个目标点，此时源点和目标点将重合
三维镜像	使用“三维镜像”命令可将任一平面作为镜像平面，将指定对象进行镜像复制。其中，镜像平面可以是Z轴、XY平面、YZ平面、ZX平面、模型上的某一平面或通过指定三点定义的平面
三维阵列	使用该命令可以创建指定对象的多个副本，并使所得到的副本按照矩形或环形方式排列。在进行矩形阵列时，需要指定行数、列数、层数以及行距、列距和层距；环形阵列时，需要在命令行中依次指定阵列的数目、填充角度和旋转轴
圆角	执行该命令后，需要先指定一条要修圆角的棱边，然后输入圆角半径，最后根据需要选择其他需要修圆角的棱边或直接按【Enter】键结束命令
倒角	执行该命令后，需要先指定一条要修倒角的棱边，然后选择要修倒角的棱边所在的平面（即基面），接着依次指定基面的倒角距离和其他面的倒角距离即可

下面，我们通过使用三维移动和三维镜像等命令编辑图7-40左图所示的图形，来讲解这些常用编辑命令的具体操作方法，使编辑效果如图7-40右图所示。

步骤1 打开本书配套素材“素材与实例”＞“ch07”文件夹>“编辑三维模型.dwg”文件。单击“建模”工具栏中的“三维移动”按钮，然后选取图7-40左图所示的圆柱体1，按【Enter】键以指定要移动的对象。

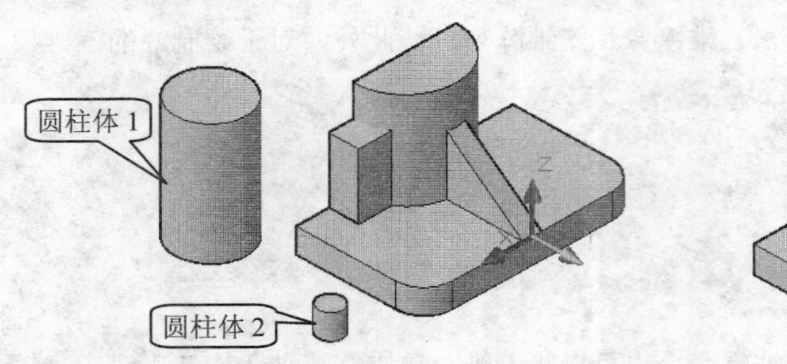

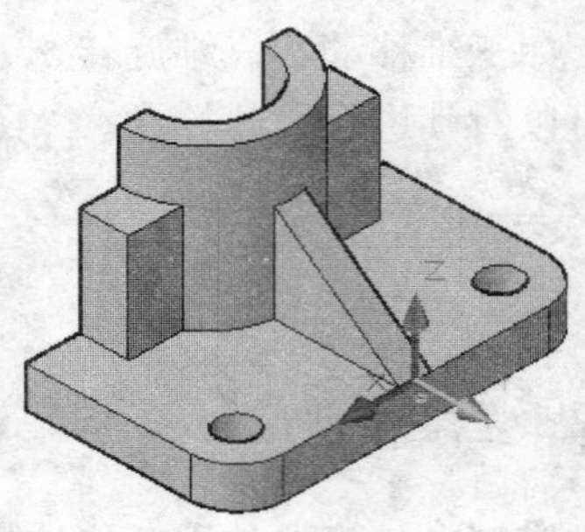

图 7-40 编辑三维模型

步骤 2 接着移动光标捕捉所选圆柱体的上表面，待出现图 7-41 左图所示的“圆心”提示时单击以指定移动的基点，继续移动光标并捕捉图中所示的棱边，待出现“中点”提示时单击，结果如图 7-41 右图所示。

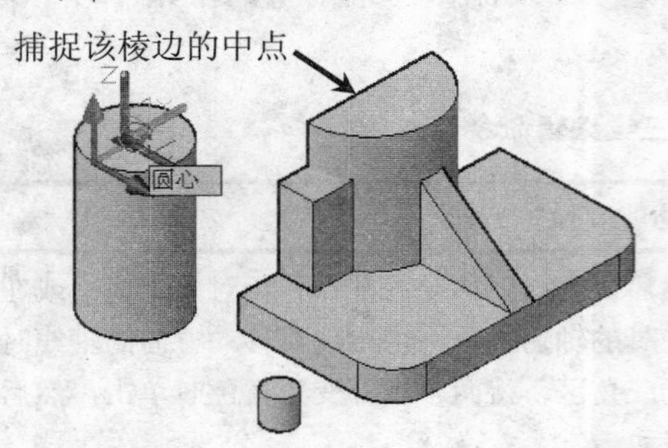

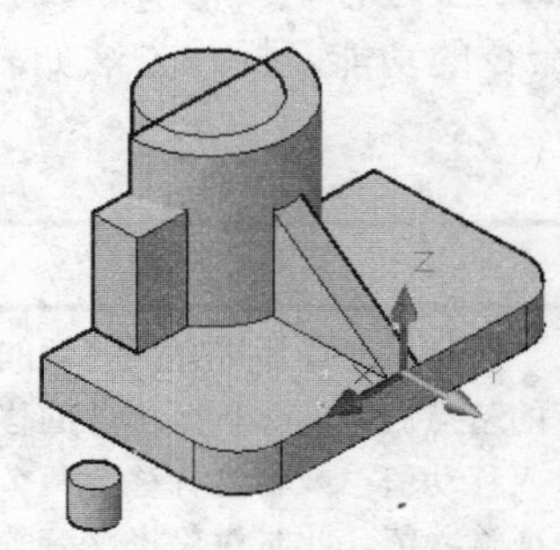

图 7-41 使用“三维移动”命令移动对象

步骤 3 单击“建模”工具栏中的“差集”按钮，然后对模型进行差集运算，结果如图 7-42 所示。

步骤 4 选取图 7-40 左图所示的圆柱体 2，然后单击该圆柱体上表面的圆心夹点，接着移动光标，捕捉图 7-43 所示圆角的圆心，待出现图中所示的“圆心”提示时单击，最后按【Esc】键取消所选对象。

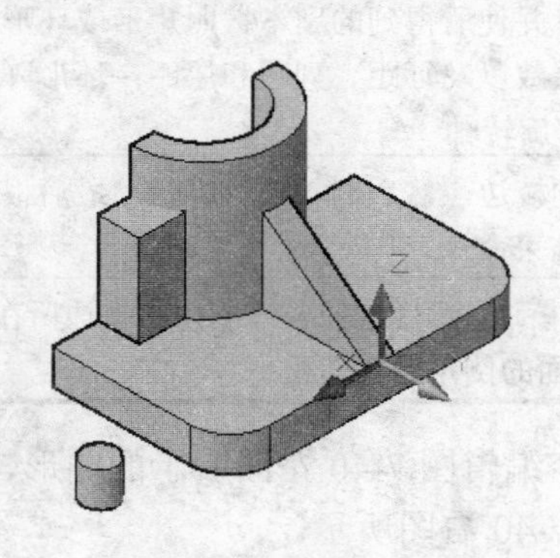

图 7-42 差集运算

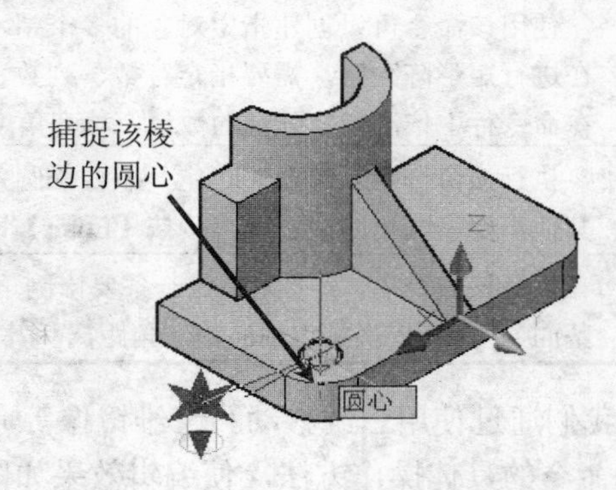

图 7-43 使用夹点移动对象

步骤 5 选择“修改” > “三维操作” > “三维镜像”菜单，然后选取图 7-44 左图所示的长方体和圆柱体并按【Enter】键，接着移动光标，依次捕捉并单击图中所示的两个圆心和棱边 1 的中点，或在命令行中输入“yz”并按【Enter】键以指定镜像平面，最后按【Enter】键采用系统默认的不删除镜像源对象，结果如图 7-44 右图所示。

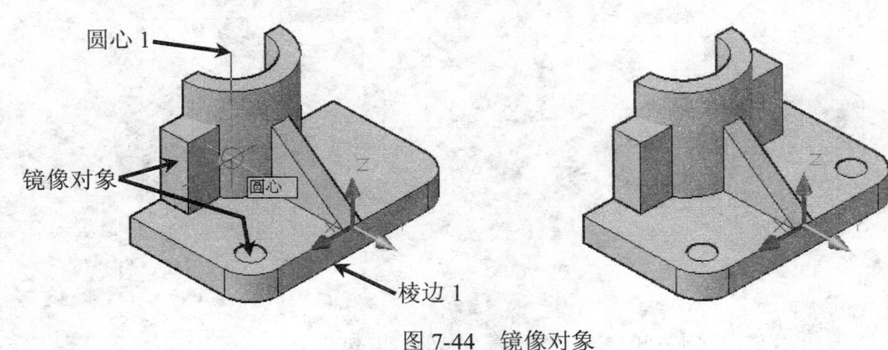

图 7-44 镜像对象

步骤 6 参照图 7-40 右图所示的模型，使用“建模”工具栏中的“差集”按钮和“并集”按钮，分别对该模型进行布尔运算。

二、标注三维图形

在 AutoCAD 2008 中，使用“注释”工具栏中的相关命令可以为三维对象添加尺寸标注。与标注二维对象不同的是，在“三维建模”空间中，由于所有尺寸只能在当前坐标系的 XY 平面中进行标注，因此，在为三维对象标注尺寸时，需要不断地变换坐标系。

接下来，我们对前面编辑好的压轴盖基座模型进行尺寸标注，具体操作方法如下。

步骤 1 要标注压轴盖基座的长度和宽度尺寸，首先必须将 XY 坐标平面移至压轴盖底面上。为此，单击“UCS”工具栏中的“原点”按钮，然后捕捉图 7-45 左图中的端点并单击，以指定新坐标系的原点，结果如图 7-45 右图所示。

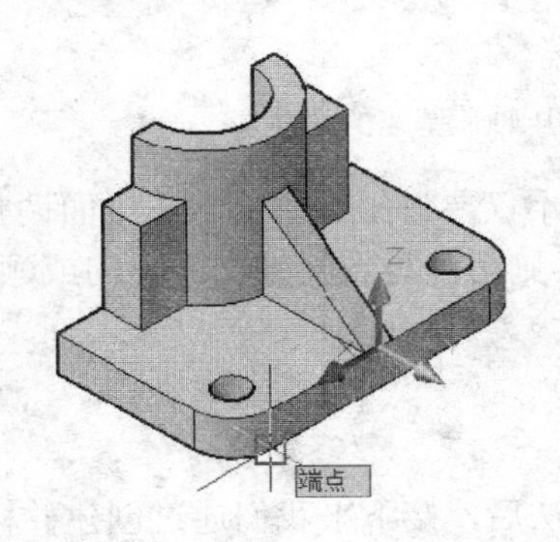

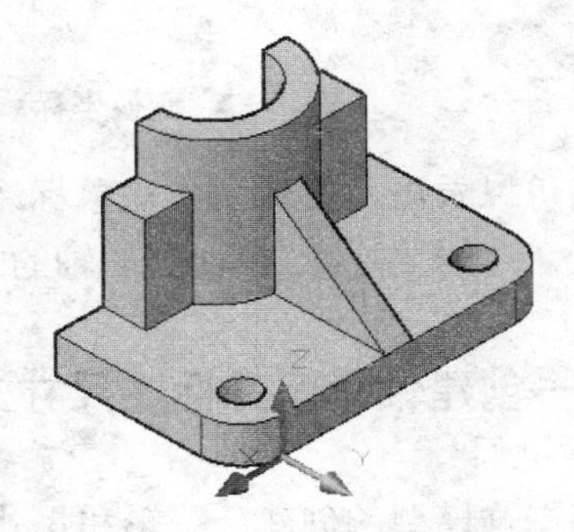

图 7-45 移动坐标系

步骤 2 单击“标注”工具栏中的“线性”按钮，结合“对象捕捉”功能分别标注压轴盖基座的长度与宽度尺寸，结果如图 7-46 左图所示。

步骤 3 尽管我们标出了压轴盖的宽度，但文字方向反了，为什么会这样呢？其原因是 X、Y 轴的方向不合适。为此，我们可单击“UCS”工具栏中的按钮，然后输入旋转角度值“180”，按【Enter】键后将坐标系绕 Z 轴旋转 180°。接下来删除原来标注的尺寸“46”，重新进行标注，结果如图 7-46 右图所示。

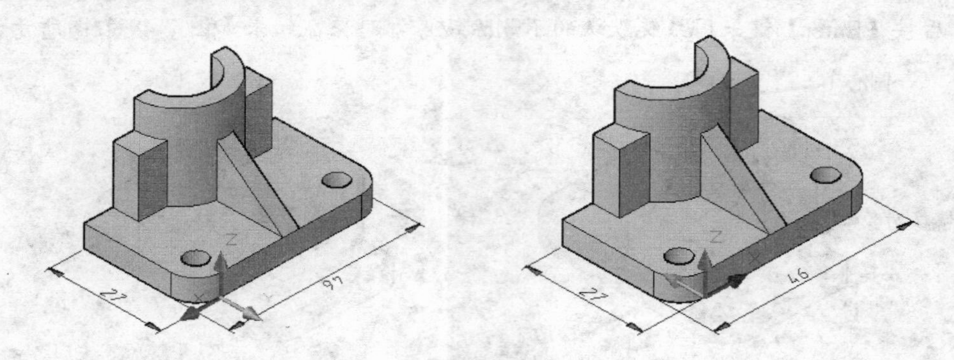

图 7-46　标注压轴盖基座的长度和宽度

步骤 4　下面我们再来看看如何标注压轴盖基座的高度。单击“UCS”工具栏中的“三点”按钮，捕捉图 7-47 左图中的端点 A 作为坐标系的原点，然后依次捕捉端点 B 和端点 C，以确定 X 轴和 Y 轴的方向，结果如图 7-47 中图所示。

步骤 5　使用线性标注命令标注压轴盖基座的高度，结果如图 7-47 右图所示。依据类似方法，可标注压轴盖的其他尺寸。

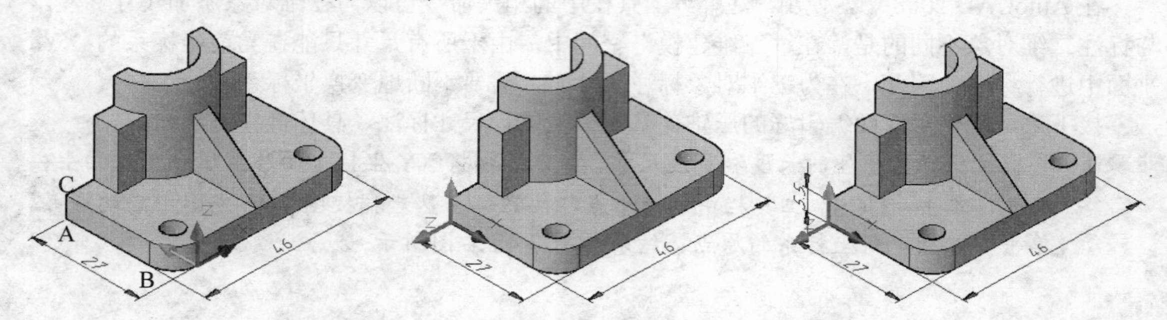

图 7-47　变换坐标系，并标注压轴盖基座的高度

通过上例可以看出，要为三维对象标注尺寸，不仅要将坐标系的 XY 平面调整至要标注尺寸的平面上，还需要注意 X 轴和 Y 轴的方向，否则可能导致尺寸文本反向或颠倒。

任务实施——创建轴承座并标注尺寸

在学习了三维模型的创建、编辑和尺寸标注方法后，接下来我们通过创建并标注图 7-48 所示的轴承座，来巩固前面所学知识。案例最终效果请参考本书配套素材“素材与实例”>“ch07”文件夹>“轴承座.dwg”文件。

制作思路

该轴承座是一个左右完全对称的图形，其绘制步骤为：① 绘制轴承底座和其上的四个通孔；② 绘制轴承体及其上部的圆环体；③ 绘制两侧的拱形孔和楔体部分；④ 检查模型，确认无误后对其进行尺寸标注。

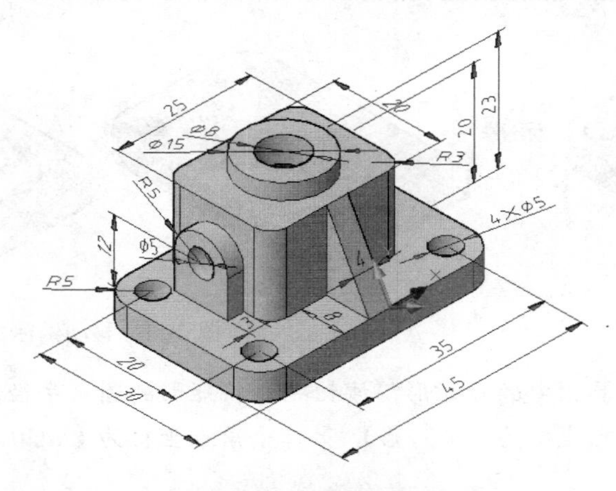

图 7-48 创建轴承座并标注尺寸

制作步骤

（1）绘制图形

步骤 1 启动 AutoCAD，将工作空间切换至“三维建模”空间，然后打开状态栏中的极轴、对象捕捉、对象追踪、DUCS和DYN按钮。选择“视图”>“三维视图”>“东南等轴测”菜单，将视图切换为东南等轴测模式显示。

步骤 2 单击“绘图”工具栏中的“矩形”按钮，然后根据命令行提示输入“f”，按【Enter】键后指定圆角半径值 5，接着依次输入（0，0，0）和（@30，45），以指定矩形的两个角点。

步骤 3 在命令行中输入“c”，按【Enter】键执行“圆”命令，捕捉并单击上步所绘制的矩形的任一圆角的圆心，如图 7-49 左图所示，接着绘制半径为 2.5 的圆。然后单击“修改”工具栏中的“复制”按钮将该圆进行复制，其基点为该圆的圆心，复制的第二点为矩形各圆角的圆心，结果如图 7-49 右图所示。

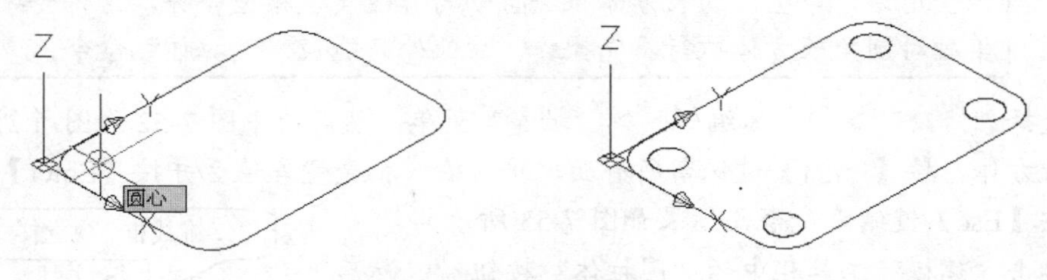

图 7-49 绘制拉伸截面

步骤 4 单击“建模”工具栏中的“按住并拖动”按钮，然后将光标移至圆角矩形中心并单击，接着竖直向上移动光标，输入拉伸高度值“5”并按【Enter】键。最后单击“视觉样式”工具栏中的“概念”按钮，将图形以“概念”视觉样式显示，结果如图 7-50 所示。

步骤 5 单击“UCS”工具栏中的“原点”按钮，然后捕捉并单击图 7-51 左图所示的圆孔的圆心，以指定坐标系的原点，结果如图 7-51 右图所示。

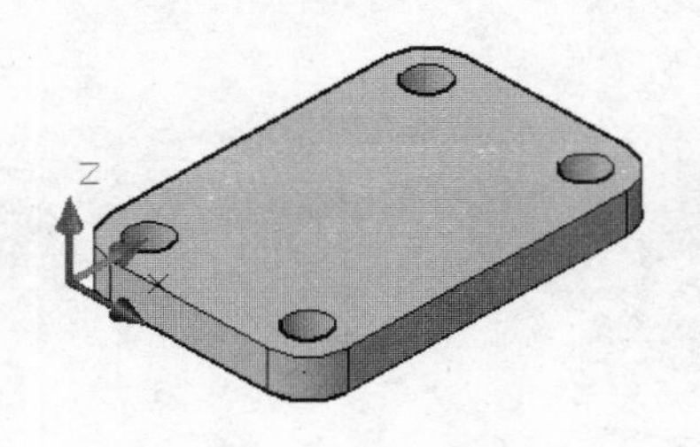

图 7-50　拉伸封闭区域

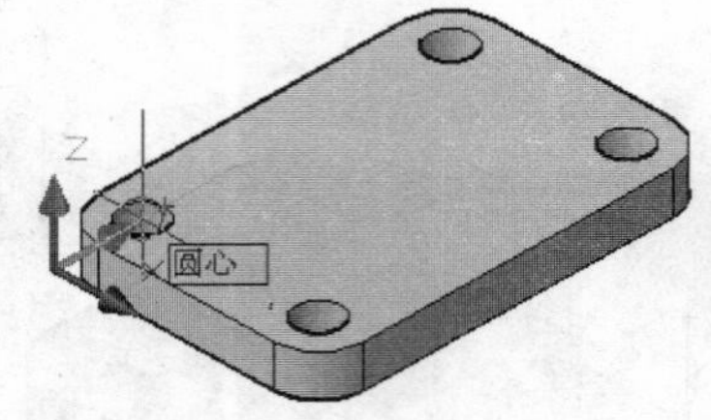

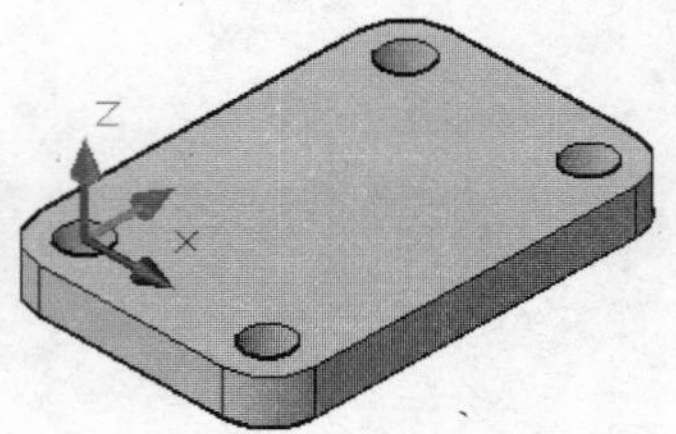

图 7-51　移动坐标系

步骤 6　单击“绘图”工具栏中的“矩形”按钮，将矩形的圆角半径设置为 3，然后指定矩形的第一个角点坐标为（－3，5），第二个角点坐标为（@20，25），结果如图 7-52 左图所示。

步骤 7　单击“建模”工具栏中的“拉伸”按钮，然后选取上步所绘制的圆角矩形并按【Enter】键，接着竖直向上移动光标，输入拉伸高度值“15”并按【Enter】键，结果如图 7-52 右图所示。

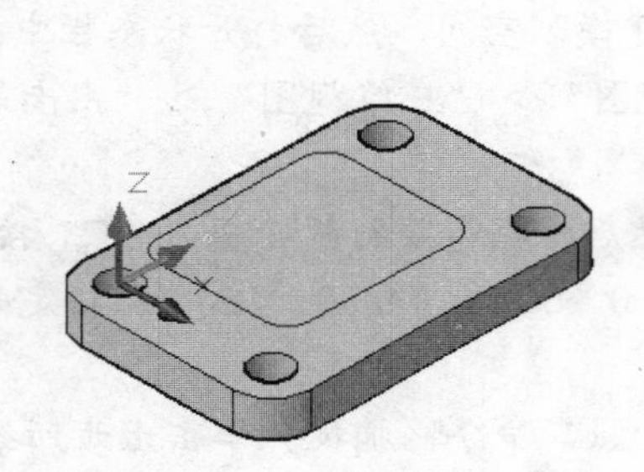

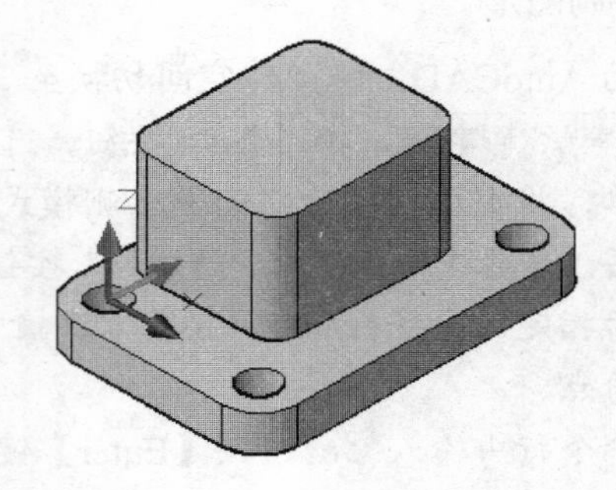

图 7-52　创建圆角长方体

虽然使用“按住并拖动”命令也可以创建图 7-52 右图所示的圆角长方体，但使用该命令生成的长方体将会自动与其他实体模型合并，这将会导致无法单独对圆角长方体执行抽壳操作，故此处只能使用“拉伸”命令。

步骤 8　选择“修改”>“实体编辑”>“抽壳”菜单，然后选中图 7-52 右图所创建的圆角长方体，按【Enter】键保留所有面，接着输入抽壳壁厚值 2 并按【Enter】键，最后按【Esc】键结束命令，结果如图 7-53 所示。

步骤 9　单击“建模”工具栏中的“圆柱体”按钮，然后捕捉并追踪图 7-54 左图所示的平面上两条棱边的中点，待出现图中所示的极轴追踪线时单击，接着创建半径为 7.5，高度为 3 的圆柱体，结果如图 7-54 右图所示。

步骤 10　单击“建模”工具栏中的“并集”按钮，将上步所创建的圆柱体和其上方的圆角长方体进行并集运算。

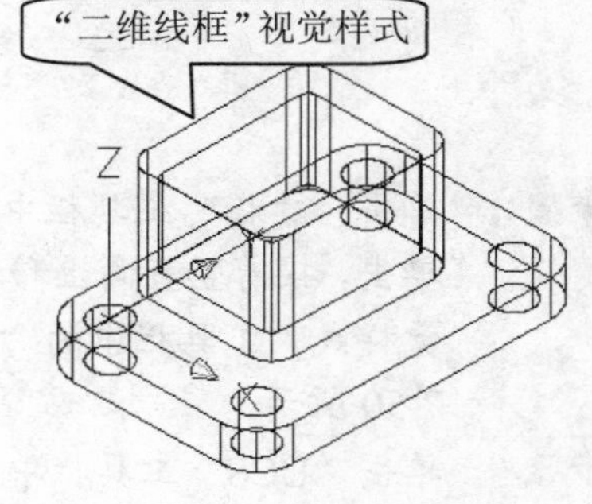

图 7-53　抽壳操作

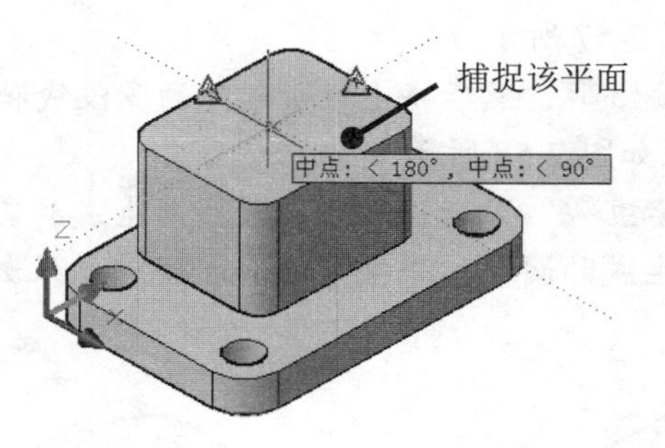

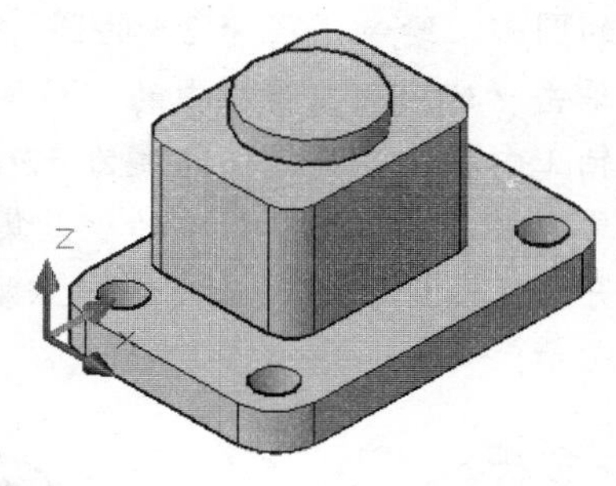

图 7-54　创建圆柱体

步骤 11　在命令行输入"c"，按【Enter】键执行"圆"命令，然后以图 7-55 左图所示的圆心为中心，绘制一个半径为 4 的圆。接着单击"建模"工具栏中的"按住并拖动"按钮，并在所绘制的圆的内部单击，然后竖直向下移动光标，输入拉伸高度值"7"并按【Enter】键，此时生成的圆柱被自动从原有实体中减去，结果如图 7-55 右图所示。

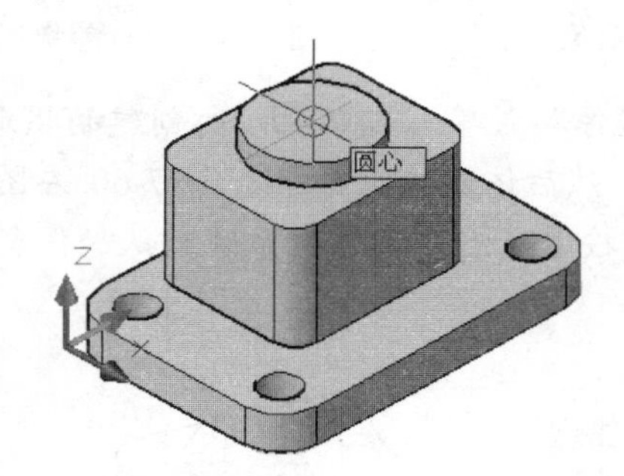

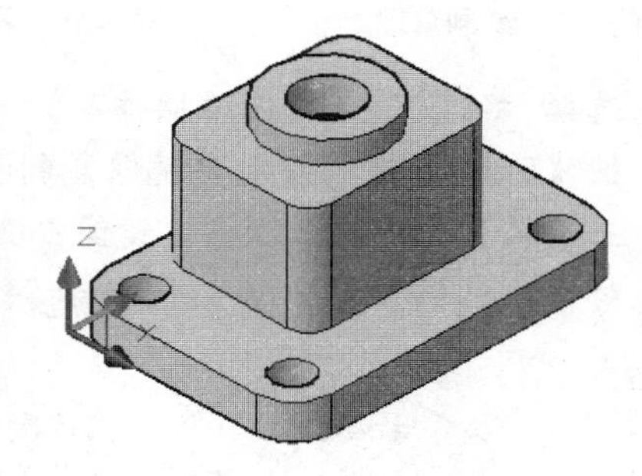

图 7-55　拉伸封闭区域

步骤 12　单击"UCS"工具栏中的"三点"按钮，捕捉并单击图 7-56 左图所示的棱边的中点，以指定坐标系的原点，然后依次单击图 7-56 左图和中图所示的端点和中点，以指定 X 轴和 Y 轴的方向，结果如图 7-56 右图所示。

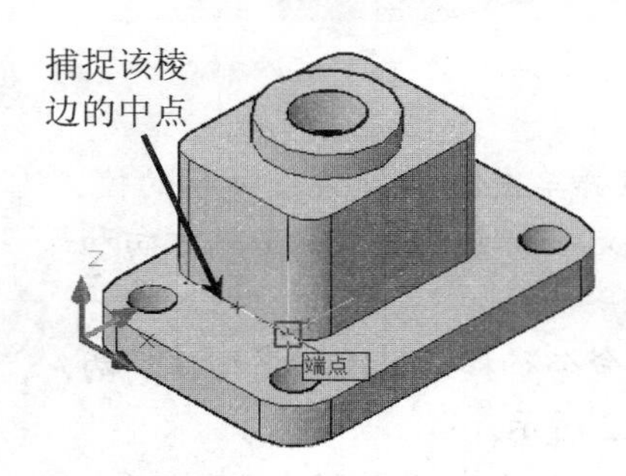

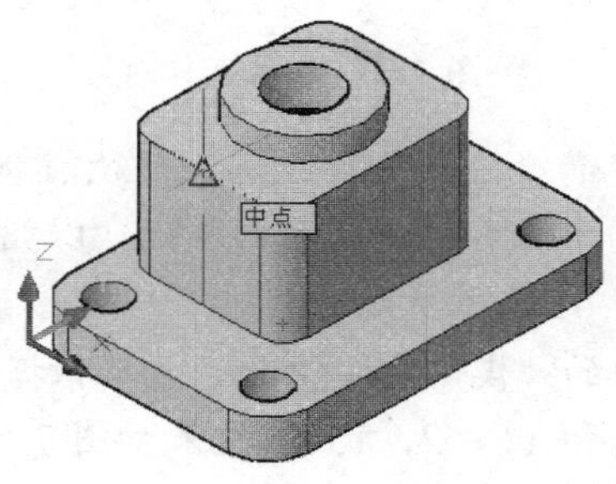

图 7-56　变换坐标系

步骤 13　关闭状态栏中的DYN按钮。单击"绘图"工具栏中的"多段线"按钮，依次输入（－5，0）、（5，0）、（@0，7）、A、（@-10，0）、L、C，以绘制图 7-57 左图所示的多段线，然后单击"绘图"工具栏中的"圆"按钮，捕捉并单击多段线中圆弧的圆心，绘制半径为 2.5 的圆，如图 7-57 所示。

步骤 14 单击“建模”工具栏中的“拉伸”按钮，然后将上步所创建的多段线和圆沿 Z 轴正向拉伸，其拉伸高度为 3，结果如图 7-58 所示。

步骤 15 单击“建模”工具栏中的“差集”按钮，然后选取由多段线所生成的实体对象并按【Enter】键，接着选取上步所生成的圆柱体并按【Enter】键，结果如图 7-59 所示。

图 7-57　绘制草图

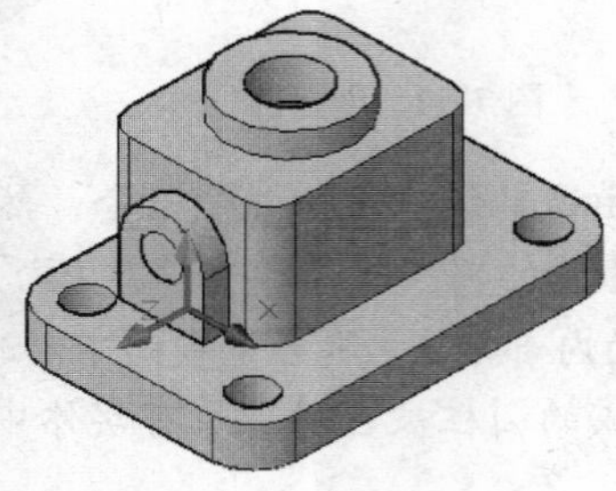

图 7-58　拉伸二维对象

图 7-59　进行差集运算

步骤 16 选择“修改” > “三维操作” > “三维镜像”菜单，选取上步所创建的拱形实体，按【Enter】键以指定要镜像复制的对象，然后依次捕捉并单击图 7-60 左图所示的三条棱边的中点，以指定镜像平面，最后按【Enter】键采用系统默认的保留镜像源对象，结果如图 7-60 右图所示。

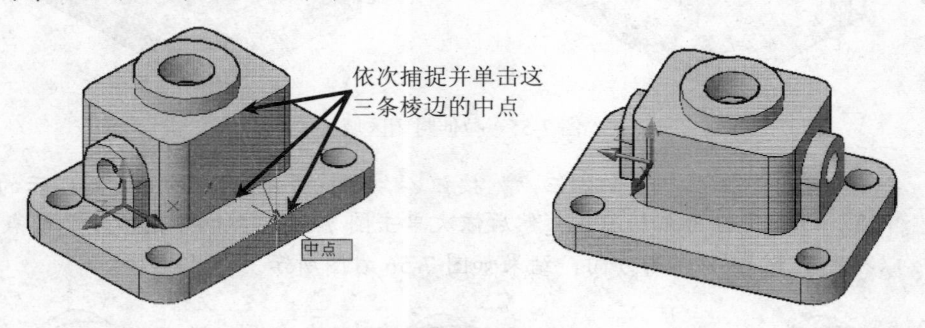

图 7-60　镜像实体对象

步骤 17 单击“UCS”工具栏中的“三点”按钮，依次捕捉并单击图 7-61 左图所示的棱边 1 的中点、棱边 2 的中点和图中所示的端点，以指定坐标系的原点，X 轴方向和 Y 轴方向，结果如图 7-61 右图所示。

步骤 18 单击“建模”工具栏中的“楔体”按钮，然后根据命令行提示依次指定楔体的两个对角点（0，-2，0）和（8，2，15），结果如图 7-62 所示。

步骤 19 单击“建模”工具栏中的“并集”按钮，采用窗交方式选取整个图形为合并对象，并按【Enter】键结束命令。

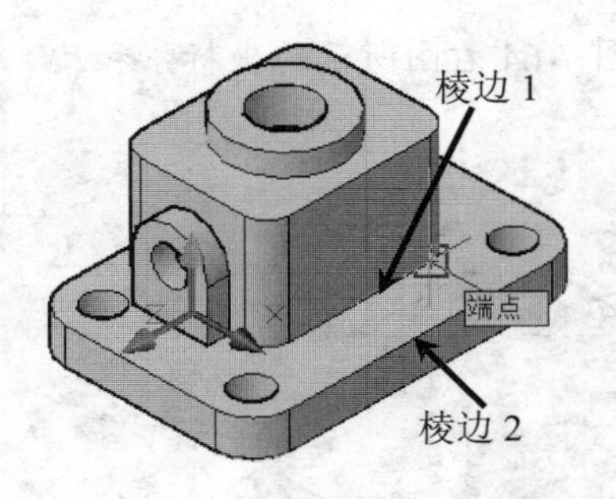

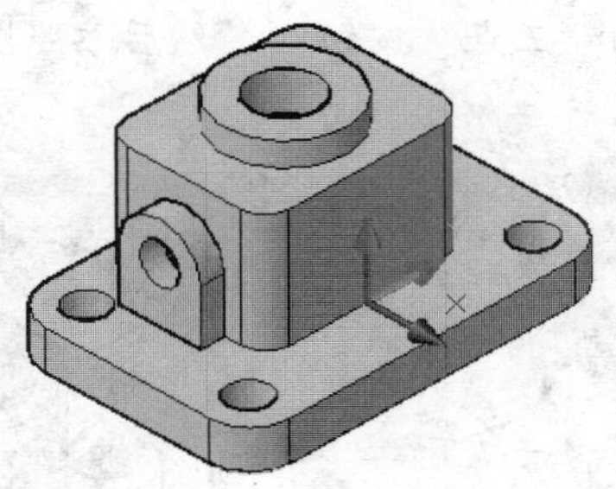

图 7-61　变换坐标系

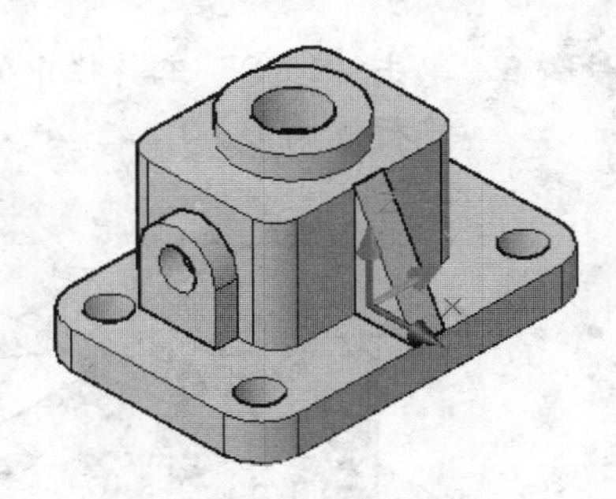

图 7-62　创建楔体

（2）标注图形

步骤 1　选择“格式”>“图层”菜单，在打开的对话框中新建“尺寸标注”图层，并将该图层设置为当前图层。

步骤 2　单击“标注”工具栏中的“标注样式”按钮，在打开的“标注样式管理器”对话框中选择“ISO-25”样式，接着单击 修改(M)... 按钮，打开“修改标注样式：ISO-25”对话框。

步骤 3　单击该对话框中的“符号和箭头”选项卡，在“箭头大小”编辑框中输入值“3.5”；选择“文字”选项卡，然后单击“文字样式”编辑框后的 ... 按钮，在打开的对话框中选择“Standard”样式，然后取消已选中的“使用大字体”复选框，并将其字体设置为“gbeitc.shx”，最后依次单击 应用(A) 和 关闭(C) 按钮。

步骤 4　接着在“修改标注样式：ISO-25”对话框的“文字高度”编辑框中输入值“3.5”，其他采用默认设置，并依次单击 确定 和 关闭 按钮，完成标注样式的修改。

步骤 5　利用“标注”工具栏中的相关命令在当前坐标系的 XY 平面中标注基座上孔间距、直径以及圆角等尺寸。标注结束后，还可以利用尺寸标注上夹点调整尺寸的位置，结果如图 7-63 左图所示。

步骤 6　单击“UCS”工具栏中的“原点”按钮，然后在底座的底面的任意端点处单击，接着标注底座的长度和宽度尺寸，结果如图 7-63 右图所示。

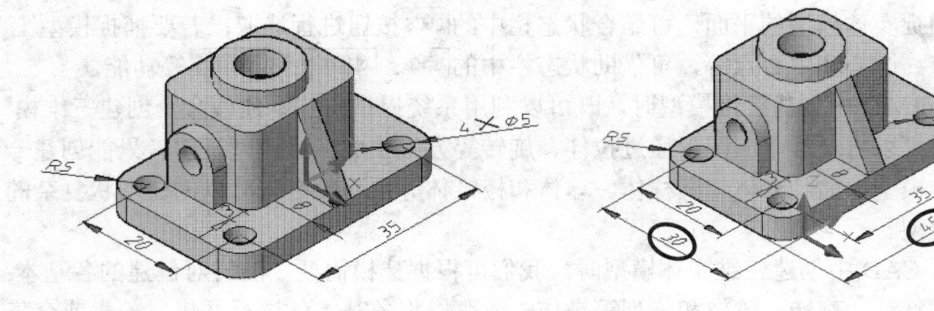

图 7-63　标注尺寸（一）

步骤 7　采用同样的方法，使用“原点”按钮平移坐标系，并参照图 7-64 左图所示的尺寸标注图形。

步骤 8 单击“UCS”工具栏中的“三点”按钮，然后参照图 7-64 右图所示的坐标系和尺寸标注图形。

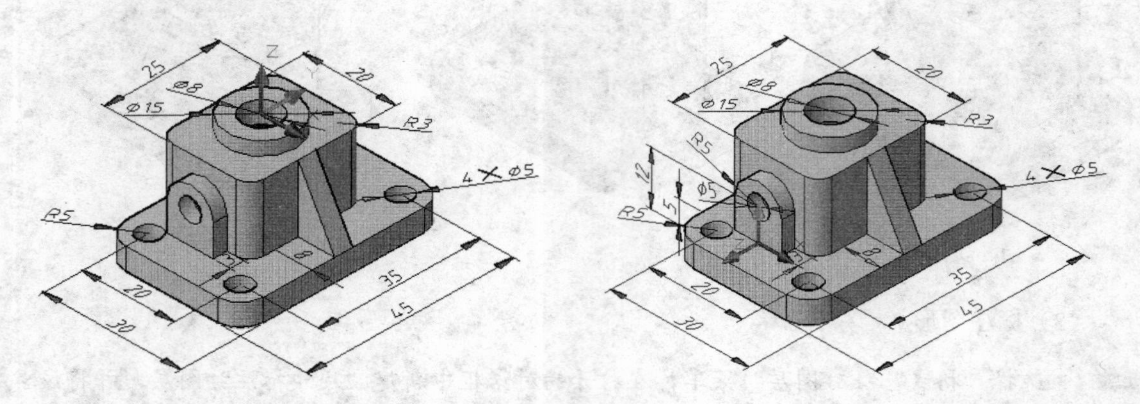

图 7-64 标注尺寸（二）

步骤 9 参照图 7-48 所示尺寸，标注图形的其他尺寸。在标注楔体的宽度尺寸时，应使用“UCS”工具栏中的“面 UCS”按钮移动坐标系，使坐标系的 XY 平面与斜面平行，且 Z 轴向外，坐标系的方向如图 7-48 所示。

步骤 10 至此，轴承座模型已经创建完毕。按【Ctrl+S】快捷键，保存文件。

项目总结

本项目主要学习了在 AutoCAD 中创建三维模型的一些基础知识。读者在学完本项目内容后，应重点注意以下几点。

- 在建模过程中，为了便于捕捉到模型上的点，或查看模型的效果，经常需要切换视图的视觉样式。此外，为了便于绘制某些特征的截面或查看各对象间的关系，还需要将模型在投影视图和等轴测图间进行切换。
- 在“三维建模”工作空间中，默认情况下所绘图形均位于当前坐标系的 XY 平面上。在绘图过程中，应根据要绘制的模型的特点合理地移动或旋转坐标系。
- 若要捕捉实体模型的平面，可结合状态栏中的 DUCS 按钮进行选取；若要捕捉模型上的端点、圆心和中心点等，可借助状态栏中的 极轴 、 对象捕捉 和 对象追踪 等功能。
- 在 AutoCAD 中创建三维模型时，既可以利用系统提供的基本建模命令创建三维模型，也可以将二维平面图形通过拉伸、旋转等方式生成三维模型。前者只能创建一些基本模型，如长方体、圆柱体、球体和棱锥体等；而后者则可以创建形状复杂的三维模型。
- 在 AutoCAD 中创建三维实体模型时，我们可根据建模需要，随时对创建的各基本体进行移动、旋转、镜像和阵列等操作，还可以将各基本体进行并集、差集或交集运算，使其成为一个整体。
- 在“三维建模”工作空间中，由于所有尺寸只能在当前坐标系的 XY 平面中进行标注，因此，在为三维对象标注尺寸时，不仅要将坐标系的 XY 平面调整至要标注尺寸的平面上，还需要注意 X 轴和 Y 轴的方向，否则可能导致尺寸文本反向或颠倒。

课后操作

1．参照图 7-65 左图所示的尺寸，利用“旋转”命令，或“圆柱体”、“圆锥体”和“并集”命令创建右图所示的锥形插销模型。

提示：

- **方法一**：首先在“俯视”投影视图中使用“多段线”命令绘制图 7-66 所示的图形，或使用“直线”命令绘制该二维图形后，再使用“绘图”工具栏中的“面域”按钮，将该图形转换为面域，然后再单击“建模”工具栏中的“旋转”按钮，将图 7-66 所示的图形以图中所示的旋转轴旋转 360°。
- **方法二**：利用“圆柱体”、“圆锥体”命令创建插销的两部分，然后再使用“并集”命令命令将这两部分合并。

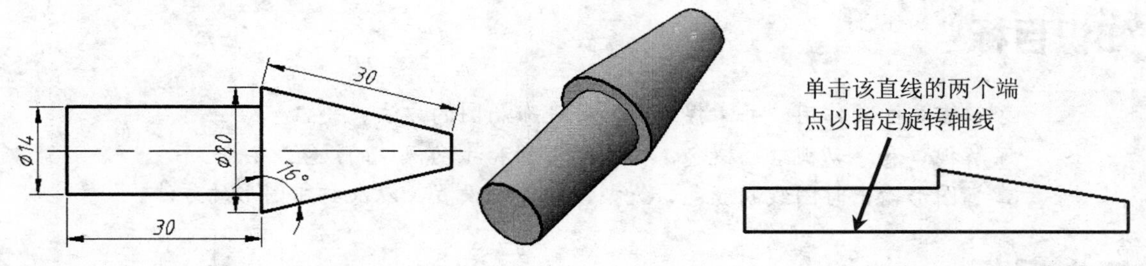

图 7-65　练习一（锥形插销）　　图 7-66　绘制二维图形，并对其进行旋转

2．参照图 7-67 左图所示的尺寸，利用“旋转”、“拉伸”、“倒角”和“差集”等命令创建图 7-67 右图所示的基座模型。

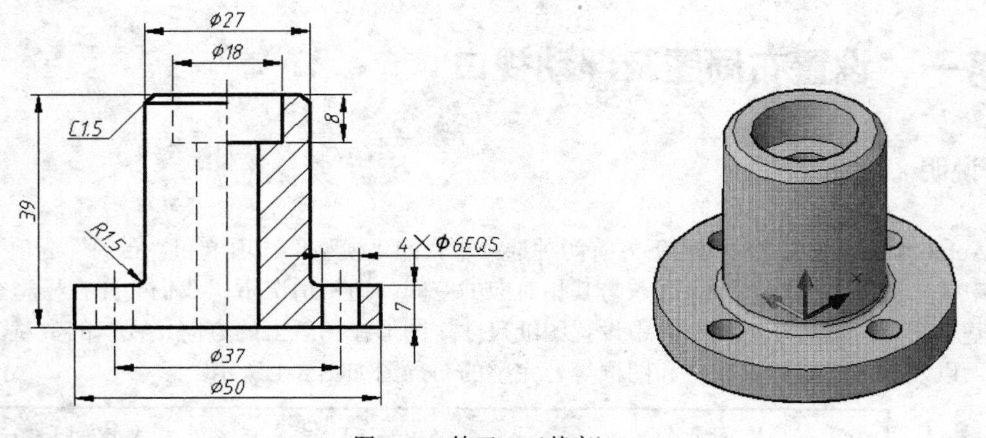

图 7-67　练习二（基座）

项目八　图形的输出

项目导读

无论是二维图形还是三维图形，在绘制完图形后，都可以将绘制好的图形进行布局设置并交付打印。但在打印过程中，经常会出现一些意想不到的问题，如打印输出后的图形不完整、部分图线丢失、图线颜色浅淡等。本项目将重点讲解视图的布局、视口的调整等与图形打印相关的知识，并帮助读者解决上述难题。

知识目标

- 了解布局图的作用，并掌握创建和管理布局图的方法。
- 了解视口和浮动视口的概念，并掌握页面和浮动视口的设置方法。
- 掌握图形输出时图线的颜色、线型、线宽的设置，以及打印图形的方法。

能力目标

- 能够为要打印的图形设置合适的布局图，并合理地调整浮动视口中视图的显示效果。
- 能够按要求将图形打印出来。

任务一　设置布局图及浮动视口

任务说明

AutoCAD 的绘图窗口的左下方有两种选项卡，即“模型”选项卡和“布局”选项卡，单击其中任一选项卡标签，即可进入与其相对应的空间。通常情况下，我们会先在模型空间中绘制基本图形，然后在布局空间中设置图纸尺寸、图形在图纸上的方向、视口的数量、打印比例，以及添加必要的标题栏和图框等。完整的布局图如图 8-1 所示。

布局空间也称为图纸空间。在 AutoCAD 中，虽然在模型空间和图纸空间中都可以打印图形，但在图纸空间中输出图形时，我们可以设置多个浮动视口（关于浮动视口的概念，我们稍后会详细讲解），不同视口可以显示不同

> 的投影视图，且所有视口的内容可以同时打印在同一张图纸上。而在模型空间中虽然也可以设置多个视口，但每次只能打印一个视口的内容。此外，在图纸空间中通过布局设置插入的标题栏和图框等内容均不会显示在模型空间中，故一般在图纸空间中进行打印设置。

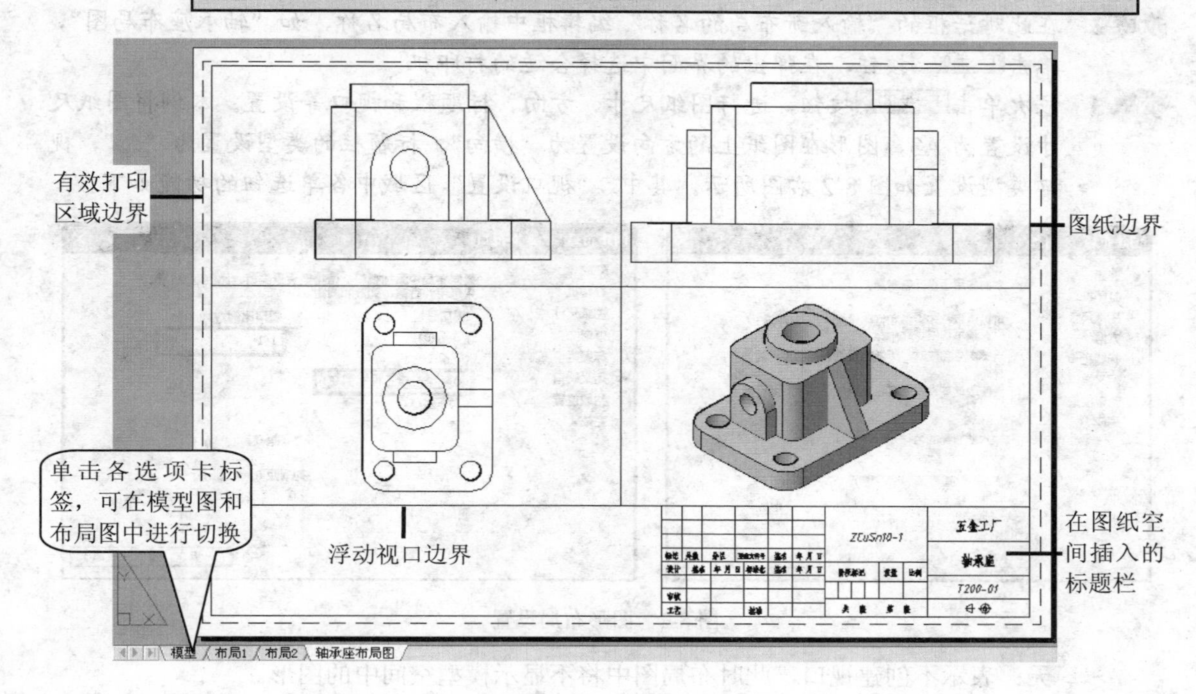

图 8-1　在图纸空间规划布局图并输出布局

要将图形在图纸空间中进行打印输出，通常可按以下几个步骤进行操作。

① 创建布局图以指定打机机、图纸尺寸、图形在图纸上的方向，以及视口数量等，然后再添加所需图框和标题栏，并填写标题栏中相关内容。

② 设置各视图的投影关系及三维图形的视觉样式，并根据加工需要为图形添加必要的尺寸和技术要求。

③ 根据打印需要设置相关图线的颜色，并打印布局图。

预备知识

一、创建布局图

默认情况下，AutoCAD 的图形文件中有两个“布局”选项卡，即“布局 1”和“布局 2”，用来显示模型的默认布局。此外，我们还可以使用布局向导创建布局图。

使用布局向导创建布局图时，我们可根据打印需要依次指定布局图名称、打印机名称、图纸大小、视图在图纸上的方向以及标题栏等内容。下面，我们以创建图 8-1 所示的轴承座布局图为例，来讲解使用布局向导创建布局图的具体操作方法。

步骤 1 打开本书配套素材“素材与实例”>“ch08”文件夹>“创建布局图.dwg”文件，然后选择“插入”>“布局”>“创建布局向导”菜单，打开“创建布局-开始”对话框，如图 8-2 左图所示。

步骤 2 在此对话框的“输入新布局的名称”编辑框中输入布局名称，如“轴承座布局图”，单击[下一步(N) >]按钮，在弹出的界面中选择合适的打印机。

步骤 3 依次单击[下一步(N) >]按钮，进行图纸尺寸、方向、标题栏和视口等设置。本例将图纸尺寸设置为 A3，图形在图纸上的方向设置为“横向”，标题栏的类型设置为“无”，视口类型设置如图 8-2 右图所示。其中，“视口设置”区域中各单选钮的功能如下。

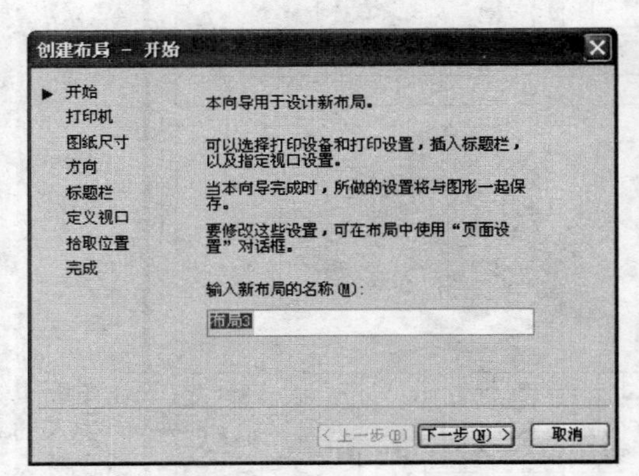

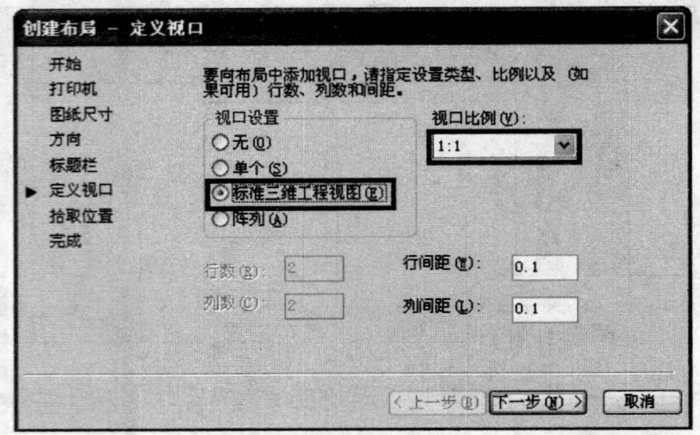

图 8-2　图形布局设置

- **无**：表示不创建视口，此时布局图中将不显示模型空间中的图形。
- **单个**：可创建具有一个视口的布局图。
- **标准三维工程视图**：可创建工程图中常用的标准三视图，其视口的配置包括俯视图、主视图、侧视图和等轴测视图。
- **阵列**：可创建指定数目的视口，这些视口将依照所设置的行数和列数按矩形阵列模式排列。

设置标题栏的样式时，可在“创建布局—标题栏”对话框的“路径”列表框中选取系统提供的图框及标题栏，也可以选择自定义的图框和标题栏，还可以选择“无”选项，表示不使用标题栏。当此处不使用标题栏时，可在设置完布局图后利用插入块的方法在图纸空间插入所需图框和标题栏文件。

在 AutoCAD 中，无论图形处于模型空间还是图纸空间，我们都可以将绘图窗口划分为多个区域以显示不同视图，这些区域被称为视口。

步骤 4 定义好视口后单击[下一步(N) >]按钮，接着单击对话框中的[选择位置(L) <]按钮，并在出现的布局界面中拖出一个区域，以指定视口的大小和位置；也可直接单击[下一步(N) >]按钮，此时系统将默认以整个图纸有效区为视口区域。本例采用第二种方式进行操作。

步骤 5 单击[完成]按钮，完成布局图的创建。此时，布局图如图 8-3 所示。

二、管理与修改布局图

要从图纸空间切换到模型空间，可单击绘图区下方的 模型 标签；要从模型空间切换到图纸空间，可单击绘图区下方的选项卡标签。

打开某个布局图后，右击该布局选项卡标签，在弹出的快捷菜单中可对当前布局图进行删除、重命名以创建新布局图等，如图 8-4 所示。此外，我们还可以删除图纸空间中的视口，也可以为该布局图插入图框和标题栏等。

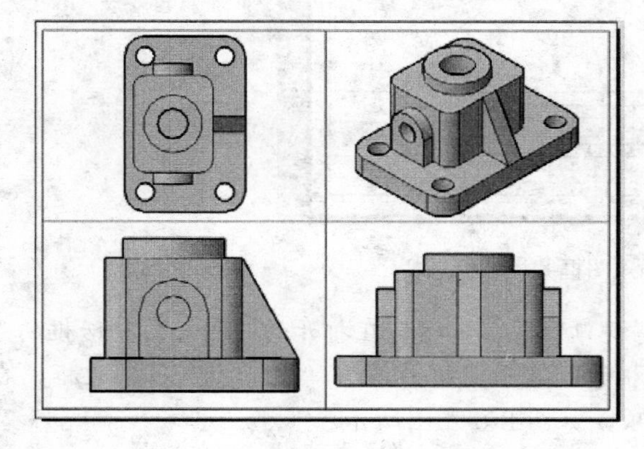

图 8-3　轴承座布局图

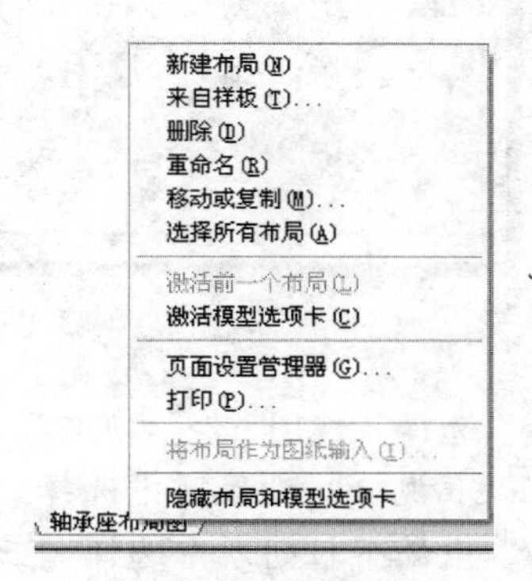

图 8-4　管理布局图的菜单项

下面，我们紧接上例，继续设置轴承座布局图，具体操作方法如下。

步骤 1　采用窗交方式在布局图中心选取各视口的边框线，然后按【Delete】键将各视口删除。

> 观察图 8-3 可知，由于设置图形布局时所生成的各投影视图之间的位置关系不符合三视图的投影要求，因此这里我们先将各视口删除（后面将讲解重新设置浮动视口的方法）。

步骤 2　单击“绘图”工具栏中的“插入块”按钮，然后在打开的“插入”对话框中单击 浏览(B)... 按钮，接着选择本书配套素材“素材与实例”>“ch08”文件夹>“A3 图框.dwg”文件，其他采用默认设置，单击该对话框中的 确定 按钮。

步骤 3　移动光标，并在合适位置单击，以插入该图框（插入的图框距图纸的四条边界线的距离大体相等即可），接着依次在命令行中输入材料标记（ZCuSn10-1）、图样代号（T200-01）、单位名称（五金工厂）以及图样名称（轴承座），结果如图 8-5 所示。

三、设置浮动视口

浮动视口是指在图纸空间中创建的视口，它是联系模型空间和图纸空间的桥梁，模型空间的内容必须通过浮动视口才能显示在图纸空间。默认情况下，打开布局选项卡时，系统会自动根据图纸尺寸（默认图纸尺寸为 ISO A4）创建一个浮动视口。用户可根据需要创建多个视口，并使每个视口分别显示不同的视图。

例如，要在轴承座布局图中重新创建和设置浮动视口，具体操作步骤如下。

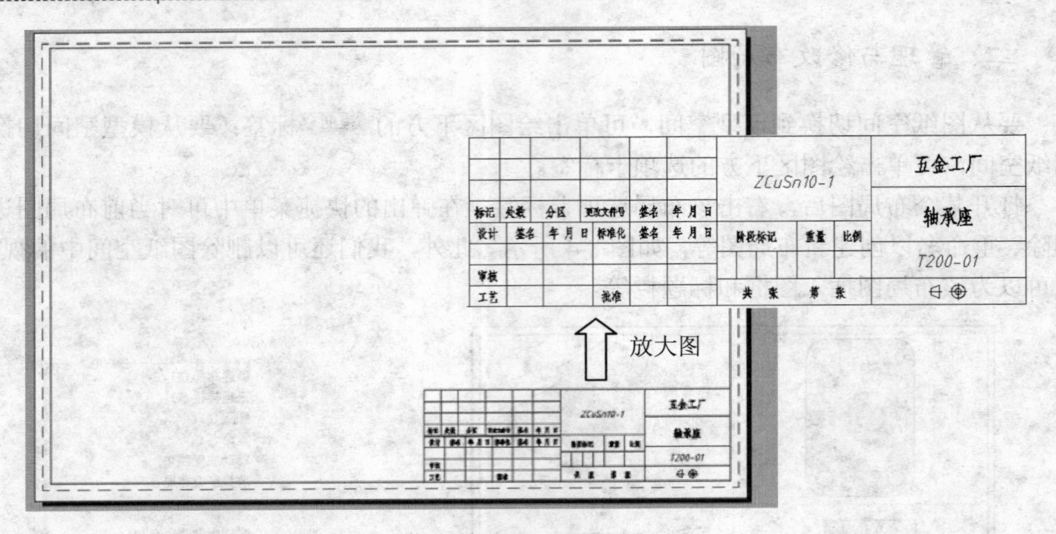

图 8-5 插入图框并填写标题栏

步骤 1 选择“视图”>“视口”>“新建视口”菜单，然后在打开的“视口”对话框的“标准视口”设置区中选择“四个：相等”选项，接着单击“设置”下拉列表框，在弹出的下拉列表中选择“三维”选项，如图 8-6 左图所示。

步骤 2 在该对话框的“预览”设置区中分别单击不同视口，并在“修改视图”和“视觉样式”下拉列表中选择相应选项，设置结果如图 8-6 左图所示。

步骤 3 设置完成后单击该对话框中的 确定 按钮，然后依次捕捉并单击图 8-6 右图所示的端点 1 和端点 2，以指定视口的第一个角点和对角点，此时系统将自动生成视口，结果如前面的图 8-1 所示。

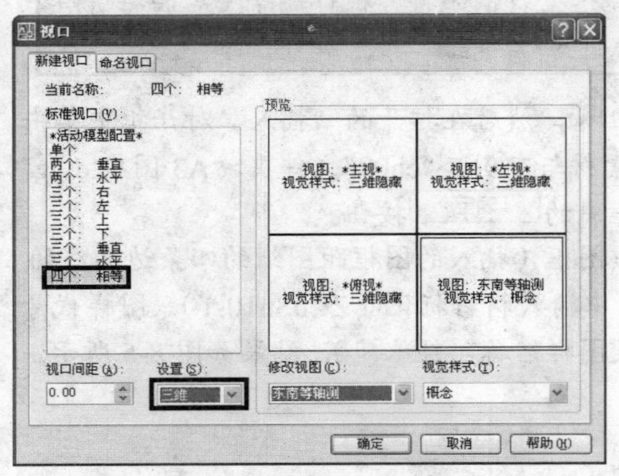

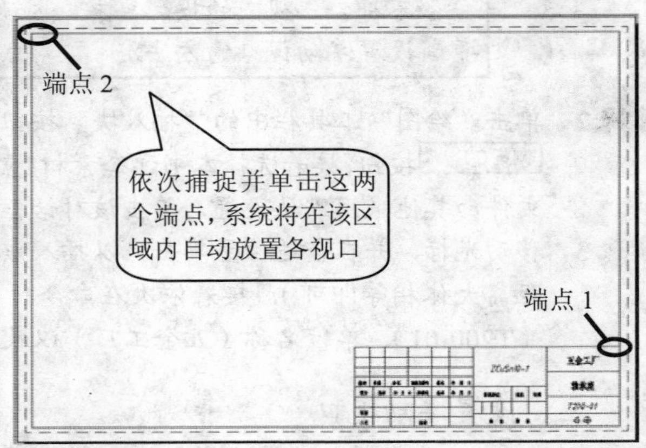

图 8-6 创建和设置视口

四、页面设置

AutoCAD 提供了页面设置功能，通过该功能可以设置图纸和输出设备和输出参数（如图纸尺寸、打印比例等），且修改结果可以保存在图形文件中，以便在输出图纸时随时调用。

要进行页面设置，可执行如下操作。

步骤 1 进入图纸空间后，选择“文件”>“页面设置管理器”菜单，或在当前布局图的布局选项卡标签上单击，从弹出的快捷菜单中选择“页面设置管理器”菜单，打开“页面设置管理器”对话框，如图 8-7 所示。

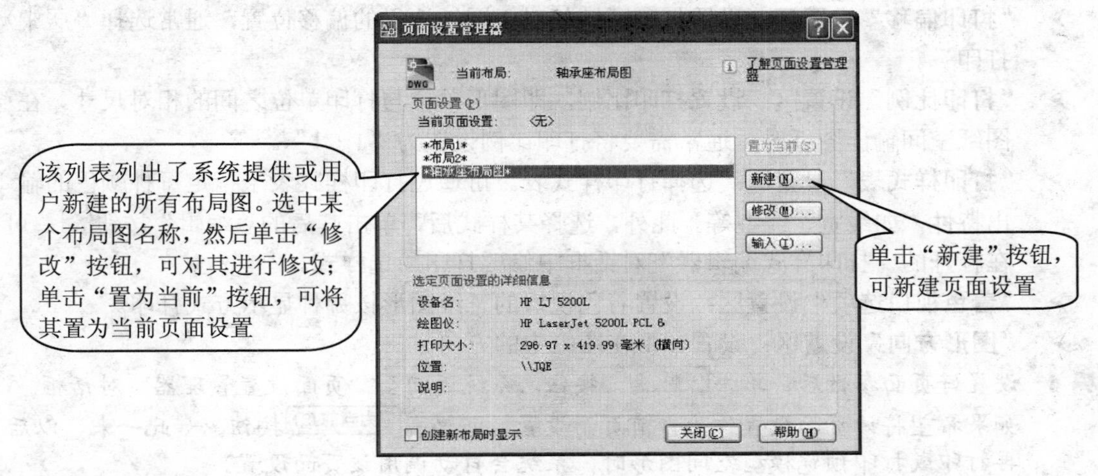

图 8-7 “页面设置管理器”对话框

步骤 2 若要修改“轴承座布局图”中的设置，可在“页面设置管理器”对话框中选择“轴承座布局图”选项，然后单击 修改(M)... 按钮，在打开的图 8-8 所示的对话框中设置输出设备、图纸尺寸、打印比例及图形方向等参数。

步骤 3 若要新建页面设置，可单击图 8-7 所示的对话框中的 新建(N)... 按钮，打开图 8-9 所示的“新建页面设置”对话框，输入新的页面名称后单击 确定(O) 按钮，可在打开的“页面设置”对话框中为新建的布局图设置输出设备和图纸尺寸等。

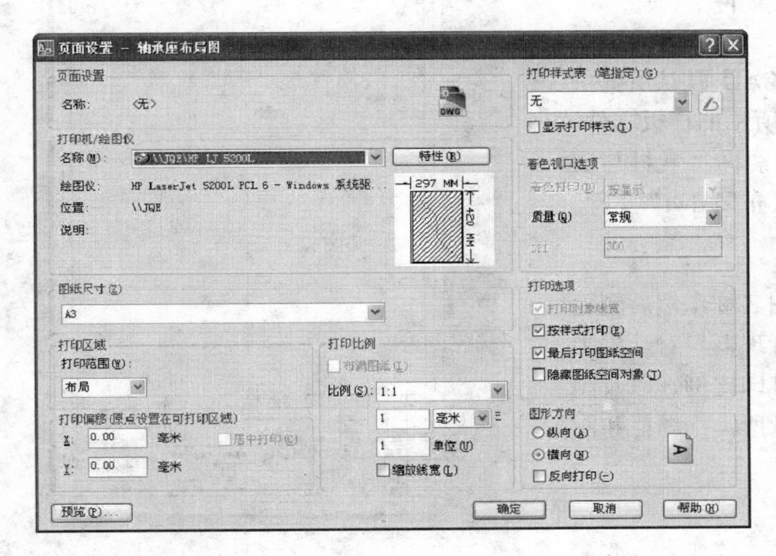

图 8-8 “页面设置”对话框

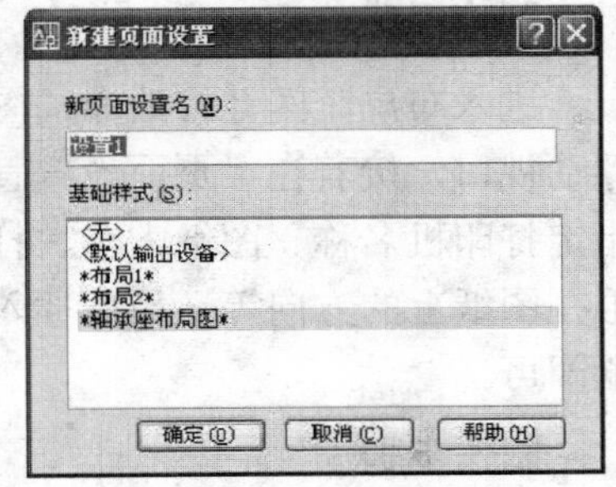

图 8-9 “新建页面设置”对话框

"页面设置"对话框中部分选项的功能如下。

- **"打印机/绘图仪"设置区**：用于选择输出设备。如果用户想修改当前的打印机设置，可单击右侧的 特性(R)... 按钮，在打开的"绘图仪配置编辑器"对话框进行操作。
- **"打印区域"设置区**：设置要打印的图形范围。
- **"打印偏移"设置区**：设置打印区域相对于图纸边界的偏移位置，通常选择"居中打印"。
- **"打印比例"设置区**：设置打印比例，即图形单位与打印单位之间的相对尺寸。在图纸空间输出图纸时，通常需要将打印比例设置为"1：1"。
- **"打印样式表"设置区**：选择打印样式表。可通过打印样式表来指定每种颜色的输出特性，如线宽、线型等。此外，选择某样式后，单击其后的"编辑"按钮，可在打开的"打印样式编辑器"对话框中修改打印所选样式。
- **"着色视口选项"设置区**：设置着色视口的三维图形按哪种显示方式打印。
- **"图形方向"设置区**：设置图形在图纸中的方向。

步骤 4 设置好页面参数后，单击 确定(O) 按钮，系统返回至"页面设置管理器"对话框。如果希望将该页面设置作为当前页面设置，可单击 置为当前(S) 按钮。如此一来，以后再打印或打印预览模型空间图形时，系统会自动调用该页面设置。

步骤 5 单击 关闭(C) 按钮，关闭"页面设置管理器"对话框。

模型空间和各布局空间都有自己对应的页面设置。因此，用户可创建多个页面设置，以满足不同输出要求。

此外，模型空间和图纸空间的页面设置是分开管理的，即在模型空间打开"页面设置管理器"对话框时，只能看到可以用于模型空间的页面设置。

任务实施——创建布局样板文件

下面，我们通过修改 AutoCAD 默认所提供的"布局"选项卡来创建图 8-10 所示的样板文件。案例最终效果请参考本书配套素材"素材与实例">"ch08"文件夹>"A4 图纸布局.dwt"文件。

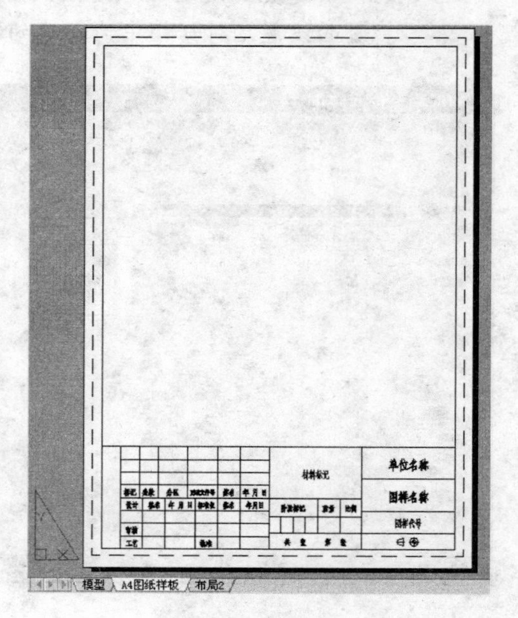

图 8-10　布局样板

制作思路

进入布局空间并修改布局图名称，然后删除浮动视口，接着在"页面设置管理器"对话框中指定打印机名称、图纸大小、打印比例，以及图形在图纸上的方向等，最后插入所需标题栏和图框即可。

制作步骤

步骤 1 启动 AutoCAD 2008，单击默认打开的文件中的“布局 1”选项卡，系统将进入布局空间，此时绘图区如图 8-11 所示。右击“布局 1”选项卡标签，并在弹出的快捷菜单中选择“重命名”选项，如图 8-12 所示，接着输入“A4 图纸样板”并在绘图区任一位置处单击。

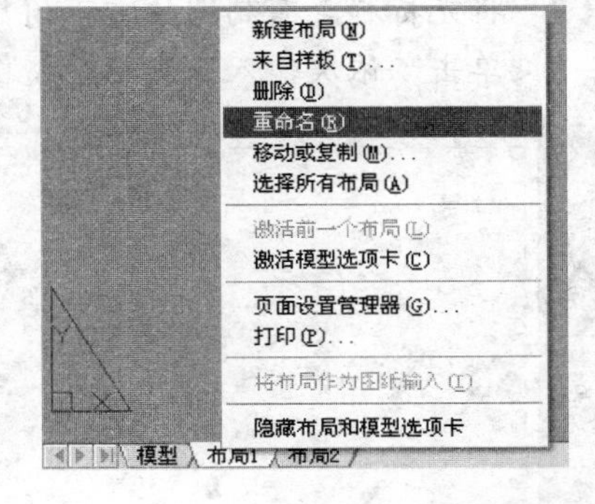

图 8-11　“布局 1”选项卡的绘图区　　　　图 8-12　重命名选项卡名称

步骤 3　选取图 8-11 所示的矩形视口，然后按【Delete】键将其删除。

步骤 4　右击“A4 图纸样板”布局名称标签，然后在弹出的快捷菜单中选择“页面设置管理器”选项，并在打开的“页面设置管理器”对话框中单击 修改(M)... 按钮，打开“页面设置—A4 图纸样式”对话框，如图 8-13 所示。

步骤 5　参照图 8-13 所示的对话框中的参数分别设置打印机名称、图纸大小和图形方向，然后在“打印样式表”列表框中单击，在打开的下拉列表中选择“acad.ctb”选项，接着单击其后的“编辑”按钮，打开“打印样式表编辑器—acad.ctb”对话框。

步骤 6　在“打印样式”列表框中选取“■ 颜色 1”选项，然后按住【Shift】键选取“□ 颜色 255”选项，接着在其后的“颜色”下拉列表中选择“黑”选项，如图 8-14 所示。

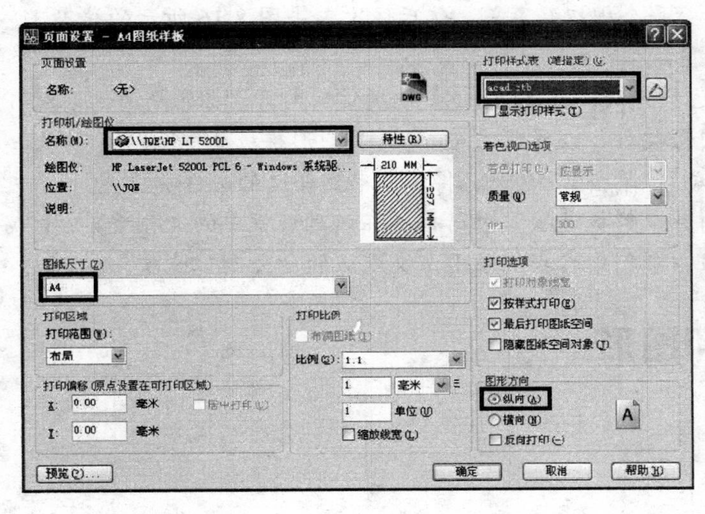

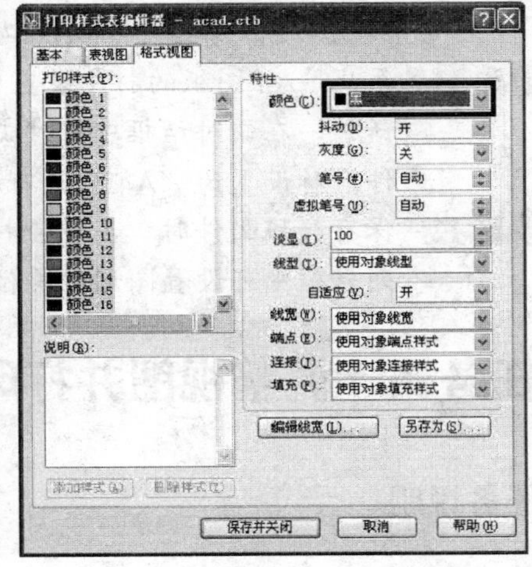

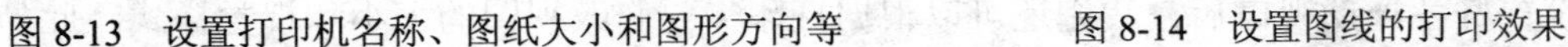

图 8-13　设置打印机名称、图纸大小和图形方向等　　　　图 8-14　设置图线的打印效果

步骤 7 依次单击 保存并关闭 、 确定 和 关闭(C) 按钮，完成页面设置，结果如图 8-15 所示。

步骤 8 单击“绘图”工具栏中的“插入块”按钮，然后在打开的对话框中单击 浏览(B)... 按钮，并选取本书配套素材“素材与实例”>“ch08”文件夹>“A4 图框.dwg”文件。其他采用默认设置，单击该对话框中的 确定 按钮。

步骤 9 将光标移至布局图的右下角，当图框的四条边线距打印有效连线的距离大致相等时单击，依次输入材料标记、图样代号、单位名称和图样名称，结果如图 8-16 所示。

图 8-15 设置图纸大小和图形方向效果图

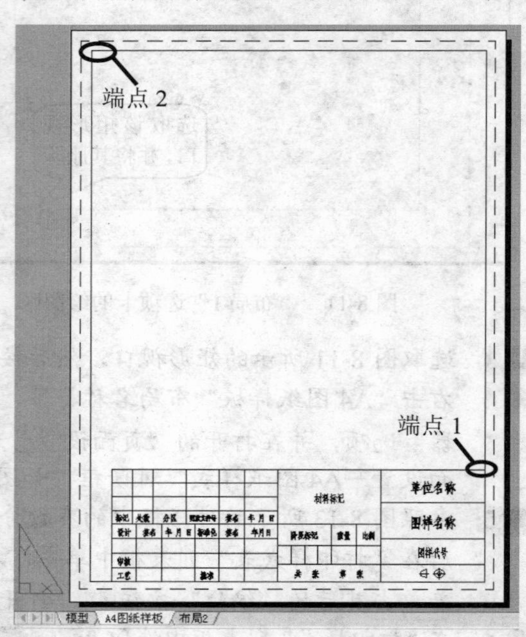

图 8-16 插入标题栏和图框

步骤 10 选择“视图”>“视口”>“一个视口”菜单，然后依次单击图 8-16 所示的端点 1 和端点 2，以指定浮动视口区域。

步骤 11 至此，A4 图纸的打印设置已经完成。按【Ctrl+S】快捷键后打开“图形另存为”对话框，在该对话框中将“文件类型”设置为“AutoCAD 图形样板（*.dwt）”，将文件名称设置为“A4 图纸布局”，单击 保存(S) 将其保存到合适的文件夹中。

步骤 12 保存样板文件时，系统会打开“样板选项”对话框。在该对话框中的“测量单位”列表框中可设置图形的单位。本例中，我们采用系统默认的“公制”选项。

任务二 调整视图并打印图形

任务说明

设置好各浮动视口后，我们还可以根据打印需要修改视图的大小和视觉样式。此外，打印时，还可以根据需要设置各图线的打印效果。

预备知识

一、调整视图的显示样式

若要调整浮动视口中视图的大小和视觉样式，应在要进行操作的视口中双击以激活该视口，此时浮动视口的边界将变为粗线条，然后再利用鼠标中键或相关菜单项进行调整。调整视图的大小和视觉样式时，仅当前视口中的图形有所改变。但是，如果在当前视口中修改模型的结构形状，则修改结果会同步反映在所有视口中。若要退出视口编辑状态，可在浮动视口外任意位置处双击。

二、打印图形

要打印图纸，可按【Ctrl+P】快捷键，或选择“文件”＞“打印”菜单，打开“打印”对话框。该对话框中的参数便是我们在前面利用“页面设置管理器”设置的参数，如图 8-17 所示。此时，我们可根据需要对个别参数进行修改，或直接单击确定(O)按钮进行打印。

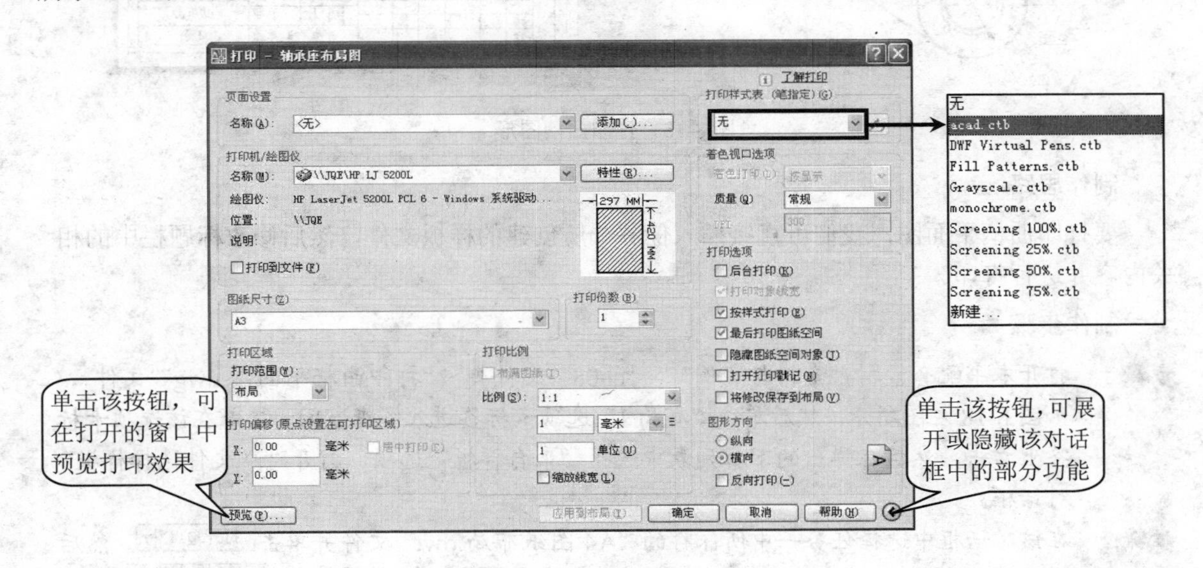

图 8-17　“打印—轴承座布局图”对话框

> 在模型空间中进行页面设置和打印图形的方法与在图纸空间相同，但在实际应用中，很少在模型空间中打印图纸。

任务实施——打印曲柄平面图

下面，我们通过为图 8-18 左图所示的曲柄平面图设置打印布局，来学习在 AutoCAD 中打印图形的具体操作方法，其布局图的设置效果如图 8-18 右图所示。案例最终效果请参考本书配套素材“素材与实例”>“ch08”文件夹>“打印曲柄平面图.dwg”文件。

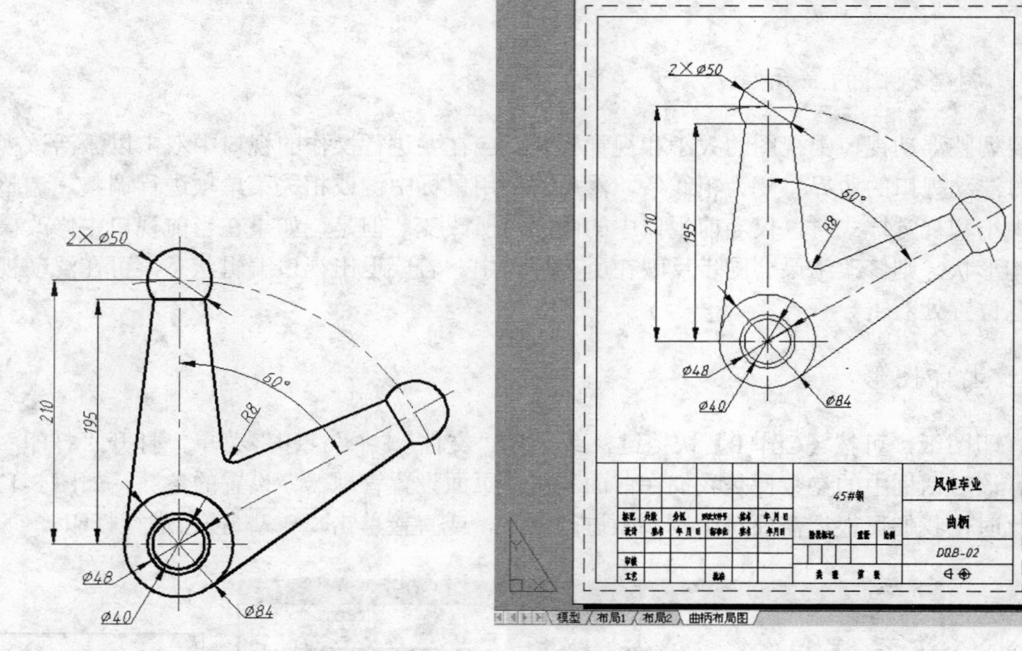

图 8-18　打印曲柄图形

制作思路

要打印曲柄平面图，我们可直接插入任务一所创建的样板文件，然后修改标题栏中的相关内容并进行打印。

制作步骤

步骤 1　打开本书配套素材“素材与实例”>“ch08”文件夹>“打印曲柄平面图.dwg”文件,，如图 8-18 左图所示，然后单击“布局 1”选项卡标签进入图纸空间，接着在该选项卡标签上右击，然后在弹出的下拉列表中选择“来自样板”选项，打开“从文件选择样板”对话框。

步骤 2　在该对话框中选择任务一中所保存的“A4 图纸布局.dwt”文件并单击[打开(O)]，然后在打开的“插入布局”对话框中选择“A4 图纸布局”选项，并单击[确定]按钮。

步骤 3　双击“A4 图纸样板”布局名称标签，然后输入“曲柄布局图”以修改选项卡名称，接着在绘图区的浮动视口中双击，以激活该视图，选择“视图”>“缩放”菜单下的子菜单项，或利用鼠标中键调整视图的大小。

步骤 4　当视图的大小调整结束后，在该浮动视口外部的任意位置处双击，以退出视口编辑状态，结果如图 8-19 所示。

步骤 5　双击“A4 图纸布局”标签，然后输入“曲柄布局图”后在绘图区其他任意位置单击，以修改布局图的名称。

步骤 6　双击图 8-19 所示的标题栏，在打开的图 8-20 所示的"增强属性编辑器"对话框中修改标题栏的内容，修改完成后单击[确定]按钮。

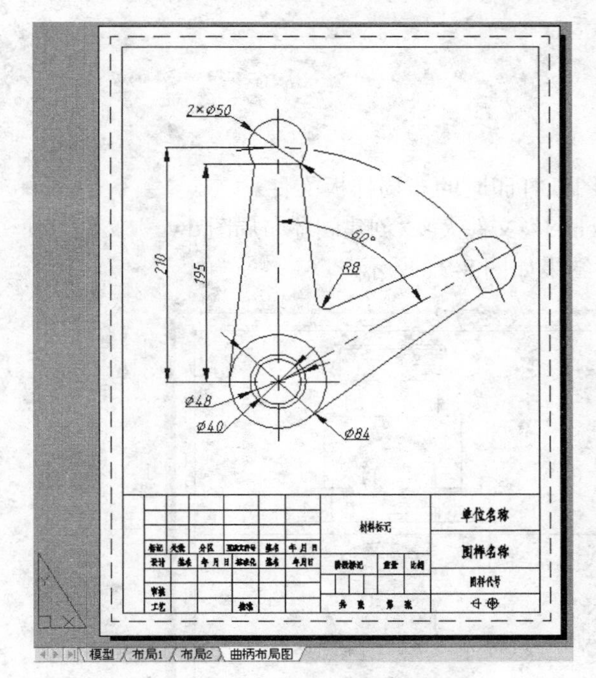

图 8-19　调整视图大小

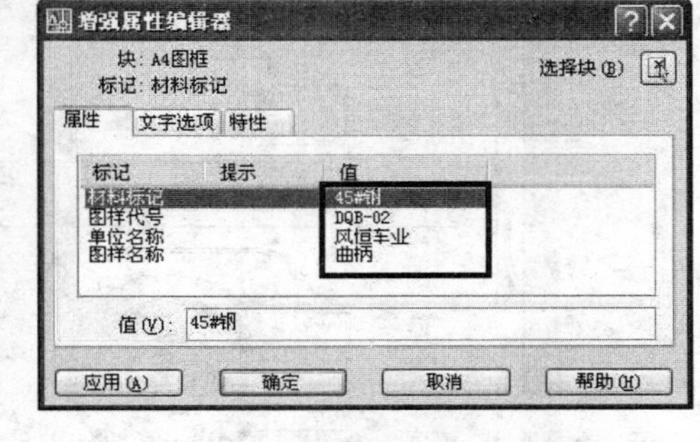

图 8-20　"增强属性编辑器"对话框

步骤 7　选择"格式"＞"线型"菜单，打开"线型管理器"对话框。在该对话框的"全局比例因子"编辑框中输入值"0.6"并单击[确定]按钮，可改变布局图中非连续线的下线型比例。

步骤 8　选择"文件"＞"打印"菜单，在打开的"打印—曲柄布局图"对话框中选择合适的打印机名称，然后在"图纸尺寸"设置区的"打印份数"编辑框中输入要打印的份数，其他采用默认设置。

步骤 9　单击[预览(P)...]按钮查看打印效果图。若需要重新调整图纸的大小、方向或打印比例等设置，可按【Esc】键返回至"打印—曲柄布局图"对话框，然后再进行修改。否则，退出预览后直接单击"打印—曲柄布局图"对话框中的[确定]按钮进行打印。

项目总结

本项目主要介绍了关于打印 AutoCAD 图形的一些基础知识。读者在学完本项目内容后，应重点注意以下几点。

➢　通常情况下，我们会先在模型空间中绘制基本图形，然后在图纸空间设置图纸尺寸、图形在图纸上的方向、视口的数量、打印比例，以及标题栏和图框等，从而为打印做准备。

> 在 AutoCAD 中，无论图形处于模型空间还是图纸空间，我们都可以将绘图窗口划分为多个视口。设置好布局图后，我们还可以通过双击各浮动视口来调整该视口中图形的大小和视觉样式。

课后操作

1．利用本项目所学知识，创建使用 A3 图纸打印时的布局样板文件。

2．打开本书配套素材“素材与实例”>“ch08”文件夹>“创建阀体布局图.dwg”文件，使用布局样板（A3 图纸）设置布局图，其设置结果如图 8-21 所示。

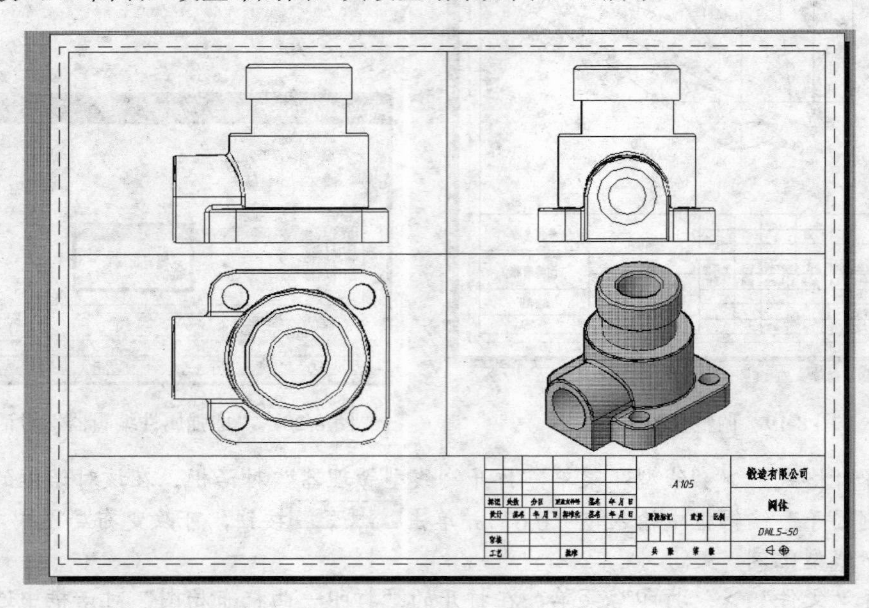

图 8-21　阀体打印效果图